普通高等教育"十三五"规划教材

高等院校计算机系列教材

计算机网络

（第二版）

主　编　李　浪　　谢新华　　刘先锋

副主编　朱雅莉　　许琼方　　肖　颖

　　　　倪曼蒂　　熊　江

华中科技大学出版社

中国·武汉

内 容 提 要

本书是参考国内外有关文献资料，结合多年教学经验而编写的一本计算机网络实用教程。全书根据初学者的特点，由浅入深、系统地讲述了计算机网络的基本概念、原理、方法、算法和应用，目的是使读者学习本书后，能够掌握计算机网络的基本原理，应用计算机网络的基本知识与技术。全书从计算机网络的定义开始，继而按计算机网络的体系结构对各层次进行深入介绍。全书共分9章，第1章主要介绍计算机网络的定义、应用和发展历史；第2章主要介绍计算机网络的体系结构及参考模型；第3章主要介绍数据通信基础；第4章主要介绍物理层；第5章主要介绍数据链路层；第6章主要介绍局域网与介质访问子层；第7章主要介绍网络层，并对路由算法、拥塞控制算法进行了分类介绍；第8章主要介绍传输层，并对用户数据报协议、传输控制协议进行了详细描述；第9章主要介绍应用层的相关知识。

本书内容充实、重点突出，所选例题均具有较强的代表性，适合举一反三。本书遵循循序渐进的原则，注重基础性和实用性，特别适合作为大中专院校、各类职业院校及计算机培训学校等相关专业课程的教材；书中收集的例题与习题大多是与考研相关的内容；此外，也可作为计算机网络爱好者和初学者的自学参考书。

图书在版编目(CIP)数据

计算机网络/李浪，谢新华，刘先锋主编. —2版. —武汉：华中科技大学出版社，2017.7(2025.1重印)
普通高等教育"十三五"规划教材　高等院校计算机系列教材
ISBN 978-7-5680-3069-4

Ⅰ.①计…　Ⅱ.①李…　②谢…　③刘…　Ⅲ.①计算机网络-高等学校-教材　Ⅳ.①TP393

中国版本图书馆 CIP 数据核字(2017)第 155417 号

计算机网络(第二版)　　　　　　　　　　　　李　浪　谢新华　刘先锋　主编
Jisuanji Wangluo

责任编辑：陈元玉　　　　　　　　　　　　　　　　　　　　　　封面设计：原色设计
责任校对：李　琴　　　　　　　　　　　　　　　　　　　　　　责任监印：周治超
出版发行：华中科技大学出版社(中国·武汉)　　　　电话：(027)81321913
　　　　　武汉市东湖新技术开发区华工科技园　　　　邮编：430223
录　　排：华中科技大学惠友文印中心
印　　刷：武汉邮科印务有限公司
开　　本：787mm×1092mm　1/16
印　　张：19
字　　数：459千字
版　　次：2025 年 1 月第 2 版第 3 次印刷
定　　价：42.00 元

高等院校计算机系列教材

编 委 会

第二版前言

随着计算机网络技术的飞速发展和应用,计算机网络已成为当今信息系统极为重要的一个组成部分,它已被广泛应用于家庭生活及工业、商业、办公、医疗、科研等社会生活的各个方面,组成信息共享的中心环节。计算机网络技术已成为 IT 领域的基础技术之一,社会迫切需要应用型计算机网络人才。因此,各院校需要培养大批计算机网络人才来满足日益增长的市场需求。

本书是计算机网络学习的入门教程,也是基础教程,主要面向初学者。本书以 ISO/OSI 参考模型为主线,重点讲述计算机网络目前采用的比较成熟的结构、方法和算法,突出基本原理和技术,力求做到深入浅出、通俗易懂。

本书每章后附有相应的习题,在章节内容的编排上,结合作者多年的实践教学经验,并依据现有考试大纲,涵盖了计算机科学与技术专业硕士研究生入学考试中网络课程的知识点。同时,为了加深学生对计算机网络原理的理解,提升读者计算机网络的实际操作能力,书后还附有网络实验(实验目的、实验环境、实验内容等相关知识,并给出具体的实验步骤)。

本书第 1、2 章由刘先锋、倪曼蒂老师编写,第 3、4 章由许琼方老师编写,第 5、6、7 章由李浪老师编写,第 8、9 章由朱雅莉老师编写,附录由李浪、刘先锋、肖颖老师编写。全书在编写过程中得到了李哲涛、刘辉、熊江、尹强、刘俊辉、杜诚、李琪、杨柳、史岳鹏等非常有益的建议和指导。本书的作者都是从事多年计算机网络教学和科研的大学教师,在编写的过程中,参考了国内外大量文献资料,结合了多年教学科研经验成果。尽管我们再三校对,书中可能还存在错误和不足,恳请读者批评和指正。

特别感谢衡阳师范学院 2008 级和 2009 级计算机专业的学生,他们为全书进行了细致的校对,并提出了许多非常有益的建议。

第二版与第一版相比,主要做了以下修改:第一,修正了第一版中的部分错误。第二,增加了许多新的内容,对计算机网络中的基本概念和技术有了更清楚的介绍。第三,实验部分将 Windows 2000 系统下的实验修改为 Windows 7 系统下的实验,并增加了一些新的实验,以符合现今流行的操作系统、模拟软件和网络技术。

本书既可以作为大中专院校、各类职业院校及计算机培训学校相关专业课程的教材,也可以作为计算机网络爱好者和初学者的自学参考书。同时,相关的 PPT 和习题解答可以向华中科技大学出版社索取(联系电话:(027)81339688 转 537),当然也可以发邮件向我们索取,我们的联系方式:lilang911@126.com。

作　者

2017 年 3 月

目　　录

第1章 概　　论

计算机网络技术推动着人类向信息时代迈进。随着信息技术的发展和普及,计算机网络已经广泛应用于多个领域,已成为社会进步和发展的灵魂,影响着经济、教育、医疗等不同领域的长远发展。

1.1　计算机网络的定义

计算机网络的精确定义并未统一,随着科学技术的发展和人们侧重点的不同,人们对计算机网络的含义有不同的理解。

计算机网络的早期定义是指计算机技术与通信技术相结合实现远程信息处理和进一步达到资源共享的系统。人们依据计算机通信的观点,把一台计算机使用通信线路与若干用户终端相连的"终端—计算机"系统,或者使用通信线路将分散于不同地点的互相连接的"计算机—计算机"系统称为计算机网络。

自 ARPA 网问世后,1970 年美国信息处理学会召开的春季计算机联合会议,把计算机网络定义为:"用通信线路互联起来,能够相互共享资源(硬件、软件和数据等),并且集合各自具备独立功能的计算机系统"。这一定义与前一定义的主要区别是强调计算机网络是计算机系统的群体;各计算机之间不存在主从关系;计算机互联的目的是实现资源共享。由此可见,这一定义的出发点是资源共享。

随着分布式处理系统的发展,分布式计算机网络(也称为分布式计算机系统)应运而生,其定义为使用网络操作系统来自动管理用户任务所需的资源,使整个网络像一个计算机一样对用户透明的系统。它强调用户的透明性,即用户觉察不到多个计算机的存在。计算机网络与分布式计算机系统虽然有相同之处,但两者并不等同,两者的区别主要是软件的不同。分布式计算机系统最主要的特点是整个系统中的各计算机对用户都是透明的,就好像只有一个计算机一样。用户通过键入命令就可以运行程序,但并不知道是哪一台计算机在运行。而计算机网络不同,用户必须先在欲运行程序的计算机进行登录,然后按照该计算机的地址将程序通过计算机网络传送到该计算机去运行,最后根据用户的命令将结果传送到指定的计算机。由此可见,计算机网络并不等同于分布式计算机系统。

目前通常采用的计算机网络定义是,利用通信设备和线路将地理位置不同的、功能独立的多个计算机系统互联起来,以功能完善的网络软件(网络通信协议、信息交换方式、网络操作系统等)实现网络中资源共享和信息传递的系统。

1.2　计算机网络的应用

计算机网络在资源共享和信息交换方面所具有的功能,是其他系统所不能替代的。计算机网络所具有的高可靠性、高性能价格比和易扩充性等优点,使得它在工业、农业、交通运输、邮电通信、教育、商业、国防及科学研究等各个领域、各个行业应用越来越广泛。计算机网络应用的范围广泛,这里仅介绍一些带有普遍意义和典型意义的应用领域。

1.2.1 办公自动化

办公自动化(office automation,OA)系统,又称为电子办公,是指使用现代化技术来改进旧的办公的手段和方法。从计算机系统结构来看是一个计算机网络,每个办公室相当于一个工作站。它集计算机技术、数据库、局域网、远距离通信技术、人工智能、声音、图像、文字处理技术等综合应用技术之大成,是一种全新的信息处理方式,包括函电公文的往来,文件档案的保管,数据信息的采集、传输、处理、统计和显示等。办公自动化系统的核心是通信,其所提供的通信手段主要为数据和声音综合服务、可视会议服务和电子邮件服务。

1.2.2 电子数据交换

电子数据交换(electronic data interchange,EDI)是按照一定的协议,通过通信网络传输,对具有一定结构特征的标准经济信息,在商业贸易伙伴的计算机系统之间进行交换和自动处理的技术。它是将贸易、运输、保险、银行、海关等行业信息用一种国际公认的标准格式,通过计算机网络通信,实现各企业之间的数据交换,并完成以贸易为中心的业务全过程。目前在我国已建立起覆盖全国的通用 EDI 系统,"金关"工程就是以 EDI 作为通信平台的。

1.2.3 远程交换

远程交换(telecommuting)是一种在线服务(online serving)系统。一个公司内本部与子公司办公室之间可通过远程交换系统实现分布式办公系统。远程交换的作用不仅仅是工作场地的转移,它还大大加强了企业的活力与快速反应能力。远程交换技术的发展,对世界的整个经济运作规则产生了巨大的影响。

1.2.4 远程教育

远程教育(distance education)是一种利用在线服务系统,开展学历或者非学历教育的全新的教学模式。远程教育几乎可以提供大学中所有的课程,学员通过远程教育,同样可获得正规大学从学士到博士的所有学位。这种教育方式,对于已从事工作而仍想完成高学位的人士特别有吸引力。

1.2.5 电子银行

电子银行也是一种在线服务系统,是一种由银行提供的基于计算机和计算机网络的新型金融服务系统。电子银行的功能包括金融交易卡服务、自动存取款作业、销售点自动转账服务、电子汇款与清算等,其核心是为金融交易卡服务。金融交易卡的诞生,标志着人类交换方式从物物交换、货币交换到信息交换的又一次飞跃。

1.2.6 电子公告板系统

电子公告板系统(bulletin board system,BBS)是一种发布并交换信息的在线服务系统。BBS 可以使更多的用户通过电话线以简单的终端形式实现互联,从而得到廉价的丰富信息,并为其会员提供网上交谈、发布消息、传送文件和游戏等。

1.2.7 证券及期货交易

证券及期货交易由于获利巨大、风险巨大且行情变化迅速,所以投资者对信息的依赖显得格外重要。金融业通过在线服务计算机网络为客户提供证券市场分析、预测、金融管理、投资计划等需要大量计算工作的服务,提供在线股票经纪人服务和在线数据库服务(最新股价数据库、历史股价数据库、股指数据库及有关新闻、文章、股评等)。

1.2.8 广播分组交换

广播分组交换实际上是由一种无线广播与在线系统结合的特殊服务,该系统可使用户在任何地点都能使用在线服务系统。广播分组交换可提供电子邮件、新闻、文件等传送服务,无线广播与在线系统通过调制解调器,再通过电话局结合在一起。移动式电话也属于广播系统。

1.2.9 校园网

校园网(campus network)是在大学校园内用于完成大中型计算机资源及其他网内资源共享的通信网络。无论在国内还是国外,校园网的存在与否,是衡量该院校学术水平与管理水平的重要标志,也是提高学校教学、科研水平不可或缺的重要支撑环节。

共享资源是校园网最基本的应用,人们通过网络有效地共享各种软件、硬件及信息资源,可为众多的科研人员提供一种崭新的合作环境。校园网可以提供具有异型机联网的公共计算环境、海量的用户文件存储空间、昂贵的打印输出设备,能方便获取的图文并茂的电子图书信息,并提供为各级行政人员服务的行政信息管理系统和为一般用户服务的电子邮件系统。

1.2.10 智能大厦和结构化综合布线系统

智能大厦(intelligent building)是近 10 年来兴起的高技术建筑形式,它集计算机技术、通信技术、人类工程学、楼宇控制、楼宇设施管理为一体,使大楼具有高度的适应性(柔性),以适应各种不同环境与不同客户的需要。智能大厦是以信息技术为主要支撑的,这也是其具有"智能"之名称的由来。有人认为具有三 A 的大厦,可视为智能大厦。所谓三 A 就是CA(通信自动化)、OA(办公自动化)和 BA(楼宇自动化)。概括起来,智能大厦除了要具有传统大厦功能之外,还必须具备高舒适的工程环境、高效率的管理信息系统和办公自动化系统、先进的计算机网络和远距离通信网络及楼宇自动化等基本构成要素。

1.3 计算机网络的发展历史

计算机网络的发展过程是计算机与通信的融合过程。计算机网络的发展过程经历了 20 世纪 60 年代的萌芽、70 年代的兴起、70 年代中期到 80 年代的发展和网络互联、90 年代的网络计算机和国际互联网等几个过程。

1.3.1 计算机网络的形成

任何一种新技术的出现都必须具备两个条件,一是强烈的社会需求,二是前期技术的成熟。计算机网络技术的形成与发展也遵循这样一个技术发展轨迹。纵观计算机网络的发展历程可以发现,它和其他事物的发展一样,也经历了从简单到复杂、从低级到高级的过程。在这一过程中,计算机技术与通信技术紧密结合,相互促进,共同发展,最终产生了计算机网络。

1946 年,世界上第一台电子计算机 ENIAC 在美国诞生时,计算机技术与通信技术并没有直接的联系。20 世纪 50 年代初,美国为了自身的安全,在美国本土北部和加拿大境内,建立了一个半自动地面防空系统,简称 SAGE(赛其)系统,进行了计算机技术与通信技术相结合的尝试。

人们把这种以单个计算机为中心的联机系统称为面向终端的远程联机系统。该系统是计算机技术与通信技术相结合而形成的计算机网络的雏形,因此也称为面向终端的计算机通信网络。20 世纪 60 年代初,美国航空订票系统 SABRE-1 就是这种计算机通信网络的典型应用,该系统由一台中心计算机和分布在全美范围内的 2 000 多个终端组成,各终端通过电话线连接到中心计算机中。

具有通信功能的单机系统的典型结构是计算机通过多重线路控制器与远程终端相连的系统组成,如图 1-1 所示。

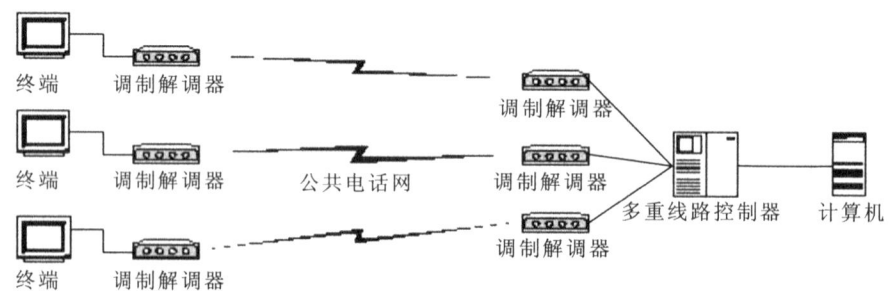

图 1-1 单机系统的典型结构示意图

单机系统主要有以下两个缺点。

(1) 主机既要负责数据处理,又要管理与终端的通信,因此主机的负担很重。

(2) 一个终端单独使用一根通信线路,所以造成通信线路利用率低。此外,每增加一个终端,线路控制器的软、硬件都需要做出很大的改动。

为了减轻主机的负担,可在通信线路和计算机之间设置一个前端处理机(FEP),前端处理机专门用于负责与终端之间的通信控制,从而让主机进行数据处理。为了提高通信效率,减少通信费用,可在远程终端比较密集的地方增加一个集中器,集中器的作用是把若干个终端经低速线路集中起来连接到高速线路上,然后经高速线路与前端处理机连接。前端处理机和集中器一般由小型计算机担当,因此,这种结构也称为具有通信功能的多机系统,如图 1-2 所示。

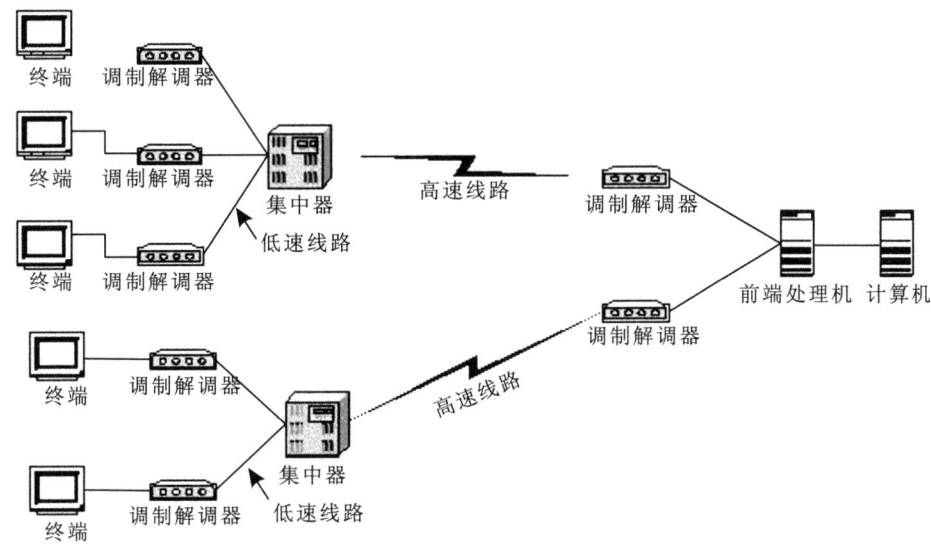

图 1-2 具有通信功能的多机系统示意图

1.3.2 20 世纪 70 年代的计算机网络

20 世纪 70 年代,大的分时系统被更小的微机系统所取代。微机系统在小规模上采用了分时系统。所以说,并不是直到 20 世纪 70 年代发明个人计算机后,才有今天的网络。

远程终端计算机系统是在分时计算机系统的基础上,通过调制解调器(modem)和公共电话网(PSTN)向地理上分布的许多远程终端用户提供共享资源服务的。这虽然还不能算是真正的计算机网络系统,但它是计算机与通信系统结合的最初尝试。远程终端用户似乎已经感觉到使用"计算机网络"的味道了。

在远程终端计算机系统基础上,人们开始研究把计算机与计算机通过 PSTN 等已有的通信系统互联起来。为了使计算机之间的通信连接可靠,建立了分层通信体系和相应的网络通信协议,于是诞生了以资源共享为主要目的的计算机网络。由于网络中计算机之间具有数据交换的能力,提供了在更大范围内计算机之间协同工作、实现分布处理甚至并行处理的能力,所以联网用户之间直接通过计算机网络进行信息交换的通信能力也大大增强了。

1969 年 12 月,Internet 的前身——美国的 ARPA 网投入运行,它标志着我们常称的计算机网络的兴起。这个计算机互联的网络系统是一种分组交换网系统。分组交换技术使计算机网络的概念、结构和网络设计方面都发生了根本性的变化,也为后来的计算机网络打下了基础。

1.3.3　20世纪80年代的计算机网络

20世纪80年代初,随着个人计算机应用的推广,个人计算机联网的需求也随之增大,各种基于个人计算机互联的局域网纷纷出台。这个时期局域网系统的典型结构是共享介质通信网平台上的共享文件服务器结构,即为所有联网个人计算机设置一台专用的可共享的网络文件服务器。个人计算机是一台"麻雀虽小,五脏俱全"的小型计算机,每个个人计算机用户的主要任务仍在自己的个人计算机上运行,仅在需要访问共享磁盘文件时才通过网络访问文件服务器,体现了计算机网络中各计算机之间的协同工作。由于使用了较PSTN速率高得多的同轴电缆、光纤等高速传输介质,个人计算机访问共享资源的速率和效率得到大大提高。这种基于文件服务器的微机网络对网内计算机进行了分工:个人计算机面向用户,微机服务器专门用于提供共享文件资源。所以它实际上就是一种客户机/服务器模式。

计算机网络系统是非常复杂的系统,计算机之间的相互通信涉及许多复杂的技术问题。为了实现计算机网络通信,计算机网络采用分层解决网络技术问题的方法。但是,不同的分层网络系统体系结构的存在,使得它们的产品之间很难实现互联。为此,国际标准化组织(ISO)在1984年正式颁布了一个使各种计算机互联成网的标准框架——开放系统互联参考模型(open system interconnection reference model,OSI/RM或OSI),从而使计算机网络体系结构实现了标准化。20世纪80年代中期,ISO等机构以OSI模型为参考,开发、制定了一系列协议标准,形成了一个庞大的OSI基本协议集。OSI标准确保了各厂家生产的计算机和网络产品之间的互联,推动了网络技术的应用和发展。

1.3.4　20世纪90年代的计算机网络

进入20世纪90年代,计算机技术、通信技术以及建立在计算机和网络技术基础上的计算机网络技术得到了迅猛的发展。特别是1993年美国宣布建立国家信息基础设施(national information infrastructure,NII)后,世界许多国家纷纷制定和建立本国的NII,从而极大地推动了计算机网络技术的发展,使计算机网络进入了一个崭新的阶段。目前,全球以美国为核心的高速计算机互联网络即Internet已经形成,并已经成为人类最重要的、最大的知识宝库。美国政府又分别于1996年和1997年开始研究发展更加快速可靠的互联网2(Internet 2)和下一代互联网(next generation internet)。可以说,网络互联和高速计算机网络正成为最新一代的计算机网络的发展方向。

1.3.5　Internet的起源、发展历史

Internet最早起源于美国国防部高级研究计划署(Defence Advanced Research Projects Agency,DARPA)的前身ARPAnet,该网于1969年投入使用。由此,ARPAnet成为现代计算机网络诞生的标志。

ARPAnet是从20世纪60年代起,由ARPA提供经费,联合计算机公司和大学共同研制而发展起来的。最初,ARPAnet主要用于军事目的,主要基于这样的指导思想:网络必须经受故障的考验而维持正常的工作,一旦发生战争,当网络的某一部分因受到攻击而失去工作能力时,网络的其他部分应能维持正常的通信工作。ARPAnet在技术上的另一个重大贡

献是 TCP/IP 协议族的开发和利用。作为 Internet 的早期骨干网,ARPAnet 的试验奠定了 Internet 存在和发展的基础,较好地解决了异种机网络互联的一系列理论和技术问题。

1983 年,ARPAnet 分裂为两部分,ARPAnet 和纯军事用的 MILNET。同时,局域网和广域网的产生和发展对 Internet 的进一步发展起了重要的作用。其中最引人注目的是美国国家科学基金会(National Science Foundation,NSF)建立的 NSFnet。NSF 在美国建立了按地区划分的计算机广域网,并将这些地区网络和超级计算机中心互联起来。NSFnet 于 1990 年 6 月彻底取代了 ARPAnet 而成为 Internet 的主干网。

NSFnet 对 Internet 的最大贡献是使 Internet 向全社会开放,而不像以前那样仅供计算机研究人员和政府机构使用。1990 年 9 月,由 Merit、IBM 和 MCI 公司联合建立了一个非盈利的组织——先进网络科学公司(Advanced Network & Science Inc.,ANS)。ANS 的目的是建立一个全美范围的 T3 级主干网,它能以 45 Mb/s 的速率传送数据。到 1991 年底,NSFnet 的全部主干网都与 ANS 提供的 T3 级主干网相连。

Internet 的第二次飞跃归功于 Internet 的商业化,商业机构一踏入 Internet 这一陌生世界,很快便发现了它在通信、资料检索、客户服务等方面的巨大潜力。于是世界各地的无数企业纷纷涌入 Internet,带来了 Internet 发展史上的一个新的飞跃。

1.3.6 中国计算机网络的发展历史

第一阶段从 1986 年到 1994 年,这个阶段主要通过中国科学院高能物理研究所网络线路,实现了与欧洲及北美地区的 Email 通信。中国科技界最早使用 Internet 是从 1986 年开始的。国内一些科研单位,通过长途电话拨号到欧洲的一些国家,进行联机数据库检索。不久,这些国家通过 Internet 连接进行 Email 通信。实现这种通信的单位,先后有北京市计算机应用研究所、中国科学院高能物理研究所等。承担转发 Email 的单位主要在欧洲,如德国的卡尔斯鲁厄大学、德国的 GMD、瑞士的 CERN、挪威、法国等。

1989 年,中国的 ChinaPAC(X.25)公用数据网基本开通。ChinaPAC 虽然规模不大,但与法国、德国等的公用数据网络(X.25)有国际连接(X.75)。

1990 年开始,国内北京市计算机应用研究所、中国科学院高能物理研究所、信息产业部华北计算所、信息产业部石家庄第五十四研究所等科研单位,先后将自己的计算机以 X.28 或 X.25 与 ChinaPAC 相连接。同时,利用欧洲国家的计算机作为网关,在 X.25 与 Internet 之间进行转接,使得中国的 ChinaPAC 用户可以与 Internet 用户进行 Email 通信。

1993 年 3 月,中国科学院高能物理研究所为了支持国外科学家使用北京正负电子对撞机进行高能物理实验,开通了一条 64 Kb/s 国际数据信道,连接北京西郊的中国科学院高能物理研究所和美国史坦福线性加速器中心(SLAC),运行 DECnet 协议,还不能提供完全的 Internet 功能,但经过 SLAC 的转接,可以实现与 Internet 通信。用户利用局域网或拨号线路登录到中国科学院高能物理研究所的 VAXll/780(BEPC2)上就可使用国际网络。有了 64 Kb/s 的专线信道,通信能力比国际拨号线路和 X.25 信道高出数十倍,而通信费用降低到原值的数十分之一,极大地促进了 Internet 在中国的应用。

第二阶段从 1994 年到 1995 年,这一阶段是教育科研网发展阶段。北京中关村地区及清华大学、北京大学组成中国国家计算与网络设施(NCFC)网,于 1994 年 4 月开通了国际

Internet 的 64 Kb/s 专线连接,同时还设中国最高域名(CN)服务器。这时中国才算真正加入了国际 MTERnet 行列。此后又建成了中国教育和科研网(CERnet)。

中国科学院计算机网络信息中心(Computer Network Information Center,CNIC)于1994年4月建成。该中心自1990年开始,主持了一个由世界银行贷款和中华人民共和国原国家计划委员会(现为国家发展和改革委员会)共同投资的中国国家计算与网络设施(NCFC)项目。项目内容为在中关村地区建设一个超级计算中心,供这一地区的科研用户进行科学计算。为了便于使用超级计算机,将中国科学院中关村地区的三十多个研究所及北京大学、清华大学两所高校,全部用光缆互联在一起。其中网络部分于1993年全部完成,并于1994年3月开通一条64 Kb/s 的国际线路,连到美国。1994年4月,路由器开通,中国正式接入 Internet。NCFC 后来发展成中国科技网(CSTnet)。

CERnet 是中华人民共和国原国家计划委员会批准立项、中华人民共和国原国家教育委员会主持建设和管理的全国性教育和科研网络,目的是要把全国大部分高等院校连接起来,推动这些院校校园网的建设和信息资源的交流,并与现有的国际学术计算机网互联。

第三阶段是1995年以后,开始的商业应用阶段。1995年5月,中华人民共和国原邮电部开通了中国公用 Internet 网,即 ChinaNET。1996年9月,原信息产业部的 ChinaGBN 开通,各地 ISP 纷纷开办,到1996年底仅北京就有30多家。

自20世纪90年代起,我国陆续建造了基于 Internet 技术的、可以和 Internet 互联的9个全国范围的公用计算机网络,即中国公用计算机互联网(ChinaNET)、中国金桥信息网(ChinaGBN)、中国教育和科研计算机网(CERnet)、中国科学技术网(CSTnet)、中国联通互联网(UNInet)、中国网通(CNCnet)、中国国际经济贸易互联网(CIETnet)、中国移动互联网(CMnet)、中国长城互联网(CGWnet)。这些基于 Internet 技术的计算机网络都发展得非常快,几乎每个月都有新的发展,读者可在相关网站上查找这些计算机网络的有关数据(如用户数、网站数、主干网带宽等)。

1.4　计算机网络的分类

计算机网络的分类方法有多种,主要有按地理范围划分、按拓扑结构划分等。

1.4.1　按地理范围划分

1. 局域网

局域网(LAN)是最常见、应用最广的一种网络。所谓局域网,就是在局部地区范围内组成的网络,它所覆盖的地区范围较小。局域网在计算机的数量配置上没有太多的限制,少的可以只有两台计算机,多的可达几百台计算机。一般来说,在企业局域网中,工作站配置的计算机数量在几十台到两百台左右。在网络所涉及的地理距离上一般可以是几米至10千米以内。局域网一般位于一栋建筑物或一个单位内,不存在寻径问题,不包括网络层的应用。

局域网的特点是:连接范围窄、用户数少、配置容易、连接速率高。目前局域网最快的速率要算现今的10 Gb/s 以太网了。IEEE 的802标准委员会定义了多种主要的 LAN 网:以太网(Ethernet)、令牌环网(Token Ring)、光纤分布式接口网络(FDDI)、异步传输模式网(ATM)及最新的无线局域网(WLAN)。

2. 城域网

城域网(MAN)也称城市网,范围介于局域网与广域网之间,这种网络一般是在一个城市,但不在同一地理小区范围内的计算机互联。传输速率达 1 Mb/s 以上,距离为 5～50 km,采用的是 IEEE 802.6 标准,可以连接地理位置比较广的计算机。在一个大型城市或都市地区,一个 MAN 网络通常连接着多个 LAN 网。

城域网多采用 ATM 技术作为骨干网。ATM 是一种用于数据、语音、视频,以及多媒体应用程序的高速网络传输方法。ATM 包括一个接口和一个协议,该协议能够在一个常规的传输信道上、在传输速率不变及变化的通信量之间进行切换。ATM 也包括硬件、软件以及与 ATM 协议标准一致的介质。ATM 提供一种可伸缩的主干基础设施,以便能够适应不同规模、速度以及寻址技术的网络。ATM 的最大缺点就是成本太高,所以一般应用于政府城域网中,如邮政、银行、医院等。

3. 广域网

这种网络也称远程网,所覆盖的范围比城域网(MAN)更广,它一般是在不同城市之间的 LAN 或者 MAN 互联而形成的,地理范围可在几百公里到几千公里之内。因为距离较远,信息衰减比较严重,所以这种网络一般要租用专线,通过接口信息处理(IMP)协议和线路连接起来,构成网状结构,解决寻径问题。这种城域网因为所连接的用户多,总接口带宽有限,所以用户的终端连接速率一般较低,通常为 9.6 Kb/s～45 Mb/s,如 ChinaNET、ChinaPAC 和 ChinaDDN 网。

1.4.2 按拓扑结构划分

网络拓扑结构是指网络的物理布局及其逻辑特征。物理布局就像是描述在办公室、建筑物或者校园中如何排布布线的示意图或工程图,通常称为电缆线路。网络的布局可以互相分散开,电缆线路在网络的各个工作站终端位置处铺设;或者可以集中铺设,每个工作站终端都与中央处理器通过线路进行连接。网络的拓扑结构主要有星形、环形、树形、总线形、网状形等。

1. 星形拓扑结构

星形拓扑结构是通过各工作站结点连接到中央结点组成的网络结构。星形拓扑结构网络中有一个唯一的转发结点即中央结点,每一台计算机都通过单独的通信线路连接到中央结点。星形拓扑结构的优点是:利用中央结点可方便地提供服务和重新配置网络;单个连接点的故障只影响一个设备,不会影响全网,非常容易检测和隔离故障,便于维护一个网络;任何结点之间的连接只涉及中央结点和一个工作站结点,因此,使用者控制介质访问的方法很简单,星形拓扑结构的访问协议也就十分简单,组网的技术相对容易。但是星形拓扑结构网络有它的缺点:中央结点的处理速度往往成为网络的瓶颈。另外,如果网络的中央结点发生故障,则整个网络就会瘫痪,所以星形拓扑结构网络对中央结点设备运行的可靠性和冗余度要求很高。实际上,我们常见的 Windows 操作系统所连接控制的对等网就常采用星形拓扑结构。

在星形拓扑结构中,网络中的各结点都连接到一个中心设备上,由该中心设备向目的结点传送信息。通过对等网的中心设备如集线器的转发后,各工作站结点之间就可以进行信息共享和互通了,如图1-3所示。

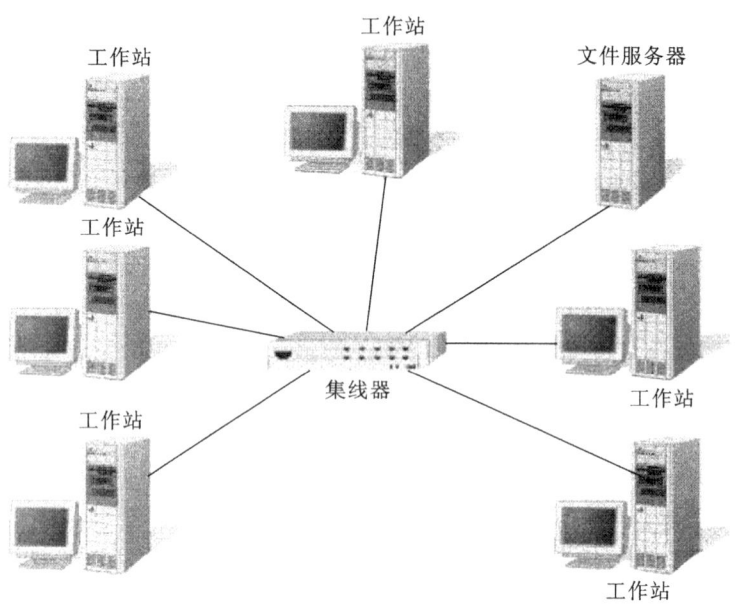

图 1-3　星形拓扑结构

星形拓扑结构,对于大型网络的维护和调试都非常方便,对于电缆的安装、检验也相对容易。从另外一个角度来说,由于所有工作站结点都与中心结点相连,所以,在星形拓扑结构中建立和移动某个工作站结点就比较简单,不会对其他工作站结点造成太大的影响。

目前流行的星形拓扑结构网络主要有两类:一类是在单位内部布置一个专用小交换机(PABX),利用专用小交换机作为中央结点,其他连接计算机作为连接设备组成局域网,此网络在本单位内可以为综合语音和数据的工作站交换信息提供信道,同时还可以提供语音信箱和电话会议等业务,是局域网的一个重要分支;另一类是利用集线器(HUB)连接工作站结点的网络,这是办公自动化局域网的一个发展方向。

2. 环形拓扑结构

环形拓扑结构是由连接成封闭回路的网络结点组成的,每一个结点与它左右相邻的结点连接。环形网络常使用令牌环来决定哪个结点可以访问通信系统。在环形网络中信息流只能单方向流动,每个收到信息包的站点都向它的下游站点转发该信息包。信息包在环形网络中"旅行"一圈,最后由发送站进行回收。当信息包经过目标站时,目标站根据信息包中的目标地址判断出自己是接收站,并把该信息拷贝到自己的接收缓冲区中。为了决定环上的哪个站点可以发送信息,平时在环上流通着一个叫令牌的特殊信息包,只有得到令牌的站点才可以发送信息,当一个站点发送完信息后,就把令牌向下传送,以便下游的站点可以得到发送信息的机会。现在我们来描述球迷进门拥挤的情况,让球迷排成一队等待进入体育场的安全门,整个队列只有一张门票,通过了安全门的球迷就把门票传递到排队等待通过安全门的球迷手中。实际上,这张门票就是令牌。环形拓扑结构的优点是它能高速运行,而且避免冲突的结构相当简单,如图 1-4 所示。

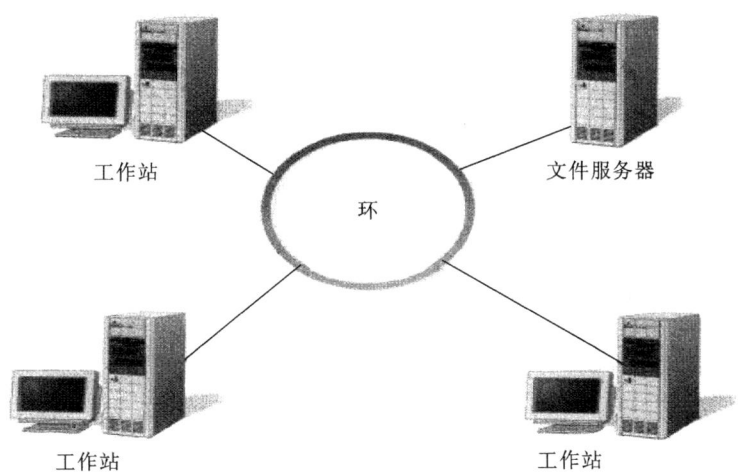

图 1-4　环形拓扑结构

环形拓扑结构中,连接网络中各结点的电缆构成一个封闭的环,信息在环中必须沿每个结点单向传输,因此,环中任何一段的故障都会使各站之间的通信受阻。所以在某些环形拓扑结构中,如 FDDI(光纤分布式数据接口),在各站点之间连接了一个备用环,当主环发生故障时,由备用环继续工作。

环形拓扑结构在小型办公环境中不常见,主要原因是环形拓扑结构中的网卡等通信部件比较昂贵且维护管理比较复杂。一般环形拓扑结构在以下两种场合比较常见:第一种情况是,工厂环境,工厂的工作环境充满了电磁波的干扰,而环形结构网络的抗干扰能力比较强;第二种情况是,许多大型机的场合,该场合采用环形结构易于将局域网用于大型机中。

3. 总线形拓扑结构

总线形拓扑结构采用了广播的概念。总线形拓扑结构采用单根传输线作为传输介质,所有的站点都通过相应的硬件接口直接连接到传输介质或总线上。任何一个站点发送的信号都可以沿着传输介质传播,而且其他所有站点都能接收到发送的信号,类似于广播的形式。使用总线形拓扑结构的优点在于:电缆长度短,非常易于布线和维护;结构简单,传输介质可以是无源元件,从硬件的角度来说也十分可靠。总线形拓扑结构的缺点在于:这种拓扑结构的网络不是集中控制的,所以故障检测需要在网络的各个站点上进行;在扩展总线的干线长度时,需重新配置中继器、剪裁电缆和调整终端器等;如果总线上的站点需要介质具有访问控制功能,就要增加了站点的硬件和软件费用。常见的以太网等网络通常都采用总线形拓扑结构。总线形拓扑结构如图 1-5 所示。

在总线形拓扑结构中,各个结点都连接到一个单一连续的物理线路上。由于各个结点之间通过电缆直接相连,因此,总线形拓扑结构中所需要的电缆长度是最短的。由于所有结点都在同一线路上进行通信,任何一处线路产生故障,都会导致所有的结点无法完成数据的发送和接收等任务。

总线形拓扑结构的一个重要特征就是可以在局域网络中广播信息。网络中的每个结点总是可以同时收到每条信息。

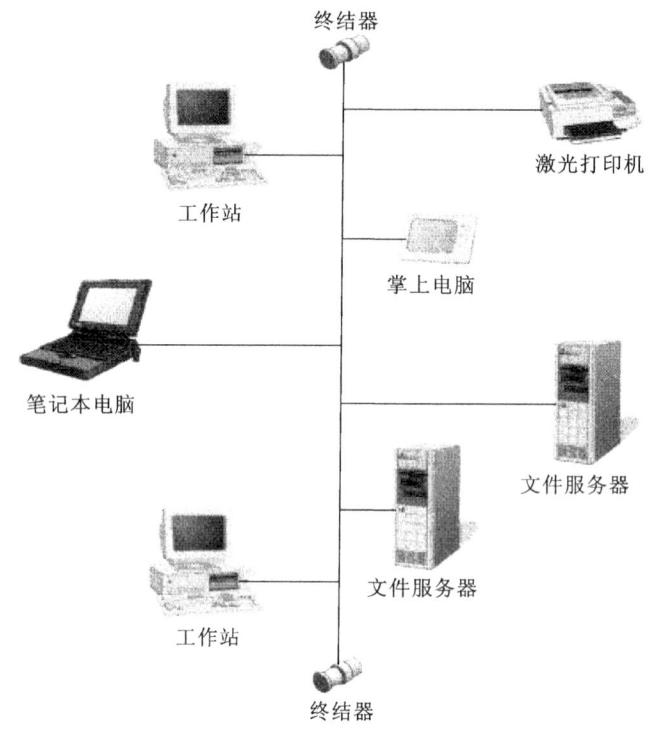

图 1-5　总线形拓扑结构

在实际应用中,总线形拓扑结构网络是一种针对小型办公环境的既成熟又经济的解决方案,主要原因是总线形拓扑结构网络结点所使用的网卡比较便宜而且容易管理,用户站点入网灵活;其中某个站点失效不会影响到其他站点。但它的缺点也是明显的,由于共用一条传输信道,任意时刻只能有一个站点发送数据,而且介质访问控制也比较复杂。

4. 树形拓扑结构

树形拓扑结构是总线形拓扑结构的扩展,它是在总线形网上加上分支形成的,其传输介质可有多条分支,但不形成闭合回路。树形拓扑结构就像一棵"根"朝上的树,总线形拓扑结构与之相比,主要区别在于总线形拓扑结构中没有"根"。树形拓扑结构的网络一般采用同轴电缆,用于军事单位、政府部门等上、下界限相当严格和层次分明的部门。

树形拓扑结构的优点是容易扩展、故障也容易分离处理,具有一定容错能力、可靠性强、便于广播式工作。其缺点是整个网络对根的依赖性很大,一旦网络的根发生故障,整个系统就不能正常工作,且联系固定、专用性强。

5. 网状形拓扑结构

在网状形拓扑结构中,网络的每台设备之间均有点对点的链路连接,这种连接不经济,只有每个站点都要频繁发送信息时才使用这种方法。虽然它的安装复杂,但系统可靠性高,容错能力强,有时也称分布式结构。

网状形拓扑结构的优点:网络可靠性高;资源共享方便;网络可组建成各种形状,采用多种通信信道,多种传输速率;可选择最佳路径,传输时延小。

网状形拓扑结构的缺点:控制复杂,软件复杂,线路费用高,不易扩充。

网状形拓扑结构一般用于 Internet 骨干网上,使用路由算法来计算发送数据的最佳路径。

其他分类方法,如按网络的使用范围可以分为公用网(public network)和专用网(private network)。公用网一般是国家邮电部门建设的网络,为所有人提供服务。专用网是为某部门特殊业务工作的需要而建设的网络,不向外单位的人提供服务。例如军队、铁路等系统的网络均为专用网。按传输介质可以分为有线网络和无线网络等两类。

1.5 计算机网络的主要性能指标

影响网络性能的因素有很多,如传输的距离、使用的线路、传输技术、带宽等。一般而言,计算机网络的性能指标主要有速率、带宽、吞吐量、时延、时延带宽积、往返时间、利用率等。

1. 速率

网络技术中的速率指的是连接在计算机网络上的主机在数字信道上传送数据的速率,也称数据传输速率或比特率,其单位是 bit/s(或 b/s)。当数据率较高时,可使用更大的单位 Kb/s、Mb/s、Gb/s、Tb/s 等。现在,人们常用更简单但不严格的记法来描述网络的速率,如 10 M 以太网或 100 M 以太网,而省略了后面的 b/s。这里的数据率通常指额定速率。

2. 带宽

带宽(bandwidth)本来是指信号具有的频带宽度,单位是赫(或千赫、兆赫、吉赫等)。

在计算机网络中,带宽用来表示网络的通信线路所能传送数据的能力,是数字信道所能传送的"最高数据率"的同义语,单位是"比特每秒",即 b/s (bit/s)。

3. 吞吐量

吞吐量(throughput)表示在单位时间内通过某个网络(或信道、接口)的数据量。

吞吐量更常用于对现实世界中的网络的一种测量,以便知道实际到底有多少数据量能够通过网络。

吞吐量受网络的带宽或网络的额定速率的限制。诸多原因会使得吞吐量远小于所用介质本身可以提供的最大数字带宽。决定吞吐量的因素主要有:网络互联设备、所传输的数据类型、网络的拓扑结构、网络上的并发用户数量、用户的计算机、服务器、网络拥塞等。

4. 时延

时延(delay 或 latency)是指一个报文或分组从一个网络(或一条链路)的一端传输到另一端所需的时间。通常来讲,时延是由以下几个不同的部分组成的。

1)发送时延

发送时延是结点在发送数据时使数据块从结点进入传输介质所需的时间,也就是从数据块的第一个位开始发送算起,到最后一个位发送完毕所需的时间,又称传输时延。其计算公式为:

$$发送时延 = 数据帧长度(b)/发送速率(b/s)$$

2)传播时延

传播时延是指电磁波在信道上要传播一定的距离而花费的时间。其计算公式为:

传播时延＝信道长度(m)/电磁波在信道上的传播速率(m/s)

电磁波在自由空间的传播速率是光速,即 $3.0×10^5$ km/s。电磁波在网络传输媒体中的传播速率比在自由空间慢一些,在铜线电缆中的传播速率约为 $2.3×10^5$ km/s,在光纤中的传播速率约为 $2.0×10^5$ km/s。

3) 处理时延

处理时延是指数据在交换结点为存储转发而进行一些必要的处理所花费的时间。如分析分组首部、从分组中提取数据部分、进行差错检验、查找适当路由等。

4) 排队时延

分组在经过网络传输时,要经过许多的路由器。但分组在进入路由器后要先在输入队列中排队等待处理。在路由器确定了转发接口后,还要在输出队列中排队等待转发,这就产生了排队时延。排队时延通常取决于网络当时的通信量。

因此,数据在网络中经历的总时延就是以上四种时延之和:

总时延＝发送时延＋传播时延＋处理时延＋排队时延

对于高速网络链路,提高的仅仅是数据的发送速率而不是位在链路上的传播速率。荷载信息的电磁波在通信线路上的传播速率与数据的发送速率无关。提高数据的发送速率只是减小了数据的发送时延。

5. 时延带宽积

将以上网络性能的两个度量——传播时延和带宽相乘,就得到另外一个度量:传播时延带宽积,即

时延带宽积＝传播时延×带宽

例如,传播时延为 30 ms,带宽为 100 Mb/s,则时延带宽积＝$30×10^{-3}×100×10^6$ b＝$3×10^6$ b。这就表示,若发送端连续发送数据,则在发送的第一个位即将达到终点时,发送端就已经发送了 300 万个位,而这 300 万个位都正在链路上向前移动。

显然,管道中的位数表示从发送端发出的但尚未到达接收端的位。

6. 往返时间

在计算机网络中,往返时间(round-trip time,RTT)也是一个重要的性能指标,表示从发送端发送数据开始,到发送端收到来自接收端的确认,总共经历的时间。在互联网中,往返时间还包括各中间结点的处理时延、排队时延以及转发数据时的发送时延。

显然,往返时间与所发送的分组长度有关。发送很长的数据块的往返时间应该比发送很短的数据块的往返时间要长些。

7. 利用率

利用率有信道利用率和网络利用率等两种。信道利用率是指某信道有百分之几的时间是被利用的(有数据通过)。完全空闲的信道的利用率为零。网络利用率则是指全网络的信道利用率的加权平均值。然而,信道利用率并非越高越好。这是因为根据排队论,当某信道的利用率增大时,该信道引起的时延也就迅速增加。可以联想一下高速公路的情况,当高速公路上的车流量很大时,难免会在公路的某些地方出现堵塞,因此行车所需的时间就会增加。

习 题 1

1-1 随着 ARPA 网的投入运行,计算机网络的通信方式发展为( )之间的直接通信。

A. 终端与计算机　　　　　　　　B. 计算机与计算机

C. 终端与终端　　　　　　　　　D. 前端机与计算机

1-2 计算机网络的发展可分为哪几个阶段? 每个阶段各有何特点?

1-3 简述计算机网络的定义和构成。

1-4 简述计算机网络的主要功能。

1-5 简述计算机网络的分类。

1-6 了解你所在学校的校园网,画出简单的网络示意图。

第 2 章　计算机网络的体系结构

在计算机网络的基本概念中,分层次的体系结构是最基本的。因此,这里对计算机网络的体系结构进行简单介绍。

2.1　计算机网络的构成和分类

计算机网络是由计算机系统、通信链路和网络结点组成的计算机群,是计算机技术和通信技术紧密结合的产物,承担着数据处理和数据通信两类工作。从逻辑功能上可以将计算机网络划分为两部分,一部分是对数据信息的收集和处理的部分,另一部分则是专门负责信息传输的部分。ARPAnet 的研究者把前者称为资源子网,后者称为通信子网,如图 2-1 所示。而网络软件系统和网络硬件系统是网络系统赖以存在的基础。在网络系统中,硬件对网络的选择起着决定性作用,而网络软件则是挖掘网络潜力的工具。

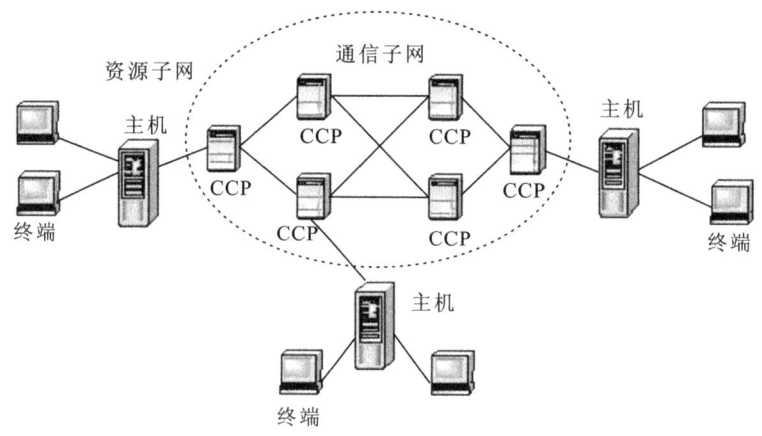

图 2-1　计算机网络示意图

2.1.1　网络软件

在网络系统中,网络上的每个用户都可享有系统中的各种资源,系统必须对用户进行控制,否则,就会造成系统混乱、信息数据的破坏和丢失。为了协调系统资源,系统需要通过软件工具对网络资源进行全面的管理、调度和分配,并采取一系列的安全保密措施,防止用户不合理访问系统数据和信息,以防数据和信息的破坏与丢失。网络软件是实现网络功能不可缺少的软件环境。

网络软件通常包括以下几种。

（1）网络协议和协议软件:协议软件用于实现网络协议功能。

（2）网络通信软件：网络通信软件用于实现网络工作站之间的通信。

（3）网络操作系统：用于实现系统资源共享、管理用户对不同资源访问的应用程序，是最主要的网络软件。

（4）网络管理软件及网络应用软件：网络管理软件是用于对网络资源进行管理和对网络进行维护的软件，网络应用软件是为网络用户提供服务并为网络用户解决实际问题的软件。

网络软件最重要的特征是：网络管理软件所研究的重点不是网络中互联的各个独立的计算机本身的功能，而是如何实现网络特有的功能。

2.1.2　网络硬件

网络硬件是计算机网络系统的物质基础。要构成一个计算机网络系统，首先要将计算机及其附属硬件设备与网络中的其他计算机系统连接起来。不同的计算机网络系统，在硬件方面是有差别的。随着计算机技术和网络技术的发展，网络硬件日趋多样化，功能更加强大、更加复杂。

（1）线路控制器（line controller，LC）：它是主机或终端设备与线路上调制解调器连接的接口设备。

（2）通信控制器（communication controller，CC）：它是用于对数据信息传输中的各个阶段进行控制的设备。

（3）通信处理机（communication processor，CP）：它作为数据交换的开关，负责通信处理工作。

（4）前端处理机（front end processor，FEP）：它是负责通信处理工作的设备。

（5）集中器（concentrator，C）、多路选择器（multiplexor，MUX）：它是通过通信线路分别与多个远程终端相连接的设备。

（6）主机（host computer）。

（7）终端（terminal，T）。

此外，各种网络连接设备在计算机网络中也起着非常重要的作用。

■ 中继器

中继器是局域网互联的最简单的设备，它工作在 OSI 体系结构的物理层。中继器的功能就是将经过衰减而变得不完整的信号进行再生和放大后发送出去，从而增加信号传输的距离。

■ 集线器

集线器（hub）是构成局域网的最常用的连接设备之一，同样工作在物理层。集线器是局域网的中央设备，它的每一个端口可以连接一台计算机，局域网中的计算机通过它来交换信息。集线器实际上是一个拥有多个网络接口的中继器，不具备信号的定向传送能力和数据的缓存能力。

■ 网桥

网桥（bridge）工作在数据链路层，是连接两个局域网的存储转发设备，不但能扩展网络的距离或范围，而且可提高网络的性能、可靠性和安全性。

■ 交换机

交换机(switch)又称交换式集线器,工作在数据链路层,是多端口设备。交换机是基于收到的数据帧中的 MAC 地址来进行工作的,能够对数据帧进行存储转发,其工作原理与网桥的类似。在局域网中可以用交换机来代替集线器,其数据交换速度比集线器的快得多。

■ 路由器

路由器(router)工作在网络层,用于连接多个逻辑上分开的网络,从而构成一个更大的网络。路由器可以对收到的数据包进行缓存,可进行数据格式的转换,并根据路由表对数据包转发选择路径,成为不同协议之间网络互联的必要设备。

■ 网关

网关(gateway)又称协议转换器,是工作在网络层以上的中继系统,可以支持不同协议之间的转换,实现不同协议网络之间的互联。主要用于不同体系结构的网络或者局域网与主机系统的连接。

随着计算机网络技术的发展和网络应用的普及,网络结点设备会越来越多,功能也会越来越强大,设计也会越来越复杂。

2.2　计算机网络的体系结构

2.2.1　计算机网络功能的分层

计算机网络主要包含以下四项功能。

(1) 数据传送。这是计算机网络最基本的功能,正是这一功能才能实现计算机与终端、计算机与计算机之间各种信息的传送,实现对地理位置分散的单位进行集中管理与控制。

(2) 资源共享。资源共享是指共享计算机系统的硬件、软件和数据,是计算机网络最有吸引力的功能。例如,少数地区设置的数据库可供全网使用,某些地区设计的专用软件可供其他地区调用。

(3) 可靠性和可用性。可靠性体现在网络中计算机彼此互为备用。一台计算机出现故障,可将任务交由其他计算机完成,不会出现在无后备情况下使全系统瘫痪的现象。可用性是指当网络中某台计算机负担过重时,可将新任务转交网络中较空闲的计算机完成,通过计算机网络均衡各台计算机的负担,避免产生忙闲不均的现象,从而提高每台计算机的可用性。

(4) 分布式处理。一般来讲,网络中的用户可根据具体情况合理地选择网内资源,就近快速地处理。但对于较大型的综合性问题,当一台计算机不能完成处理任务时,可按一定的算法将任务交给不同的计算机分工协作完成,达到均衡地使用网络资源进行分布式处理的目的。使用这种系统解决大型复杂问题,其费用比采用高性能的大中型计算机要低得多。

可见,计算机网络大大扩展了计算机系统的功能,扩大了应用范围,提高了可靠性,给用户的应用提供了方便性与灵活性,降低了系统费用,提高了系统的性能价格比。

2.2.2　协议和协议的分层结构

1．协议

无规矩不成方圆。在计算机网络中有许多相互连接的计算机,在这些计算机之间要做到有条不紊地交换数据(包括控制信息),每台计算机必须在有关信息内容、格式和传输顺序等方面遵守事先约定好的规则。这些为网络中进行数据通信而建立的规则、标准或约定,称为网络协议。一个网络协议主要由以下三个要素组成。

(1)语法,即数据与控制信息的结构或格式。

(2)语义,即要发出何种控制信息,完成何种动作及做出何种响应。

(3)同步,即事件实现顺序的详细说明。

由此可见,网络协议实质上是计算机间通信时所使用的一种语言,它是计算机网络不可缺少的组成部分。

2．协议的分层结构

为了减少网络设计的复杂性,绝大多数网络采用分层设计方法。所谓分层设计方法,就是按照信息的流动过程将网络的整体功能分解为一个个的功能层,不同计算机的同等功能层之间采用相同的协议,同一计算机的相邻功能层之间通过接口进行信息传递。目前运行的计算机网络有上百种,它们一般都有各自的网络体系结构,不论哪一种体系结构,其层次结构的划分都应遵守以下原则。

(1)网络中每个结点都具有相同的层次结构,即各结点的层次划分一致。

(2)各层独立稳定。在划分层次中,原则上应将可能变化的部分和相对稳定的部分划分在不同层次上,只有这样保持上下层接口关系不变,某层协议的变更才不会影响到其他层,从而保证各层功能、结构相对稳定。

(3)各层功能明确、界限分明。网络体系结构的每层都应该具有自己特定的与其他各层不同的基本功能。当必须区分不同类型的一个功能群时,就应该为其设置一个层次。这样,各层协议界限分明,既可避免系统功能的重叠,又可避免系统功能的不全。

(4)接口简洁,层次数量适中。网络体系结构的每层应仅与它相邻的上下层服务接口发生联系,分层边界的确定应着眼于使通过接口的信息量尽可能小,接口开销最小。同时,层次数量太多会造成系统的繁冗和网络协议的复杂化,层次数量太少会导致每层的功能界限不清、多种功能混杂在一起。

(5)标准化。每层的功能划分和选择应着眼于使该层协议标准化,包括现有的国际标准和即将出台的国际标准。

3．服务

下层可以向上层提供两种不同类型的服务:面向连接的服务及无连接的服务。通常使用实体来表示任何可发送或接收信息的硬件或软件进程,对等实体就是通信双方的同一层实体,对等实体执行相同的协议、相同的文件格式。协议的实现保证了 N 层实体能够向 N ＋1 层实体提供服务。

服务是指某一层向它的上一层提供的一组原语,因而一个服务通常由一组原语操作来描述,这些原语定义了该层打算代表其用户执行哪些操作,或者将某个对等实体所执行的操作报告给用户,但是它并不涉及如何实现这些操作。用户进程通过这些原语操作来访问该服务。可以这么认为:协议是"水平的",即协议是控制对等实体之间通信的规则;而服务是"垂直的",即服务是由下层向上层通过层间接口提供的。

2.2.3 计算机网络的体系结构

设想这样一种简单的情况:连接在网络上的两台计算机要互相传送文件。完成这件事需要有哪些条件呢?

(1) 有一条传送数据的通路。

(2) 发起通信的计算机必须将数据通信的通路激活。所谓激活就是要发出一些信令,保证要传送的计算机数据能在这条通路上正确发送和接收。

(3) 告诉网络如何识别接收数据的计算机。

(4) 发起通信的计算机必须查明对方计算机是否已准备好接收数据。

(5) 发起通信的计算机必须清楚对方计算机中的文件管理程序是否已做好数据接收和数据存储的准备工作。

(6) 若数据格式不兼容,则至少其中的一台计算机应完成格式转换。

(7) 对出现的各种差错和意外事故,如数据传送错误、重复、丢失等,应有可靠的措施保证对方计算机最终能收到正确的数据。

由此可见,相互通信的两台计算机必须高度协调工作才行,而这样的协调依赖于完善合理的网络体系结构。

通常把网络协议及网络各层功能和相邻接口协议规范的集合称为网络体系结构。网络体系结构是层次化的系统结构,它可以看成是对计算机网络和它的部件所执行功能的精确定义。它把网络系统的通路分成一些功能分明的层,各层执行自己所承担的任务,依靠各层之间的功能组合为用户或应用程序提供访问另一层的通路。

常见的计算机网络体系结构有 DEC 公司的数字网络体系结构(DNA)、IBM 公司的系统网络体系结构(SNA)等。为解决异种计算机系统、异种操作系统、异种网络之间的通信,国际标准化组织(ISO)及国际上其他的一些标准化团体,在各厂家提出的计算机网络体系结构的基础上,提出了开放系统互联参考模型(OSI/RM)。

2.3 典型计算机网络参考模型

2.3.1 计算机网络的标准化

计算机网络的标准化工作对计算机网络的发展具有十分重要的意义。标准化工作的好坏对一种技术的发展有着很大的影响,缺乏国际标准将会使技术的发展处于比较混乱的状态,而盲目自由竞争的结果很可能形成多种技术体制并存且互不兼容的状态,给用户带来极大的不便。但国际标准的制定又是一个非常复杂的问题。目前,在全世界范围内,制定网络标准的标准化组织有很多,所制定的标准自然也很多,但在实际的应用中,大部分数据通信和计算机网络方面的标准主要由以下一些机构制定并发布:国际标准化组织(ISO)、国际电信联盟电信标准化部(ITU-T)、电气和电子工程师协会(IEEE)、电子工业协会(EIA)等。

1. 国际标准化组织

国际标准化组织的成员主要是世界各国政府的标准制定委员会的成员,它是一个国际性组织。该组织创建于 1974 年,是一个致力于国际标准制定的机构。作为一个国际性组织,它的目标是为国际间的产品和服务交流提供一种能带来兼容性更高、品质更好、生产率更高和价格更低的标准模型。该组织在促进科学、技术和经济领域的合作上十分活跃。开放系统互联参考模型(OSI/RM)就是国际标准化组织在信息技术领域的工作成果。

2. 国际电信联盟电信标准化部

早在 20 世纪 70 年代就有许多国家开始制定电信业的国家标准,但是电信业标准的国际性和兼容性几乎不存在。联合国为此在它的国际电信联盟(International Tele-communication Union,ITU)组织内部成立了一个委员会,称为国际电报电话咨询委员会(CCITT)。这个委员会致力于研究和建立适用于一般电信领域或特定的电话和数据系统的标准。1993 年 3 月,该委员会的名称改为国际电信联盟电信标准化部。

国际电信联盟电信标准化部又分为若干个研究小组,各个小组注重电信业标准的不同方面。各国的标准化组织(类似于美国国家标准化协会)向这些研究小组提出建议,如果研究小组认可,建议就被批准为 4 年发布一次的 ITU-T 标准的一部分。

ITU-T 制定的标准中最广为人知的是公用分组交换网(X. 25)和综合业务数字网(ISDN)。

3. 电气和电子工程师协会

电气和电子工程师协会(Institute of Electrical and Electronics Engineers,IEEE)是世界上最大的专业工程师团体。作为一个国际性组织,它的目标是在电气工程、电子、无线电,以及相关的工程学分支中促进理论研究、创新活动和产品质量的提高。负责为局域网制定 802 系列标准(如 IEEE 802.3 以太网标准)的委员会就是 IEEE 的一个专门委员会。

4. 电子工业协会

电子工业协会(Electronic Industries Association,EIA)是一个致力于促进电子产品生产的非盈利组织,它的工作除了制定标准外,还有公众观念教育等。在信息技术领域,EIA 在定义数据通信的物理接口和信号特性方面作出了重要贡献。尤其值得指出的是,它定义了串行通信接口标准:EIA-232-D、EIA-449 和 EIA-530。

5. 美国国家标准化协会

美国国家标准化协会是一个非盈利组织,它可向 ITU-T 提交建议并且是 ISO 中代表美国的全权组织。ANSI 的任务包括向美国国内自发的标准化提供全国性的协调、推广标准的采纳和应用,以及保护公众利益。ANSI 的成员来自各种专业协会、行业协会、政府和管理机构及消费者。ANSI 涉及的领域包括 ISDN 业务、发布信令和体系结构,以及同步光纤网(SONET)。

6. Internet 工程任务组

Internet 工程任务组(Internet Engineering Task Force,IETF)受 Internet 工程指导小组(Internet Engineering Steering Group,IESG)领导,主要关注 Internet 运行中的一些问题,对 Internet 运行中出现的问题提出解决方案。很多 Internet 标准都是由 IETF 开发的。

IETF 的工作可分为不同的领域,每个领域集中研究 Internet 中的特定课题。目前 IETF 的工作主要集中在这 9 个领域:应用、互联网协议、路由、运行、用户服务、网络管理、传输、互联网协议下一代(Internet Protocol Next Generation,IPNG)和安全。

7. Internet 协会

Internet 协会(ISOC)成立于 1992 年,是一个非政府的全球合作性国际组织,主要工作是协调全球在 Internet 方面的合作,就有关 Internet 的发展、可用性和相关技术的发展组织活动。Internet 协会的网址为 http://www.isoc.org。

Internet 协会的宗旨是:积极推动 Internet 及相关的技术,发展和普及 Internet 的应用,同时促进全球不同政府、组织、行业和个人进行更有效的合作,充分合理地利用 Internet。

Internet 协会采用会员制,会员来自全球不同国家各行各业的个人和团体。Internet 协会由会员推选的监管委员会进行管理。Internet 协会由许多遍及全球的地区性机构组成,这些分支机构都在本地运营,同时与 Internet 协会的监管委员会进行沟通。

8. 互联网编号分配机构和互联网名称和编号分配公司

互联网编号分配机构(Internet Assigned Numbers Authority,IANA)是受美国政府支持的负责 Internet 域名和地址管理的组织。1998 年 10 月,这项工作由美国商务部下属的互联网名称和编号分配公司(Internet Corporation for Assigned Names and Numbers,ICANN)负责。ICANN 是一个集合了全球网络界商业及学校各领域专家的非盈利性国际组织,负责 IP 地址分配、协议标识符的指派、通用顶级域名(generic top-level domain,gTLD)系统的管理、国家代码顶级域名(country code top-level Domain,ccTLD)系统的管理和根域名服务器的管理。而实际管理工作是由全球五大区域互联网注册管理机构(Regional Internet Registry,RIR)来具体负责。RIR 主要负责 IP 地址(含 IPv4 和 IPv6)和自治系统 AS 号等 Internet 资源的分配和注册。全球五大区域互联网注册管理机构有美洲互联网号码注册(American Registry for Internet Numbers,ARIN)机构、欧洲 IP 地址注册中心(Réseaux IP Européens,RIPE)、亚太地区网络信息中心(Asia Pacific Network Information Center,APNIC)、拉丁美洲及加勒比地区网络信息中心(Latin American and Caribbean Network Information Center,LACNIC)及非洲网络信息中心(Africa Network Information Center,AfriNIC)。ARIN 负责北美和加勒比海部分地区,RIPE 负责欧洲、中东和中亚地区,APNIC 负责亚洲(除中亚地区)和太平洋地区,LACNIC 负责拉丁美洲及加勒比海部分地区,AfriNIC 负责非洲地区。

中国互联网注册和管理机构称为中国互联网络信息中心(China Internet Network Information Center,CNNIC),它成立于 1997 年 6 月,是一个非盈利性的管理与服务机构,行使国家互联网信息中心的职责。中国科学院计算机网络信息中心承担 CNNIC 的运行和管理工作。CNNIC 的主要职责包括域名注册管理、IP 地址、AS 号分配与管理、目录数据库服务、互联网寻址技术研发、互联网调查与相关信息服务、国际交流与政策调研,承担中国互联网协会政策与资源工作委员会秘书处的工作。

2.3.2 OSI 参考模型

OSI 参考模型采用分层结构,如图 2-2 所示。OSI 参考模型(OSI/RM)的全称是开放系统互联参考模型,是由国际标准化组织提出的一种网络系统互联模型。

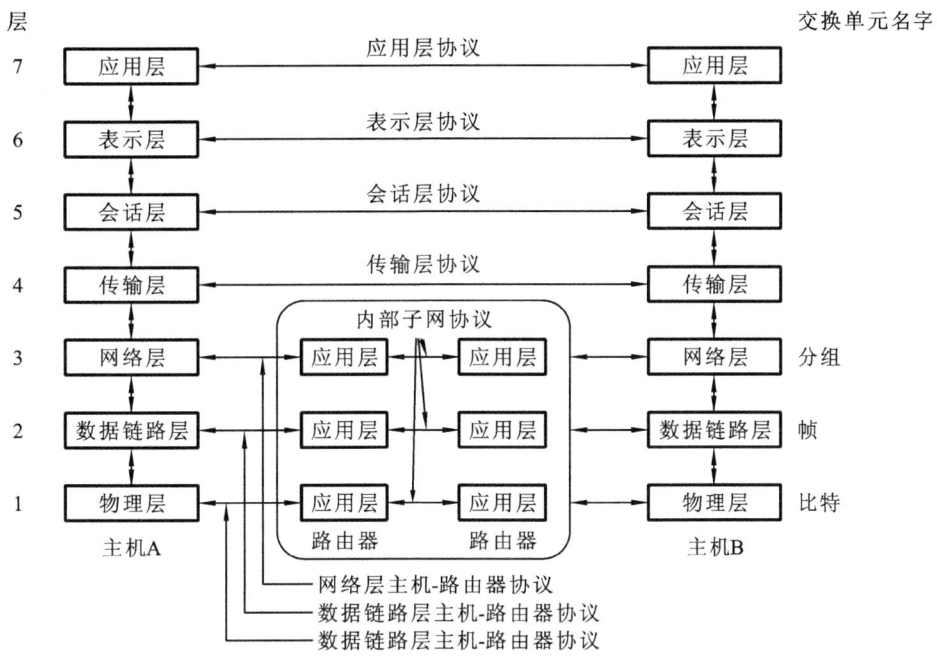

图 2-2　OSI 参考模型

提供各种网络服务功能的计算机网络系统是非常复杂的。根据分而治之的原则,ISO 将整个通信功能划分为 7 个层次,划分原则如下。

(1) 网络中各结点都有相同的层次。

(2) 不同结点的同等层具有相同的功能。

(3) 同一结点内相邻层之间通过接口通信。

(4) 每层使用下层提供的服务,并向其上层提供服务。

(5) 不同结点的同等层按照协议实现对等层之间的通信。

在这个 OSI 7 层模型中,每层都为其上层提供服务,并为其上层提供一个访问接口或界面。不同主机之间的相同层称为对等层。如主机 A 中的表示层和主机 B 中的表示层互为对等层。对等层之间互相通信需要遵守一定的规则,如通信的内容、通信的方式,这些规则称为协议(protocol)。将某个主机上运行的某种协议的集合称为协议栈。主机正是利用这个协议栈来接收和发送数据的。OSI 参考模型通过将协议栈划分为不同的层次,可以简化问题的分析、处理过程及网络系统设计的复杂性。例如,有一个工作站要与一个服务器进行通信,任务从工作站的应用层开始,经由较低的层格式化某类信息,直至数据到达物理层,然后通过网络传输到服务器。服务器于协议栈的物理层获取信息,向上层发送信息以解释信息,直至到达应用层。每层可用其名称称呼,也可用其在协议栈中的位置表明。例如,最底层可称为物理层或第 1 层。

最底层执行的功能与物理通信相关,如构建帧、传输含有包的信号;中间层协调结点间的网络通信,如确保通信会话无中断、无差错地持续进行。最高层的工作直接影响软件应用和数据表示,包括数据格式化、加密及数据与文件传输管理。在后续章节中将详细讨论这 7 个层。

第 1 层(物理层):处于 OSI 参考模型的最底层。物理层的主要功能是利用物理传输介质为数据链路层提供物理连接,以便透明地传送位流。为此,该层定义了与物理链路的建立、维护和拆除有关的机械、电气、功能和规程特性,包括信号线的功能、"0"和"1"信号的电平表示、数据传输速率、物理连接器规格及其相关的属性等。

第 2 层(数据链路层):数据链路层是为网络层提供服务的,为两个相邻结点之间解决通信问题。传送的协议数据单元称为帧。在一条有可能出差错的物理连接上,数据链路层可通过校验、确认和反馈重发等手段,进行几乎无差错的数据传输。

传输线路上突发的噪声干扰可能会把帧破坏掉。在这种情况下,发送方的数据链路层软件必须重传该帧。然而,相同帧的多次重传也可能使对方收到重复帧。数据链路层要解决由于帧的破坏、丢失和重传所出现的问题。

此外,数据链路层还要协调收发双方的数据传输速率,即进行流量控制,以防止接收方因来不及处理发送方发来的高速数据而导致缓冲器溢出及线路阻塞。

广播式网络在数据链路层还要处理新的问题,即如何控制对共享信道的访问。数据链路层的一个特殊子层——介质访问子层,就是专门处理这个问题的。

第 3 层(网络层):网络层是为传输层提供服务的,传送的协议数据单元称为数据包或分组。该层的主要作用是解决如何使数据包通过各结点传送的问题,即通过路径选择算法(路由)将数据包传送到目的地。另外,为避免通信子网中出现过多的数据包而造成网络阻塞,需要对流入的数据包数量进行控制(拥塞控制)。当数据包要跨越多个通信子网才能到达目的地时,还要解决网际互联的问题。

在广播式网络中,选择路由问题很简单。因此网络层很弱,甚至不存在。

第 4 层(传输层):传输层的基本功能是从会话层接收数据,并且在必要时把它分成较小的单元,传输给网络层,并确保到达对方的各段信息正确无误,而且,这些问题都必须高效地解决。从某种意义上讲,传输层使得会话层不受硬件技术变化的影响。

传输层可为会话层用户提供一个端到端的可靠、透明和优化的数据传输服务机制,包括全双工或半双工、流控制和错误恢复服务。该层要向高层屏蔽下层数据通信的细节,使高层用户看到的只是在两个传输实体间的一条主机到主机的、可由用户控制和设定的、可靠的数据通路。

会话层每请求建立一个传输连接,传输层就为其创建一个独立的网络连接。一方面,如果传输连接需要较高的信息吞吐量,传输层也可以为之创建多个网络连接,让数据在这些网络连接上分流,以提高吞吐量。另一方面,如果创建或维持一个网络连接不合算,传输层可以将几个传输连接复用到一个网络连接上,以降低费用。

第 5 层(会话层):在两个结点之间建立端连接,管理和协调不同主机上各种进程之间的通信(对话),即负责建立、管理和终止应用程序之间的会话,为端系统的应用程序之间提供对话控制机制。此服务(包括建立连接)是以全双工还是以半双工的方式进行设置,取决于在第 4 层中处理双工方式。

会话层的主要功能是向会话的应用进程之间提供会话组织和同步服务。它类似于两个实体间的会话概念。例如,一个交互的用户会话从登录到计算机开始,以注销结束。

第 6 层(表示层):主要用于处理两个通信系统中交换信息的表示方式。表示层以下的各层只关心可靠地传输位流,而表示层所关心的是传输信息的语法和语义,包括数据格式交换、数据加密与解密、数据压缩与恢复等功能。

表示层处理流经结点的数据编码的表示方式问题,以保证一个系统应用层发出的信息可被另一个系统的应用层读出。如果必要,该层可提供一种标准表示形式,用于将计算机内部的多种数据表示形式转换成网络通信中采用的标准表示形式。数据压缩和加密也是表示层可提供的转换功能之一。

第 7 层(应用层):应用层是 OSI 参考模型的最高层,是最终用户应用程序访问网络服务的地方,它负责整个网络应用程序的工作。

应用层为特定类型的网络应用提供访问 OSI 环境的手段。应用层确定进程之间通信的性质,以满足用户的需要。应用层不仅要提供应用进程所需要的信息交换和远程操作,而且要作为应用进程的用户代理来完成一些为进行信息交换所必需的功能。它包括文件传送访问和管理(FTAM)、虚拟终端(VT)、事务处理(TP)、远程数据库访问(RDA)、制造业报文规范(MMS)、目录服务(DS)等协议。

2.3.3　TCP/IP 参考模型

OSI 参考模型是网络的理想模型,虽然它是国际标准,但由于它出现的时间晚于 SNA、DNA 及 TCP/IP 等,加上 OSI/RM 自身存在缺点,在它推出近 20 年后,并没有出现一统天下的局面。特别是 TCP/IP,随着 Internet 在全球范围的不断普及,遵循 TCP/IP 的网络越来越多,有与 OSI/RM 平分天下之势。下面简单介绍 TCP/IP 体系。

TCP/IP 是一组用于实现网络互联的通信协议。Internet 网络体系结构以 TCP/IP 为核心。相对于 OSI 参考模型,基于 TCP/IP 的参考模型将协议分成 4 个层次,它们分别是网络接口层、网际互联层、传输层(主机到主机)和应用层,如图 2-3 所示。

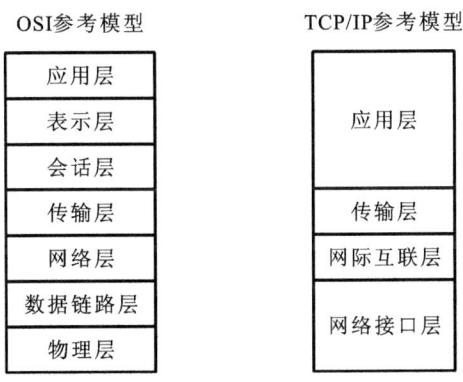

图 2-3　OSI 参考模型与 TCP/IP 参考模型

TCP/IP 各层包含的主要协议及各层的具体传输对象如表 2-1 所示。

表 2-1 TCP/IP 的层次结构

层 的 名 称	主 要 内 容	传输对象
应用层	SMTP、FTP、Telnet、DNS、HTTP、其他	
传输层	TCP、UDP	报文
网际互联层	IP、其他协议	IP 数据报
网络接口层	网络接口协议、以太网、令牌环、FDDI、其他网络	帧

下面简要介绍 TCP/IP 各层的功能。

1. 应用层

应用层对应于 OSI 参考模型的高层(会话层、表示层和应用层),为用户提供所需要的各种服务,例如,文件传输协议(FTP)、远程终端通信协议(Telnet)、域名服务(DNS)、简单邮件传输协议(SMTP)等。

FTP 提供了一种在两台计算机之间高效移动数据的途径,Telnet 允许一台计算机上的用户登录到远程计算机上,并且在远程计算机上进行工作。DNS 驻留在域名服务器上,维持着一个分布式数据库,提供从域名到 IP 地址的相互转换,并给出命名规则。SMTP 用于有效和可靠地传递邮件。

2. 传输层

传输层对应于 OSI 参考模型的传输层,为应用层实体提供端到端的通信功能。该层定义了两个主要的协议:传输控制协议(TCP)和用户数据报协议(UDP)。

TCP 提供的是一种可靠的、面向连接的数据传输服务。TCP 进行报文交换的过程是:建立连接、发送数据、发送确认、通知窗口大小,最后在数据发送完毕后释放连接。由于 TCP 在发送数据时,首部包含控制信息,所以发送下一帧数据时,可以同时捎带对前一帧数据的控制、确认等信令。

UDP 是对 IP 协议的扩充,提供的是不可靠的、无连接的数据传输服务。它主要用于那些"不想要 TCP 的序列化或者流控制功能,而希望自己提供这些功能"的应用程序。UDP 可以根据端口号对许多应用程序进行多路复用,并能校验和检查数据的完整性。它也广泛应用于一次性的客户机/服务器模式查询,以及快速递交和准确递交更重要的应用程序,如传输语音或影像等。

3. 网际互联层

网际互联层对应于 OSI 参考模型的网络层,主要解决主机到主机的通信问题,具体包括形成 IP 数据报和寻址、检验数据报的有效性、删除首部,以及选择路径将数据报转发到目的主机。该层有 4 个主要协议:网际协议(IP)、地址解析协议(ARP)、互联网组管理协议(IGMP)和互联网控制报文协议(ICMP)。

IP 协议是网际互联层最重要的协议,它提供了三项最基本的服务。

(1)基本数据单元的传输,规定了传输数据的确切格式。

(2)IP 软件执行路由选择功能,选择传输数据的路径。

(3)其他规则,包含确定主机和路由器如何处理分组、数据差错控制等。

4．网络接口层

网络接口层与 OSI 参考模型中的物理层和数据链路层相对应。事实上,TCP/IP 本身并未定义该层的协议,而由参与互联的各网络使用自己的物理层和数据链路层协议,然后与 TCP/IP 的网络接口层进行连接来实现服务的。网络接口层的作用是接收从上一层传来的数据单元(IP 数据报),通过特定的网络传输或从网络上接收帧,分离出其中的用户数据(IP 数据报),送到上一层处理。

2.3.4　五层协议的混合参考模型

刚才介绍的两种参考模型中,OSI 的七层参考模型概念清楚,理论比较完善,但它既复杂又不实用;而 TCP/IP 的四层参考模型简单,得到了广泛应用,但它不是一个通用的模型,没有区分服务、接口和协议的概念,网络接口层也没有具体内容,没有区分物理层和数据链路层。因此,在学习计算机网络的体系结构时往往采取折中的办法,即综合 OSI 和 TCP/IP 的优点,采用一种具有五层协议的混合参考模型,如图 2-4 所示。

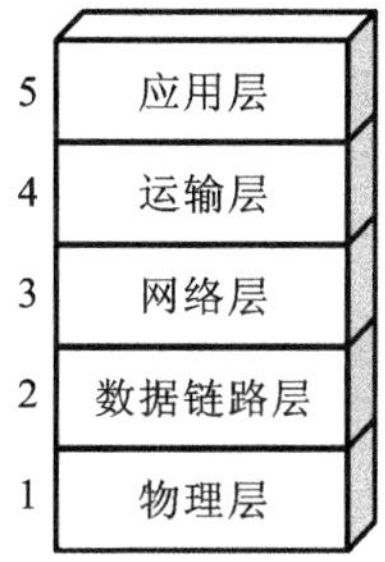

对于五层协议的混合参考模型,下面简要概括各层的主要功能。

1．物理层

物理层的任务就是透明地传送位流。物理层还要确定连接电缆插头的定义及连接法。

图 2-4　具有五层协议的混合参考模型

2．数据链路层

数据链路层的任务是在两个相邻结点间的线路上无差错地传送以帧为单位的数据。每一帧包括数据和必要的控制信息。

3．网络层

网络层的任务就是要选择合适的路由,使发送站的运输层所传下来的分组能够正确无误地按照地址找到目的站,并交付给目的站的运输层。

4．运输层

运输层的任务是为上一层进行通信的两个进程之间提供端到端的服务,使它们看不见运输层以下的数据通信的细节。

5．应用层

应用层直接为用户的应用进程提供服务。

习　题　2

2-1　下列设备属于资源子网的是(　　　)。

　　A．打印机　　　　　B．集中器　　　　　C．路由器　　　　　D．交换机

2-2　在 OSI 参考模型中,数据链路层的数据服务单元是(　　　)。

　　A．帧　　　　　　　B．报文　　　　　　C．分组　　　　　　D．位序列

2-3　在 OSI 参考模型中,网络层的主要功能是(　　　)。

  A. 提供可靠的端对端服务,透明地传输报文

  B. 路由选择、拥塞控制与网络互联

  C. 在通信实体间传送以帧为单位的数据

  D. 数据格式变换、数据加密与解密、数据压缩与恢复

2-4 在 OSI 参考模型中,服务定义为( )。

  A. 各层向下层提供的一组原语操作

  B. 各层间对等实体间通信的功能实现

  C. 各层通过其 SAP 向上层提供的一组功能

  D. 和协议的含义是一样的

2-5 网络传输中对数据进行统一的标准编码在 OSI 体系中由( )实现。

  A. 物理层   B. 网络层   C. 传输层   D. 表示层

2-6 以下哪一个选项按顺序包括了 OSI 模型的各个层次( )。

  A. 物理层、数据链路层、网络层、运输层、会话层、表示层和应用层

  B. 物理层、数据链路层、网络层、运输层、系统层、表示层和应用层

  C. 物理层、数据链路层、网络层、转换层、会话层、表示层和应用层

  D. 表示层、数据链路层、网络层、运输层、会话层、物理层和应用层

2-7 应用层 DNS 协议主要用于实现( )的网络服务功能。

  A. 域名到 IP 地址的映射   B. 网络硬件地址到 IP 地址的映射

  C. 进程地址到 IP 地址的映射   D. IP 地址到进程地址的映射

2-8 以下不属于协议组成要素的是( )。

  A. 语法   B. 语义   C. 时序   D. 字符

2-9 关于 TCP 和 UDP 区别的描述,错误的是( )。

  A. UDP 比 TCP 的安全性差

  B. TCP 是面向连接的,而 UDP 是无连接的

  C. UDP 要求对方发出的每个数据包都要确认

  D. TCP 可靠性高,UDP 则需要应用层保证数据传输的可靠性

2-10 在 OSI 环境下,下层能向上层提供两种不同形式的服务是( )。

  A. 面向连接的服务与面向对象的服务

  B. 面向对象的服务与无连接的服务

  C. 面向对象的服务与面向客户的服务

  D. 面向连接的服务与无连接的服务

2-11 在下列 OSI 参考模型的各层中,面向通信子网的层是( )。

  A. 传输层   B. 会话层   C. 应用层   D. 网络层

2-12 计算机网络协议采用层次结构有何好处?

2-13 OSI 参考模型指的是什么?请简单扼要说明各层的特点。

2-14 简要说明 TCP/IP 网络参考模型与 OSI 参考模型的区别。

第3章 数据通信基础

计算机网络是计算机技术与通信技术相结合的产物,在讨论计算机网络的底层设计时,其中有很大一部分内容与数据通信密切相关。本章将着重介绍数据通信中的一些基本概念和技术。

3.1 数据通信的理论基础

3.1.1 基本概念

数据、信号、信道是数据通信中的重要概念。通信的目的是传输消息(message)。

数据(data)是传输消息的实体,它总是与一定的形式相联系的,而信息(information)则是数据的内容或解释。数据在通信系统中的传输必定表现为某一种信号的形式。

信号是运载消息的工具,是消息的载体。从广义上讲,它包含光信号、声信号和电信号等。在通信过程中,信号是数据的电气的或电磁的表现。

1. 信号的分类

信号按数学关系、取值特征、能量功率、处理分析、所具有的时间函数特性、取值是否为实数等,可以分为确定性信号和非确定性信号(又称为随机信号)、连续信号和离散信号(对应模拟信号和数字信号)、能量信号和功率信号、时域信号和频域信号、时限信号和频限信号、实信号和复信号等。

2. 信号的调制

信号在传输的过程中受到环境的影响(实际信道的带宽受限,有噪声、系统干扰)会产生衰减、时延和变形(导致信号的失真),为了使信号能够更好、更有效地传输,在传输信号时必须对信号进行调制和解调。

3.1.2 傅里叶分析

傅里叶分析是数字信号处理的基础,它研究如何将一个函数或者信号表达为基本波形的叠加,是频域分析的重要工具。其包括连续傅里叶级数、连续傅里叶变换、离散时间傅里叶级数及离散时间傅里叶变换等。通过这些变换,可以将一个信号分解为表征信号频域特性的不同正弦波分量的组合。

利用傅里叶分析对信号进行频谱分析,包含两部分内容:傅里叶级数(FS)与傅里叶变换(FT)。

1. 傅里叶级数

傅里叶级数是用于对连续周期信号进行分析的一种方法,傅里叶级数是其他傅里叶分析方法的基础。

周期信号的傅里叶级数包含三角形式级数与指数形式级数两种表现形式。

三角形式级数可表示为

$$f(t) = a_0 + a_1 \cos(\omega_1 t) + b_1 \sin(\omega_1 t) + a_2 \cos(2\omega_1 t) + b_2 \sin(2\omega_1 t) + \cdots$$

式中,系数的计算公式如下:

$$a_0 = \frac{1}{T_1} \int_{t_0}^{t_0+T_1} f(t) dt,$$

$$a_n = \frac{2}{T_1} \int_{t_0}^{t_0+T_1} f(t) \cos(n\omega_1 t) dt,$$

$$b_n = \frac{2}{T_1} \int_{t_0}^{t_0+T_1} f(t) \sin(n\omega_1 t) dt,$$

傅里叶级数的三角形式表示方式可以最直观地理解傅里叶分析的作用,也就是说,可以看出一个周期信号内不同频率分量的构成情况。

傅里叶级数的指数形式可表示为

$$f(t) = \sum_{n=-\infty}^{+\infty} F(n\omega_1) e^{jn\omega_1 t} = \sum_{n=-\infty}^{+\infty} F_n e^{jn\omega_1 t},$$

$$F(n\omega_1) = F_n = \frac{1}{T_1} \int_{t_0}^{t_0+T_1} f(t) e^{-jn\omega_1 t} dt, \quad n \text{ 为整数}$$

典型周期信号的傅里叶级数(频谱)为

$$f(t) = a_0 + \sum_{n=1}^{+\infty} [a_n \cos(n\omega_1 t) + b_n \sin(n\omega_1 t)]$$

$$= c_0 + \sum_{n=1}^{+\infty} c_n \cos(n\omega_1 t + \varphi_n)$$

$$= \sum_{n=-\infty}^{+\infty} F_n e^{jn\omega_1 t}, \quad n \text{ 为正整数}$$

2. 傅里叶变换

傅里叶变换能将满足一定条件的某个函数表示成三角函数(正弦函数和/或余弦函数)或者它们的积分的线性组合。在不同的研究领域,傅里叶变换又可分为连续傅里叶变换和离散傅里叶变换。

一般情况下,如果"傅里叶变换"一词的前面未加任何限定语,则是指"连续傅里叶变换"。"连续傅里叶变换"将平方可积的函数 $f(t)$ 表示成复指数函数的积分或级数形式。

假设 f 是一个勒贝格可积的函数,定义其连续傅里叶变换 F 也是一个复函数,对于任意实数 ω(这里 i 是虚数单位),有

$$F(\omega) = \frac{1}{\sqrt{2\pi}} \int_{-\infty}^{+\infty} f(t) e^{-i\omega t} dt$$

式中,ω 为角频率;$F(\omega)$ 为复数,并且表示了信号在该频率成分处的相位和幅度。

3. 离散傅里叶变换

为了在科学计算和数字信号处理等领域使用计算机进行傅里叶变换,必须将函数 x_n 定义在离散点而非连续域内,且须满足有限性或周期性条件。这种情况下,使用离散傅里叶变换,可将函数 x_n 表示为:

$$x_n = \sum_{k=0}^{N-1} X_k e^{-i\frac{2\pi}{N}kn}, \quad n = 0, \cdots, N-1$$

式中,X_k 是傅里叶振幅。

直接使用这个公式进行计算的计算复杂度为 $O(n^2)$,而快速傅里叶变换(FFT)可以将复杂度改进为 $O(n\lg n)$。计算复杂度的降低及数字电路计算能力的发展使得离散傅里叶变换(DFT)成为信号处理领域十分实用且重要的方法。

离散傅里叶变换是连续傅里叶变换在时域和频域上都离散的形式,将时域信号的采样变换为离散傅里叶变换频域的采样。在形式上,变换两端(时域和频域上)的序列是有限长的,而实际上这两组序列都应当被认为是离散周期信号的主值序列。即使对有限长的离散信号作 DFT,也应当将其看成经过周期延拓的周期信号再作变换。

3.1.3 有限带宽信号

信号的带宽是指该信号所包含的各种不同频率成分所占据的频率范围。

对于信号处理和传输来说,信号的带宽通常是指信号能量集中的频率范围。至于多少百分比的信号能量集中的范围视为带宽,要根据不同的实际需要来判断。判断的标准就是,如果在某个频率范围内的信号频谱已经基本提供了用户需要的信息,那么这个频率范围外的信号频谱就变得可有可无,而这个频率范围就是带宽。一般情况下,信道将所有频率的输入信号的功率抑制到通带内信号功率的一半,也就是到达所谓半功率点处时,通带左、右两侧的半功率点所对应的频率范围即为信道带宽。

在计算机网络中,带宽是指单位时间内能够在线路上传输的数据量,常用的单位是 b/s(bit per second),即网络可通过的最高数据传输速率。

3.1.4 信道的最大数据传输速率

信号传输速率是指单位时间内所传输数据量的多少。有两种传输速率的常用单位。一种是码元速率,是指单位时间内传输的码元个数,单位为波特(Baud),也称为波特率。一个数字脉冲为一个码元。若码元的宽度为 T s,则 1 B=1/T。另一种是数据传输速率,是指单位时间内传输的信息量,单位为位/秒(b/s),也称为比特率。

奈奎斯特在 1924 年推导出有限带宽无噪声信道的最大码元速率,称为奈奎斯特定理。

如果信道带宽为 W,则奈奎斯特定理指出最大码元速率为 B=2 W(Baud)。奈奎斯特定理指定的信道容量也称为奈奎斯特极限,这是由信道的物理特性决定的。超过奈奎斯特极限传输脉冲信号是不可能的,所以要进一步提高波特率以改善信道带宽。

码元携带的信息量由码元所取的离散值个数决定。如果码元取 2 个离散值,则 1 个码元携带 1 b 信息。如果码元可取 4 个离散值,则 1 个码元携带 2 b 信息。总之,1 个码元携带的信息量 n(bit)与码元的种类数 N 的关系为 $n=\log_2 N$。

单位时间内在信道上传输的信息量(比特数)称为数据传输速率。在一定波特率下提高速率的途径是用 1 个码元表示更多的位数。如果把 2 b 编码为 1 个码元,则数据传输速率可成倍提高,即

$$R = B \log_2 N = 2W \log_2 N$$

式中,R 表示数据传输速率,单位是位每秒(b/s)。

数据传输速率和波特率是两个不同的概念。仅当码元取 2 个离散值时两者才相等,即当 N＝2 时,最大码元速率才等于最大数据传输速率。对于普通电话线路,带宽为 3 000 Hz,最高波特率为 6 000 B。而最高数据传输速率可随编码方式的不同而取不同的值。这些都是在无噪声的理想情况下的极限值。实际信道会受到各种噪声的干扰,因而远远达不到按奈奎斯特定理所计算出的数据传输速率。

香农在奈奎斯特定理的基础上,于 1948 年推导出了有限带宽有噪声信道的最大数据传输速率,有噪声的极限数据传输速率可由下面的公式计算:

$$C=W \log_2(1+S/N)$$

这个公式称为香农定理,其中,W 为信道带宽,S 为信号的平均功率,N 为噪声的平均功率,S/N 为信噪比。由于实际使用中 S 与 N 的比值太大,故常取其分贝(dB)。分贝与信噪比的关系为 dB＝10 lg(S/N)。例如,当 S/N 为 1 000 时,则信噪比为 30 dB。这个公式与信号取的离散值无关,也就是说,无论用什么方式调制,只要给定了信噪比,单位时间内最大的信息传输量就确定了。

假设信道带宽为 3 000 Hz,信噪比为 30 dB,根据香农公式,则最大数据传输速率为

$$C=3\ 000 \log_2(1+1\ 000)\ b/s \approx 3\ 000 \times 9.97\ b/s \approx 30\ 000\ b/s$$

这是理论上的极限值。实际上,在 3 000 Hz 带宽的信道上往往达不到这么高的数据传输速率。

1. 调制、解调、载波

调制是一种将信号注入载波,并以此信号对载波加以控制和处理的技术,它可将原始信号转变成适合传输的电波信号。依据调制信号的不同,调制可分为数字调制及模拟调制,这些不同的调制是以不同的方法将信号和载波合成的技术。

调制的逆过程称为解调,用于还原原始信号。

载波(carrier wave)是指被调制成传输信号的波形,一般为正弦波。一般要求正弦载波的频率远远高于调制信号的带宽,否则会发生混叠,使传输信号失真。可以这样理解,需要发送的数据频率是低频的,如果按照本身的数据频率来传输,则不利于接收和同步。使用载波传输,可以将数据的信号加载到载波的信号上,接收方按照载波的频率来接收数据信号。有意义的信号波的波幅与无意义的信号波的波幅是不同的,将这些信号提取出来就是我们需要的数据信号。基带(baseband)加载波而成为宽带(broadband)。

调制与解调的意义:可以将信号的频谱搬移到任意位置,从而有利于信号的传输,并且使频谱资源得到充分利用。调制作用的实质就是使相同频率范围的信号分别依托于不同频率的载波上,接收方就可以分离出所需的频率信号,不至于互相干扰。这也是在同一信道中实现多路复用的基础。

2. 调频、调幅、调相

1) 信号的基本特征(幅度、频率、相位)与调制方式

通信的最终目的是在一定距离内传输信息。虽然基带数字信号可以在传输距离相对较近的情况下直接传输,但如果要远距离传输,特别是在无线或光纤信道上传输,就必须经过调制将信号频谱搬移到高频处才能在信道中传输。为了使数字信号在有限带宽的高频信道

中传输,必须对数字信号进行载波调制。如同传输模拟信号一样,传输数字信号也有幅移键控(ASK)、频移键控(FSK)和相移键控(PSK)3 种基本的调制方式,它们分别对应于用载波(正弦波)的幅度、频率和相位来传输数字基带信号。在数字通信的 3 种调制方式(ASK、FSK、PSK)中,就频带利用率和抗噪声性能(或功率利用率)来看,一般都是 PSK 最佳。所以,PSK 在数字信号传输中得到了广泛的应用。

信号按调制方式可分为调频、调相和调幅 3 种。

- ASK:载波的幅度是随着调制信号的变化而变化的。
- PSK:根据数字基带信号的电平影响载波相的变化和切换。
- FSK:用数字基带信号的变化去控制载波的频率变化。

上述 3 种调制方法是最基本的调制方式,随着大容量和远距离数字通信技术的发展,出现了一些新的要求,主要是信道的带宽限制和非线性对传输信号的影响。在这种情况下,传统的数字调制方式已不能满足应用的需求,需要采用新的数字调制方式以减小信道对传输信号的影响,以便在有限的带宽资源条件下获得更高的数据传输速率。

2)数字信号中常用的调制方式

正交振幅调制(quadrature amplitude modulation,QAM)是数字信号的一种调制方式。在调制过程中,同时以载波信号的幅度和相位来代表不同的数字位编码,把多进制与正交载波技术结合起来,进一步提高频带利用率。QAM 是用两路独立的基带信号对两个相互正交的同频载波进行抑制载波双边调幅的技术,它利用这种已调信号的频谱在同一带宽内的正交性,实现两路并行的数字信号的传输。该调制方式通常有二进制 QAM(4QAM)、四进制 QAM(16QAM)、八进制 QAM(64QAM)……对应的空间信号矢量端点分布图称为星座图。

正交频分复用(orthogonal frequency division multiplexing,OFDM)调制是多载波调制(multi-carrier modulation,MCM)的一种。其主要思想是:将信道分成若干正交子信道,将高速数据信号转换成并行的低速子数据流,调制到每个子信道上进行传输。正交信号可以在接收方采用相关技术来分开,这样可以减小子信道之间的相互干扰。每个子信道上的信号带宽小于信道的相关带宽,因此每个子信道上的信号带宽可以看成是平坦性衰落,从而可以消除信号间干扰。而且由于每个子信道的带宽仅仅是原信道带宽的一小部分,所以信道均衡变得相对容易。OFDM 可以结合分集、时空编码、干扰和信道间干扰抑制及智能天线技术,最大限度地提高系统性能。

3.2 数据通信技术

3.2.1 数据通信系统的基本构成

数据通信系统是指通过通信线路和通信控制处理设备,将分布在各处的数据终端设备连接起来,执行数据传输功能的系统。

数据通信系统由信源、信宿和信道 3 部分组成。其中,我们通常将数据的发送方称为信源,而将数据的接收方称为信宿。信源和信宿一般是指计算机或其他一些数据终端设备。

为了在信源和信宿之间实现有效的数据传输,必须在信源和信宿之间建立一条传输信号的物理通道,这条通道称为物理信道,简称信道。

按照数据在线路上的传输方向,数据通信的方式可以有以下 3 种基本方式。

1. 单工通信

单工通信只支持数据在一个方向上传输,又称单向通信。如无线电广播和有线电视广播都是单工通信。

2. 半双工通信

半双工通信又称双向交替通信,允许数据在两个方向上传输,但在同一时刻,只允许数据在一个方向上传输,它实际上是一种可切换方向的单工通信,即通信双方都可以发送信息,但不能双方同时发送(当然也不能同时接收)。这种方式一般用于计算机网络的非主干线路中。

3. 全双工通信

全双工通信允许数据同时在两个方向上传输,又称双向同时通信,即通信的双方可以同时发送和接收数据。这种通信方式主要用于计算机与计算机之间的通信。

单工通信只需要一条信道,而半双工通信或全双工通信则需要两条信道(每个方向各一条)。显然,全双工通信的传输效率最高。

信道可以分为传送模拟信号的模拟信道和传送数字信号的数字信道两大类。

信道上传送的信号还有基带信号和宽带信号之分。基带信号就是将数字信号 1 和 0 直接用两种不同的电压来表示,然后送到线路上去传输的。而宽带信号则是将基带信号进行调制后形成的频分复用模拟信号。基带信号进行调制后,其频谱搬移到较高的频率处,由于每一路基带信号的频谱被搬移到不同的频段,因此合在一起后并不会相互干扰。这样做就可以在一条电缆中同时传送多路数字信号,因而提高了线路的利用率。

3.2.2 数据编码技术

根据数据的取值方式,数据可分为模拟数据(analog data)和数字数据(digital data)两种。模拟数据是连续变化的值,如温度、压力。数字数据则是离散变化的值,如在计算机中用二进制代码表示的字符、图形、音频与视频。

根据信号中代表消息的参数的取值方式不同,信号可分为模拟信号和数字信号(对应连续信号和离散信号)两大类。数字信号便于数字设备处理,使用两种不同电平"0"与"1"表示其状态;模拟信号是连续信号,适合在模拟信道上传输。

信号必须经过编码或调制才能在适当的传输介质上传输,例如,数字数据经过modem 后被调制为模拟信号,然后才能在模拟信道上传输;编码器是将模拟数据编码为数字信号。

数据编码技术是研究数据在信号传输过程中如何进行编码(变换)。选择某种编码技术的目的可能是节省带宽,便于同步,或者是减少差错率,也可能是受到传输介质本身特性的限制。

下面主要介绍数字数据编码为数字信号的技术以及模拟信号转换为数字信号的技术。

1. 数字数据编码为数字信号

在计算机网络中传输数据的时候,为了便于同步,减少在传输介质中的传输损耗和提高抗环境干扰能力,需要将传输的数据进行编码。

常见的编码方式有以下几种。

(1) 不归零(non-return to zero,NRZ)制码。

原理:用两种不同的电平分别表示二进制信息“0”和“1”,低电平表示“0”,高电平表示“1”,也叫二进制编码。

缺点:难以分辨 1 位的结束和另 1 位的开始;发送方和接收方必须有时钟同步;若信号中“0”或“1”连续出现,则信号直流分量将累加。

结论:容易产生传播错误。

(2) 曼彻斯特编码(Manchester encoding),也称相位编码。

原理:每一位中间都有一个跳变,从低跳到高表示“0”,从高跳到低表示“1”。

优点:克服了 NRZ 码的不足。每一位中间的跳变既可作为数据,又可作为时钟,能够自同步。

主要应用场合:Ethernet(以太网)。

(3) 差分曼彻斯特编码(differential Manchester encoding)。

原理:每一位中间都有一个跳变,每一位开始时有跳变表示“0”,无跳变表示“1”。位中间跳变表示时钟,位前跳变表示数据。

优点:时钟、数据分离,便于提取。

主要应用场合:token ring network(令牌环网)。

这三种编码方式如图 3-1 所示。

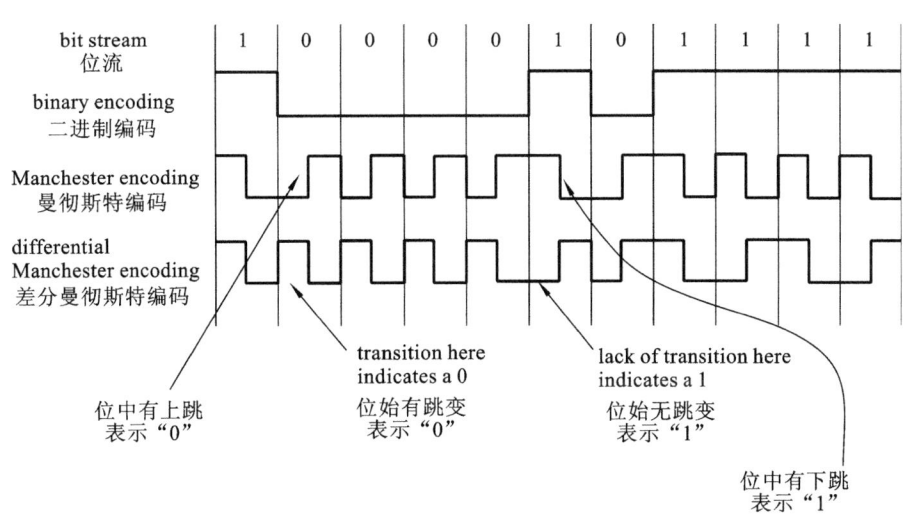

图 3-1　常用的编码方式

2. 模拟信号转换为数字信号

模拟信号转换为数字信号的目的是利用数字信道来传输模拟数据,如语音是模拟数据,为了避免模拟传输带来噪声,充分利用数字传输的优点,要求把模拟数据转换成数字信号,也就是把模拟数据数字化。

一般通过脉冲编码调制(pulse code modulation,PCM)方法把模拟信号转换为数字信号,即让模拟信号的不同幅度分别对应不同的二进制值,如采用 8 位编码可将模拟信号对应为 2^8(256)个量级。

脉冲编码调制是通过对模拟信号先采样,再对样值幅度量化、编码,把一个时间连续、取值连续的模拟信号变换成时间离散、取值离散的数字信号后在信道中传输,从而实现模拟信号数字化的过程。

脉冲编码调制主要经过采样、量化和编码 3 个过程。采样过程将连续时间模拟信号变为离散时间、连续幅度的采样信号。量化过程将采样信号变为离散时间、离散幅度的数字信号。编码过程将量化后的信号编码成为一个二进制码组输出。

采样就是对模拟信号进行周期性扫描,把时间上连续的信号变成时间上离散的信号。该模拟信号经过采样后还应当包含原信号中的所有信息,也就是说,能无失真地恢复原模拟信号。它的采样速率的下限是由采样定理确定的。

量化就是把经过采样得到的瞬时值的幅度离散,即用一组规定的电平把瞬时采样值用最接近的电平值来表示。一个模拟信号经过采样量化后,得到已量化的脉冲幅度调制信号,它仅为有限个数值。

编码就是用一组二进制码组来表示每个有固定电平的量化值。然而,实际上量化是在编码过程中同时完成的,故编码过程也称 A/D(模/数)变换。

PCM 主要有标准 PCM、差分脉冲编码调制(DPCM)和自适应 DPCM 三种方式。在标准 PCM 中,频带被量化为线性步长的频带,用于存储绝对量值。在 DPCM 中存储的是前后电流值之差,因而存储量减少了约 25%。自适应 DPCM 改变了 DPCM 的量化步长,在给定的信噪比下可压缩更多的信息。

3.2.3　多路复用技术

多路复用通常表示在一个信道上传输多路信号或数据流的过程和技术。因为多路复用能够将多个低速信道整合到一个高速信道进行传输,从而有效地利用了高速信道,提升了信道的利用率,使得一条线路能同时供多个用户使用而互不影响。

多路复用和多址接入在概念上非常类似,在技术上也有相同的地方,但是这两个术语有一定的差别。多址接入是指通信网络具有多个用户通过公共的信道接入网络的能力。通常情况下,为了实现多址接入,通信网络必须实现多路复用。但是,实现了多路复用的通信网络不一定能实现多址接入。多路复用可以分为以下几种。

1. 时分多路复用

时分多路复用(time division multiplexing,TDM)是将传输信号的时间进行分割,使不同的信号在不同的时间内传输,即将整个传输时间分为许多时间间隔(又称为时隙、时间片等,slot time)。每个时间片被一路信号占用。

TDM 就是通过在时间上交叉发送每路信号的一部分来实现一条电路传输多路信号的。电路上的每个短暂时刻只有一路信号存在。因为数字信号是有限个离散值,所以TDM 技术广泛应用于包括计算机网络在内的数字通信系统中,而模拟通信系统的传输一般采用频分多路复用(FDM)。

以电话通信为例说明时分多路复用的过程:发送方的各路话音信号经低通滤波器将带宽限制在 3 400 Hz 以内,然后加到匀速旋转的电子开关 SA₁ 上,依次接通各路信号,它相当于对各路信号按一定的时间间隙进行采样。SA₁ 旋转一周的时间为一个采样周期 T,这样就做到了对每路信号每隔周期 T 时间采样一次,此时间周期称为 1 帧长。发送方电子开关 SA₁ 不仅起到采样作用,同时起到复用和合路的作用。合路后的采样信号首先送入编码器进行量化和编码,然后将信号码流送往信道。在接收方,将各分路信号编码进行统一译码,还原后的信号由分路开关 SA₂ 依次接通各分路,在各分路中经低通滤波器将重建的话音信号送往接收方,如图 3-2 所示。

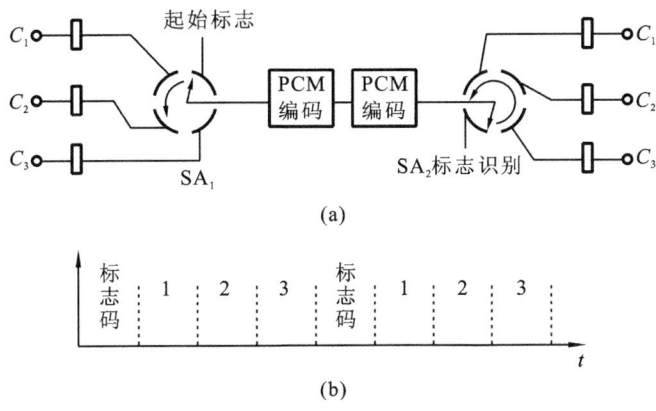

图 3-2　时分复用的简化结构

时分多路复用又分为同步时分多路复用(synchronous time division multiplexing,STDM)和异步时分多路复用(asynchronous time division multiplexing,ATDM)。

1) 同步时分多路复用

同步时分多路复用采用固定时间片分配方式,即将传输信号的时间按特定长度连续地划分成特定的时间段(一个周期),再将每个时间段划分成等长的多个时隙,每个时隙以固定的方式分配给各路数字信号,各路数字信号在每个时间段都顺序分配到一个时隙。由于在同步时分多路复用方式中,时隙预先分配且固定不变,无论时隙拥有者是否传输数据,都占有一定时隙,这就形成了时隙浪费,其时隙的利用率很低。为了克服 STDM 的缺点,引入了异步时分复用技术。

2) 异步时分多路复用

异步时分复用技术又称为统计时分多路复用(statistical time division multiplexing)技术,它能动态地按需分配时隙,以避免每个时间段中出现空闲时隙。ATDM 就是当某一用户在有数据要发送时才把时隙分配给它;当用户暂停发送数据时,则不给它分配时隙。这样电路的空闲时隙可用于其他用户的数据传输。

PCM 编码有两种标准:A 律和 μ 律。因此,国际上对应有两种互不兼容的 PCM 时分复用系统。一种是对应 A 律的 PCM 30/32 路时分复用系统,中国和欧洲各国使用,在采样周期 $T_i=125~\mu s$,即帧周期内,可以包含 32 路时分复用信号,其中 30 路为用户数据,第 0 路和第 16 路用来进行同步。另一种是对应 μ 律的 PCM 24 路时分复用系统,北美各国和日本使用,在一个采样周期内,可包含 24 路时分复用信号。

E1 TDM 支持 2.048 Mb/s 通信链路,每帧划分为 32 个时隙,单信道的传输速率为 64 Kb/s。T1 TDM 支持 1.544 Mb/s 通信链路,每帧划分为 24 个时隙,单信道的传输速率为 64 Kb/s,其中 8 Kb/s 信道用于同步操作和维护过程。E1/T1 TDM 最初应用于电话公司的数字化语音传输,现在也应用于广域网链路,如图 3-3 所示。

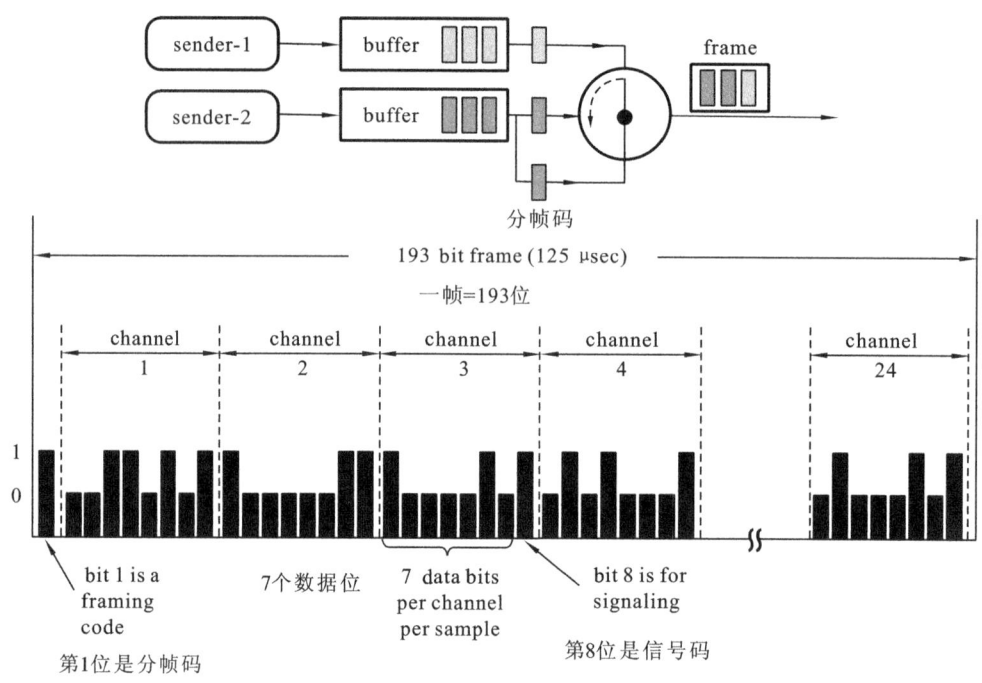

图 3-3　T1 标准的帧结构

当需要更高的传输速率时,可以进行高阶复用,构成一次群、二次群、三次群等高阶次群,如图 3-4 所示。

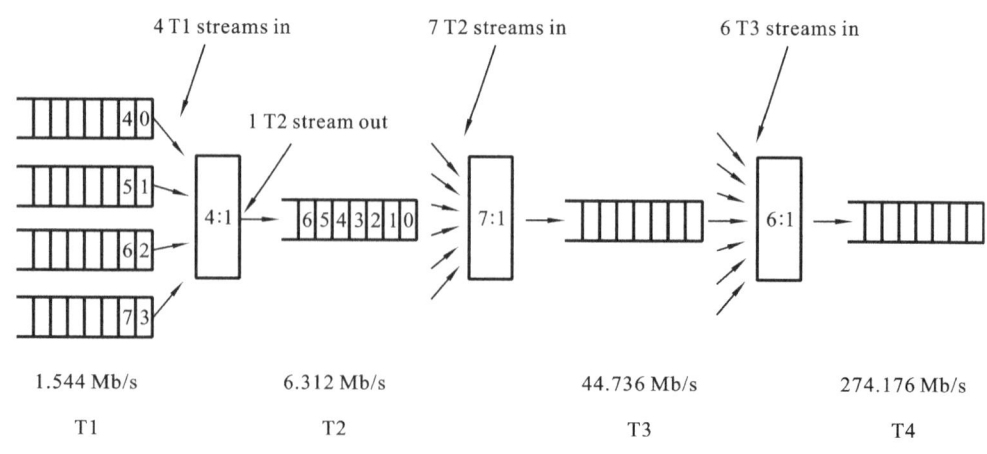

图 3-4　高阶复用示例

同步数字体系(synchronous digital hierarchy,SDH)是一种将复用、线路传输及交换功能融为一体,并由统一网管系统操作的综合信息传送网络,其前身是美国贝尔实验室提出的同步光网络(SONET)。1988 年,ITU-T 以美国标准 SONET 为基础,制定国际标准同步数字体系,使其成为不仅适用于光纤也适用于微波和卫星传输的通用技术体系。但两者之间有些区别:SDH 的基本传输速率为 155.52 Mb/s,称为第 1 级同步传输模块(synchronous transfer module),即 STM-1,相当于 SONET 体系中的 OC-3 速率,如表 3-1 所示。

表 3-1　SONET/SDH 的复用层次

SONET		SDH	data rate/(Mb/s)		
electrical	optical	optical	gross	SPE	user
STS-1	OC-1	—	51.84	50.112	49.536
STS-3	OC-3	STM-1	155.52	150.336	148.608
STS-9	OC-9	STM-3	466.56	451.008	445.824
STS-12	OC-12	STM-4	622.08	601.344	594.432
STS-18	OC-18	STM-6	933.12	902.016	891.648
STS-24	OC-24	STM-8	1 244.16	1 202.688	1 188.864
STS-36	OC-36	STM-12	1 866.24	1 804.032	1 783.296
STS-48	OC-48	STM-16	2 488.32	2 405.376	2 377.728
STS-192	OC-192	STM-64	9 953.28	9 621.504	9 510.912

SDH 采用的信息结构等级称为同步传输模块(N=1,4,16,64),最基本的模块为 STM-1;4 个 STM-1 同步复用构成 STM-4;16 个 STM-1 或 4 个 STM-4 同步复用构成 STM-16;4 个 STM-16 同步复用构成 STM-64;4 个 STM-64 同步复用构成 STM-256。

SDH 采用块状的帧结构来承载信息,每帧由纵向 9 行和横向 90 列字节组成,每个字节含 8 b,整个帧结构分成段开销(section overhead,SOH)区、净负荷区和管理单元指针(AU PTR)区 3 个区域。其中段开销区主要用于网络的运行、管理、维护及指配,以保证信息能够正确灵活地传送。段开销区又分为再生段开销(regenerator section overhead,RSOH)区和复用段开销(multiplex section overhead,MSOH)。净负荷区用于存放真正用于信息业务的位和少量用于通道维护管理的通道开销字节。管理单元指针区用于指示净负荷区内的信息首字节在 STM-N 帧内的准确位置,以便接收时能正确分离净负荷,如图 3-5 所示。

SDH 的帧传输时按由左到右、由上到下的顺序排成串形码流依次传输,每帧传输时间为 125 μs,每秒传输 $1/125 \times 1\,000\,000$ 帧。对 STM-1 而言,每帧字节为 $8 \times (9 \times 270 \times 1)$ b $=19\,440$ b,则 STM-1 的传输速率为 $19\,440 \times 8\,000$ b/s$=155.520$ Mb/s;STM-4 的传输速率为 4×155.520 Mb/s $= 622.080$ Mb/s;STM-16 的传输速率为 16×155.520(或 4×622.080)Mb/s$=2\,488.320$ Mb/s。

SDH 传输业务信号时,各种业务信号要进入 SDH 的帧都要经过映射、定位和复用三个步骤。映射是将各种传输速率的信号先经过码速调整装入相应的标准容器(C),再加入通

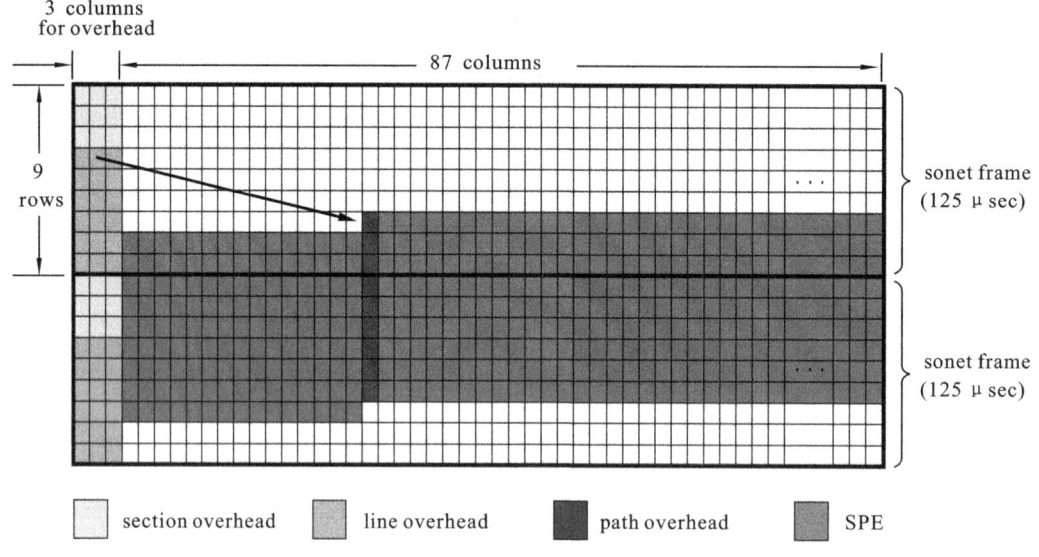

图 3-5　SONET/SDH 的帧结构

道开销（POH）形成虚容器（VC）的过程。帧相位发生偏差称为帧偏移。定位是将帧偏移信息收进支路单元（TU）或管理单元（AU）中的过程，它通过支路单元指针（TU PTR）或管理单元指针（AU PTR）的功能来实现。复用的概念比较简单，是一种使多个低阶通道层的信号适配进高阶通道层，或把多个高阶通道层的信号适配进复用层的过程。复用也就是通过字节交错间插方式把 TU 组织进高阶 VC 或把 AU 组织进 STM-N 的过程，由于经过 TU 和 AU 指针处理后的各 VC 支路信号已相位同步，因此该复用过程的同步时分多路复用原理与数据的串并变换相类似。

2. 频分多路复用

频分多路复用（frequency division multiplexing，FDM）是指信道的带宽被划分为多种不同频带的子信道，每个子信道可以并行传输一路信号的一种多路复用技术。FDM 常用于模拟传输的宽带网络中。在通信系统中，信道所能提供的带宽通常比传输一路信号所需的带宽要宽得多，因此，一个信道只传输一路信号是非常浪费的。为了能够充分利用信道的带宽，就可以采用频分复用的方法。在频分复用系统中，信道的可用频带被分成若干个互不交叠的频段，每路信号使用其中一个频段传输，因而可以用滤波器将它们分别过滤和分离出来，然后分别解调接收。

3. 波分多路复用

波分多路复用（wavelength division multiplexing，WDM）是将两种或多种不同波长的光载波信号（携带各种信息）在发送方经复用器（也称为合波器，multiplexer）汇合在一起，并耦合到光线路的同一根光纤中进行传输的技术。在接收方，经解复用器（也称为分波器或去复用器，demultiplexer）将各种波长的光载波分离，然后由光接收机作进一步处理以恢复原信号。这种在同一根光纤中同时传输两个或众多不同波长光信号的技术，称为波分多路复用。

4. 码分多路复用

码分多路复用(code division multiplexing,CDM)与 FDM(频分多路复用)和 TDM(时分多路复用)不同,它既共享信道的频率,也共享时间,是一种真正的动态复用技术。其原理是每位时间被分成 m 个更短的时间槽,称为码片(chip)。通常情况下,每位有 64 个或 128 个码片。为每个站点(通道)指定一个唯一的 m 位的代码或码片序列。当发送 1 时站点就发送码片序列,发送 0 时就发送码片序列的反码。当两个或多个站点同时发送时,各路数据在信道中被线性相加。为了从信道中分离各路信号,要求各个站点的码片序列是相互正交的。

假如用 S 和 T 分别表示两个不同的码片序列,用!S 和!T 表示各自码片序列的反码,那么应该有 S·T=0,S·!T=0,S·S=1,S·!S=-1。当某个站点想要接收 X 站点发送的数据时,首先必须知道 X 的码片序列(设为 S)。假如从信道中收到的和矢量为 P,那么通过计算 S·P 的值就可以提取出 X 发送的数据,即

S·P=0 说明 X 没有发送数据;

S·P=1 说明 X 发送了 1;

S·P=-1 说明 X 发送了 0。

码分多路复用技术主要用于无线通信系统,特别是移动通信系统。它不仅可以提高通信的话音质量、数据传输的可靠性及减少干扰对通信的影响,而且增大了通信系统的容量。

3.3　数据交换技术

数据交换(data switching)就是在多个数据终端设备(DTE)之间,为任意两个数据终端设备建立数据通信临时互联通路的过程。

在计算机网络中,负责进行数据传输的部分是通信子网,通信子网由传输线路和中间结点组成,当发送方和接收方之间没有线路直接相连时,发送方发出的数据先到达与之直接相连的中间结点,再从该中间结点传到下一个中间结点,经过不断存储转发,直至到达接收方为止,这个过程是网络中典型的交换过程。

数据交换分为电路交换、报文交换和分组交换三种基本方式。电路交换最早应用于语音通信的电话网络,而报文交换和分组交换适合于进行数字通信的存储转发交换(store and forward switching)方式,其中分组交换又可分为数据报方式和虚电路方式。

3.3.1　电路交换

当用户之间要传输数据时,交换中心可在用户之间建立一条暂时的数据电路。电路接通后,用户双方便可传输数据,并一直占用到传输完毕拆除电路为止。电路交换引入的时延很小,而且交换机对数据不加处理,因而适合传输实时性强和批量大的数据。

电路交换主要包含以下三个阶段。

(1)电路建立:通过源结点请求完成交换网中相应结点的连接过程,这个过程建立一条由源结点到目的结点的传输通道。

(2)数据传输:电路建立完成后,用户就可以在这条临时的专用电路上传输数据。

(3)电路拆除:在完成数据传输后,源结点发出释放请求信息,请求终止通信。如果目

的结点接收释放请求,则发回释放应答信息。在电路拆除阶段,各结点相应地拆除该电路的对应连接,以释放由该电路占用的结点和信道资源。

3.3.2　报文交换

对较为连续的数据流(如话音),电路交换是一种易于使用的技术。对数字数据通信,报文交换是使用比较广泛的技术。在报文交换技术中,结点接收一个报文后,报文暂时存放在结点的存储设备中,等待输出电路空闲时,再根据报文中所指的目的地址转发到下一个合适的结点中,如此往复,直到报文到达目标数据终端为止。

在报文交换中,发送方首先要把发送的数据转换成报文,每个报文由传输的数据和首部组成,首部中有源地址和目标地址,然后由接收方将报文还原为数据。

结点可根据首部中的目标地址为报文进行路径选择,并且对收发的报文进行相应处理,例如,差错检查和纠错、调节输入/输出速度可以进行数据传输速率转换、流量控制,甚至进行编码方式的转换等,所以报文交换是在两个结点间的链路上逐段传输的,不需要在两个主机间建立由多个结点组成的电路通道。

报文交换的优点如下。

(1) 传输可靠性高。它可以有效采用差错校验和重发技术。

(2) 线路利用率高。它可以把多条低速电路集中成高速电路传输,并且可以使多个用户共享一个信道。

(3) 使用灵活。它可以进行代码变换、传输速率变换等预处理工作,因而它能在类型、传输速率、规程不同的终端之间传输数据。但是,报文交换不适合于会话型和实时性要求较高的业务。一般报文交换要按传输数据的重要程度和紧迫程度,分成不同的优先等级加以传输。

3.3.3　分组交换

分组交换也属于存储/转发方式的交换技术,但其不像报文交换那样以报文为单位进行交换、传输,而是以更短的、标准的报文分组(packet)为单位进行交换、传输。在分组交换中,系统把数据分割成若干个长度较短的分组,每个分组内除数据信息外还包括控制信息,它们在交换机内作为一个整体进行交换。每个分组在交换网内的传输路径可以不同。分组交换在存储/转发的过程中,可以进行差错检验、重发、回送响应等操作,最后接收方把接收到的全部分组按顺序重新组合成数据。

与报文交换相比,分组交换的优点如下。

(1) 在报文交换中,总的传输时延是每个结点上接收与转发整个报文时延的总和;而在分组交换中,某个分组发送给一个结点后,就可以接着发送下一个分组,这样就减少了总的时延。

(2) 每个结点所需要的缓存器容量减小,这有利于提高结点存储资源的利用率。

(3) 当传输有差错时,只要重发一个或若干个分组,不必重发整个报文,这样可以提高传输效率。

分组交换的缺点是每个分组要附加一些控制信息,这会降低传输效率,尤以长报文为甚。

一般分组交换可分为虚电路和数据报两种基本业务。

1. 虚电路

在数据交换之前,按接收方全网络地址确定路径和逻辑信道,并将各段逻辑信道连接起来构成一条虚电路。虚电路不同于实体电路。实体电路一旦建立就占用此电路,而不管是否传输数据。但虚电路仅在传输数据时才占用,即仅是动态地使用实体电路,数据分组沿着所建立的虚电路传输,其接收顺序和发送顺序是相同的。数据传输结束后就拆除这条虚电路,这种虚电路称为交换虚电路(SVC)。如果在特定的用户之间永久地建立虚电路,就没有建立和拆除虚电路的过程,而只有数据传输的过程,这种虚电路称为永久性虚电路(PVC)。虚电路方式比较适合于通信时间较长的交互式会话操作。

2. 数据报

要求每个数据分组均带有发送方和接收方的全网络地址,结点交换机为每个分组确定传输路径,各个分组在网络中可以沿不同的路径传输,这样分组的接收顺序和发送顺序可能不同。接收方必须对接收的分组进行顺序化,才能恢复成原来的报文。数据报方式比较适合于传输只包含单个分组的短报文,如状态信息、控制信息等。

习 题 3

3-1 计算函数 $f(t)=t$ $(0 \leqslant t \leqslant 1)$ 的傅里叶系数。

3-2 一条无噪声 4 kHz 信道按照每 1 ms 进行一次采样,请问最大数据传输速率是多少?

3-3 如果在一条 3 kHz 的信道上发送一个二进制信号,该信道的信噪比为 20 dB,则最大可达到的数据传输速率为多少?

3-4 数据分为模拟数据和数字数据,两者主要有哪些区别?

3-5 在 50 kHz 的线路上使用 T1 线路需要多大的信噪比?

3-6 在数字传输系统中,码元速率为 600 Baud,数据传输速率为 1 200 b/s。

(1) 信号取几种不同的状态?

(2) 如果要使码元速率与数据传输速率相等,则信号取几种状态?

3-7 为什么 PCM 采样时间被设置为 125 μs?

3-8 试说明电路交换与存储交换的主要区别。

3-9 分组交换技术可以分为数据报与虚电路两类,请简述虚电路方式的特点。

3-10 考虑在具有 Q 段链路的路径上发送一个包含 F 位数据的分组。每段链路以 R b/s 速率传输。该网络负载轻,因此没有排队时延,传播时延可忽略不计。

(1) 假定该网络是一个分组交换虚电路网络。VC 建链时间为 t_s 分钟,假定发送方对每个分组增加总计 h 位的首部,从源地到目的地发送该文件需要多长时间?

(2) 假定该网络是一个分组交换数据报网络,使用无连接服务。现在假定每个分组具有 2h 位的首部,发送该分组需要多长时间?

(3) 假定该网络是电路交换网络,进一步假定源地和目的地之间的传输速率是 R b/s。假定 t_s 为建链时间,h 位的首部附加在整个文件上,发送该分组需要多长时间？

3-11 请比较在一个电路交换网络中和在一个(负载较轻的)分组网络中,沿着 k 跳的路径发送一个 x 位消息的延迟情况。电路建立的时间为 s(s),每跳的传播延迟为 d(s),分组的大小为 p 位,数据传输速率为 b(b/s)。在什么条件下分组网络的延迟比较短？

3-12 试比较时分多路复用和频分多路复用的区别。

3-13 请比较电路交换、报文交换和分组交换的主要优、缺点。

3-14 画出二进制数字信号 011000111 的不归零制码、曼彻斯特编码以及差分曼彻斯特编码的波形图(假设初始电压为低电压)。

第4章 物 理 层

4.1 物理层的定义和功能

物理层位于 OSI 参考模型的最底层,它直接面向实际承担数据传输的物理介质。物理层的传输单位为位(b)。实际的传输必须依赖于传输设备和物理介质,但是,物理层不是指具体的物理设备,也不是指信号传输的物理介质,而是指在物理介质之上为上一层(数据链路层)提供一个传输原始位流的物理连接。物理层协议规定了与建立、维持及断开物理信道所需的机械的、电气的、功能性的和规程性的特性,其作用是确保位流能在物理信道上传输。

4.2 物理层的特性

物理层的主要任务是解决实际的信号如何在通信系统中有效地传输。网络体系结构中其他层次上的对等通信,都建立在物理层功能实现的基础之上。同时物理层也是反映和解决网络环境差异性和多样性的最直接的一个层次。具体来说,物理层协议解决的问题为确定与传输介质的接口的一些特性,主要包括以下几方面内容。

(1)机械特性:指接口所用接线器的形状和尺寸、引线数目和排列、固定和锁定装置等,如平时常见的各种规格的电源插头的尺寸都有严格的规定。

(2)电气特性:指接口电缆的各条线上出现的电压的范围。物理层的电气特性规定了在物理连接上传输二进制位流时线路上信号电压高低、阻抗匹配情况、传输速率和距离的限制等。

(3)功能特性:指接口信号引脚的功能分配和确切的定义,某条线上出现的某一电平的电压表示的意义。

(4)规程特性:指不同功能的各种可能事件的出现顺序。

4.3 典型的物理层标准接口

4.3.1 EIA RS-232C

RS-232C 标准(协议)的全称是 EIA-RS-232C 标准,其中 EIA(Electronic Industry Association)代表美国电子工业协会,RS(Recommended Standard)代表推荐标准,232 表示标识号,C 代表 RS232 的最新一次修改(1969 年),在这之前,有 1963 年提出的 RS-232A 和 1965 年提出的 RS-232B。它规定了连接电缆和机械特性、电气特性,信号功能及传送过程,用于 DTE/DCE 之间的接口。

数据终端设备(data terminal equipment,DTE)是具有一定数据处理能力和数据发送接收能力的设备,包括各种 I/O 设备和计算机。由于大多数数据处理设备的传输能力有限,直接将相距很远的两个数据处理设备连接起来是不能进行通信的,所以要在数据处理设备和传输线路之间加上一个中间设备,即数据线路端接设备(data circuit-terminating equipment,DCE)。DCE 在 DTE 和传输线路之间提供信号变换和编码的功能。

RS-232C 接口特性包括以下四个方面。

1. 电气特性

采用负逻辑电平。用 $-15\sim-5$ V 表示逻辑"1"电平,用 $+5\sim+15$ V 表示逻辑"0"电平(见表 4-1)。当连接电缆长度不超过 15 m 时,允许数据传输速率不超过 20 Kb/s。

表 4-1　RS-232C 的电气特性

名　称	特　性
驱动器输出电平(3~7 kΩ)	逻辑 1:$-15\sim-5$ V 逻辑 0:$+5\sim+15$ V
不带负载时的驱动器输出电平	$-25\sim+25$ V
驱动器时的输出阻抗	>300 Ω
输出短路电流	<0.5 A
驱动器转换速率	<30 V/μs
接收器输入阻抗	$3\sim7$ kΩ
接收器输入电压的允许范围	$-25\sim+25$ V
输入开路时接收器的输出	逻辑 1
输入经 300 Ω 接地时接收器的输出	逻辑 1
$+3$ V 输入时接收器的输出	逻辑 0
-3 V 输入时接收器的输出	逻辑 1
最大负载电容	2 500 pF

RS-323C 标准对逻辑电平的定义,对于数据(信息码),逻辑"1"(传号)的电平低于 -3 V,逻辑"0"(空号)的电平高于 $+3$ V;对于控制信号,接通状态(ON)即信号有效的电平高于 $+3$ V,断开状态(OFF)即信号无效的电平低于 -3 V。也就是说,当传输电平的绝对值大于 3 V 时,电路可以有效地检查出来,介于 -3 V~$+3$ V 之间的电压无意义,低于 -15 V 或高于 $+15$ V 的电压也认为无意义。因此,实际工作时,应保证电平在 $\pm(3\sim15)$ V 之间。

RS-323C 标准对电缆长度的规定:在通信传输速率低于 20 Kb/s 时,RS-232C 所直接连接的最大物理距离为 15 m(50 ft)。最大直接传输距离说明,RS-232C 标准规定,若不使用调制解调器,在码元畸变小于 4% 的情况下,DTE 和 DCE 之间的最大传输距离为 15 m(50 ft)。可见这个最大的距离是在码元畸变小于 4% 的前提下给出的。为了保证码元畸变小于 4% 的要求,接口标准在电气特性中规定,驱动器的负载电容应小于 2 500 pF。

2. 机械特性

RS-232 采用标准 25 芯 D 型插座(DB-25),分为上排 13 根引脚、下排 12 根引脚。后来简化为 9 芯 D 型插座,供计算机与调制解调器的连接使用,如计算机的 COM 接口。规定插头应安装在 DTE 设备端,插座应安装在 DCE 设备端。

下面分别介绍两种连接器。

DB-25 连接器定义了 25 根信号线,分为 4 组:

(1) 异步通信的 9 个电压信号(含信号地(SG),2,3,4,5,6,7,8,20,22)。

(2) 9 个 20 mA 电流环信号(12,13,14,15,16,17,19,23,24)。

(3) 6 个空信号(9,10,11,18,21,25)。

(4) 1 个保护地(PE)信号,作为设备接地端(1 脚)。

DB-9 连接器保留了 DB-25 连接器中用于异步通信的 9 个引脚,如图 4-1 所示,其对应的引脚信号定义如表 4-2 所示。

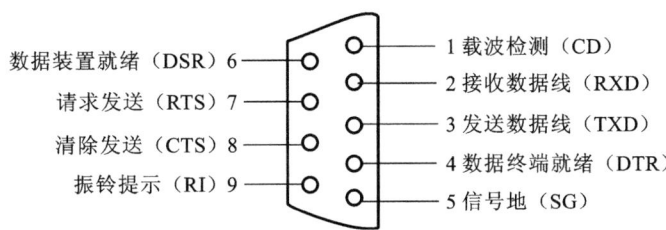

图 4-1　RS-232 的 DB-9 引脚定义

表 4-2　RS-232 接口信号定义

简写符	DTE25 芯	DCE25 芯	DTE9 芯	DCE9 芯	信号方向	信号功能解释
PG	1	1	—	—	—	保护地
TXD	2	3	3	2	DTE→DCE	发送数据(transmit data)
RXD	3	2	2	3	DTE←DCE	接收数据(receive data)
RTS	4	5	7	8	DTE→DCE	请求发送(request to send)
CTS	5	4	8	7	DTE←DCE	消除发送(clear to send)
DSR	6	20	6	4	DTE←DCE	数据装置就绪(data set ready)
SG	7	7	5	5	SG	信号地(ground)
DCD	8	8	1	1	In	数据载波检出(data carrier detection)
DTR	20	6	4	6	DTE→DCE	数据终端就绪(data terminal ready)
RI	22	22	9	9	In	振铃指示

3. 功能特性

功能特性规定了什么电路应当连接到引脚中的哪一根以及该引脚的作用。

RS-232C 规范标准接口有 25 根线,即 4 根数据线、11 根控制线、3 根定时线、7 根备用线和未定义线,常用的只有 9 根,具体含义如下。

(1) 联络控制信号线。数据装置准备好(data set ready,DSR):有效时(ON)状态,表明调制解调器处于可以使用的状态。数据终端就绪(data terminal ready,DTR):有效时(ON)状态,表明数据终端可以开始使用。

这两个设备状态信号有效,只表示设备本身可用,并不说明通信链路可以开始进行通信,能否开始进行通信要由以下控制信号决定。

① 请求发送(request to send,RTS):用来控制调制解调器是否要进入发送状态,表示DTE 请求 DCE 发送数据,即当终端要发送数据时,使该信号有效(ON),向调制解调器请求发送。

② 清除发送(clear to send,CTS):表示 DCE 准备好接收由 DTE 发来的数据,是对请求发送信号 RTS 的响应信号。当调制解调器已准备好接收终端传来的数据并向前发送时,该信号有效,通知终端开始沿发送数据线 TXD 发送数据。

这对 RTS/CTS 请求应答联络信号用于半双工调制解调器系统中发送方式和接收方式之间的切换。在全双工系统中作发送方式和接收方式之间的切换。在全双工系统中,因配置双向通道,故不需要 RTS/CTS 联络信号。

③ 接收线信号检出(received line detection,RLSD):表示 DCE 已接通通信链路,告知DTE 准备接收数据。当本地的调制解调器收到由通信链路另一端(远地)的调制解调器送来的载波信号时,RLSD 信号有效,通知终端准备接收,并且由调制解调器将接收的载波信号解调成两数据后,沿接收数据线 RXD 送到终端,此线也称为数据载波检出(data carrier detection,DCD)线。

④ 振铃指示(ringing,RI):当调制解调器收到交换台送来的振铃呼叫信号时,使该信号有效(ON 状态),通知终端已被呼叫。

(2) 数据发送与接收线。发送数据(transmit data,TXD):通过 TXD 线将串行数据发送到调制解调器,(DTE→DCE)。接收数据(receive data,RXD):通过 RXD 线接收从调制解调器发来的数据,(DCE→DTE)。

(3) 地线。有两根线 SG、PG:信号地和保护地信号线,无方向。

上述控制信号线何时有效、何时无效的顺序表示了接口信号的传输过程。例如,只有DSR 线和 DTR 线都处于有效(ON)状态,才能在 DTE 和 DCE 之间进行传输操作。如果DTE 要发送数据,则要预先将 DTR 线置成有效(ON)状态,等 CTS 线上接收到有效(ON)状态的回答后,才能在 TXD 线上发送串行数据。这种顺序的规定对半双工的通信线路特别有用,因为半双工的通信才能确定 DCE 已由接收方向改为发送方向,这时线路才能开始发送。

4. 过程特性

过程特性规定了在 DTE 和 DCE 之间所发生事件的合法序列。

这里以终端通过调制解调器及电话线与远程计算机中心主机以半双工方式通信为例说明 RS-232 通信过程。设终端先向远程主机发送数据,具体过程如下。

首先,当终端接至线路上时,20 号线(DTE 就绪)为高电平(通状态),表示通知调制解调器(DCE)准备与线路接通,调制解调器响应,通过 6 号线(DCE 就绪)发送信号,以高电平回答,表示调制解调器(DCE)已准备好,同时向远程调制解调器(远程 DCE)发送载波。以上属于数据通信连接建立阶段。

其次,若终端想发送数据,就使 4 号线(请求发送)处于通状态,表示请求发送,并向对方发送载波。与终端连接的调制解调器收到发送请求,用 5 号线(清除发送)响应,使其接通,表示准备好发送,此时终端就可通过 2 号线(发送数据)发送数据。与此同时,对方调制解调器(远程 DCE)收到载波后通过 8 号线(载波检测)向主机(远程 DTE)发送信号,表示已检测到数据载波,准备接收数据,并经 3 号线(接收数据)接收数据。以上属于数据通信阶段。

最后,当数据发送完毕后,4 号线变成低电平(断开状态),5 号线也随之降低电平,恢复成原始状态,数据通信连接断开。

4.3.2　EIA RS-449/423A/422A

RS-232 接口标准有一些局限性:通信传输速度较慢(<20 Kb/s),DTE 与本地 DCE 设备的连接电缆短(<15 m),需要提供额外电压。在它之后,出现了一些其他的接口标准。

1. RS-449

RS-449 规定了接口的机械特性、功能特性和过程特性。RS-449 连接器使用 37 引脚及 9 引脚的连接器,2 次通道(返回字通道)电路以外的所有相互连接的电路都使用 37 引脚的连接器,而 2 次通道电路则采用 9 引脚的连接器。

2. RS-423A

RS-423A 规定在采用非平衡传输时的电气特性。当连接电缆长度为 10 m 时,数据的传输速率可达 300 Kb/s。

3. RS-422A

RS-422A 规定在采用平衡传输时的电气特性。它可将传输速率提高到 2 Mb/s,而连接电缆长度可超过 60 m。当连接电缆长度更短时(如 10 m),传输速率还可以更高(如达到 10 Mb/s)。

RS-422A 标准全称是平衡电压数字接口电路的电气特性,它定义了接口电路的特性。由于接收器采用高输入阻抗和发送驱动器比 RS-232 有更强的驱动能力,故允许在相同传输线上连接多个接收结点,最多可接收 10 个结点,即一个主设备(master),其余为从设备(salve)。从设备之间不能通信,所以 RS-422A 支持点对多的双向通信。接收器输入阻抗为 4 kΩ,故发送端最大负载能力为 10×4 kΩ+100 Ω(终接电阻)。

RS-422A 使用 TTL 差动电平表示逻辑,即 2 根线的电压差表示逻辑。由于 RS-422A 定义为全双工的,所以最少要 4 根通信线(一般额外地多 1 根地线)。1 个驱动器可以驱动最多 10 个接收器(接收器为 1/10 单位负载),通信距离与通信传输速率有关,当距离短时可以使用高传输速率进行通信,当传输速率低时可以进行较远距离通信,一般可达数百上千米。

RS-422A 4 线接口由于采用单独的发送和接收通道,因此不必控制数据方向,各装置之间任何必需的信号交换均可以按软件方式(XON/XOFF 握手)或硬件方式(一对单独的双绞线)进行。RS-422A 的最大传输距离为 4 000 ft(约 1 219 m),最大传输速率为 10 Mb/s。其平衡双绞线的长度与传输速率成反比,只有在 100 Kb/s 传输速率以下,才可能达到最大传输距离;只有在很短的距离下才能获得最高传输速率。一般 100 m 长的双绞线所能获得的最大传输速率仅为 1 Mb/s。

RS-422A 需要一个终接电阻,要求其阻值约等于传输电缆的特性阻抗。当传输距离较短时无需终接电阻,即一般在 300 m 以下无需终接电阻。终接电阻接在传输电缆的最远端。

4.3.3　CCITT X.21 与 X.25

1. X.21

X.21 是对公用数据网中的同步式终端与线路终端间接口的规定。主要是对两项功能进行了规定：其一是与其他接口一样，对电气特性、连接器形状、相互连接电路的功能特性等的物理层进行了规定；其二是为控制网络交换功能的控制步骤定义了网络层的功能。在专用线连接时只使用物理层功能，而在线路交换数据网中，则使用物理层和网络层的两项功能。X.21 接口使用的连接器引脚为 15 引脚，电气特性分别参照 V 系列接口电气标准的 V.10 和 V.11。数字网的同步都从属于网络主时钟。

2. X.25

X.25 是 CCITT(ITU)建议的一种协议，它定义终端和计算机到分组交换网络的连接方法。在一个网络上分组交换网络为数据分组选择到达目的地的路由。X.25 是一种很好实现的分组交换服务协议，用于将远程终端连接到主机的系统。这种服务为同时使用的用户提供任意点对点的连接。来自一个网络的多个用户的信号，可以通过多路选择的 X.25 接口而进入分组交换网络，并且被分发到不同的远程地点。在一条预定义的路径上，一种称为虚电路的通信信道通过网络连接端点、站点。

X.25 是在开放系统互联(OSI)协议模型之前提出的，在三个层中定义协议，和 OSI 协议栈的底下三层是紧密相关的。

(1) 物理层，也称为 X.21 接口。定义从计算机/终端(数据终端设备，DTE)到 X.25 分组交换网络中的附件结点的物理/电气接口。RS-232C 通常用于 X.21 接口。

(2) 链路访问层。定义像帧序列那样的数据传输，使用的协议是平衡式链路访问规程(LAP-B)。平衡式链路访问规程是高级数据链路控制(HDLC)协议的一部分。LAP-B 的设计是为了点对点连接，为异步平衡模式会话提供帧结构、错误检查和流控机制，为确信一个分组已经抵达网络的每条链路提供一条途径。

(3) 分组层。定义通过分组交换网络的可靠虚电路。这样，X.25 提供点对点数据发送，而不是一点对多点发送。

在 X.25 中，虚电路的概念非常重要。一条虚电路可在分组交换网络的两个地点之间建立一条临时性或永久性的"逻辑"通信信道。使用一条电路可以保证分组是按照顺序抵达的，这是因为它们都按照同一条路径进行传输。虚电路为数据在网络上进行传输提供了可靠的方式。在 X.25 中，有两种类型的虚电路。一种是临时性虚电路，即建立基于呼叫的虚电路，然后在数据传输会话结束时拆除虚电路。另一种是永久虚电路，即在两个端点结点之间保持一种固定连接。

X.25 使用呼叫建立分组，从而在两个端点结点之间建立一条通信信道。一旦建立这个呼叫，在这两个结点之间的数据分组就可以传输信息了。由于 X.25 是一种面向连接的服务协议，因而分组不需要源地址和目的地址，虚电路通过网络为传输分组到达目的地提供了一条通信路径。

4.4 传输媒体

传输媒体(transmission medium)也称为传输介质或传输媒介,是数据传输系统中在发送器和接收器之间的物理通路。它可分为导向传输媒体和非导向传输媒体两大类。在导向传输媒体中,电磁波被导向沿着固体媒体(铜线或光纤)传播;而非导向传输媒体是指自由空间,在非导向传输媒体中电磁波的传输常称为无线传播。

常用的传输媒体主要包括双绞线、同轴电缆、光纤和无线传输等几种。

1. 双绞线

双绞线是指由互相绝缘的铜导线使用规则的方法扭绞起来而成的导线,线对扭在一起可以减少相互间的电磁干扰,并具有抗外界电磁干扰的能力。双绞线早期用于电话通信中模拟信号的传输,也用于数据信号的传输,是最常用的传输媒体。为了提高双绞线的抗干扰能力,可以在双绞线的外面再加上一层用金属丝编织的屏蔽层,这就是屏蔽双绞线(shield twisted pair,STP)。而非屏蔽双绞线(UTP)没有保护层,易受电磁干扰,但成本较低。双绞线的结构如图 4-2 所示。

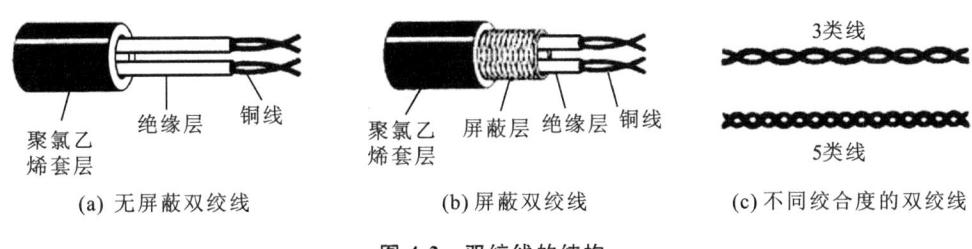

(a) 无屏蔽双绞线　　　　(b) 屏蔽双绞线　　　　(c) 不同绞合度的双绞线

图 4-2 双绞线的结构

从传输能力划分,双绞线可分为 5 类。1 类双绞线属于 UTP,推荐用于模拟声音通信;2 类双绞线属于较好的 UTP,适合数字声音和数据通信,其速率达到了 1 Mb/s;3、4、5 类双绞线是高层次的 UTP 和 STP,各自适用于以 16 Mb/s、20 Mb/s 和 100 Mb/s 的速率通信。1 类双绞线用于传输声音而不是传输数据的声音级电缆。相反,数据级电缆适合数据传输。今天,大多数网络安装采用 5 类双绞线 UTP 或 STP。

双绞线主要具有以下这些特性。

(1)物理特性。双绞线一般是铜质的,可提供良好的传导率。

(2)传输特性。双绞线既可以用于传输模拟信号,也可以用于传输数字信号。对模拟信号来说,每 5～6 km 需要一个放大器。对数字信号来说,每 2～3 km 使用一个中继器。双绞线最初用于语音的模拟传输,虽然语音的频谱为 20 Hz～20 MHz,但是进行语音传输所需要的带宽却窄得多,一条全双工音频通道的标准带宽为 300 Hz～4 kHz,即只要 4 kHz 的带宽。因此,在双绞线上使用频分多路复用技术可以进行多个音频通道的多路复用。

(3)连通性。双绞线既可以用于点对点的连接,也可以用于多点的连接。

(4)地理范围。双绞线可以很容易地在 15 km 或更大范围内传输数据,如远距离的中继线。局域网的双绞线主要用于一个建筑物内或几个建筑物内,在 100 Kb/s 传输速率下传输距离可达 1 km。

(5) 抗干扰性。在低频传输时,双绞线的抗干扰性相当于或高于同轴电缆,但当传输频率超过 100 kHz 时,同轴电缆明显优于双绞线。

2．同轴电缆

同轴电缆也像双绞线那样由一对导体组成,但它是按"同轴"形式构成线对的,最里层是内芯,外包一层绝缘材料,外面再有一层屏蔽层,最外面是起保护作用的塑料外套。内芯和屏蔽层构成一对导体。同轴电缆的结构如图 4-3 所示。

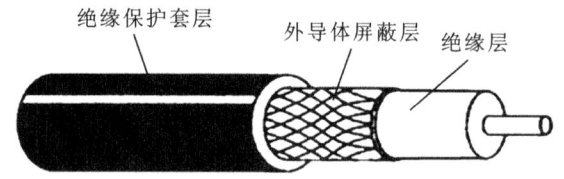

图 4-3　同轴电缆的结构

同轴电缆又分为基带同轴电缆(阻抗为 50 Ω)和宽带同轴电缆(阻抗为 75 Ω)。基带同轴电缆用于直接传输数字信号;宽带同轴电缆用于传输频分多路复用(FDM)的模拟信号,还用于传输频分多路复用的高速数字信号发送。闭路电视所使用的 CATV 电缆就是宽带同轴电缆。

基带同轴电缆又分细同轴电缆和粗同轴电缆。粗同轴电缆适用于比较大型的局域网,它的标准距离长,可靠性高,由于安装时不需要切断电缆,因此可以根据需要灵活调整计算机的入网位置,将网卡连接到粗同轴电缆中时,需要安装收发器,安装难度大,所以总体造价高。相反,细同轴电缆安装则比较简单,造价低,但由于安装过程要切断电缆,两头须装上基本网络连接头,然后接在 T 型插头两端,所以当接头多时容易产生不良隐患。

同轴电缆主要具有以下这些特性。

(1) 物理特性。单根同轴电缆的直径为 1.02～2.54 cm,可在较宽的频率范围内工作。

(2) 传输特性。50 Ω 仅仅用于数字传输,并使用曼彻斯特编码,数据传输速率最高可达 10 Mb/s。公用无线电视(CATV)电缆既可用于发送模拟信号,又可用于发送数字信号。模拟信号传输速率可达 300～400 Mb/s。在 CATV 电缆上使用与无线电和电视广播相同的方法处理模拟数据,如视频和声频。每个电视通道分配 6 MHz 带宽。每个无线电通道需要的带宽要窄得多,因此,在同轴电缆上使用频分多路复用(FDM)技术可以支持大量的通道。

(3) 连通性。同轴电缆适用于点对点和多点连接。

(4) 地理范围。典型基带电缆的最大距离限制在几公里,宽带电缆可以达到几十公里,传输距离取决于是模拟信号还是数字信号。高速的数字传输或模拟传输(50 Mb/s)限制在约 1 km 的范围内。由于有较高的数据传输速率,因此总线上信号间的物理距离石英非常小。

(5) 抗干扰性。高频传输时,同轴电缆的抗干扰性能比双绞线的强。

3．光纤

光纤是光导纤维的简称,它由能传导光波的纤芯、包层及护套构成。纤芯由石英玻璃纤维或塑料组成;包层则是玻璃的,使光信号可以反射回去,沿着光纤传输;护套则由塑料组成,用于防止外界的伤害和干扰。光纤的传输原理基于光在两种介质交界面上的全反射现象,把以光形式出现的能量约束在波导内,并引导光沿着轴线平行的方向传播。光线在光纤中的折射如图 4-4 所示。

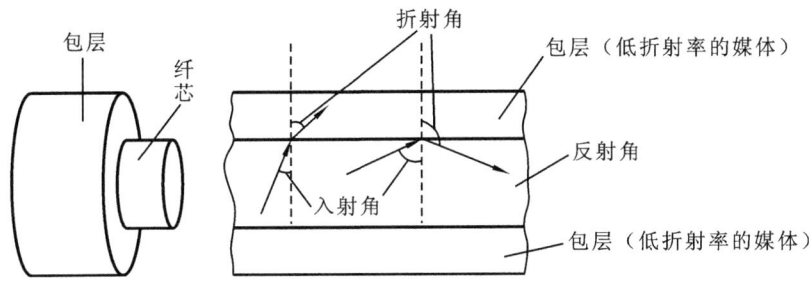

图 4-4　光线在光纤中的折射

用光纤传输电信号时,发送方要先将其转换成光信号,接收方又要将光信号还原成电信号。光源可以采用两种不同类型的发光管,即发光二极管(light-emitting diode,LED)和注入型激光二极管(injection laser diode,ILD)。发光二极管是一种固态器件,价格较便宜,电流通过时就发光,产生的是可见光,定向性较差,是通过在光纤石英玻璃媒体内不断反射向前传播的,这种光纤称为多模光纤(multimode fiber)。注入型激光二极管也是一种固态器件,根据激光器的工作原理,即激励量子电子产生一个窄带的超辐射光束,产生的是激光,由于激光的定向性好,可沿着光导纤维传播,这就减少了折射也减少了损耗,效率更高,也能传播更远的距离,而且可以保持很高的数据传输速率。但是,注入型激光二极管价格要比发光二极管的贵得多,这种光纤也称为单模光纤(single mode fiber)。多模光纤与单模光纤的结构如图 4-5 所示。

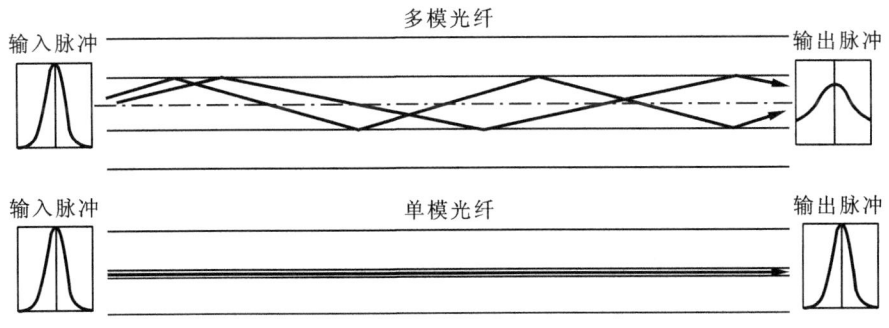

图 4-5　多模光纤与单模光纤

接收方用于把光波转换为电能的检波器是一个交电二极管。目前使用的固态器件有两种,即 PIN 检波器和 APD 检波器。PIN 检波器是在二极管的 P 层和 N 层之间增加一小段纯(I)硅;APD 检波器的外部特性虽然与 PIN 检波器的类似,但是 APD 使用了较强的电磁场。这两种器件基本上是光电计数器,虽然 PIN 检波器的价格便宜,但是不如 APD 检波器灵敏。光纤对光载波的调制属于移幅键控法,也称亮度调制(intensity modulation)。典型的做法是在给定的频率下,以光的出现和消失来表示两个二进制数字。发光二极管和注入型激光二极管的信号都可使用这种方法调制,PIN 检波器和 APD 检波器直接响应亮度调制。

光纤主要具有以下特性。

(1) 物理特性。光纤计算机网络中均采用两根光纤(一来一去)组成传输系统。按波长范围(近红外范围内)可分为三种:0.85 μm 波长区(0.8～0.9 μm),1.3 μm 波长区(1.25～1.35 μm),1.55 μm 波长区(1.53～1.58 μm)。不同的波长范围光纤损耗特性也不同,其中 0.85 μm 波长区为多模光纤通信方式,1.55 μm 波长区为单模光纤通信方式,1.3 μm 波长区有多模光纤和单模光纤两种通信方式。

(2) 传输特性。光纤通过内部的全反射来传输一束经过编码的光信号。内部的全反射可以在任何折射率高于包层媒体折射率的透明媒体中进行。实际上,光纤作为频率范围为 1 014～1 015 Hz 的波导管,这一范围覆盖了可见光谱和部分红外光谱。以小角度进入纤维的光沿着纤维反射,其他光被吸收,光纤的数据传输速率可达 Gb/s 数量级,传输距离达几十千米。目前,一条光纤线路上只能传输一个载波,随着技术的进步,会出现实用的频分多路复用技术或者时分多路复用技术。

(3) 连通性。光纤普遍适用于点对点的链路。以总线拓扑结构建成的实验性多点系统,目前价格还太贵。从原则上讲,由于光纤功率损失小、衰减少及有较大的带宽潜力,因此光纤能够支持的分接头数比双绞线或同轴电缆的多得多。

(4) 地理范围。从当前的技术来看,可以在 6～8 km 距离内不用中继器传输。因此,光纤适合在几个建筑物之间通过点对点的链路连接局域网。

(5) 抗干扰性。光纤具有不受电磁干扰或噪声影响的独有特征,在长距离内能保持高数据传输速率,而且能够提供很高的安全性。

4. 无线传输

无线传输媒体无须架设或铺埋电缆或光纤,而是通过大气传输的,它包含三种技术:微波、红外线和激光。

图 4-6 是一个电信领域使用的电磁波的频谱示意图。

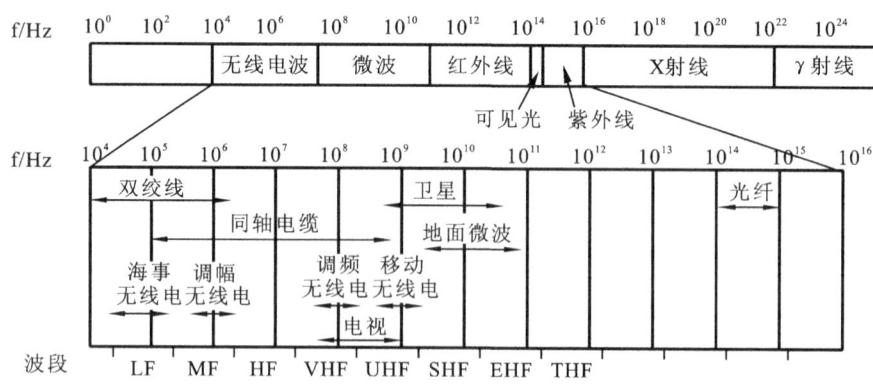

图 4-6　电信领域使用的电磁波的频谱

微波的载波频率范围为 2～40 GHz,因为频率很高,所以可同时传输大量信息,如一个带宽为 2 MHz 的频段可容纳 500 条语音线路,用于传输数字信号,传输速率可达若干 Mb/s 数量级。

微波的工作频率很高,与通常的无线电波不一样,是沿直线传播的。由于地球表面是曲面,所以微波在地面的传播距离有限,直接传播的距离与天线的高度有关,天线越高距离越远,但超过一定距离后就要用中继站来接力。另外,红外通信和激光通信也像微波通信一样,有很强的方向性,都是沿直线传播的。这三种技术都需要在发送方和接收方之间有一条视线(line-of-sight)通路,这三者称为视线媒体。不同的是红外通信和激光通信要分别把传输的信号转换为红外光信号和激光信号,再直接在空间进行传播。这三种视线媒体由于都不需要铺设电缆,所以对连接不同建筑物内的局域网特别有用。这三种技术对环境气候较为敏感,如雨、雾和雷电。相对来说,微波对雨和雾的敏感度较低。

微波通信中还包含一种特殊形式——卫星通信。卫星通信可以利用地球同步卫星作为中继器来转发微波信号,可以克服地面微波通信距离的限制。一个同步卫星可以覆盖地球三分之一以上的表面。三个这样的卫星就可以覆盖地球的全部通信区域,这样地球上的各个地面站之间都可互相通信了。由于卫星信道频带宽,也可采用频分多路复用技术将其分为若干个子信道,有些用于由地面向卫星发送(称为上行信道),有些用于由卫星向地面转发(称为下行信道)。卫星通信的优点是容量大,距离远;缺点是传播延迟时间长。发送方通过卫星转发到接收方的传播延迟时间要花 270 ms,但这个传播延迟时间和两站点间的距离无关。相对于地面电缆传播延迟时间约 6 μs/km 来说,近距离的站点要相差几个数量级。

4.5 宽带接入技术

4.5.1 ADSL

数字用户环路(digital subscriber line,DSL)是基于普通电话线的宽带接入技术,它在同一条用户线路上分别用于传输数据和语音信号。DSL 包括 ADSL、RADSL、HDSL 和 VDSL 等。

非对称数字用户环路(asymmetrical digital subscriber line,ADSL)是一种非对称 DSL 技术,它采用 FDM(频分多路复用)技术和 DMT 调制技术,在保证不影响正常电话使用的前提下,利用原有的电话双绞线进行高速数据传输。非对称主要体现在上行速率(最高 640 Kb/s)和下行速率(最高 8 Mb/s)的非对称性上。上行信道(从用户到网络)进行低速传输,可达 640 Kb/s;下行信道(从网络到用户)进行高速传输,可达 8 Mb/s。DMT 调制技术采用频分多路复用的方法,把 40 kHz 以上直到 1.1 MHz 的高端频谱划分为许多个子信道,其中 25 个子信道用于上行信道,249 个子信道用于下行信道。

每个子信道占据 4 kHz 带宽(严格来讲是 4.3125 kHz),并使用不同的载波(不同的语音)进行数字调制。这种做法相当于在一对用户线上使用许多小的调制解调器并行地传送数据,如图 4-7 所示。

ADSL 的接入模型主要由中央交换局端模块和远端模块组成,中央交换局端模块包括中心 ADSL 调制解调器和接入多路复用系统(DSLAM),远端模块由用户 ADSL 调制解调器和滤波器组成(见图 4-8)。

从实际数据组网形式上看,ADSL 所起的作用类似于窄带拨号的调制解调器,担负着数

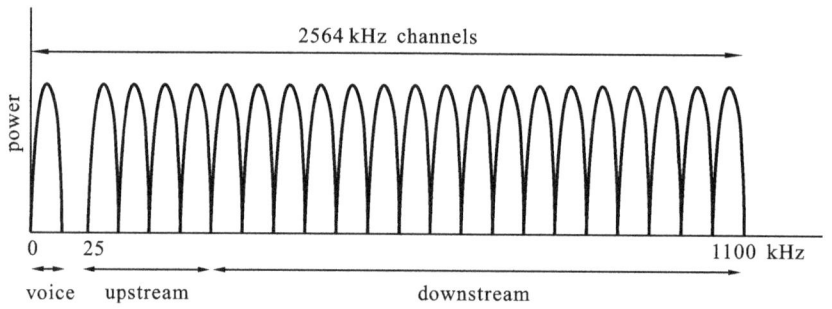

图 4-7　使用 DMT 的 ADSL 频谱划分方案

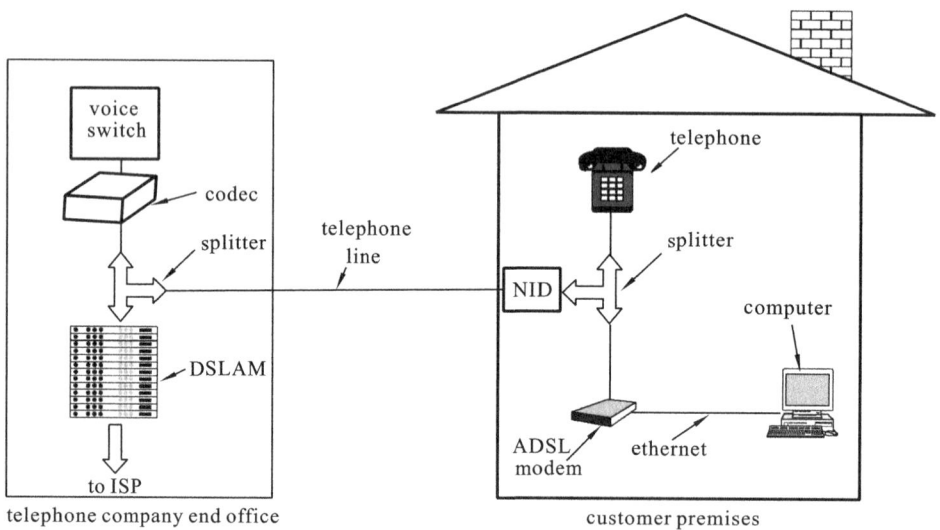

图 4-8　ADSL 的接入模型

据的传输功能。按照 OSI 七层模型的划分标准,ADSL 的功能从理论上应该属于七层模型的物理层。它主要实现信号的调制,提供接口类型等一系列底层的电气特性。同样,ADSL 的宽带接入仍然遵循数据通信的对等层通信原则,在用户侧对上层数据进行封装后,在网络侧的同一层进行开封。因此,要实现 ADSL 的各种宽带接入,在网络侧也必须有相应的网络设备相结合。

在采用 ADSL 接入时,曾经使用比较普遍的是基于 ATM 的 DSLAM,便于业务管理和保障服务质量,但需要依赖 ATM 传输网。现在多使用 IPDSLAM,直接采用以太网向上连接,从而摆脱对 ATM 传输网的依赖,以更好地适应电信网络 IP 化的大趋势。对 ADSL 接入,目前采用最广泛的用户认证方式是 PPPoE,该方式可以很好地支撑宽带网的计费、安全和管理等要求。

4.5.2　HFC

基于 HFC 网(光纤同轴电缆混合网)的电缆调制解调器(cable modem,CM)技术,又称为线缆调制解调器,主要对 CATV 网进行数据传输。CATV 网的覆盖范围广,入网户数多;网络频谱范围宽,起点高。CATV 网采用光纤同轴电缆混合网(HFC 网),使用 550 MHz 以上频宽的邻频传输系统,极适合提供宽带功能业务。电缆调制解调器技术就是基于 CATV(HFC)网的网络接入技术。

电缆调制解调器的通信和普通调制解调器的通信一样,是数据信号在模拟信道上交互传输的过程。但也存在差异,普通调制解调器的传输介质在用户与访问服务器之间是独立的,即用户独享传输介质;而电缆调制解调器的传输介质是 HFC 网,是将数据信号调制到某个传输带宽上与有线电视信号共享介质的。另外,电缆调制解调器的结构较普通调制解调器的复杂,它由调制解调器、调谐器、加/解密模块、桥接器、网络接口卡、以太网集线器等组成,它无须拨号上网,不占用电话线,可提供随时在线连接。

目前的电缆调制解调器产品有欧洲、北美两大标准体系,DOCSIS 为北美标准,DVB/DAVIC 为欧洲标准。欧洲、北美两大标准体系的频道划分、频道带宽及信道参数等方面的规定,都存在较大差异,因而互不兼容。北美标准基于 IP 的数据传输系统,侧重于对系统接口的规范,具有灵活的高速数据传输优势;欧洲标准基于 ATM 的数据传输系统,侧重于 DVB 交互信道的规范,具有实时视频传输优势。

电缆调制解调器的工作过程是:以 DOCSIS 标准为例,电缆调制解调器的技术实现一般从 87~860 MHz 的电视频道中分离出一条 6 MHz 的信道用于下行传输数据。通常下行数据采用 64QAM(正交调幅)调制方式或 256QAM 调制方式。上行数据一般通过 5~65 MHz 之间的一段频谱进行传输,为了有效抑制上行噪声积累,一般选用 QPSK 调制(QPSK 比 64QAM 更适合噪声环境,但传输速率较低)。

CMTS(电缆调制解调器的前端设备)与电缆调制解调器的通信过程为:CMTS 从外界网络接收的数据帧封装在 MPEG-TS 帧中,通过下行数据调制(频带调制)后与有线电视模拟信号混合输出 RF 信号到 HFC 网中,CMTS 同时接收上行接收机输出的信号,并将数据信号转换成以太网帧送给数据转换模块。用户端的电缆调制解调器的基本功能就是将用户计算机输出的上行数字信号调制成 5~65 MHz 射频信号进入到 HFC 网的上行信道中,同时,CM 还将下行的 RF 信号解调为数字信号送给用户计算机。CM 是用户端设备,放在用户的家中,通过相应的接口与用户计算机相连。

4.5.3 光纤接入技术

光纤通信具有通信容量大、质量高、性能稳定、保密性好、防电磁干扰、远距离传输能力强等优点,在主干线通信中,光纤扮演着重要角色,在接入网中,光纤接入也将成为发展的重点。光纤接入网(OAN)是采用光纤传输技术的接入网,即本地交换局和用户之间全部或部分采用光纤传输的通信系统,是未来接入网的主要实现技术。光纤接入网从技术上可分为两大类,即有源光网络(active optical network,AON)和无源光网络(passive optical network,PON)。

1. 有源光网络

有源光网络(AON)的局端设备(CE)和远端设备(RE)通过有源光传输设备相连。远端设备主要完成业务的收集、接口适配、复用和传输功能。局端设备主要完成接口适配、复用和传输功能。此外,局端设备还向网络管理系统提供网管接口。

2. 无源光网络

无源光网络(PON)是一种纯介质网络,可避免外部设备的电磁干扰和雷电影响,减小线路和外部设备的故障率,以提高系统的可靠性和节省维护成本。PON 的业务透明性较好,原则上可适用于任何制式和传输速率的信号。

根据光网络单元的位置,光纤接入技术(FTTX)可分为 FTTR(光纤到远端接点)、FTTB(光纤到大楼)、FTTC(光纤到路边)、FTTZ(光纤到小区)和 FTTH(光纤到用户)等几种。光网络单元具有光/电转换、用户信息分接和复接,以及向用户终端馈电和信令转换等功能。当用户终端为模拟终端时,光网络单元与用户终端之间还具有数/模和模/数转换等功能。

光纤接入技术与其他接入技术(如铜双绞线、同轴电缆、5 类线、无线等)相比,最大优势在于可用带宽大,而且还有巨大潜力可以开发,在这方面其他接入技术根本无法与其相比。光纤接入技术还有传输质量好、传输距离长、抗干扰能力强、网络可靠性高、节约管道资源等特点。当然,与其他接入技术相比,光纤接入技术也存在一定的劣势。最大的劣势是成本比较高,尤其是光结点离用户越近,每个用户分摊的接入设备成本就越高。另外,与无线接入技术相比,光纤接入技术还需要管道资源。这也是光纤接入技术被看好,但实际上又未被推广和普及的原因。

习 题 4

4-1 物理层的接口有哪几个方面的特性? 各包含些什么内容?

4-2 基带信号和宽带信号的传输各有什么特点?

4-3 根据 EIA-232C 标准,DTE 只有在哪几个引脚电路状态都处于开(ON)状态的情况下才能发送数据?

4-4 RS-232C 接口是如何进行数据传输的?

4-5 双绞线、同轴电缆、光纤、无线传输等介质各有什么特性? 如何选择?

4-6 试说明光纤这种传输介质的优、缺点。

4-7 XDSL 如何在带宽有限的电话双绞线上进行高速数据传输?

4-8 试简述 HFC 网结点体系结构的特点。

第 5 章 数据链路层

5.1 定义和功能

5.1.1 定义

数据链路层是 OSI 参考模型中的第二层，介于物理层和网络层之间。数据链路层在物理层提供的服务基础上向网络层提供服务，将源主机网络层传输来的数据可靠地传输到相邻结点的目标主机网络层中。

在数据通信中，按一种链路协议的技术要求连接两个或多个数据站的电信设施，称为数据链路（data link）。数据链路除了物理线路外，还必须有通信协议来控制这些数据的传输。若把实现这些协议的硬件和软件加到链路上，就构成了数据链路。

根据 ISO 对数据链路层的定义，数据链路层的目的是提供功能上和规程上的方法，以便建立、维护和释放网络实体间的数据链路。数据链路——从数据发送方到数据接收方（点对点，point to point）所经过的传输途径。物理线路与数据链路（链路和数据链路）是网络中常用的术语，它们之间的含义是不同的。在通信技术中，人们常用链路（link）这个术语描述一条点对点的线路段（circuit segment），中间没有任何交换结点。因此从这种意义上说，链路一般是指物理线路。而数据链路概念则有更深层次的含义。

当需要在一条链路上传输数据时，除了必须有一条物理线路之外，还必须有一些规程或协议来控制这些数据的传输，以保证被传输数据的正确性。实现这些规程或协议的硬件和软件加入物理线路，这样就构成了数据链路。当采用复用技术时，一条链路上可以有多条数据链路。此外，还有一类术语，即物理链路和逻辑链路，实际上这里所说的物理链路就是物理线路，逻辑链路就是数据链路。

数据链路层的主要功能包括：为网络层服务、成帧、差错控制、流量控制。

5.1.2 为网络层服务

数据链路层为网络层提供如下服务。

（1）无确认无连接的服务（局域网：共享信道无需连接，传输出错或丢失由上层恢复），适用于误码率低、实时性高的数据传输环境。

（2）有确认无连接的服务（无线通信：建立连接降低了利用率；误码率相对高，需确认），适用于误码率很高的通信信道。

（3）有确认有连接的服务（电话：大多数广域网的通信子网的 DLL），适用于通信要求较高（可靠性、实时性）的情况。

5.1.3 成帧

为了使传输中发生差错后只将有错误的数据进行重发,数据链路层将比特流组合成以帧为单位进行传输。每个帧除了要传输的数据外,还包括校验码,以使接收方能发现传输中的差错。帧的组织结构必须设计成使接收方能够明确地从物理层接收到比特流并对其进行识别,即能够从比特流中区分帧的起始与终止,这就是帧同步要解决的问题。由于网络传输中很难保证计时的准确性和一致性,所以不能采用依靠时间间隔关系来确定帧的起始与终止的方法。

常常在两个对等的数据链路层之间画出一条数字管道,而在这条数字管道上传输的数据单位是帧,如图 5-1 所示。

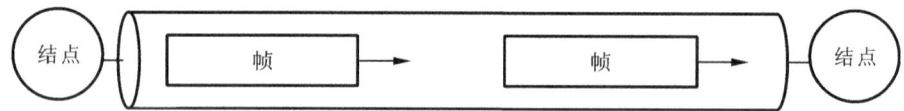

图 5-1 比特流在数字管道上以帧为数据单位进行传输

成帧是指将原始的比特流分解在若干离散的"段"中。成帧的方法包括以下几种。

(1)字符计数法。这是一种以一个特殊字符表示一帧的起始,并以一个专门字段来标明帧内字节数的帧同步方法。接收方可以通过对该特殊字符的识别,从比特流中区分帧的起始,并从专门字段中获知该帧随后跟随的数据字节数,从而确定帧的终止位置。面向字符计数的同步规程的典型代表是 DEC 公司的数字数据通信报文协议(digital data communications message protocol,DDCMP)。控制字符 SOH 标志帧的起始。实际传输中,SOH 前要以两个或更多个同步字符来确定一个帧的起始,有时也允许本帧的首部紧接着上一个帧的尾部,此时两帧间不必再加同步字符。采用字符计数法来确定帧的终止不会引起数据及其他信息的混淆,因而不必采用任何措施便可实现数据的透明性,即任何数据均可不受限制地进行传输。

(2)字符填充的首尾定界符法。该方法使用一些特定的字符来确定一个帧的起始与终止。为了不使数据信息位中出现与特定字符相同的字符被误判为帧的首尾标志,可以在这种数据字符前填充一个转义控制字符(DLE)以示区别,从而达到数据透明性的目的。但这种方法使用起来比较麻烦,而且所使用的特定字符依赖于所采用的字符编码集,兼容性比较差。图 5-2 展示了字符填充的首尾定界符法。

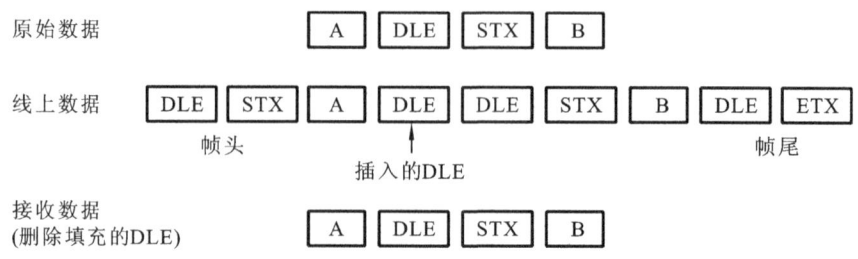

图 5-2 字符填充的首尾定界符法

（3）比特填充的首尾标志法。该方法以一组特定的比特模式（如 01111110）来标志一个帧的起始与终止。为了不使信息位中出现与特定的比特模式相似的比特串被误判为帧的首尾标志，可以采用比特填充的方法。例如，如果采用特定模式 01111110，则对信息位中任何连续出现的五个"1"，发送方自动在其后插入一个"0"，接收方则进行该过程的逆操作，即每连续接收五个"1"，则自动删除其后所跟的"0"，以此恢复原始信息，实现数据传输透明性的功能。比特填充的首尾定界符法很容易由硬件来实现，性能优于字符填充的首尾定界符法。比特填充的首尾标志法如图 5-3 所示。

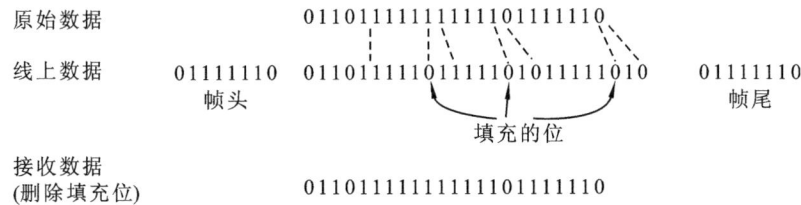

图 5-3　比特填充的首尾标志法

（4）物理层编码违例法。在物理层采用特定的比特编码方法时采用该方法。例如，一种称为曼彻斯特编码的方法，是将数据比特"1"编码成"高-低"电平对，而将数据比特"0"编码成"低-高"电平对。"高-高"电平对和"低-低"电平对在数据比特中是违法的。可以借用这些违法编码序列来界定帧的起始与终止。局域网 IEEE 802 标准中就采用了这种方法。物理层编码违例法不需要任何填充技术，便能实现数据的透明性，但它只适用于采用冗余编码的特殊编码环境。由于字符计数法中，COUNT 字段的脆弱性及字符填充的首尾定界符法实现上的复杂性和不兼容性，目前普遍使用的帧同步法是比特填充的首尾标志法和物理层编码违例法。

5.1.4　差错控制

差错是指接收与发送的数据不一致。随机差错是指具有独立性，与前后码元无关。突发差错是指相邻多个数据出错。

1. 差错产生的原因

差错产生的原因主要由通信信道的噪声引起，通信信道的噪声分为以下两种。

（1）热噪声。由传输介质导体的电子热运动产生，其幅度较小，是产生随机差错的主要根源。

（2）冲击噪声。由外界电磁干扰产生，其幅度较大，是产生突发差错的主要根源。冲击噪声是引起差错的主要原因。

2. 差错评价指标

差错评价指标主要包括以下两种类型。

（1）误码率。错传的码元数与所传输的码元总数之比，即

$$Pe=Ne/N$$

式中：N 为传输的码元总数；Ne 为错传的码元数。

（2）误比特率。错传的比特数与所传输的总比特数之比。

在二进制码元时，误比特率＝误码率。

3. 差错控制技术

差错控制是指用于检测与纠正传输过程中所出现差错的机制，可能出现帧的丢失或损坏两种差错类型。最常用的差错控制技术一般包括差错检测、肯定确认、超时后重传、否认与重传。综合这些机制，已形成停止等待 ARQ（自动重传请求）、后退 N 步 ARQ、选择拒绝 ARQ 三种标准的 ARQ。其他的差错控制技术还有 FEC（前向纠错）和 HEC（混合纠错）等。一个实用的通信系统必须具备发现（检测）这种差错的能力，并采取某种措施纠正这种差错，使差错被控制在所能允许的尽可能小的范围内，这就是差错控制过程，也是数据链路层的主要功能之一。

4. 差错控制的基本方式

差错控制的基本方式包括以下几方面。

（1）反馈纠错。接收方能发现差错，但不能确定错码的位置，通过反馈信息请求发送方重发，直到接收方肯定确认为止。其适用于双工通信和非实时通信系统。

（2）前向纠错。接收方不仅能发现错码，而且能确定错码的位置，并纠正错误。其适用于单工通信和实时通信系统。

（3）混合纠错。少量差错由接收方自动纠正，如果超出自行纠正能力，则通过反馈信息请求发送方重发。

5.1.5　流量控制

流量控制决定了发送方一次传输数据量的多少，它能使接收方调整来自发送方的数据流，以防止接收方缓存溢出。根据帧传输模型，如采用停止等待流量控制，应避免因发送的帧或因确认帧的丢失而陷入无限等待。滑动窗口流量控制可以应用于一次发送多帧的场合。线路利用率是流量控制考虑的最主要因素。

流量控制涉及链路上字符或帧的传输速率的控制，以使接收方在接收前有足够的缓冲存储空间来接收每个字符或帧。例如，在面向字符的终端——计算机链路中，如果远程计算机为多台终端服务，则有可能因不能在高峰时按预定速率传输全部字符而暂时过载。同样，在面向帧的自动重发请求系统中，当待确认帧数量增加时，有可能超出缓冲器存储容量，也造成过载。

流量控制并不是数据链路层所特有的功能，许多高层协议中也提供流量控制功能，只是流量控制的对象不同而已。例如，对数据链路层来说，控制的是相邻两结点之间数据链路上的流量；而对传输层来说，控制的则是从源到最终目的地之间端到端的流量。由于收、发双方各自使用设备的工作速率和缓冲存储空间差异，可能出现发送方发送能力大于接收方接收能力的现象，如果此时不对发送方的传输速率（链路上的信息流量）进行适当限制，则前面来不及接收的帧将被后面不断发送来的帧"淹没"，从而造成帧的丢失而出错。由此可见，流量控制实际上是对发送方数据流量的控制，使其发送率不致超过接收方所能承受的能力。这个过程需要通过某种反馈机制使发送方知道接收方是否能跟上发送方，即需要有一些规则，使得发送方知道在什么情况下可以接着发送下一帧，而在什么情况下必须暂停发送，以等待收到某种反馈信息后继续发送。

从某种程度上增加缓冲存储空间可以缓解收、发双方在传输速率上的差别,但这是一种被动的和消极的方法,实现起来有诸多的不便和限制。因为一方面系统不允许开设过大的缓冲存储空间;另一方面对于速率显著失配并且又传输大型文件的场合,仍会出现缓冲存储空间不够的情况。相比之下,XON/XOFF 方案是一种更主动、积极的流量控制方法。XON/XOFF 方案中使用一对控制字符来实现流量控制,其中 XON 采用 ASCII 字符集中的控制字符 DC1,XOFF 采用 ASCII 字符集中的控制字符 DC3。当通信链上的接收方发生过载时向发送方发送一个 XOFF 字符以便暂停发送数据,等接收方处理完缓冲存储器中的数据,过载恢复后再向发送方发送一个 XON 字符,以通知发送方恢复数据发送。在一次数据传输过程中,XOFF、XON 的周期可重复多次,且对用户是透明的。许多异步数据通信软件包均支持 XON/XOFF 协议。这种方案也可用于计算机向打印机或其他终端设备发送字符,在这种情况下,打印机或终端设备中的控制部件用于控制字符流量。

5.2　错误检测和纠正

数据在传输过程中往往会产生差错,网络必须知道如何处理数据传输的错误。

误码控制原理:为了判断传输的信息数据是否有误,在传输时有必要增加附加的判断数据。如果在不发生误码的情况下,则附加的判断数据是完全多余的;但如果发生误码,则可利用信息数据与附加数据之间的特定关系来实现检错和纠错,即为了使数据具有检错和纠错的能力,应当按一定的规则在数据码的基础上增加一些冗余码(又称为监督码)。误码控制原理如图 5-4 所示。

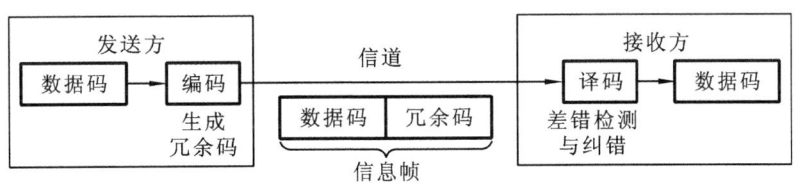

图 5-4　误码控制原理

码字(codeword)是指当 1 个帧包括 m 个数据位、r 个校验位时,n=m+r,则此 n 比特单元称为 n 位码字。即码字(n 位)=数据码(m 位)+冗余码(r 位)。

汉明距离(Hamming distance)是指两个码字之间不同的比特位数目。图 5-5 所示的为一个汉明距离的计算示例。

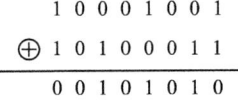

图 5-5　汉明距离计算示例

图 5-5 中,10001001 与 10100011 有 3 位不同,所以汉明距离为 3。

如果两个码字的汉明距离为 d,则需要 d 个单比特错来把一个码字转换成另一个码字。为了检查 d 个错(单比特错),需要使用的汉明距离为 d+1 的编码;为了纠正 d 个错,需要使用的汉明距离为 2d＋1 的编码；最简单的例子是奇偶校验，即在数据后添加一个奇偶位（parity bit）。例如，使用偶校验（"1"的个数为偶数），则有

10110101→101101011

10110001→101100010

奇偶校验可以用于检查单个错误。

误码控制编码按冗余码的控制功能分为以下两类。

(1) 纠错码：在接收方能发现并自动纠正错误。

(2) 检错码：在接收方能发现差错。

纠错和检错通常使用以下几类常用方法。

(1) 汉明码：可纠错和检错，实现复杂，效率低。

(2) 奇偶校验码：方法简单，检错能力差。

(3) 循环冗余编码(CRC)：实现容易，检错能力强。

5.2.1　纠错码

汉明码是一种常见的纠错码。汉明码是汉明在 1950 年提出的可纠正一位错的编码方法，用 r 个校验位构造出 r 个校验关系来指示一位错码的 n(＝m＋r)种可能位置或表示无差错。码字排列是从最左边位开始依次编号(1,2,…,n)的；r 个校验位是在 2^k 的位置(1,2,4,8,…)；m 个数据位是在其余位(3,5,6,7,9,…)；码位从左边开始编号；码位号为 2 的幂的位是校验位，其余是信息位；每个校验位使得包括自己在内的一些位的奇偶值为偶数(或奇数)。

图 5-6 所示的为汉明码的组成示例，即 4 个信息位 D1D2D3D4，3 个校验位 P1P2P3。

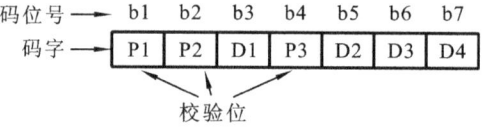

图 5-6　汉明码的组成示例

为了看清楚数据位 K 对哪些校验位有影响，可将 K 写成 2 的幂的和，即：

$$\begin{cases} 3=1+2 \\ 5=1+4 \\ 6=2+4 \\ 7=1+2+4 \end{cases}$$

以采用偶校验为例，发送方的编码规则为：

$$\begin{cases} P1=b3\oplus b5\oplus b7 \\ P2=b3\oplus b6\oplus b7 \\ P3=b5\oplus b6\oplus b7 \end{cases}$$

从而可以确定 3 个校验位的值。

而在接收方，当收到一个码字后，要检验是否正确，可以采取以下的解码规则：

$$\begin{cases} S1 = b1 \oplus b3 \oplus b5 \oplus b7 \\ S2 = b2 \oplus b3 \oplus b6 \oplus b7 \\ S4 = b4 \oplus b5 \oplus b6 \oplus b7 \end{cases}$$

码字位号	海明位	错码位号 S4S2S1
b1	P1	001
b2	P2	010
b3	D1	011
b4	P3	100
b5	D2	101
b6	D3	110
b7	D4	111
无错码		000

图 5-7　错码的位号

这里的 S4、S2 和 S1 组合起来可以确定码字是否有错以及错码的位号,如图 5-7 所示。

如 S4S2S1 = 111,则表明第 7 位有错,将之变反即可。

使用汉明码纠正突发错误时,可采用 k 个码字(n=m+r)组成 k×n 矩阵,按列进行发送。如果接收方恢复成 k×n 矩阵,k_r 个校验位,k_m 个数据位,则可纠正最多为 k 个突发性连续比特错。

5.2.2　检错码

使用纠错码传输数据,效率低,只适用于不可能重传的场合。而检错码具有实现容易、检错能力强、使用较广泛等特点。检错码常结合反馈重传法来保证信息传输的可靠性。

循环冗余检验码(CRC 码)是实践中常用的一种检错码,其码字组成如图 5-8 所示。

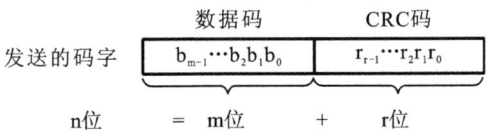

图 5-8　循环冗余检验码的码字组成

CRC 码的编码与解码常采用二进制比特序列多项式进行计算,其二进制比特序列多项式为

$$M(x) = b_{m-1}x^{m-1} + \cdots + b_i x^i + \cdots + b_1 x^1 + \cdots + b_0$$

其中,$b_i = 0$ 或 1,$m-1 > i > 0$,共 m 位。

如果数据为 110011,则多项式可表示为

$$M(x) = 1 \cdot x^5 + 1 \cdot x^4 + 0 \cdot x^3 + 0 \cdot x^2 + 1 \cdot x + 1$$

即

$$M(x) = x^5 + x^4 + x + 1$$

生成多项式 G(x)为

$$G(x) = g_r x_r + \cdots + g_i x_i + \cdots + g_1 x + g_0$$

其中,$g_i = 0$ 或 1,$r > i > 0$,$g_r \neq 0$,$g_0 \neq 0$,共 r+1 位。

通信双方事先共同选定使用生成多项式 G(x)。

发送方:通过 G(x)生成校验码。

接收方:通过 G(x)校验后接收的码字。

生成多项式的高位和低位必须为 1;生成多项式必须比传输信息对应的多项式短。

CRC 码的基本思想:检验和(checksum)加在帧尾,G(x)与多项式相除,使其余数为 0;接收方接收时,G(x)与多项式相除,如果余数不为 0,则传输出错。

现实的通信链路都不会是理想的。也就是说,数据在传输过程中可能会产生差错:1 可能会变成 0,而 0 也可能变成 1,这就称为比特差错。比特差错是传输差错中的一种。本节

所说的差错,如无特殊说明,就是指比特差错。在一段时间内,传输错误的比特占所传输的比特总数的比率称为误码率(bit error rate,BER)。误码率与信噪比有很大的关系。提高信噪比就可以减小误码率。实际的通信链路并不是理想的,它不可能使误码率下降到 0。因此,为了保证数据传输的可靠性,当计算机网络传输数据时,必须采取各种差错检测措施。目前数据链路层广泛使用循环冗余检验(cyclic redundancy check,CRC)的检错技术。

循环冗余检验和帧检验序列(frame check sequence,FCS)并不是同一个概念。循环冗余检验是一种检错方法,FCS 是添加在数据后面的冗余码,在检错方法上可以选用循环冗余检验,也可不选用循环冗余检验。

接收方对接收到的数据以帧为单位进行循环冗余检验:把收到的每个帧都除以同样的除数 P(模 2 运算),然后检查得到的余数 R。

下面通过一个简单的例子来说明循环冗余检验的原理。

在发送方,先把数据划分为组,并假定每组有 k 个比特。现假定待传输的数据 M＝101001(k＝6)。循环冗余检验就是在数据 M 的后面添加供差错检测用的 r 位冗余码,然后构成一个帧并发送出去,共发送(k＋r)位。在所要发送的数据后面增加 r 位冗余码,虽然加大了数据传输的开销,但可以进行差错检测。当传输可能出现差错时,这种代价的付出往往是值得的。

这 r 位冗余码可使用以下方法得出。使用二进制的模 2 运算[①]方法进行 2^r 乘 M 的运算,相当于在 M 后面添加 r 个 0。得到(k＋r)位的数除以收、发双方事先商定的长度为(r＋1)位的除数 P,得出商是 Q,余数是 R(r 位,比 P 少一位)。关于除数 P 下面再继续介绍。在图 5-8 中,M＝101001(k＝6)。假定除数 P＝1101(r＝3)。经模 2 除法运算后的结果是:Q＝110101(这个商并没有什么用处),R＝001。这个余数 R 就作为冗余码拼接在数据 M 的后面并发送出去。这种进行检错而添加的冗余码常称为帧检验序列。因此加上 FCS 后发送的帧是 101001001(2^rM＋FCS),共有(k＋r)位。

计算过程演算如图 5-9 所示。

如果在传输过程中无差错,那么经过循环冗余检验后得出的余数 R 肯定是 0(读者可以自己进行验算。现在被除数是 101001001,除数是 1101,看余数是否为 0)。

但如果出现误码,那么余数 R 等于 0 的概率非常小。

总之,接收方对收到的每一帧经过循环冗余检验后,可通过以下方法判断:

(1) 如果得出的余数 R＝0,则判定这个帧没有差错,就接收。

(2) 如果余数 R≠0,则判定这个帧有差错(但无法确定究竟是哪一位或哪几位出现了差错),就丢弃。

一种较方便的方法是使用多项式来表示循环冗余检验过程。在上面的例子中,使用多项式 $P(X)＝X^3＋X^2＋1$ 表示上面的除数 P＝1101(最高位对应于 X^3,最低位对应于 X^0)。多项式 P(X)称为生成多项式。现在广泛使用的生成多项式 P(X)有以下几种:

$$CRC\text{-}16＝X^{16}＋X^{15}＋X^2＋1$$
$$CRC\text{-}CCITT＝X^{16}＋X^{12}＋X^5＋1$$

---

① 用模 2 运算进行加法时不进位,例如,1111＋1010＝0101。减法和加法一样,按加法规则计算。

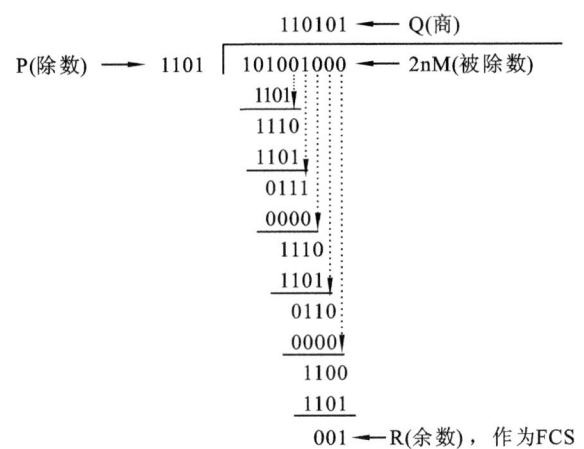

图 5-9　说明循环冗余检验原理的例子

$$CRC\text{-}32 = X^{32} + X^{26} + X^{23} + X^{16} + X^{12} + X^{11} + X^{10} + X^8 + X^7 + X^5 + X^4 + X^2 + X + 1$$

在数据链路层,发送方的 FCS 的生成和接收方的循环冗余检验都是使用硬件完成的,处理速度很快,因此并不会延误数据的传输。

从以上讨论不难看出,如果在传输数据时不以帧为单位,那么无法加入冗余码而进行差错检验。因此,如果要在数据链路层进行差错检验,就必须把数据划分为帧,每帧都加上冗余码,一帧接一帧地传输,然后接收方逐帧进行差错检验。

5.3　基本的数据链路层协议

数据链路层协议主要考虑的问题是避免传输的数据出现差错和丢失;发送方发送数据的速率与接收方接收数据的能力相适应。

数据链路层上数据的传输方式有单工、半双工和全双工。单工是数据在介质中仅在一个方向传输;半双工是数据可以双向传输,在特定时刻只能向一个方向传输;全双工是在任意时刻都可以实现双向传输。

5.3.1　无约束单工协议

无约束单工协议(unrestricted simplex protocol)想要工作在理想状态下,需有如下几个前提。

(1) 单工传输。

(2) 发送方无休止工作(要发送的信息无限多)。

(3) 接收方无休止工作(缓冲区无限大)。

(4) 通信线路(信道)不损坏或丢失帧。

无约束单工协议的工作过程如下。

(1) 发送程序:取数据,构成帧,发送帧。

(2) 接收程序:等待,接收帧,发送数据给高层。

5.3.2 单工停等协议

单工停等协议(simplex stop-and-wait protocol)是在无约束单工协议上增加约束条件,即接收方不能无休止接收。其解决办法是接收方每收到一个帧后,给发送方回送一个响应。

单工停等协议的工作过程如下。

(1) 发送程序:取数据,构成帧,发送帧,等待响应帧。

(2) 接收程序:等待,接收帧,发送数据给高层,回送响应帧。

单工停等协议的工作示意如图 5-10 所示。

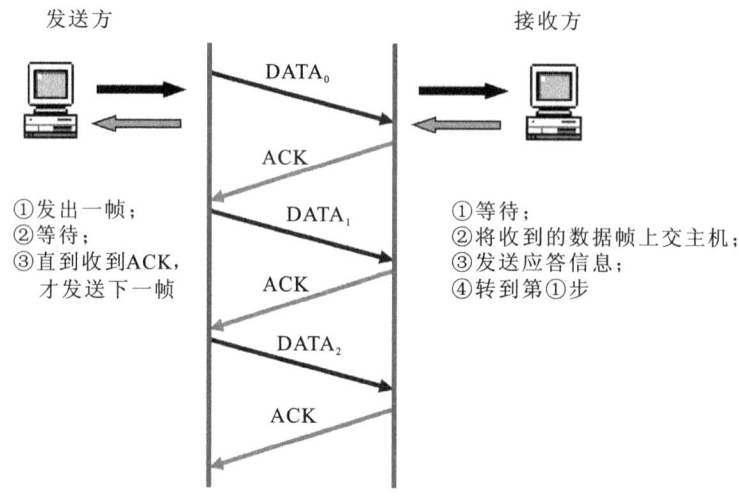

图 5-10 单工停等协议示意图

5.3.3 有噪声信道的单工协议

有噪声信道的单工协议(simplex protocol for a noisy channel)是在上述基础上继续增加约束条件,即信道(线路)有差错,信息帧可能损坏或丢失。其解决办法是出错重传。

有噪声信道的单工协议带来的问题如下。

(1) 死锁。当出现帧丢失时,发送方永远等待下去(解决:超时计时器)。

(2) 重复帧(解决:给帧编号)。

有噪声信道的单工协议工作示意如图 5-11 所示。

发送方在发送下一个帧之前等待一个肯定确认的协议称为积极确认与重传(positive acknowledgement with retransmission,PAR)或自动重传请求(automatic repeat request,ARQ)。

有噪声信道的单工协议设置了一个超时计时器(timeout timer),超时定时器工作过程如下。

(1) 结点 A 发送完一个帧时,就启动一个超时计时器。

(2) 若到了超时计时器所设置的重传时间 t_{out} 而仍收不到结点 B 的任何确认帧,则结点 A 就重传前面所发送的这一数据帧。

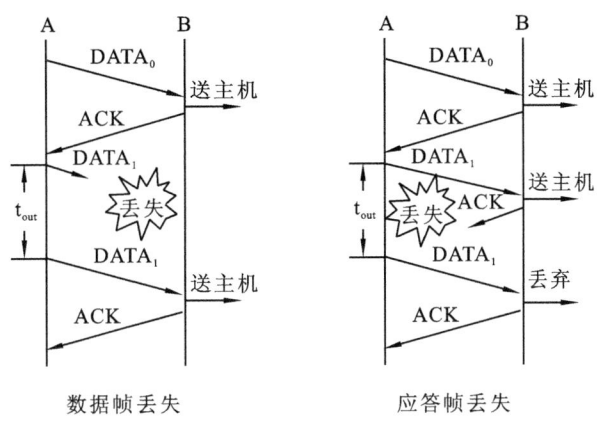

图 5-11 有噪声信道的单工协议示意图

（3）一般可将重传时间选为略大于"从发送完帧到收到确认帧所需的平均时间"。

为了解决重复帧，需要以下几步。

（1）使每个帧带上不同的发送序号。每发送一个新的帧就把它的发送序号加 1。

（2）若结点 B 收到发送序号相同的帧，就表明出现了重复帧。这时应丢弃重复帧，因为已经收到过同样的帧并且也交给了主机 B。

（3）此时结点 B 还必须向结点 A 发送确认帧 ACK，因为 B 已经知道 A 还没有收到上一次发送的确认帧 ACK。

5.4 滑动窗口协议

滑动窗口协议（sliding window protocol）是一种流量控制方法。该协议允许发送方在停止并等待确认前可以连续发送多个分组。滑动窗口协议是对停止等待协议的改进，它控制了已发送未确认帧的个数，即滑动窗口的大小。由于发送方不必每发送一个分组就停下来等待确认，因此该协议可以加速数据的传输。

滑动窗口协议的工作过程与相关定义如下。

（1）只有在接收窗口向前滑动时（与此同时也发送了确认），发送窗口才有可能向前滑动。

（2）收、发两方的窗口按照以上规律不断地向前滑动，因此这种协议又称为滑动窗口协议。

（3）当发送窗口和接收窗口的大小都等于 1 时，就是停止等待协议。

（4）当发送窗口大于 1、接收窗口等于 1 时，就是后退 N 帧协议。

（5）当发送窗口和接收窗口的大小均大于 1 时，就是选择重发协议。

滑动窗口协议规定，对窗口内未经确认的分组需要重传。这种分组的数量最多可以等于发送窗口数量的大小，即滑动窗口的大小 n 减去 1（因为发送窗口不可能大于（n−1），接收窗口应不小于 1）。

滑动窗口协议的目的是对发送方进行流量控制。发送窗口尺寸 W_s 定义为：在还没有收

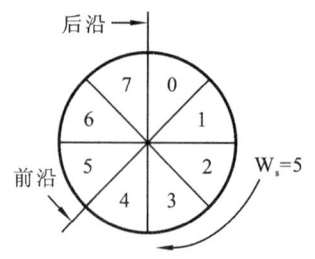

图 5-12　滑动窗口协议示意图

到应答帧的情况下,发送方最多可以连续发送帧的个数。

发送序号:

一般采用 n 位进行编号$(0\sim2^n-1)$。如果 n=3;则用 3 位进行编号$(0\sim7)$。滑动窗口协议示意如图 5-12 所示。

发送方只能连续发送窗口内的帧;每收到一个确认帧,发送窗口的前沿、后沿就顺时针旋转一个号,并发送一个新的帧。如果未应答的数目等于发送窗口尺寸 W_s,便停止发送新的帧。滑动窗口协议发送方的工作原理如图 5-13 所示。

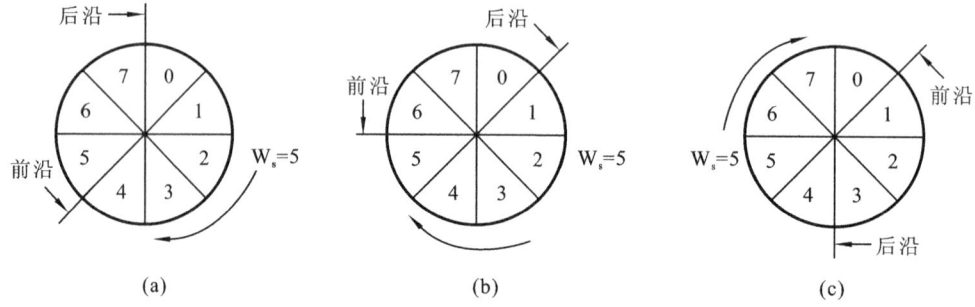

图 5-13　滑动窗口协议发送方的工作原理

滑动窗口协议发送方的工作步骤如下:

(1) 发送 0~4 号帧,如果没有收到它们的确认帧,则停止发送帧;

(2) 收到 0 号确认帧,发送 5 号数据帧,等待 1~5 号确认帧;

(3) 又收到 1~3 号确认帧,继续发送 6、7、0 号帧。

滑动窗口协议接收接收方的工作原理如图 5-14 所示。其目的是用于控制可以接收哪些帧而不可以接收哪些帧。

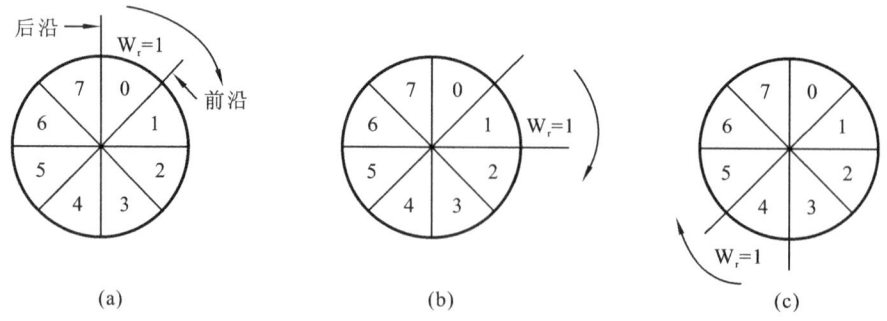

图 5-14　滑动窗口协议接收方的工作原理

接收窗口 W_r 定义为:只有当收到帧的发送序号落入接收窗口时,才允许接收该帧,否则丢弃。如果 $W_r=1$,则意味着只能按顺序接收帧。如果 W_r 较大,则有可能会出现帧的失序。

滑动窗口协议接收方的工作步骤如下：

（1）等待接收 0 号数据帧；

（2）收到 0 号帧后，并发出 0 号确认帧，等待接收 1 号帧；

（3）又收到 1～3 号帧后，并发出 1～3 号确认帧，等待接收 4 号帧。

设 $W_r = 1$，差错情况：如果收到 0 号帧，则接收窗口顺时针旋转一个号，并发出 0 号确认帧；准备接收 1 号帧。此时，如果收到的不是 1 号帧，而是 0 号帧，则表明接收方发出 0 号确认帧后发送方没有收到，因此再发送一次 0 号确认帧，此时必须丢弃收到的 0 号帧，否则发送重复。如果收到的是 2 号帧，则表明发送方发出的 1 号帧丢失，因此接收方再发送 1 号确认帧，让对方重新发送 1 号帧。

5.4.1　一比特滑动窗口协议

滑动窗口协议的基本原理：在任意时刻，发送方维持一个连续的允许发送的帧的序号，称为发送窗口；同时，接收方也维持一个连续的允许接收的帧的序号，称为接收窗口。发送窗口和接收窗口的序号的上、下界不一定要一样，甚至大小也可以不同。不同的滑动窗口协议其窗口尺寸大小一般不同。发送窗口内的序号代表那些已经被发送，但是还没有被确认的帧，或者是那些可以被发送的帧。

一比特滑动窗口协议，也就是停等 ARQ 协议，其特点如下。

（1）窗口大小：N＝1，发送序号和接收序号的取值范围为 0 和 1。

（2）可进行数据双向传输，信息帧中可包含有确认信息（piggybacking 技术）。

（3）信息帧中包括两个序号域：发送序号和接收序号（已经正确收到的帧的序号）。

一比特滑动窗口协议的工作过程描述如下。

```
#define MAX_SEQ 1
Typedef enum {frame_arrival,cksum_err,timeout}event_type;
#include "protocol.h"
Void protocol(void)
{
seq_nr next_frame_to_send;        /*0 or 1 only*/
seq_nr frame_expected;            /*0 or 1 only*/
frame r,s;                        /*scratch variables*/
event_type event;
next_frame_to_send=0;             /*next frame on the outbound stream*/
frame_expected=0;                 /*number of frame arriving frame expected*/
from_network_layer(&buffer);      /*fetch a packet from the network layer*/
s.info=buffer;                    /*prepare to send the initial frame*/
s.seq=next_frame_to_send;         /*insert sequence number into frame*/
s.ack=1-frame_expected;           /*piggybacked ack*/
to_physical_layer(&s);            /*transmit the frame */
start_timer(s.seq);               /*start the timer running*/
while (true){
wait_for_event(&event);           /*frame_arrival,cksum_err,or timeout*/
```

```
if(event==frame_arrival){        /*a frame has arrived undamaged.*/
            from_physical_layer(&r);       /*go get it*/
            if(r.seq==frame_expected){  /*Handle inbound frame stream*/
to_network_layer(&r.info);        /*pass packet to network layer*/
inc(fram_expected);               /*invert sequence number expected next*/
}
If(r.ack==next_frame_to_send){  /*handle outbound frame stream*/
            from_network_layer(&buffer);  /*fetch new pkt from network layer*/
            inc(next_fram_to_send);  /*invert sender's sequence number*/
}
}
s.info=buffer;                    /*construct outbound frame*/
s.seq=next_frame_to_send;         /*insert sequence number into it*/
s.ack=1-frame_expected;           /*seq number of last received frame*/
to_physicial_layer(&s);           /*transmit a frame*/
start_timer(s.seq);               /*start the timer running
}
}
```

5.4.2 后退 N 帧 ARQ 协议

这里及下节要介绍的协议都属于连续 ARQ 协议,即为了提高信道利用率,对传统的自动重传请求(ARQ)进行改进,从而实现在接收到 ACK 之前能够连续发送多个帧。

在后退 N 帧 ARQ 协议中,发送方不需要在接收到上一个帧的 ACK 后才发送下一个帧,而是可以连续发送帧。在发送方发送帧的过程中,如果接收到对应已发送的某个帧的 NAK,则发送方将 NAK 对应的某个帧进行重发,然后将该帧之后的帧依次进行重发。

后退 N 帧 ARQ 协议就是从出错处重发已发送过的 N 个帧,这是为了提高传输效率而设计的。

一般情况下,信道带宽为 b b/s,帧长度为 L bit,往返传输延迟为 R s,则信道利用率为 $(L/b)/(L/b+R)=L/(L+Rb)$。

由上可知,传输延迟大,信道带宽高,帧短时,信道利用率低。其解决办法为:连续发送多帧后再等待确认,又称为流水线技术(pipelining)。由此带来的问题:信道误码率高时,对损坏帧和非损坏帧的重传非常多,带宽浪费严重。两种基本工作方式如下。

方式1:反馈否认帧(NAK)(含出错的数据帧发送序号),再从出错的帧开始重传。这种方式要求发送方有一个能存储 N 个帧的缓冲区,而接收方只要求有能存储一个帧的缓冲区。

图 5-15 为反馈否认帧(NAK)的示意图。

方式2:不反馈否认帧(NAK)。发送方采用超时机制。发送方每发送一个帧就启动该帧的计时器,当收到确认帧后,计时器复位;如果直到超时还没有收到确认帧,则重发该帧及后续帧。

图 5-16 为不反馈否认帧(NAK)的示意图。

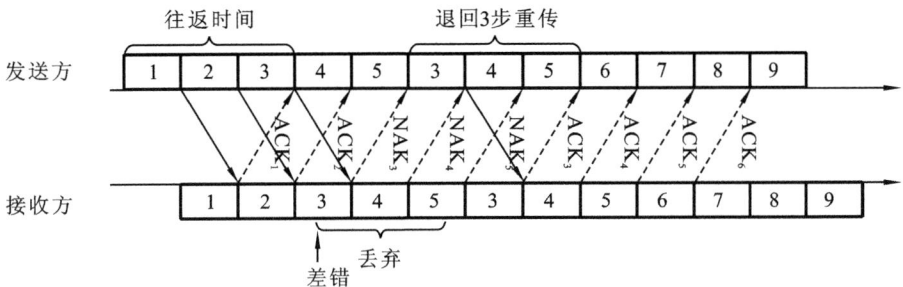

图 5-15　反馈否认帧(NAK)的示意图

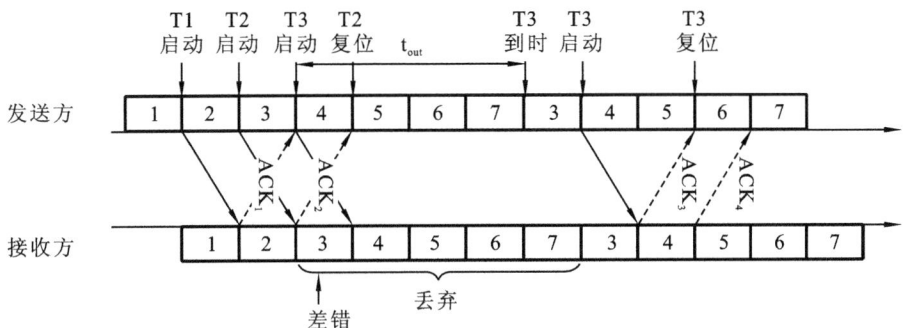

图 5-16　不反馈否认帧(NAK)的示意图

后退 N 帧 ARQ 协议的工作过程描述如下。

```
#define MAX_SEQ7                        /*should be 2^{n-1} */
Typedef enum{frame_arrival,cksum_err,timeout,network_layer_ready} event_type;
#include"protocol.h"


Static boolean between(sep_nr a,sep_nr b,sep_nr c)
{
/*Return true if(a<=b<c circularly;false otherwise*/
if(((a<=b}&&(b<c))||((c<a))&&(a<=b))||((b<C)&&(c<a)))
   return(true);
else
returne(false);
}


static void send_data(seq_nr frame_nr,sep_nr frame_expected,packet buffer[])
{
                                /*Construct and send a data frame*/
Frame s;                        /*scratch variable*/

s.info=buffer[frame_nr];        /*insert packet into frame*/
```

```
        s.sep=frame_nr;                    /*insert sequence number into frame*/
        s.ack=(frame_expected+MAX_SEQ)%(MAX_SEQ+1);   /*piggyback ack*/
        to_physical_layer(&s);             /*transmit the frame*/
        start_timer(frame_nr);             /*start the timer running*/
    }

    void protocol(void)
    {
    seq_nr next_frame_to_send;             /*MAX_SEQ>1;used for outbound stream*/
    seq_nr ack_expected;                   /*oldest frame as yet unacknowledged*/
    seq_ne frame_expected;                 /*next frame expected on inbound stream*/
    frame r;                               /*scratch variable*/
    packet buffer[MAX_SEQ+1];              /*buffers for the outbound stream*/
    seq_nr nbuffered;                      /*#ouput buffers currently in use*/
    seq_nr i;                              /*used to index into the buffer array*/
    event_type event;

    enable_network_layer();                /*allow network_layer_ready events*/
    ack_expected=0;                        /*next ack expecred inbound*/
    next_frame_to_send=0;                  /*next frame going out*/
    frame_expected=0;                      /*number of frame expected inbound*/
    nbuffered=0;                           /*initially no packets are buffered*/
    while(true){
        wait_for_event(&event);            /*four possibilities:see event_type above*/

        switch(event){
          case network_layer_ready;        /*the network layer has a packet to send*/
                                           /*Accept,save,and transmit a new frame.*/
                from_nerword_layer(&buffer[next_frame_to_send]);
                                           /*fetch new packet*/
                nbuffered=nbuffered+1;     /*expand the sender's window*/
                send_data(next_frame_to_send,frame_expected,buffer);
                                           /*transmit the frame*/
                inc(next_frame_to_send);   /*advance sender's upper window edge*/
                break;

            case frame_arrival;            /*a data or control frame has arrived*/
                form_physical_layer(&r);   /*get incoming frame form physical layer*/

                if(r.seq==frame_expected){
                    /*Frames are accepted only in order*/
                    to_network_layer(&r.info);   /*pass packet to network layer*/
```

```
              inc(frame_expected);  /* advance lower edge of receiver's
                                          window*/
        }
        /*Ack n implies n-1.n-2.etc.Check or this*/
        while(betwieen(ack_expected,r.ack,next_frame_to_send)){
              /*Handle piggybacked ack.*/
              nbuffered=nbuffered-1;  /* frame arrived intace;stop timer*/
              inc(ack_expected);          /*contract sender's window*/
        }
        break;
  case cksum_err:break;                    /*just ignore bad frames*/

  c ase timeout:
        next_frame_to_send=ack_expected;    /* trouble; retransmit all
                                                 outstanding frames*/
        for(i=1;i<=nbuffered;i++){
              send_data(next_frame_to_send,frame_expected,buffer);
                                          /*resend 1 frame*/
              inc(next_frame_to_send);  /*prepare to send the next one*/
        }


        }

        i f(nbuffered <MAX_SEQ)
              enable_network_layer();
        else
              disable_network_layer();
        }
    }
```

5.4.3　选择重传 ARQ 协议

选择重传 ARQ 协议的目的是在不可靠信道上进行有效传输时,不会因重传而浪费信道资源,采用选择重传技术,进一步提高了信道利用率。其实施方法是只重传出现差错的帧或者超时的帧。要求在接收方设置具有相当容量的缓存区。图 5-17 为选择重传 ARQ 协议的示意图。

选择重传 ARQ 协议的基本原理:发送窗口大小为 MaxSeq,接收窗口大小为(MaxSeq+1)/2;保证接收窗口前移后与原窗口没有重叠。选择重传 ARQ 协议的工作原理示意图如图 5-18 所示。

缓冲区的设置:发送方和接收方的缓冲区大小应等于各自窗口大小;增加确认计时器,解决两个方向负载不平衡带来的阻塞问题;可随时发送否定性确认帧 NAK。

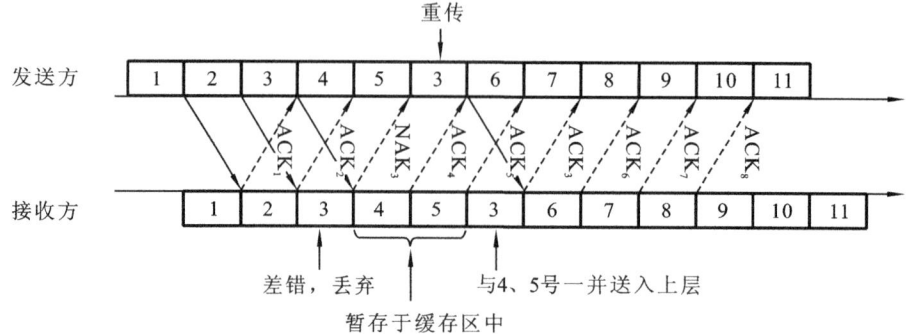

图 5-17 选择重传 ARQ 协议的示意图

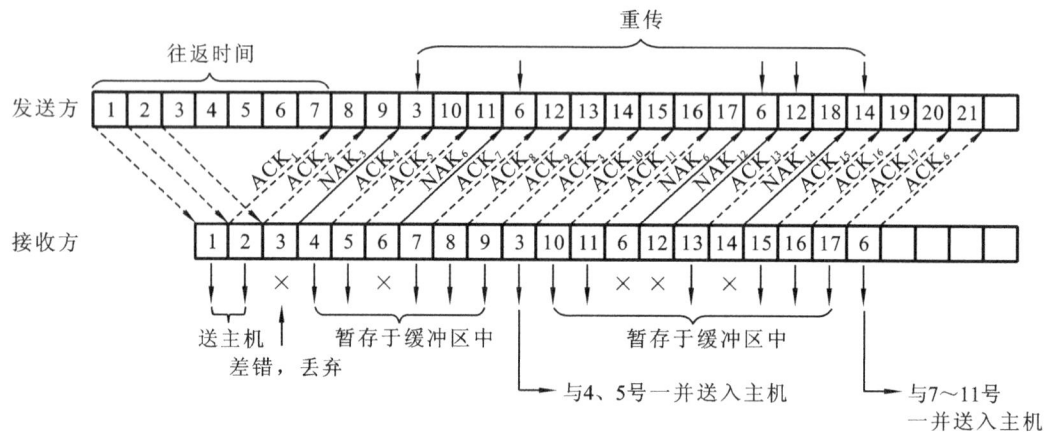

图 5-18 选择重传 ARQ 协议的工作原理示意图

选择重传 ARQ 协议的工作过程描述如下。

```
#define MAX_SEQ 7                  /*should be 2^n-1 */
#define NR_BUFS((MAX_SEQ+1)/2)
Typedef enum {frame _arrival,cksum _err,timeout,network_layer _ready,ack_
   timeout}event_type;
#include"protocol.h"
Boolean no_nak=true;               /*no nak has been sent yet*/
Seq_nr oldest_frame=MAX_SEQ+1;   /*initial value is only for the simulator*/
Static Boolean between(seq_nr a,seq_nr b,seq_nr c)
{
/*Same as between in protocol5,but shorter and more obscure*/
Return((a<=b)&&(b<c)||(c<a)&&((a<=b))||((b<c)&&(c<a))
}
static void send_frame(frame_kind fk,seq_nr frame_nr,seq_nr frame_expected,
   packet buffer[])
{
/*Construct and send a data,ack,or nak frame.*/
```

```
Frame s;                          /* scratch variable*/
s.kind=fk;                        /* kind==dta,ack,or nak*/
if(fk==data) s.info=buffer[frame_nr%NR+BUFS];
s.seq=frame_nr;                   /* only meaningful for data frames*/
s.nak=(frame_expected+MAX_SEQ)%(MAX_SEQ+1);
if(fk==nak) no_nak=false;         /* one nak per frame,please*/
to_physical_layer(&s);            /* transmit the frame*/
if(fk==data) start_timer(frame_nr %NR_BUFS);
stop_ack_timer();                 /* no need for separate ack frame*/
}
Void protocol(void)
{
seq_nr ack_expected;              /* lower edge of sender's window*/
seq_nr next_frame_to_send;        /* upper edge of sender's window+1*/
seq_nr frame_expected;            /* lower edge of receiver's window*/
seq_nr too_far;                   /* upper edge of receiver's window+1*/
inti;                             /* index into buffer pool*/
frame r;                          /* scratch variable*/
packet out_buf[NR_BUFS];          /* buffers for the outbound stream*/
packet in_buf[NR_BUFS];           /* buffers for the inbound stream*/
Boolean arrived[NR_BUFS];         /* inbound bit map*/
Seq_nr nbuffered;                 /* how many output buffers currently used*/
event_type event;
enable_network_layer();           /* initialize*/
ack_expected=0;                   /* next ack expected on the inbound stream*/
next_frame_to_send=0;             /* number of next outgoing frame*/
frame_expected=0;
too_far=NR_BUFS;
nbuffered=0;                      /* initially no packets are buffered*/
for(i=0;i<NR_BUFS;i++) arrived[i]=false;
  While(true)
{
wait_for_event(&event);           /* five possibilities:see event_type above*/
switch(event)
  {
    case network_layer_ready:   /* accept,save,and transmit a new frame*/
      nbuffered=nbuffered+1;    /* expand the window*/
      from_network_layer(&out_but[next_frame_to_send%NR_BUFS]);
                                /* fetch new packet*/
      send_frame(data,next_frame_to_send,frame_expected,out_buf);
                                /* transmit the frame*/
        inc(next_frame_to_send); /* advance upper window edge*/
```

```
        break;
            case frame_arrival:            /*a data or control frame has arrived*/
              from_physical_layer(&r);     /*fetch incoming frame from physical layer*/
                if(r.kind==data)
                  {
                    /*An undamaged frame has arrived.*/
                    if((r.seq!=frame_expected)&&no_nak)
                    send_frame(nak,0,frame_expected,out_buf);else start_ack_timer();

        if(between(frame_eaxpected,r,seq,too_far)&&(arrived[r.seq%NR_BUFS]==false))
                  {
                    /*Frames may be accepted in any order.*/
                    arrived[r.seq%NR_BUFS]=true;           /*mark buffer as full*/
                    in_buf[r.seq%NR_BUFS]=r.info;          /*insert data into buffer*/
                    while(arrived[frame_expected%NR_BUFS])
                      {
                        /*Pass frames and advance window.*/
                        to_network_layer(&in_buf[frame_expected%NR_BUFS]);
                      no_nak=true;
                      arrived[frame_expected%NR_BUFS]=false;
                      inc(frame_expected);       /*advance lower edge of receiver's window
                                      */
                      inc(too_far);        /*advance upper edge of receiver's window*/
                      start_ack_timer();   /*to see if a separate ack is needed*/
            }
          }
          }

      if((r.kind==nak)&&between(ack_expected,(r.ack+1)%(MAX_SEQ+1),next_frame_to_
    send))
        send_frame(data,(r.ack+1)%(MAX_SEQ+1),frame_expected,out_buf);
        while(between(ack_expected,r,ack,next_frame_to_send))
        {
        nbuffer=nbuffer-1;                /*handle piggybacked axk */
        stop_timer(ack_expected%NR_BUFS);              /*frame arrived intact */
        inc(ack_expected);                    /*advance lower edge of sender's window*/
        }
        break;
        case cksum_err:
        if(no_nak)send_frame(nak,0,frame_expected,out_buf);   /*damaged frame*/
        break;
        case timeout:
```

```
send_frame(data,oldest_frame,frame_expected,out_buf);   /*we timed out */
break;
case ack_timeout:
send_frame(ack,0,frame_expected,out_buf);   /*ack timer expired;send ack */
}
if (nbuffered<NR_BUFS) enable_network_layer(); else disable_network_layer();
}
}
```

5.5　常用的数据链路层协议

ISO 和 CCITT 在数据链路层协议的标准制定方面做了大量工作,各大公司也形成了自己的标准。

数据链路层协议可分为异步协议和同步协议两类。异步协议是指把每个字符看成一条独立的信息,在每个字符起始处同步,但各个字符之间的间隔时间是可以变化的。由于发送器和接收器近似于同一频率的两个时钟(要求两个时钟频率严格完全相同是不可能的),能够在一段短时间内保持同步,所以可以使用字符起始处同步的时钟来采样该字符中的各位,而不需要每位都严格同步。同步协议是指把许多字符组织成一个数据块(前面所述的帧),除在该数据块的起始处同步外,还要在后面维持固定的时钟,实际上是发送方通过某种技术将时钟混合到数据中一起发送,而接收方又从输入数据中分离出时钟。

图 5-19 所示的为数据链路层协议的分类。

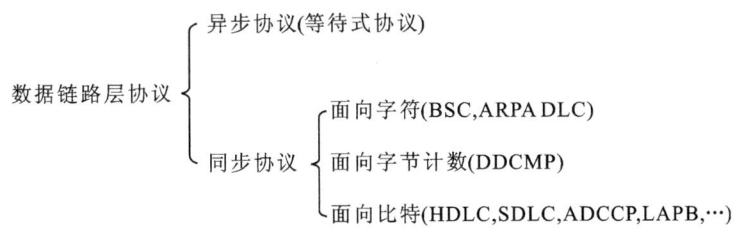

图 5-19　数据链路层协议的分类

5.5.1　高级数据链路控制规程

1976 年,ISO 提出了高级数据链路控制(high-level data link control,HDLC)规程。HDLC 由帧结构、规程元素和规程类型组成。使用 HDLC 语法可以定义多种具有不同操作特点的链路层协议。

HDLC 适用于计算机到计算机、计算机到终端、终端到终端三类范围。

1. HDLC 涉及的站

(1) 主站(primary station):主要功能是发送命令(包括数据),接收响应,负责整个链路的控制(如系统的初始化、流量控制、差错恢复等)。

(2) 次站(secondary station):主要功能是接收命令,发送响应,配合主站完成链路的控制。

（3）复合站（combined station）：同时具有主站、次站的功能，既发送又接收命令和响应，并负责整个链路的控制。

2. 适用 HDLC 的链路构型

（1）非平衡配置。主站控制整个链路工作，发出的帧称为命令；次站发出的帧称为响应。适合把智能和半智能的终端连接到计算机，如图 5-20 所示。

（2）平衡配置。复合站具有主站和次站的功能，地位平等，适用于计算机和计算机之间的连接，如图 5-21 所示。

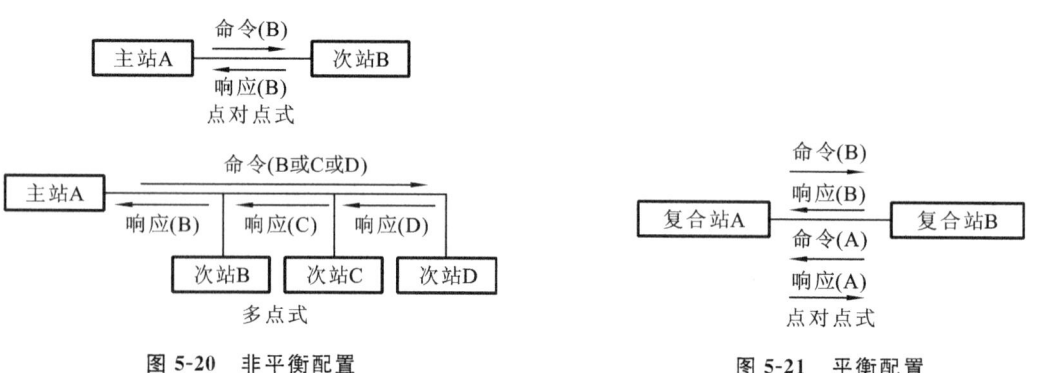

图 5-20　非平衡配置　　　　　　　　　图 5-21　平衡配置

3. HDLC 的基本操作模式

（1）正规响应模式（normal response mode，NRM）。适用于点对点式和多点式两种非平衡构型。只有在主站向次站发出询问后，次站才能获得传输帧的许可。

（2）异步响应模式（asynchronous response mode，ARM）。适用于点对点式非平衡构型和主站-次站式平衡构型。次站可以随时传输帧，不必等待主站的询问。

（3）异步平衡模式（asynchronous balanced mode，ABM）。适用于通信双方都是组合站的平衡构型，可采用异步响应，双方具有同等能力。

4. HDLC 的帧结构

HDLC 的帧结构如图 5-22 所示。

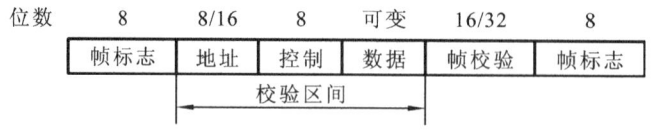

图 5-22　HDLC 的帧结构

HDLC 的帧结构的字段描述如下。

（1）帧标志（flag）。定界符为 01111110＝7EH（零比特填充法）。

（2）地址（address）域。多终端线路，用于区分终端；点对点线路，有时用于区分命令和响应。如果是接收该帧的站的地址，则该帧是命令帧；如果是发送该帧的站的地址，则该帧是响应帧。有效地址为 254 个（通常为 8 位，可扩展到 16 位）；全 1 的 8 位地址表示广播（所有次站接收）；全 0 的 8 位地址表示无效地址。

（3）控制（control）域。标志帧的类型和功能，使对方站执行特定的操作。控制域包含信息帧（information 帧）、监控帧（supervisory 帧）和无序号帧（unnumbered 帧）三类。控制域的格式如图 5-23 所示。

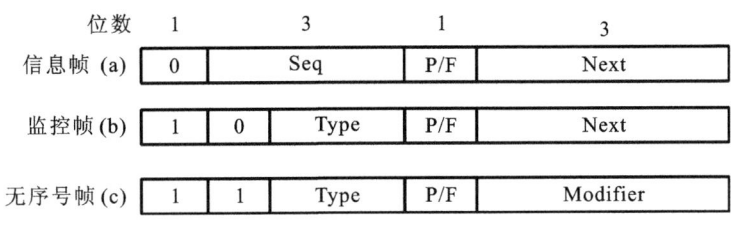

图 5-23　控制域的格式

（4）数据（data）域。任意比特串或字符串（有上限）。

（5）校验和（checksum）。循环冗余检验（CRC）。

图 5-23 的说明如下。

① Seq——发送序号。使用滑动窗口技术，3 位序号，发送窗口 $W_s=7$。

② Next——捎带确认。接收方期望收到的帧序号，而不是最后一个已收到的帧序号。

③ P/F——询问/终止。命令帧置 P 位，表示要求对方立即发送响应；响应帧置 F 位，表示要发送的数据已经发送完毕。注：最后一个帧 P/F 置为"F"位，其他置为"P"位。有些协议，P/F 位用于强迫对方立刻发送控制帧。

④ Type——类型。"Type0"表示确认帧，"Type1"表示否定帧，"Type2"表示接收未准备好，"Type3"表示选择拒绝。

⑤ 无序号帧可以用于传输控制信息，也可在不可靠无连接服务中传输数据。

5.5.2　X.25 数据链路层协议

X.25 协议是数据终端设备（DTE）和数据电路终接设备（DCE）之间的接口规程，其主要功能是描述如何在 DTE 和 DCE 之间建立虚电路、传输分组、建立链路、传输数据、拆除链路、拆除虚电路，同时进行差错控制、流量控制、情况统计等，并且能为用户提供一些可选的业务功能和配置功能。X.25 协议是国际电报电话咨询委员会（CCITT）在 20 世纪 70 年代制定的，以后又进行了多次修改。X.25 协议可以通过虚电路传输多种上层协议（如 IP、IPX 等）数据。

X.25 链路层规定了在 DTE 和 DCE 之间的线路上交换帧的过程。从分层的观点来看，链路层如同是在 DTE 的分组层接口和 DCE 的分组层接口之间架设了一座桥梁。DTE 的分组层和 DCE 的分组层之间可以通过这座桥梁不断传输分组。

国际标准规定的 X.25 链路层协议如 LAPB，采用 HDLC 的帧结构，并且是 HDLC 的一个子集。LAPB 要求通过设置异步平衡方式（SABM）命令建立链路。建立链路时只需由两个站中的任意一个站发送 SABM 命令，另一个站发送 UA 响应即可完成双向链路的建立。

虽然 LAPB 是作为 X.25 的第二层被定义的，但是，作为独立的链路层协议，它可以直接承载非 X.25 的上层协议进行数据传输。

X. 25 协议规程使用 HDLC 规程的原理和术语。X. 25 的帧格式与 HDLC 的完全相同。X. 25 LAPB 的各种检错和纠错措施如下。

（1）帧格式上采用 CRC，只检错，不纠错，丢弃出错帧。

（2）设立超时机制，若计时器超时且重传 N 次，则向上层协议报告。超时机制用于检错，重传用于纠错。

（3）帧序号，若接收方发现帧序号出错，就发送拒绝帧给发送方，发送方重传，既检错也纠错。

（4）采用 P/F 位来进行校验指示：发送置为 P 的命令帧，等待置为 F 的响应帧，能及时发现远程数据站是否收到命令帧。

规程规定必须使用（1），组合使用（2）、（3）、（4）。

5.5.3　Internet 数据链路层协议

Internet 采用点对点的通信。通信协议为串行 IP 协议（SLIP）和点对点协议（PPP）。

1. 串行 IP 协议

串行 IP 协议（serial line IP protocol，SLIP）于 1984 年由 Rick Adams 提出，用于发送原始 IP 包，用一个标记字节来定界，采用字符填充技术；新版本提供 TCP 和 IP 首部压缩技术——RFC 1144。其存在的问题：不提供差错校验；只支持 IP；IP 地址不能动态分配；不提供认证；多种版本并存，互联困难。

2. 点对点协议

点对点协议（point-to-point protocol，PPP）。它是 SLIP 的继承者，它提供了跨过同步和异步电路实现路由器到路由器（router-to-router）和主机到网络（host-to-network）的连接。与 SLIP 相比，PPP 可提供差错校验、支持多种协议、允许动态分配 IP 地址、支持认证等。PPP 以帧为单位发送，而不是以原始 IP 包发送。PPP 包括链路控制协议（link control protocol，LCP）和网络控制协议（network control protocol，NCP）两部分。

PPP 提供了成帧方法（面向比特和面向字符）、链路控制协议和网络控制协议三项功能。

PPP 的帧结构如图 5-24 所示。

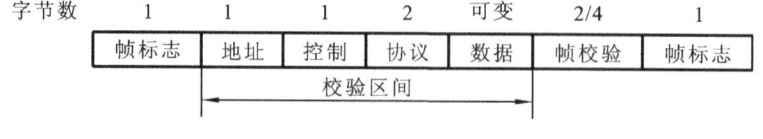

图 5-24　PPP 的帧结构

1）PPP 的帧结构的字段描述

（1）帧标志（flag）。定界符为 01111110＝7EH。当同步链路传输时，采用零比特填充法。当异步链路传输时，采用字符填充法。如果数据字段出现一个 7EH，则变为 7DH 和 5EH；如果数据字段出现一个 7DH，则变为 7DH 和 5DH；如果数据字段出现 ASCII 码的控制字符（小于 20H 的字符），则在该字符前插入一个 7DH。

（2）地址（address）域。始终为 FFH。实际上，不需要地址。

（3）控制（control）域。一般为 03H，表示是无序号帧。

（4）协议（protocol）域。如果为 C021H，则数据字段是 PPP 的链路控制数据；如果为 8021H，则数据字段是 PPP 的网络控制数据。

（5）净荷域。最大不超过 1 500 字节。

2）PPP 的通信过程

（1）当用户拨号接入 ISP 时：

① 路由器的调制解调器对拨号做出确认；

② 建立一条物理连接；

③ PC 发送 LCP 分组（PPP 参数）；

④ 路由器进行网络层配置；

⑤ NCP 给 PC 一个临时 IP 地址。

（2）当用户挂机时：

① NCP 释放网络层连接；

② 收回原来分配出去的 IP 地址；

③ LCP 释放数据链路层连接；

④ 释放物理层连接。

5.5.4　ATM 数据链路层协议

ATM 数据链路层协议参考模型是由 ITU-T 制定的，也称为 B-ISDN ATM 数据链路层协议参考模型。参考模型包含用户面、控制面和管理面三个面。

管理面用于实现层管理和面管理功能；用户面用于传输用户数据、流量控制、差错控制和其他用户功能信息，具有层次结构功能；控制面也具有层次结构功能，负责呼叫控制和连接控制功能。

ATM 数据链路层协议参考模型分为物理层、ATM 层、AAL 层和高层。物理层又分为物理媒体相关（PDM）子层和传输汇聚（TC）子层。

TC 子层的许多功能类似于 OSI 参考模型的数据链路层。TC 子层用于实现信元流和比特流的转换，包括信元速率分隔、信元边界提取、首部错误控制（header error control，HEC）、传输帧的产生和恢复。

ATM 数据链路层协议是由 SONET、FDDI 及其他传输系统运送 ATM 信元的。

当一个应用程序产生一条要发送的消息时，此消息要进入传输线路上，再向下传到 ATM 数据链路层协议栈，以及首部和尾部，并把分段放入 ATM 信元中。最后，这些信元到达 TC 子层进行传输。

习　题　5

5-1　以太网交换机是按照（　　　）进行转发的。

　　A. MAC 地址　　　B. IP 地址　　　　C. 协议类型　　　　D. 端口号

5-2　快速以太网标准 100BASE-TX 采用的传输介质是（　　　）。

    A. 同轴电缆　　　　B. 无屏蔽双绞线　　C. CATV 电缆　　　D. 光纤

5-3　数据链路层采用了后退 N 帧(GBN)协议,发送方已经发送了编号为 0~7 的帧。当计时器超时时,如果发送方只收到 0、2、3 号帧的确认,则发送方需要重发的帧数是(　　　)。

    A. 2　　　　　　　　B. 3　　　　　　　　C. 4　　　　　　　　D. 5

5-4　以太网交换机进行转发决策时使用的 PDU 地址是(　　　)。

    A. 目的物理地址　　　　　　　　　　　　B. 目的 IP 地址

    C. 源物理地址　　　　　　　　　　　　　D. 源 IP 地址

5-5　8 个 128 Kb/s 的信道通过统计时分复用到一条主干线路上,如果该线路的利用率为 90%,则其带宽应该是(　　　)Kb/s。

    A. 922　　　　　　　B. 1 024　　　　　　C. 1 138　　　　　　D. 2 276

5-6　在以太网中,最大传输单元(MTU)是(　　　)字节。

    A. 46　　　　　　　　B. 64　　　　　　　　C. 1 500　　　　　　D. 1 518

5-7　在下面关于以太网与令牌环网性能的比较中,正确的是(　　　)。

    A. 在重负载时,以太网比令牌环网的响应速度快

    B. 在轻负载时,令牌环网比以太网的利用率高

    C. 在重负载时,令牌环网比以太网的利用率高

    D. 在轻负载时,以太网比令牌环网的响应速度慢

5-8　在层次化园区网络设计中,(　　　)是接入层的功能。

    A. 高速数据传输　　B. VLAN 路由　　C. 广播域的定义　　D. MAC 地址过滤

5-9　以太网使用的循环冗余检验码,其生成多项式是(　　　)。

    A. $G(X) = X^{16} + X^{15} + X^2 + 1$

    B. $G(X) = X^{16} + X^{12} + X^5 + 1$

    C. $G(X) = X^{16} + X^{12} + X^5 + X + 1$

    D. $G(X) = X^{32} + X^{26} + X^{23} + X^{16} + X^{12} + X^{11} + X^{10} + X^8 + X^7 + X^5 + X^4 + X^2 + X + 1$

5-10　图 5-25 中 12 位曼彻斯特编码的信号波形表示的数据是(　　　)。

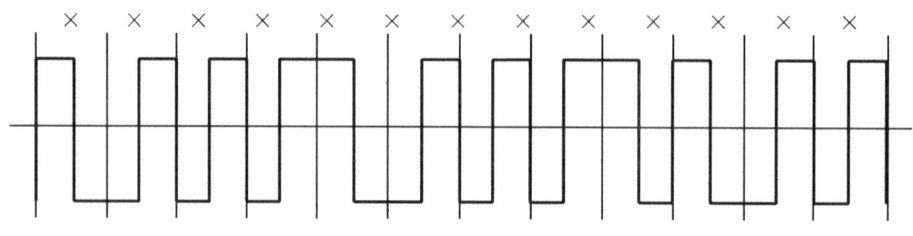

图 5-25　题 5-10 图

    A. 100001110011　　　　　　　　　　B. 111100110011

    C. 011101110011　　　　　　　　　　D. 011101110000

5-11　不同逻辑子网间通信必须使用的设备是(　　　)。

    A. 两层交换机　　B. 三层交换机　　C. 网桥　　　　　D. 集线器

5-12　一台交换机有 24 个 10/100 Mb/s 电端口和 4 个 1 000 Mb/s 光端口,如果所有端口

都工作在全双工状态,那么交换机的总带宽应为(　　　)。

A. 6.4 Gb/s　　　B. 10.4 Gb/s　　　C. 12.8 Gb/s　　　D. 28 Gb/s

5-13　对要传输的 10 bit 数据,如果采用汉明码校验,需要增加的冗余信息是(　　　) bit。

A. 3　　　　　　B. 4　　　　　　C. 5　　　　　　D. 6

5-14　HDLC 是一种(　　　)的协议。

A. 面向比特的同步链路控制　　　　　B. 面向字节计数的异步链路控制

C. 面向字符的同步链路控制　　　　　D. 面向比特流的异步链路控制

5-15　HDLC 协议所采用的帧同步方法是(　　　)。

A. 使用比特填充的首尾标志法　　　　B. 使用字符填充的首尾定界法

C. 字节计数法　　　　　　　　　　　D. 物理编码违例法

5-16　在一个采用 CSMA/CD 协议的网络中,传输介质是一根完整的电缆,传输速率为
1 Gb/s,电缆中的信号传播速度是 200 000 km/s。如果最小数据帧长度减少 800
bit,则最远的两个站点之间的距离至少需要(　　　)。

A. 增加 160 m　　　B. 增加 80 m　　　C. 减少 160 m　　　D. 减少 80 m

5-17　在 HDLC 协议中,如果主站要求发送方对从 3 号帧开始的所有帧进行重发,则相应
的控制字段为(　　　)。

A. 1010P011　　　B. 1001P011　　　C. 1101P011　　　D. 1011P011

5-18　网桥转发数据的依据是(　　　)。

A. ARP 表　　　B. MAC 地址表　　　C. 路由表　　　　D. 访问控制列表

5-19　下列关于光以太网技术特征的描述中,错误的是(　　　)。

A. 能够根据用户的需求分配带宽

B. 以信元为单位传输数据

C. 具有保护用户和网络资源安全的认证和授权功能

D. 提供分级的 QoS 服务

5-20　下列关于集线器的描述中,错误的是(　　　)。

A. 集线器是基于 MAC 地址识别完成数据转发的

B. 连接到集线器的结点发送数据时,将执行 CSMA/CD 介质访问控制方法

C. 通过在网络链路中串接一个集线器,可以监听该链路中的数据包

D. 连接到一个集线器的所有结点共享一个冲突域

5-21　在图 5-26 所采用的"存储-转发"方式分组的交换网络中,所有链路的数据传输速率为
100 Mb/s,分组大小为 1 000 Byte,其中分组首部大小为 20 Byte,若主机 H1 向主机
H2 发送一个大小为 980 000 Byte 的文件,则在不考虑分组拆装时间和传播延迟的情
况下,从 H1 发送到 H2 接收完为止,需要的时间至少是(　　　)。

A. 80 ms　　　　B. 80.08 ms　　　C. 80.16 ms　　　D. 80.24 ms

5-22　简述"停止等待协议"的主要思想。

5-23　试简述 HDLC 帧结构各字段的意义。HDLC 使用什么方法保证数据的透明传输。

5-24　数据链路(逻辑链路)与链路(物理链路)有何区别?"电路接通了"与"数据链路接通
了"的区别何在?

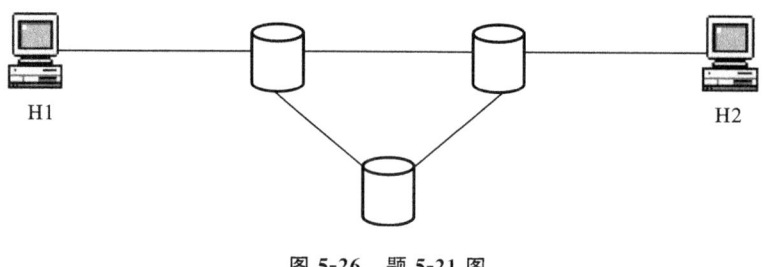

图 5-26 题 5-21 图

5-25 一个 PPP 帧的数据部分(用十六进制写出)是 7D 5E FE 27 7D 5D 7D 5D 65 7D 5E。试问真正的数据是什么(用十六进制写出)?

5-26 数据传输率为 10 Mb/s 的以太网在物理介质上的码元传输速率是多少码元/s?

5-27 某局域网采用 CSMA/CD 协议实现介质访问控制,数据传输速率为 10 Mb/s,主机甲和主机乙之间的距离为 2 km,信号传播速度是 200 000 km/s。请回答下列问题,并给出计算过程。

(1) 假设主机甲和主机乙在发送数据过程中,其他主机不发送数据。如果主机甲和主机乙发送数据时发生冲突,则从开始发送数据时刻起,到两台主机均检测到冲突时止,最短需经过多长时间? 最长需经过多长时间?

(2) 如果网络不存在任何冲突与差错,主机甲总是以标准的最长以太网数据锁(1518 字节)向主机乙发送数据,主机乙每成功收到一个数据锁后,立即发送下一个数据锁,此时主机甲的有效数据传输速率是多少?(不考虑以太网锁的前导码)

5-28 假定站点 A 和 B 在同一个 10 Mb/s 以太网网段上。这两个站点之间的传播时延为 225 比特时间。现假定 A 开始发送一帧,并且在 A 发送结束之前 B 也发送一帧。如果 A 发送的是以太网所允许的最短的帧,那么 A 在检测到与 B 发生碰撞之前能否把自己的数据发送完毕? 换言之,如果 A 在发送完毕之前并没有检测到碰撞,那么能否肯定 A 所发送的帧不会与 B 发送的帧发生碰撞?(提示:计算时应当考虑到每个以太网所允许的帧在发送到信道上时,MAC 帧前面还要增加若干字节的前同步码和帧定界符。)

5-29 题 5-28 中,站点 A 和 B 在 t=0 时同时发送帧。当 t=255 比特时间,A 和 B 同时检测到发生了碰撞,并且在 t=255+48=273 比特时间内完成了干扰信号的传输。A 和 B 在 CSMA/CD 算法中选择不同的 r 值回避。假定 A 和 B 选择的随机数分别是 $r_A=0$ 和 $r_B=1$。试问 A 和 B 各在什么时间开始重传其帧? A 重传的帧在什么时间到达 B? A 重传的帧会不会与 B 重传的帧再次发生碰撞? B 会不会在预定的重传时间停止发送帧?

5-30 要发送的数据为 1101011011。采用 CRC 的生成多项式是 $P(X)=X^4+X+1$。试求应添加在数据后面的余数。数据在传输过程中最后一个 1 变成了 0,问接收方能否发现什么? 若数据在传输过程中最后两个 1 都变成了 0,问接收方能否发现什么? 采用 CRC 后,数据链路层的传输是否就变成了可靠的传输?

5-31 要发送的数据为 101110。采用 CRC 的生成多项式是 $P(X)=X^3+1$。试求应添加在数据后面的余数。

第 6 章　局域网与介质访问子层

6.1　局域网概述

分布在相对有限区域(例如一栋楼房或者一个校园)内的网络称为局域网(local area network,LAN)。分布在较大地理区域的网络称为广域网(wide area network,WAN)。本章将讨论局域网技术。局域网常见于大型或中型企业、政府机构及教育机构。全世界大约有三千万台计算机连接在局域网上。

需要说明的是,并非所有的局域网都是相同的。局域网需要根据实际情况分为不同的类型,不同类型的网络提供不同的服务,并采用不同的技术,同时需要网络中的用户使用不同的网络软件。

6.1.1　局域网的发展和现状

1. 局域网的发展

1954 年,美国军方的半自动地面防空系统将远距离的雷达和测控仪器所探测到的信息通过线路汇集到某个基地的一台大型计算机上进行处理,再将处理好的数据通过通信线路送回到各自的终端设备,这就是计算机网络的雏形。这种网络的终端设备不能为中心计算机提供服务,终端设备与中心计算机之间不提供相互的资源共享,网络功能仅限于数据通信。

20 世纪 60 年代中期,美国出现了计算机互联系统。这些计算机之间不但可以彼此通信,而且可以与其他计算机之间共享资源。这种计算机网络系统具备多计算机处理功能。例如,美国国防部高级研究计划署(Defense Advanced Research Project Agency,DARPA)于 1969 年将分散在美国不同地区的计算机组成一个网络进行资源共享、信息互通,构成了现在 Internet 的雏形,因此最早的 Internet 的思路发源于 DARPA 网。

2. 局域网的现状

随着 ARPA 网的成功,不同的公司开始推出自己的局域网体系结构,包括 IBM 公司的 SNA(system network architecture)和 DEC 公司的 DNA(digital network architecture)。但是,遵循不同体系结构建立的网络之间却难以互联,因此,国际标准化组织(International Standard Organization,ISO)于 1983 年提出了一个开放系统互联参考模型(Open System Interconnection Basic Reference Model),以便所有的计算机网络都能进行互联。

6.1.2　局域网的定义和特点

1. 局域网的定义

局域网的全称为局部区域网络,是在较小地理范围内利用通信线路把数据设备连接起来,实现彼此之间的数据传输和资源共享的系统称为局域网。它是目前应用最为广泛的一类网络,适用于连接公司、办公室或工厂里的个人计算机和工作站,以便资源的共享(如共享打印机)和信息的交换,因此广泛应用于各种专用网、办公自动化、工业控制及数据处理等领域。

2. 局域网的特点

局域网的主要特点如下。

(1) 网络覆盖的地理范围比较小,通常不超过几十公里,甚至只在一幢建筑物内或在一个房间内。

(2) 信息传输率高。不同类型的局域网,传输率从 10 Mb/s 到 1 000 Mb/s 不等。而广域网运行时的传输率一般为几十 Kb/s 到几百 Kb/s。

(3) 它的时延和误码率都比较小。

(4) 它的传输介质较多,既可使用通信线路(如电话线),又可使用专线(如同轴电缆、光纤、双绞线等),还可以使用无线介质(如微波、激光、红外线)等。

(5) 网络的经营权和管理权属于某个单位。

局域网由硬件和软件两大部分组成。局域网硬件通常由用户工作站、网络服务器、网络适配器(又称为网卡)、传输介质及附属设备部分组成。局域网软件包括网络协议软件、通信软件和网络操作系统等。其中,网络协议软件主要用于实现物理层及数据链路层的某些功能。通信软件用于管理各个工作站之间的信息传输。网络操作系统是指网络环境中的资源管理程序,主要包括文件服务程序和网络接口程序。文件服务程序用于管理共享资源,网络接口程序用于管理工作站的应用程序对不同资源的访问。局域网的操作系统主要有 UNIX 操作系统、Novell Netware 操作系统、Microsoft Windows 操作系统等。

6.2 局域网技术

6.2.1 信道分配

信道是信息传输的通道,即信息进行传输时所经过的一条通路。一种传输介质上可以有多条信道(多路复用)。计算机网络中的信道可以分为两类:一类是使用点对点连接的网络,称为广域网;另一类是使用广播信道(多路访问信道、随机访问信道)的网络,称为局域网。

信道分配可以分为静态信道分配和动态信道分配两种。静态信道分配包括频分多路复用(FDM)(波分复用(WDM))和时分多路复用(TDM)。频分多路复用是将频带平均分配给每个要参与通信的用户,时分多路复用是每个用户拥有固定的信道传输时槽。静态信道分配和动态信道分配均适用于用户较少、数目基本固定和各用户的通信量都较大的情况,但无法灵活适应站点数及其通信量的变化。

动态信道分配(DCA)包括如下 5 个基本假设。

(1) 站点模型假设,即每个站点是独立的,并以统计固定的速率产生帧,一帧产生后到被发送走之前,站点被封锁。

（2）单信道假设，即所有的通信都是通过单一的信道来完成的，各个站点都从信道上收发信息。

（3）冲突假设，即两帧同时发出会相互重叠，结果使信号无法辨认，产生冲突。所有的站点都能检测到冲突，冲突帧必须重发。

（4）连续时间和时间分槽（确定何时发送）假设。

（5）载波监听和非载波监听（确定能否发送）假设。

DCA 的作用是通过信道质量准则和业务量参数对信道资源进行优化配置。DCA 的测量由 UTRAN 执行，并由 UE 向 UTRAN 报告测量结果。

为了使空闲模式下的 DCA 测量最小化，应区分两种情况，即与 TD-SCDMA 系统建立连接时的初始 DCA 测量和连接模式下的 DCA 测量。

为了提高系统容量、减少干扰、更有效地利用有限的信道资源，蜂窝移动通信系统普遍采用信道分配技术，即根据移动通信的实际情况及约束条件，设法使更多的用户接入。

TD-SCDMA 系统采用 RNC 集中控制的 DCA 技术，在一定区域内将几个小区的可用信道资源集中起来，由 RNC 统一管理，按小区呼叫阻塞率、候选信道使用频率、信道再用距离等因素，将信道动态分配给呼叫用户。

动态信道分配分为 2 个阶段：第 1 阶段是呼叫接入的信道选择，采用慢速 DCA；第 2 阶段是呼叫接入后为保证业务传输质量而进行的信道重选，采用快速 DCA。RNC 根据各相邻小区占用的时隙，计算或测量时隙的干扰情况，动态地在 RNC 所管辖的各小区间、工作载波间及上下行链路间进行时隙分配。

6.2.2　多路访问协议

多路访问协议是指控制多个用户共用一条信道的协议。

1. ALOHA 协议

20 世纪 70 年代，为了解决信道的动态分配问题，Norman Abramson 设计了 ALOHA 协议。其基本思想是设计可用于任何无协调关系的用户争用单一共享信道使用权的系统。ALOHA 协议可分为纯 ALOHA 协议和分隙 ALOHA 协议。

纯 ALOHA 协议是指当用户有数据要发送时，可以直接发送至信道；然后监听信道是否产生冲突，如果产生冲突，则等待一段随机的时间重发。

纯 ALOHA 协议的信道效率有以下两种情况。

（1）吞吐率 S：在帧时 T 内成功发送的平均帧数。合理的 S 范围为 $0 \leqslant S \leqslant 1$。

S=0，表示在信道上无成功帧传输；

S=1，表示帧一个接一个传输，帧间无空隙。

（2）网络负载 G：在帧时 T 内共发送的平均帧数（包含发送成功的和未成功的）。显然 $G \geqslant S$。

G=S，表示信道上的帧不产生冲突。

在稳定状态下，有

$$G=S+R$$

其中，R 为帧时 T 内重发的平均帧数。

假设帧长固定,有无限个用户,按泊松分布产生新帧,平均每个帧时产生 S 帧($0 < S < 1$),再产生冲突重传。在 2T 内产生冲突的概率为 $1 - e^{-2G}$,因此,在 2T 内重发的平均帧数为

$$R = G(1 - e^{-2G})$$

因为

$$G = S + R = S + G(1 - e^{-2G})$$

所以

$$S = G\ e^{-2G}$$

当 $G = 0.5$ 时,$S_{max} = 0.184$,一般实际选取 $S < 10\%$。

纯 ALOHA 协议的信道效率计算示例如图 6-1 所示。

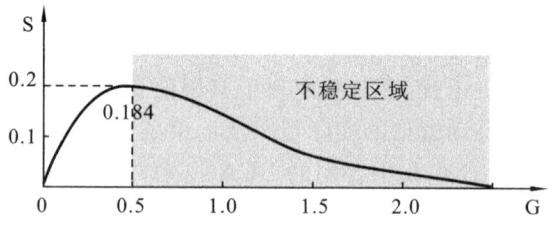

图 6-1　纯 ALOHA 协议的信道效率计算示例

分隙 ALOHA 协议是 Robert 于 1972 年提出的。其基本思想是把信道时间划分成离散的时隙,隙长为一个帧所需的发送时间。每个站点只能在时隙开始时才允许发送,其他过程与纯 ALOHA 协议的相同。冲突危险区是纯 ALOHA 的一半,所以

$$S = Ge^{-G}$$

当 $G = 1.0$ 时,$S_{max} = 0.368$。

与纯 ALOHA 协议相比,分隙 ALOHA 协议产生冲突的概率下降了,信道利用率最高为 36.8%。

分隙 ALOHA 协议的信道效率计算示例如图 6-2 所示。

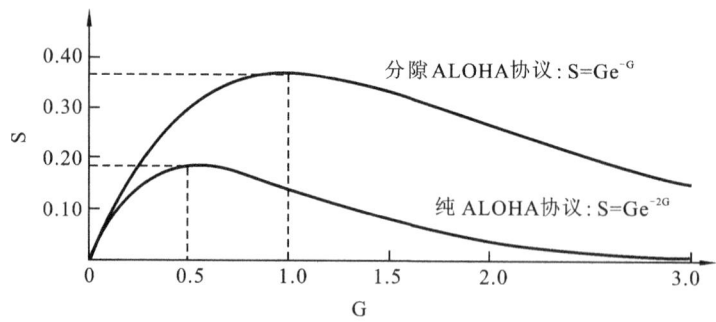

图 6-2　分隙 ALOHA 协议的信道效率计算示例

2. 载波监听多路访问协议

载波监听就是发送前先监听,即每个站点在发送数据之前要先检测总线上是否有其他站点在发送数据,如果有,则暂时不要发送数据,等待信道变为空闲时再发送。其实总线上并没有什么"载波","载波监听"就是使用电子技术检测总线上有没有其他计算机发送的数据信号。多个用户共用一条线路称为多路访问。

按侦听介质的规则,载波监听多路访问(carrier sense multiple access,CSMA)可以分为1-坚持 CSMA、非坚持 CSMA、p-坚持 CSMA 等 3 类。在 CSMA 的基础上可作进一步改进,即当站点开始发送数据后,仍需继续监听信道一段时间,当检测到冲突就立即取消冲突帧的传输。该协议也称为带冲突检测的载波监听多路访问(CSMA/CD)协议。

1-坚持 CSMA(1-persistent CSMA)的基本原理是,如果站点有数据发送,则先监听信道;如果站点发现信道空闲,则发送数据;如果信道忙,则继续监听直至发现信道空闲,然后完成发送;如果产生冲突,则等待随机时间,然后重新开始发送。1-坚持 CSMA 虽然减少了信道空闲时间,但增加了产生冲突的概率,而且广播延迟越长,产生冲突的可能性越大,协议性能越差。

非坚持 CSMA 的基本原理是,如果站点有数据发送,则先监听信道;如果站点发现信道空闲,则发送数据;如果信道忙,则等待随机时间,然后重新开始发送;如果产生冲突,则等待随机时间,然后重新开始发送。非坚持 CSMA 虽然减小了产生冲突的概率,但增加了信道空闲时间,数据发送延迟增加,效率比 1-坚持 CSMA 的高,传输延迟比 1-坚持 CSMA 的长。

p-坚持 CSMA(p-persistent CSMA)适用于分槽信道。p-坚持 CSMA 的基本原理是,如果站点有数据发送,则先监听信道;如果站点发现信道空闲,则以概率 p 发送数据,以概率 q=1−p 延迟至下一个时槽发送;如果下一个时槽仍空闲,则重复此过程,直至数据发出或时槽被其他站点所占用;如果信道忙,则等待下一个时槽,重新开始发送;如果产生冲突,则等待随机时间,然后重新开始发送。

图 6-3 展示了 5 种多路访问协议的性能比较结果。

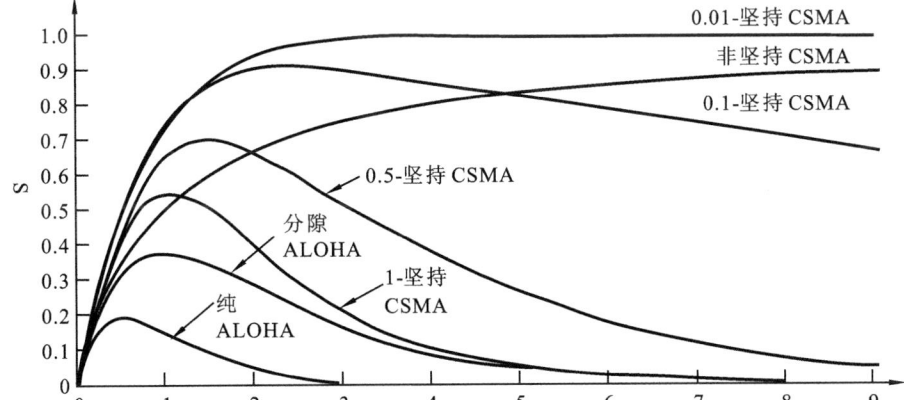

图 6-3　5 种多路访问协议的性能比较

3. 带冲突检测的载波监听多路访问协议

当两个帧发生冲突时,如果继续传输两个损坏帧就毫无意义,而且信道无法被其他站点使用。对有限的信道来讲,这是很大的浪费。如果站点边发送边监听,并在监听到冲突之后立即停止发送,则可以提高信道的利用率,因此产生了 CSMA/CD(见图 6-4)。它的基本原理是,站点使用 CSMA 协议进行数据发送,在发送期间如果检测到有冲突,则立即终止发送,并发出一个瞬间干扰信号,使所有的站点都知道发生了冲突,在发出干扰信号后,等待随

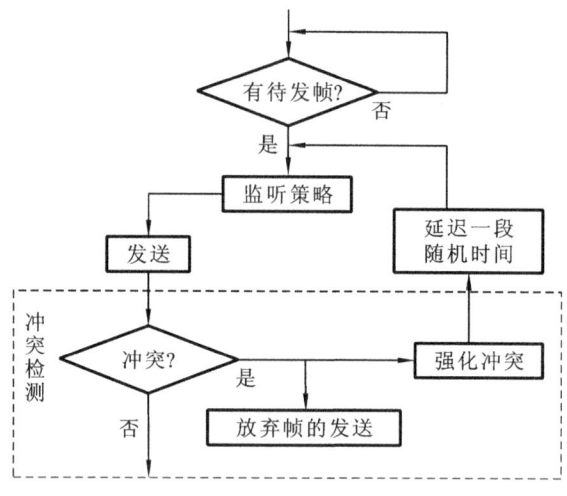

图 6-4　CSMA/CD 功能流程

机时间,再重复上述过程。

4. 无冲突协议

无冲突协议(collision-free protocols)的关键问题是在一次成功的传送之后,那个站将会得到共享信道。

无冲突协议可分为预约类协议和授权类协议(令牌类)两类。

5. 基本位图协议

基本位图协议的原理是,共享信道上有 N 个站点,竞争周期分为 N 个时隙,如果一个站点有帧发送,则在对应的时隙内发送 1 比特;N 个时隙之后,每个站点都知道哪个站点要发送帧,这时按站点序号发送(见图 6-5)。

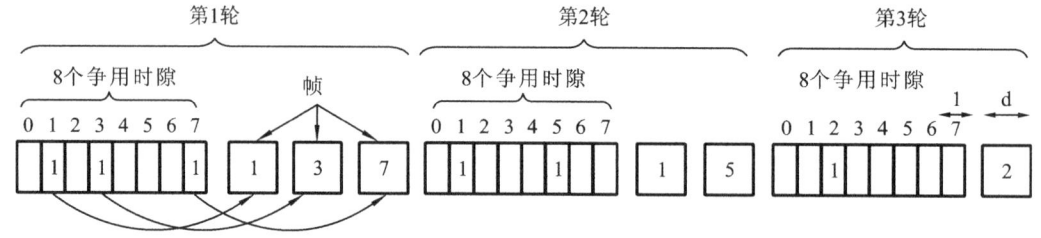

图 6-5　基本位图协议原理图

6.3　局域网的 IEEE 802 系列标准

IEEE 802 系列标准定义了若干种局域网,包括对物理层、介质访问控制子层的定义和描述。

IEEE 802 系列标准主要由以下几类组成。

(1) 802.1:基本介绍和接口原语定义。

(2) 802.2:逻辑链路控制(LLC)子层。

（3）802.3：采用 CSMA/CD 技术的局域网。

（4）802.4：采用令牌总线技术的局域网。

（5）802.5：采用令牌环技术的局域网。

（6）802.11：采用 CSMA/CA 技术的无线局域网。

6.3.1　IEEE 802.3 和 Ethernet

1. IEEE 802.3

IEEE 802.3 通常指以太网，是一种网络协议。它是描述物理层和数据链路层的 MAC 子层的实现方法，在多种物理介质上以多种速率采用 CSMA/CD 访问方式，对快速以太网标准说明的实现方法有所扩展。

早期 IEEE 802.3 描述的物理介质类型包括 10Base2、10Base5、10BaseF、10BaseT 和 10Broad36 等；快速以太网的物理介质类型包括 100BaseT、100BaseT4 和 100BaseX 等。

为了使数据链路层能更好地适应多种局域网标准，IEEE 802 委员会将局域网的数据链路层拆分为两个子层，即逻辑链路控制（logical link control，LLC）子层与媒体接入控制（medium access control，MAC）子层。

与接入到传输介质有关的内容都放在 MAC 子层，而 LLC 子层则与传输介质无关。不管采用何种协议的局域网，对 LLC 子层来说都是透明的。

由于 TCP/IP 体系经常使用的局域网是 DIX Ethernet V2 而不是 IEEE 802.3 标准中的几种局域网，因此现在 IEEE 802 委员会制定的逻辑链路控制子层（IEEE 802.2 标准）的作用已经不大。

目前，很多厂商生产的网卡上只安装有 MAC 协议而没有 LLC 协议。

图 6-6 展示了 IEEE 802.3 的物理结构。

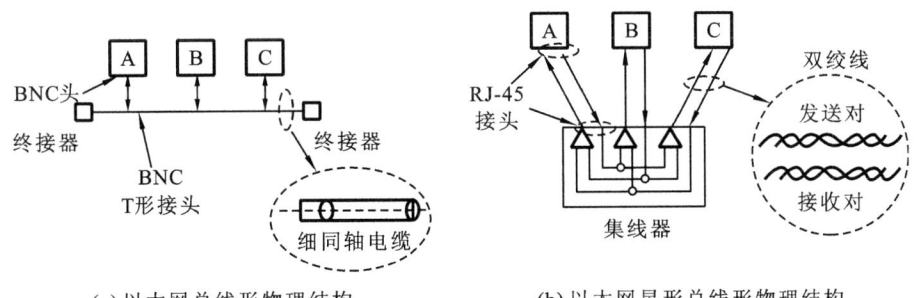

(a) 以太网总线形物理结构　　　(b) 以太网星形总线形物理结构

图 6-6　IEEE 802.3 的物理结构

注意：集线器的每个端口都具有收发功能，当某个端口收到信号时，会立即向其他端口转发；如果多个端口同时有信号输入，则所有端口都收不到正确的信息帧。

IEEE 802.3 的接线如图 6-7 所示。

注意：收发器用于处理载波监听和冲突检测。

IEEE 802.3 的总线形拓扑结构如图 6-8 所示。

注意：中继器是物理层设备，只对信号进行接收、放大和双向重传；扩展网段长度的两个

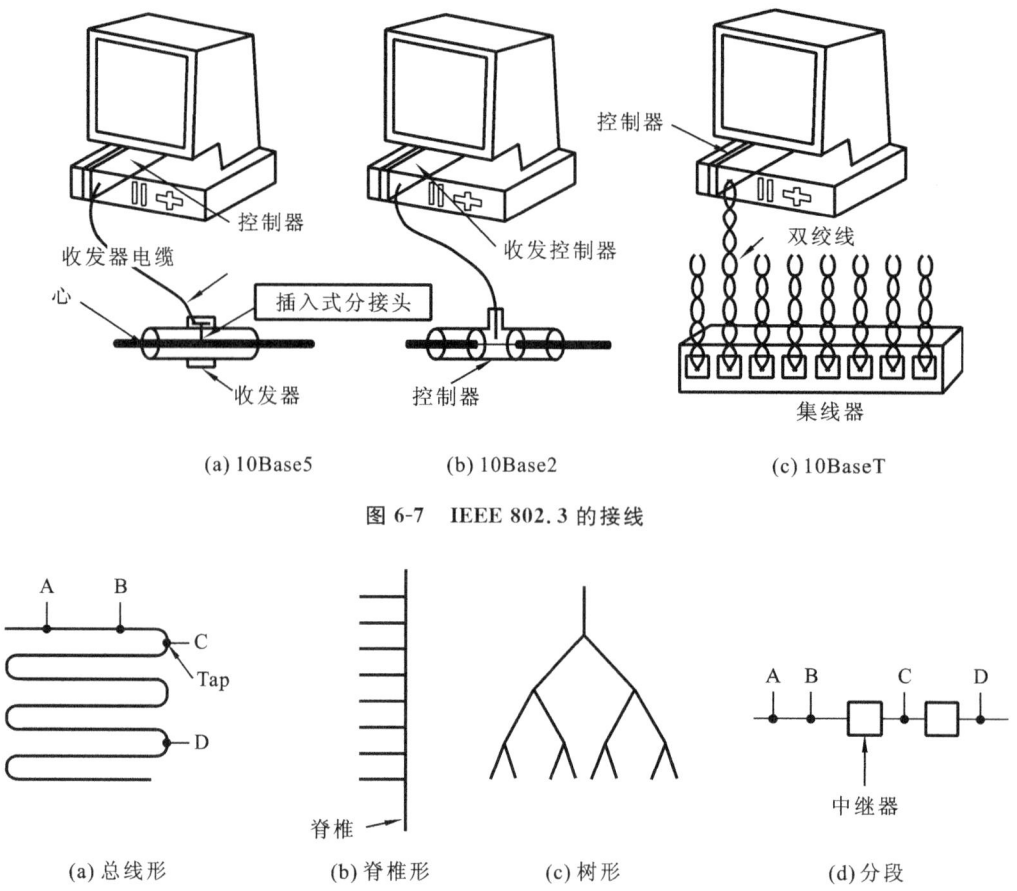

（a）10Base5　　　　　（b）10Base2　　　　　（c）10BaseT

图 6-7　IEEE 802.3 的接线

（a）总线形　　　　（b）脊椎形　　　　（c）树形　　　　（d）分段

图 6-8　IEEE 802.3 的总线形拓扑结构

收发器之间最多使用 4 个中继器,最长 2 500 m。

2. Ethernet

以太网(Ethernet)是指由 Xerox 公司创建并由 Xerox、Intel 和 DEC 公司联合开发的基带局域网规范,是当今现有局域网采用的最通用的通信协议标准。以太网使用 CSMA/CD(载波监听多路访问/冲突检测)技术,并以 10 m/s 的速率运行在多种类型的电缆上。以太网与 IEEE 802.3 系列标准类似。

Ethernet 通常是指交换式以太网,其目的是减少冲突(站越多,冲突越多)。

当一个站点要发送数据时,它首先向交换机发送一个标准帧。如果目的站点是在同一块插板上,则直接进行复制操作;若不在,则该帧通过高速背板送向连有目的站点的插板。

如果一块插板上的两个站点同时发送一帧,则会产生冲突。

那么,Ethernet/IP 是如何工作的呢? Ethernet/IP 采用 TCP/IP 发送"显性"报文,也就是说,在每个信息包中不仅包含具体应用程序数据,还包含对这些数据的解释,以及如何对这些数据进行处理的信息。同时,Ethernet/IP 还采用了标准的用户数据包协议/互联网协议(UDP/IP,它是 TCP/IP 的一部分),实现性能更高,同时具有报文广播的功能,满足了工业自动化对数据实时性的要求,这一报文称为"隐性"报文。由于 Ethernet/IP 充分利用了

TCP/IP 和 UDP/IP 的优点,将其融合在同一网络中,使得 Ethernet/IP 不仅能用于普通的信息处理,还能用于传输对时间有苛刻要求的控制信息。

6.3.2　IEEE 802.4:令牌总线

令牌总线即 Token Bus,是指通过使用令牌接入到一个总线拓扑的局域网架构,是传统的共享介质局域网的一种。其中,Token Bus 局域网中的令牌是一种特殊的控制帧,用于控制结点对总线的访问权。从物理连接上看,它是总线形结构的;从逻辑上看,它是环形拓扑结构的,如图 6-9 所示。连接到总线上的所有结点组成一个逻辑环。逻辑环的构成:令牌从结点的地址由高向低传递,最低地址的结点传递给最高地址的结点。令牌传递的顺序与站的物理位置无关。只有当令牌传到某工作站时,该站才能发送数据。

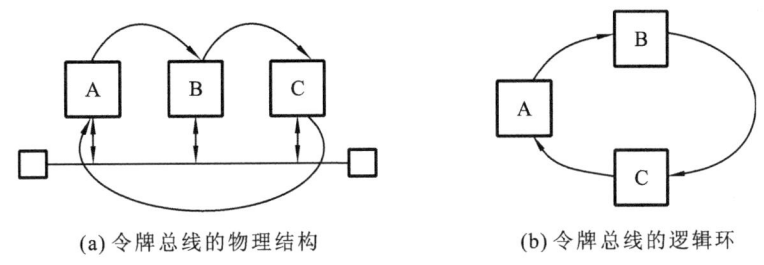

(a) 令牌总线的物理结构　　　　　　(b) 令牌总线的逻辑环

图 6-9　令牌总线结构

1. 令牌总线的工作原理

令牌总线是一种在总线形拓扑结构中利用令牌作为控制结点访问公共传输介质的访问控制方法。在采用令牌总线方法的局域网中,任何一个结点只有在取得令牌后才能使用共享总线去发送数据。

与 CSMA/CD 方法相比,令牌总线方法比较复杂,需要完成大量环的维护工作,包括环初始化、新结点加入环、结点从环中撤出、环恢复和优先级服务。

令牌环总的工作原理:最有影响的令牌环网是 IBM 公司的 Token Ring,IEEE 802.5 标准就是在 IBM 公司的 Token Ring 协议的基础上发展和形成的。在 Token Ring 中,结点通过环接口连接成物理环形。令牌是一种特殊的 MAC 控制帧,帧中有一位标志令牌忙/闲。令牌总是沿着物理环单向逐站传送,传送顺序与结点在环中的排列顺序相同。如果某结点有数据帧要发送,则它必须等待空闲令牌的到来。当此结点获得空闲令牌之后,将令牌标志位由“闲”变为“忙”,然后传送数据。

2. 令牌总线的主要操作

令牌总线的主要操作如下。

(1) 环初始化,即生成一个顺序访问的次序。网络开始启动时,由于某种原因,在运行中所有站点不活动的时间超过规定的时间,所以都要进行逻辑环的初始化。初始化的过程是一个争用的过程,争用的结果只有一个站点能取得令牌,其他站点使用站点插入的算法插入。

(2) 令牌传递算法。逻辑环按递减的站点地址次序排列,刚发完帧的站点将令牌传递给后继站点,后继站点应立即发送数据或令牌帧,原先释放令牌的站点监听到总线上的信号,便可确认后继站点已获得的令牌。

（3）站点插入环算法。必须周期性地给未加入环的站点以机会，将它们插入逻辑环的适当位置。如果同时有几个站点要插入，则可采用带有响应窗口的征用处理算法。

（4）站点退出环算法。可以通过将前驱站点和后继站点连接到一起的办法，使不活动的站点退出逻辑环，并修正逻辑环递减的站点地址次序。

（5）故障处理。网络可能出现错误，这包括令牌丢失引起断环，重复地址，产生多个令牌等。网络需要对这些故障做出相应的处理。

3. 令牌总线的特点

令牌总线的特点有以下几个方面。

（1）令牌总线适用于重负载的网络，数据发送的延迟时间确定，也适合实时性的数据传送等。

（2）网络管理较为复杂，网络必须有初始化的功能，以生成顺序访问的次序。

（3）令牌总线访问控制的复杂性高：网络中的令牌丢失，出现多个令牌，将新结点加入到环中，从环中删除不工作的结点等。

6.3.3　IEEE 802.5：令牌环

令牌环是一种 LAN 协议，定义在 IEEE 802.5 中，其中所有的工作站都连接到一个环上，每个工作站只能同直接相邻的工作站传输数据。通过围绕环的令牌信息授予工作站传输权限。

IEEE 802.5 中定义的令牌环源自 IBM 公司的令牌环 LAN 技术（见图 6-10）。令牌环网络结构和令牌环拓扑结构都基于令牌传递技术。虽有少许差别，但总体而言，两种方式是相互兼容的。

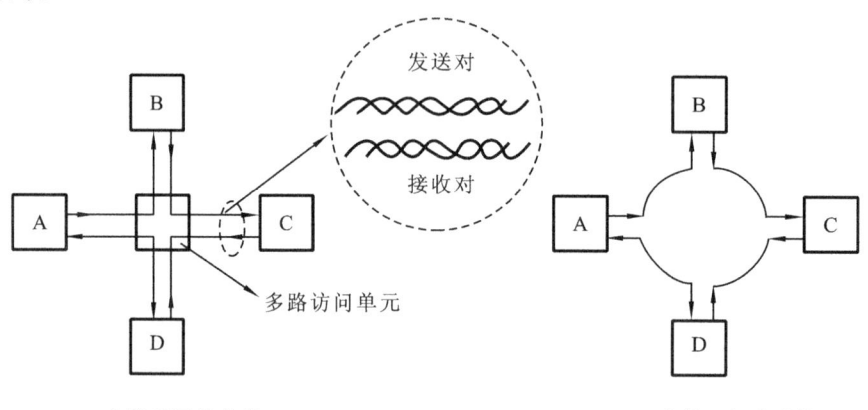

(a) 令牌环网络结构　　　　　　　　　　(b) 令牌环拓扑结构

图 6-10　IBM 公司的令牌环结构

令牌环使用多路访问单元（multiaccess unit，MAU）来组建一个环，所有的工作站都连接到 MAU 上。其物理外部结构包括星形拓扑结构、网络拓扑结构和环形拓扑结构。

令牌环的工作过程：令牌环采用传递令牌的方式来决定谁发送数据。谁拥有令牌，谁就可以传输帧。帧在环上传输，目标工作站接收到这个帧以后对它进行拷贝，然后设置帧的一个位后继续把它放在环上传输，直到又回到源设备，源设备发现帧中有一位已经变动，说明它发出去的帧已经被目标设备收到。所以它重新生成一个令牌,并传递给别的工作站。

如图 6-11 所示,AC(访问控制符)的编码格式为 PPPTMRRR。其中,格式中的字母含义为 PPP——优先级(000(最低)~111),T——令牌位,M——监督位,RRR——优先级预约。

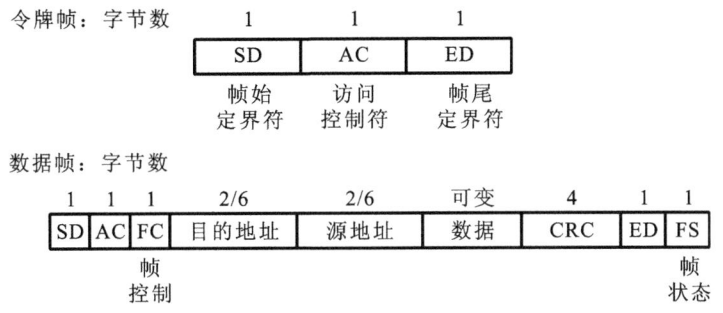

图 6-11　令牌环-帧格式

(1) 令牌位 T＝0 表示为令牌帧,PPP 有效。指出该令牌的优先级,只有持有优先级不小于该级别的站,才能持有该令牌。

(2) 令牌位 T＝1 表示为数据帧,RRR 有效。用于某站申请某一优先级别的令牌的持有权。

(3) 监督位 M 用于防止优先级大于 0 的令牌及帧在环上连续运行;如果它由监控站置"1",则此令牌或帧可被丢弃。

令牌环传输数据的速率有两种:4 Mb/s 和 16 Mb/s。4 Mb/s 版本现在使用的很少了,能够支持的产品也不是很多。另外,令牌环以不同的速率传输数据可能会导致一些问题。虽然一些令牌环的 NIC 可以支持这两种速率,但是在它自动感应(autosense)之前,它会先以默认的 4 Mb/s 的速率进行操作,然后工作站错误地以 4 Mb/s 的速率接入环里,而环的速率一般都为 16 Mb/s,这样环就会短暂性地失去连接,导致一些问题的发生。所以,在把工作站接入环里时,要先验证其速率是多少,是否匹配。

6.3.4　几种局域网的比较

几种局域网各有它的优点和缺点(见表 6-1)。IEEE 802.3 的优点:使用范围广,算法简单,站点可以在网络运行中进行安装,而且它是使用无源电缆,轻负载时,延迟为 0。缺点:它使用的是模拟器件,每个站点在发送的同时可能要检测冲突;它的最短帧长为 64 字节,对短数据来讲开销太大;无优先级,发送是非确定性的,不适合实时工作;电缆最长 2 500 m(使用中继器);速率提高时,帧传输时间减少,竞争时间不变(2τ),效率降低;重负载时,冲突严重。

表 6-1　三种局域网的比较

比 较 类 别	IEEE 802.3	IEEE 802.4	IEEE 802.5
协议复杂性	简单	最复杂	维护复杂
优先级	无	有	有
分散控制	是	是	监控站集中管理

续表

比 较 类 别	IEEE 802.3	IEEE 802.4	IEEE 802.5
使用模拟技术	冲突检测	调制解调器宽带放大器	完全数字化
数据速率	10 Mb/s	1 Mb/s、5 Mb/s、10 Mb/s	4 Mb/s、16 Mb/s
帧长限制	64～1 538 Byte	无最短限制	最长有约束
线路长度限制	2.5 km	无	无
轻负载性能	几乎无延迟	有延迟	有延迟
重负载性能	效率降低	效率较高	效率较高
可靠性	高	逻辑环	断环
使用广泛性	广泛	不广泛	较广泛
适用场合	中等负载	实时性要求高	重负载,实时性要求高

IEEE 802.4 的优点是发送具有确定性,支持优先级,可处理短帧;可以使用宽带电缆,支持多信道;重负载时,吞吐量和效率较高。缺点是使用大量的模拟装置;协议复杂;轻负载时,延迟大;很难用光纤实现。

IEEE 802.5 的优点是使用点对点连接,完全数字化;同时使用线路中心,自动检测和消除电缆故障;支持优先级,允许短帧,但受令牌持有时间的限制,不允许任意长的帧;重负载时,吞吐量和效率较高。缺点是中央监控;轻负载时,延迟大。

6.3.5 IEEE 802.11:无线局域网

伴随着有线网络的广泛应用,以快捷高效、组网灵活为优势的无线网络技术也在飞速发展着。无线局域网(wireless local area network,WLAN)是在局部区域内以无线媒体或介质进行通信的无线网络,它是计算机网络与无线通信技术相结合的产物。有线网络在某些场合要受到布线的限制:布线、改线工程量大;线路容易损坏;网络中各结点不可移动。特别是,当要把相距较远的结点连接起来时,铺设专用通信线路的布线施工难度大、费用高、耗时长,对正在迅速扩大的联网需求造成了严重的阻塞。无线局域网就是解决有线网络以上问题而出现的。

1. IEEE 802.11

IEEE 802.11 是在 1997 年 IEEE 制定的有关无线局域网的协议标准。该标准定义了物理层和媒体访问控制(MAC)规范。凡使用 802.11 系列协议的局域网又称 Wi-Fi(wireless fidelity),中文意思为无线保真。因此,在许多文献中,Wi-Fi 几乎成为无线局域网 WLAN 的同义词。

在一个典型的无线局域网环境中,有一些进行数据发送和接收的设备,称为接入点(access point,AP)。通常,一个 AP 能够在几十米至上百米的范围内连接多个无线用户。在同时具有有线和无线网络的情况下,AP 可以通过标准的 Ethernet 电缆与传统的有线网络相连,作为无线网络和有线网络的连接点。

802.11 标准规定 WLAN 的最小构件是基本服务集(basic service set,BSS)。一个基本服务集(BSS)包括一个基站和若干个移动站,所有的站在 BSS 以内都可以直接通信,但在和

BSS 以外的站通信时,都要通过 BSS 的基站。上面提到的接入点 AP 就是 BSS 内的基站。

一个基本服务集可以是孤立的,也可通过接入点 AP 连接到一个主干分配系统 (distribution system,DS)中,然后接入到另一个基本服务集,构成扩展的服务集(extended service set,ESS)。

2. 802.11 的物理层

802.11 的物理层定义了数据传输的信号特征和调制,定义了两个 RF(radio frequency, 射频)传输方法和一个红外线 IR(InfraRed)传输方法。RF 传输标准是跳频扩频(frequency hopping spread spectrum,FHSS)和直接序列扩频(direct sequence spread spectrum, DSSS),工作在 2.4 GHz ISM 频段,工作传输速率为 1 Mb/s 或 2 Mb/s。1999 年,两种新的技术被引入,以便达到更高的带宽。这两种技术称为正交频分多路复用(orthogonal frequency division multiplexing,OFDM)和高速直接序列扩频(high rate direct sequence spread spectrum,HR-DSSS),它们的工作传输速率分别可以达到 54 Mb/s 和 11 Mb/s。如今,无线局域网中的 FHSS 和 IR 技术现在已经很少使用了。

大多数无线局域网产品都使用了扩频技术。扩频技术原先是军事通信领域中使用的宽带无线通信技术。使用扩频技术,能够使数据在无线传输中完整可靠,并且确保在不同频段传输的数据不会互相干扰。现在最流行的无线局域网是 802.11b,而另外两种(802.11a 和 802.11g)的产品也广泛存在。表 6-2 是这三种无线局域网的简单比较。

表 6-2　几种常用的 802.11 无线局域网

标　准	频　段	数据传输速率	物理层	优　缺　点
802.11b	2.4 GHz	最高为 11 Mb/s	HR-DSSS	最高数据传输速度较低,价格最低,信号传播距离最远,且不易受阻
802.11a	5 GHz	最高为 54 Mb/s	OFDM	最高数据传输速度较高,支持更多用户同时上网,价格最高,信号传播距离较短,且易受阻
802.11g	2.4 GHz	最高为 54 Mb/s	OFDM	最高数据传输速度较高,支持更多用户同时上网,信号传播距离最远,且不易受阻,价格比 802.11b 的贵

3. 802.11 MAC 子层协议

802.11 MAC 子层协议与以太网的 MAC 子层不同,因为与有线环境相比,无线环境有一些内在的复杂性。因此,无线局域网不能简单地搬用 CSMA/CD 协议。这里主要有两个原因:第一,CSMA/CD 协议要求一个站点在发送本站数据的同时还必须不间断地检测信道,以便发现是否有其他的站也在发送数据,这样才能实现"碰撞检测"的功能。但在无线局域网设备中,要实现这种功能,花费很高。第二,更重要的是,即使能够实现碰撞检测的功能,并且当我们在发送数据时能检测到信道是空闲的,在接收端仍有可能发生碰撞。

由于竞争者离得太远而导致一个站无法检测到媒体上已存在的信号问题叫隐藏站问题 (hidden station problem),如图 6-12(a)所示。当 A 和 C 检测不到无线信号时,都以为 B 是空闲的,因而都向 B 发送数据,结果发生了碰撞。

再考虑另一种情况,B 向 A 发送数据,而 C 又想和 D 通信,但 C 检测到媒体上有信号,

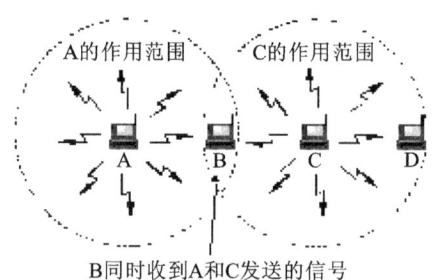

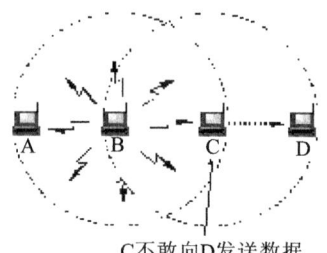

(a) A和C都向B发送信号，发生了碰撞   (b) B向A发送信号，C误认为不能向D发送数据

图 6-12 隐藏站问题和暴露站问题

于是就不敢向 D 发送数据。其实 B 向 A 发送数据并不影响 C 向 D 发送数据。这就是暴露站问题(exposed station problem)，如图 6-12(b)所示。

为了解决这些问题，802.11 支持两种操作模式：第一种模式称为 DCF(distributed coordination function)，它没有使用任何中心控制手段；第二种模式称为 PCF(point coordination function)，它使用基站来控制单元内的所有活动。所有的 802.11 实现必须都支持 DCF，而 PCF 则是可选的。

当使用 DCF 的时候，802.11 使用了一个称为 CSMA/CA(CSMA with collision avoidance)的协议，即在 CSMA 的基础上增加了一个冲突避免的功能。

CSMA/CA 支持以下两种操作方法。

第一种方法是，当一个站想要传送数据的时候，首先监听信道，信道空闲，它就开始传送(在传送过程中它并不监听信道)。如果信道正忙，则发送方推迟到信道空闲，然后开始传送。如果冲突发生，则冲突的站等待一段随机时间，它们使用以太网的二元指数后退算法来计算这段时间，然后尝试重新传送。

第二种方法是以 MACAW(MACA for wireless)为基础，用到了虚拟信道监听方法，如图 6-13 所示。A 要向 B 发送数据，C 位于 A 的范围内。D 在 B 的范围内，但不在 A 的范围内。

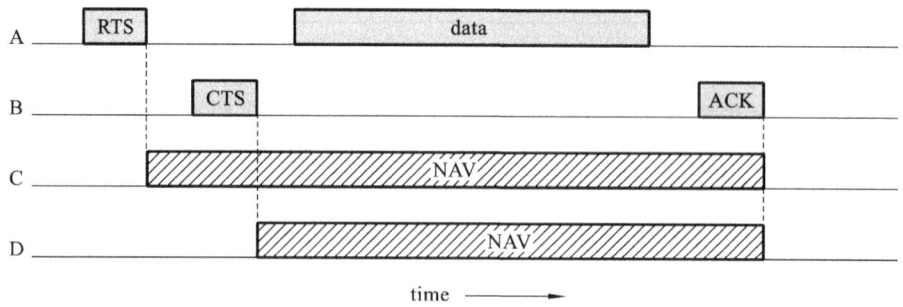

图 6-13 CSMA/CA 中使用虚拟信道监听

首先，A 向 B 发送 RTS，B 收到后，如果决定许可，将回送一个 CTS，A 收到 CTS 后，便发出它的帧，并启动一个 ACK 定时器。B 正确收到该数据帧后，用一个 ACK 帧作为应答，从而终止协议交换过程。如果在 ACK 帧回到 A 之前，A 的定时器超时了，则整个协议再重

新运行。

如果从 C 和 D 的角度来看这个过程:C 在 A 的范围内,可以收到 RTS,那么它将意识到有人要发送数据了,所以,它不再传送任何信息,直到该协议的交换完成为止。根据 RTS 请求中所提供的信息,它可以推算出该序列需要多长时间,包括最终的 ACK,所以,它为自己声明了一种虚拟信道,并且该信道正忙,在图 6-13 中用 NAV 标示。D 没有收到 RTS,但收到了 CTS,所以,它也声明了 NAV 信号。这里,NAV 信号并不会被传送出去,只是一种内部的提醒信号,用来保持一定时间的安静。

所有的站在完成发送后,必须再等待一段很短的时间(继续监听)才能发送下一帧。这段时间的通称是帧间间隔(inter frame space,IFS)。

帧间间隔长度取决于该站欲发送帧的类型。高优先级帧需要等待的时间较短,因此可优先获得发送权。若低优先级帧还没来得及发送而其他站的高优先级帧已发送到媒体,则媒体变为忙态,而低优先级帧就只能再推迟发送了,这样就减少了发生碰撞的机会。

802.11 共有 4 种帧间间隔,如图 6-14 所示。

■ SIFS(short inter frame space,短帧间间隔),是最短的帧间间隔,用来隔开属于一次对话的各帧。一个站应当能够在这段时间内从发送方式切换到接收方式。

■ PIFS(PCF inter frame space,点协调功能帧间间隔),比 SIFS 的长,是为了在开始使用 PCF 方式时(在 PCF 方式下使用,没有争用)优先获得接入到媒体中的机会。PIFS 的长度是 SIFS 加一个时隙(slot)长度。

■ DIFS(DCF inter frame space,分布协调功能帧间间隔),在 DCF 方式中用来发送数据帧和管理帧。DIFS 的长度是 PIFS 的长度再增加一个时隙长度。

■ EIFS(extended inter frame space,扩展帧间间隔),用来报告坏帧。

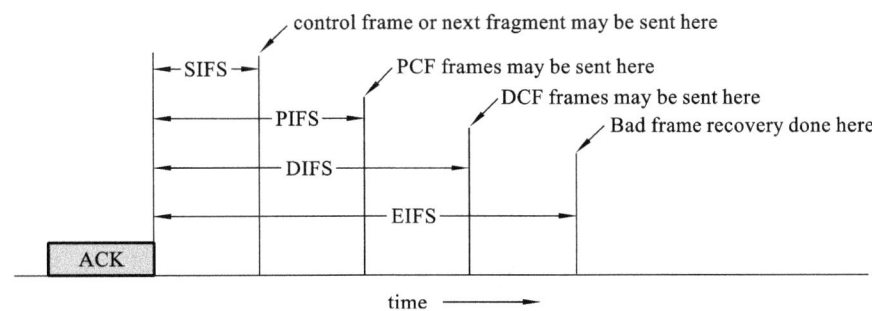

图 6-14　802.11 中的帧间间隔

6.3.6　逻辑链路控制

局域网中的多个设备一般共享公共传输介质,在设备之间传输数据时,首先要解决由哪些设备占用介质的问题,因此局域网的数据链路层必须设置介质访问控制功能。由于局域网采用的介质有多种,对应的介质访问控制方法也有很多种,为了使帧的传输独立于所采用的物理介质和介质访问控制方法,IEEE 802 标准特意把 LLC 独立出来形成单独子层,使 LLC 子层与介质无关,仅让 MAC 子层依赖于物理介质和介质访问控制方法。

1. LLC-PDU 与相邻层 PDU 之间的关系

IEEE 802 标准为 LLC 和 MAC 子层的帧格式做了详细规定。图 6-15 展示了高层 PDU、LLC 子层 PDU 和 MAC 子层 PDU 的关系。

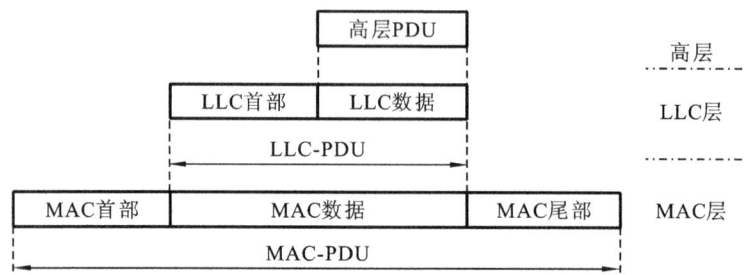

图 6-15 LLC-PDU 与相邻层 PDU 之间的关系

LLC 帧（LLC-PDC）与介质无关，而 MAC（MAC-PDC）则与局域网的介质访问方式有很大关系，不同的局域网有不同的 MAC 帧格式。

DSAP（目的服务访问点）和 SSAP（源服务访问点）是 LLC 所使用的地址，用于标识接收和发送数据的计算机上的用户实体。DSAP 的第一个比特用于指明帧是单地址还是组地址，0 表示单地址，1 表示组地址。SSAP 的第一个比特用于指明帧是命令帧还是响应帧，0 表示命令帧，1 表示响应帧。

2. LLC 的帧类型

LLC 帧类型分为信息帧、监控帧和无编码帧三种。图 6-16 展示了 LLC 三类帧的控制字段的比较。

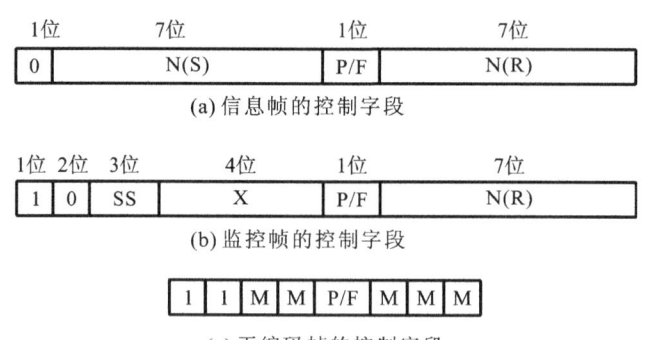

图 6-16 三类 LLC 帧的控制字段的比较

（1）N(S)：发送方发送序号。

（2）N(R)：发送方接收序号。

（3）SS：监控功能位。00——准备接收（RR）；10——未准备接收（RNR）；01——拒绝（REJ）。

（4）M：修正功能位。

（5）X：保留，设置为 0。

（6）P/F：Poll/Final 位。命令 LLC-PDU 传输/响应 LLC-PDU 传输。

帧的类型可从控制字段识别。对信息帧和监控帧,控制字段为 2 字节长;而对无编码帧,控制字段为 1 字节长。

3．LLC 地址与 MAC 地址

在 MAC 帧的帧首部中,有目的站地址和源站地址,即 MAC 地址,也叫硬件地址或物理地址,它们都是 2 字节或 6 字节长。在 LLC 帧的帧首部中,设有 DSAP 和 SSAP,该地址是逻辑地址,表示数据链路层的不同访问服务点。LLC 地址与 MAC 地址是两个不同的概念,在局域网中,一个站点上的多个 SAP 可以利用一条数据链路。在这一点上,LLC 子层带有 OSI 网络层的某项功能。

4．LLC 子层所提供的服务

(1) 非确认的无连接服务。非确认的无连接服务是一种类似于数据包的服务,它不需要确认信息。使用服务时,端对端的差错控制和流量控制由高层协议来实现。这类服务可用于点对点、广播和多点传输。由于局域网的传输误码率极低,所以大多数情况下,在数据链路层不确认信息不会带来太大麻烦。

(2) 面向连接的服务。LLC 面向连接的服务相当于虚电路服务,它的开销比较大,每次通信都要经过建立连接、传输数据和释放连接 3 个阶段。但当结点是一个很简单的终端时,就需要面向连接的服务。因为这些简单的终端没有复杂的高层软件,因此必须依靠 LLC 来提供端对端的控制。

(3) 确认的无连接服务。确认的无连接服务介于上述两种服务之间,它对帧提供应答信息,传输数据之前不需要进行逻辑连接。确认的无连接服务用于传输某些非常重要且时间性强的信息,如报警信号,这时不确认信息就不可靠,如果先建立连接则延迟太大,这种无连接服务类似于可靠的"数据包"服务。

6.4　网桥技术

6.4.1　连接 IEEE 802.X 和 IEEE 802.Y 的网桥

在讨论连接 IEEE 802.X 和 IEEE 802.Y 的网桥这个问题前,先来了解关于局域网 IEEE 802 标准。

为了促进局域网产品的标准化,便于组网,美国电气和电子工程师学会 IEEE 802 委员会从 1980 年 2 月开始为局域网制定了一系列标准,且提交给国际标准化组织作为参考并得到认可,后将 IEEE 802 标准定为局域网国际标准。

IEEE 802 规范定义了网卡如何访问传输介质(如光缆、双绞线、无线等)及如何在传输介质上传输数据的方法,还定义了传输信息的网络设备之间连接建立、维护和拆除的途径。遵循 IEEE 802 标准的产品包括网卡、桥接器、路由器及其他一些用来建立局域网的组件。

网桥(bridge)是工作在数据链路层的一种网络互联设备,将两个 LAN 连起来,根据 MAC 地址来转发帧,可以看成一个"低层的路由器"(网桥在互联的 LAN 之间实现帧的存储和转发)。

网桥根据 MAC 帧的目的地址对收到的帧进行转发;当一个帧到达时,先检查其目的

MAC 地址,然后确定将该帧转发到哪一个端口。连接 k 个不同 LAN 的网桥具有 k 个 MAC 子层和 k 个物理层。网桥的内部结构如图 6-17 所示。

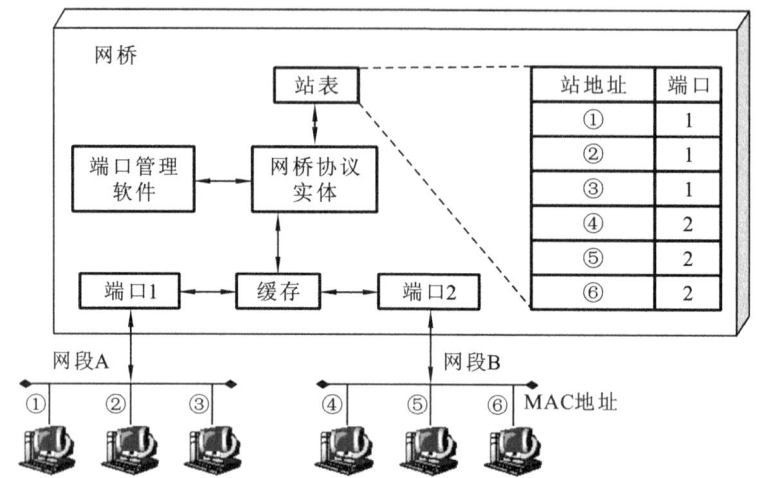

图 6-17   网桥的内部结构

1. 网桥的作用

网桥的作用主要有以下几点。

(1) 扩大物理范围,将独立的 LAN 进行互联。

(2) 提高可靠性,网络出现故障,只影响个别网段。

(3) 过滤通信量,使 LAN 各网段成为隔离开的冲突域,从而减轻扩展在 LAN 上的负荷(减少冲突)。

(4) 可互联不同物理层、MAC 子层和不同速率的 LAN。

2. 网桥的应用

网桥的应用主要有以下两个方面。

(1) 一个企业分布在相隔很远的不同建筑物内,在每个建筑物内组建单独的 LAN,并使用桥将这些 LAN 连接起来,是比较经济的方案。

(2) 将一个负载很重的 LAN 分隔成使用网桥互联的几个 LAN 以减轻负担。

3. 网桥的特点

可能有人会认为从一个 IEEE 802 局域网到另一个 IEEE 802 局域网的网桥很简单,但实际上并非如此。从 IEEE 802. X 到 IEEE 802. Y 的 9 种组合中,每种都有它自己的特殊问题要解决,如表 6-3 所示。

表 6-3   连接 IEEE 802. X 和 IEEE 802. Y 的网桥示例

源 LAN	目的 LAN		
	IEEE 802.3	IEEE 802.4	IEEE 802.5
IEEE 802.3		1,4	1,2,4,8
IEEE 802.4	1,5,8,9,10	9	1,2,3,8,9,10
IEEE 802.5	1,2,5,6,7,10	1,2,3,6,7	6,7

网桥的特点如下。

（1）重新格式化帧，并计算新的校验和。

（2）反转比特顺序。

（3）不管有无意义，复制优先权值。

（4）产生一个假想的优先权。

（5）丢弃优先权。

（6）流向环（某种程度上）。

（7）设置 A 位和 C 位。

（8）担心拥塞（快速 LAN 至慢速 LAN）。

（9）因为交换 ACK 延迟或不可能脱手而担心令牌。

（10）如果帧的目的 LAN 太长，则将其丢弃。

4．网桥设定的参数

IEEE 802.3：1 500 字节帧 10 Mb/s（减去碰撞次数）。

IEEE 802.4：8 191 字节帧 10 Mb/s。

IEEE 802.5：5 000 字节帧 4 Mb/s。

因此在互联时要解决以下问题。

（1）不同的 LAN 格式转换。

（2）不同的 LAN 速率不同，网桥要有缓冲能力。

（3）高层协议的寄存器设置。

（4）不同的 LAN 支持的最大帧不同，分别为 1 500 字节、8 191 字节、5 000 字节。解决这些问题的办法是丢弃无法转发的帧。

6.4.2　透明网桥/生成树网桥

生成树网桥是一种完全透明的网桥，这种网桥插入电缆后可以自动完成路由选定的功能，无需由用户装入路由表或设置参数。

透明网桥是以混杂的方式工作的，它接收与之连接的所有 LAN 传输的每一帧。当一帧到达时，网桥必须要决定将其丢弃还是转发。如果要转发，则必须要决定发往哪个 LAN。这要通过查询网桥中一张大型散列表里的目的地址而做出决定。该表可列出每个可能的目的地址，以及它属于哪一条输出线路（LAN）。在插入网桥之初，所有的散列表均为空。由于网桥不知道任何目的地址的位置，因而采用扩散算法（flooding algorithm），即把每个到来的、目的地址不明的帧输出到连在此网桥的所有 LAN 中（除了发送该帧的 LAN）。随着时间的推移，网桥将了解每个目的地址的位置。一旦知道了目的地址的位置，发往该处的帧就只放到适当的 LAN 上，而不再散发。

透明网桥采用的算法是逆向学习法（backward learning）。网桥按混杂的方式工作，故它能看见所连接的任意 LAN 上传输的帧。查看源地址即可知道在哪个 LAN 上可访问哪台计算机，于是在散列表中添上一项。

当计算机和网桥加电、断电或迁移时，网络的拓扑结构会随之改变。为了处理动态拓扑问题，当增加散列表项时，均要在该项中注明帧的到达时间。当目的地址已在表中的帧到达时,要以当前时间更新该项。这样,从表中每项的时间即可知道该计算机最后一帧到来的时间。网桥中有一个进程可定期地扫描散列表,清除时间早于当前时间若干分钟的全部表项。于是,如果从 LAN 上断下一台计算机,并在别处重新连到 LAN 上,那么在几分钟内,它即可重新开始正常工作而无须人工干预。这个算法同时意味着,如果计算机在几分钟内无动作,那么发给它的帧将不得不散发,直到它自己发送一帧为止。

到达帧的路由选择过程取决于发送的 LAN(源 LAN)和目的地址所在的 LAN(目的LAN):

(1) 如果源 LAN 和目的 LAN 相同,则丢弃该帧。

(2) 如果源 LAN 和目的 LAN 不同,则转发该帧。

(3) 如果目的 LAN 未知,则进行扩散。

为了提高可靠性,有人在 LAN 之间设置了并行的两个或多个网桥,但是,这种配置引发了另外一些问题,因为在拓扑结构中产生了回路,可能引发无限循环(见图 6-18)。

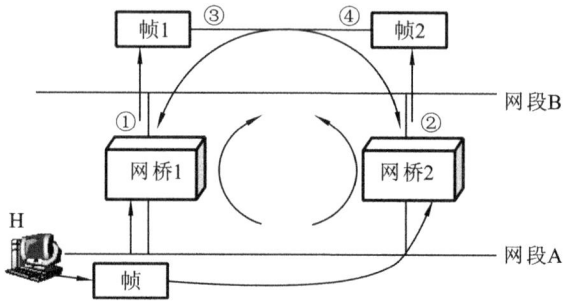

图 6-18 多个网桥(并行网桥)产生回路

解决上面提到的无限循环问题的方法是让网桥相互通信,并用一棵到达每个 LAN 的生成树(spanning tree)覆盖实际的拓扑结构。使用生成树,可以确保任意两个 LAN 之间只有唯一一条路径。一旦网桥确定生成树,LAN 间的所有传输都应遵从此生成树。由于从每个源到每个目的地只有唯一的路径,故不可能再有循环。

为了建造生成树,首先必须选出一个网桥作为生成树的根。实现方法是每个网桥广播其序列号(该序列号由厂家设置并保证全球唯一),序列号最小的网桥作为根。接着,按根到每个网桥的最短路径来构造生成树。如果某个网桥或 LAN 出现故障,则重新计算。

网桥通过 BPDU(bridge protocol data unit)互相通信,在网桥做出自己的配置前,每个网桥和每个端口需要下列配置数据。

(1) 网桥:网桥 ID(唯一的标识)。

(2) 端口:端口 ID(唯一的标识)。

(3) 端口相对优先权。

(4) 各端口的花费(高带宽=低花费)。

(5) 配置好各个网桥后,网桥将根据配置参数自动确定生成树,这一过程包含 3 个阶段。

① 选择根网桥。具有最小网桥 ID 的网桥选为根网桥。网桥 ID 应为唯一的,但如果两个网桥具有相同的最小 ID,则 MAC 地址小的网桥选为根网桥。

②　在其他所有网桥上选择根端口。除根网桥外,各个网桥需要选一个根端口,这应该是最适合与根网桥进行通信的端口。通过计算各个端口到根网桥的花费,取最小者作为根端口。

③　选择每个 LAN 的指定网桥和"指定端口"。如果只有一个网桥连到某个 LAN,它必然是该 LAN 的指定网桥;如果多于一个,则到根网桥花费最少的被选为该 LAN 的指定网桥。指定端口连接指定网桥和相应的 LAN(如果这样的端口多于一个,则选择低优先权的端口)。

一个端口必须有根端口、某 LAN 的指定端口、阻塞端口之一。

在一个网桥加电后,它假定自己是根网桥,发送出一个 CBPDU(configuration bridge protocol data unit),告知它认为的根网桥 ID。一个网桥收到一个根网桥 ID 小于其所知 ID 的 CBPDU,它将更新自己的表,如果该帧从根端口(上传)到达,则向所有指定端口(下传)分发。当一个网桥收到一个根网桥 ID 大于其所知 ID 的 CBPDU,丢弃该信息,如果该帧从指定端口到达,则回送一个帧告知真实根网桥的较低 ID。当有意地或由于线路故障引起网络重新配置,上述过程将重复,产生一棵新的生成树。

6.4.3　源路由网桥

透明网桥的优点是易于安装,只需插进电缆即可大功告成。但是从另一方面来说,这种网桥并没有利用最佳的带宽,因为它们仅仅用到了拓扑结构的一个子集(生成树)。这两个(或其他)因素的相对重要性导致了 IEEE 802 委员会内部的分裂。支持 CSMA/CD 和令牌总线的人选择了透明网桥,而令牌环的支持者则偏爱一种称为源路由网桥(受到 IBM 公司的鼓励)。

源路由网桥无须保存路由表,只需记住自己的地址标识符和它所连接的 LAN 标识符,就可根据帧首部中的信息做出路由决策。然而,发送帧的工作站必须知道网络的拓扑结构,了解目标站的位置,才能给出有效的路由信息。在 IEEE 802.5 标准中,有各种路由指示和寻址模式用于解决源站获取路由信息的问题。

1. 路由指示

按照 IEEE 802.5 的方案,帧首部中必须有一个指示器表明路由选择的方式。路由指示包含以下 4 种。

(1)空路由指示:不指示路由选择方式。所有网桥不转发这种帧,故只能在同一个 LAN 上的源站和目标站之间传输。

(2)非广播指示:这种帧中包含了 LAN 标识符和网桥地址的序列。帧只能沿着预定路径经各网桥转发到达目标站,目标站只会收到该帧的一个副本,这种帧只能在已知路由情况下发送。

(3)全路广播指示:这种帧通过所有可能的路径到达所有的 LAN,在有些 LAN 上可能多次出现。所有网桥都向远离源端的方向转发这种帧,目标站会收到来自不同路径的多个副本。

(4)单路径广播指示:这种帧在所有 LAN 上出现一次并且只出现一次,目标站只会收到一个副本。

全路广播帧不含路由信息,每个转发这种帧的网桥都把自己的地址和输出 LAN 的标识符加在路由信息字段中。这样,当帧到达目标站时就含有完整的路由信息了。为了防止循环转发,网桥要检查路由信息字段,如果该字段中含有网桥连接的 LAN,则不要把该帧再转发到这个 LAN。

单路径广播帧需要生成树的支持,生成树可以像 6.4.2 节那样自动产生,也可由手工输入。只有在生成树中的网桥才参与这种帧的转发,因而只有一个副本到达目标站。与全路广播帧类似,这种帧的路由信息也是通过沿路各网桥自动加上去的。

源站可以利用后两种帧发现目标站的地址。例如源站向目标站发送一个全路广播帧,目标站以非广播帧响应并且对每条路径的副本都给出一个回答。这样源站就知道到达目标站的各种路径,可选取一种作为路由信息。另外,源站也可以向目标站发送单路径广播帧,目标站以全路广播帧响应,这样源站也可以知道到达目标站的所有路径。

2. 寻址模式

路由指示和 MAC 寻址模式有一定的关系。

寻址模式包含以下 3 种。

(1) 单播地址:指明唯一的目标地址。

(2) 组播地址:指明一组工作站的地址。

(3) 广播地址:表示所有站。

从用户的角度看,由网桥互联的所有局域网应该像单个网络一样,所以以上 3 种寻址方式应在整个互联网范围内有效。当 MAC 帧的目标地址为以上 3 种寻址模式时,与 4 种路由指示结合可产生不同的接收效果。如果不说明路由信息,则帧只能在源站所在的 LAN 内传播;如果说明路由信息,则帧可沿预定路径到达沿路各站。在广播方式中(全路广播和单路径广播),互联网中的任何站都会收到帧。但如果是用于探询到达目标站的路径,则只有目标站给予响应。全路广播方式可能产生大量的重复帧,从而引起所谓的"帧爆炸"问题。单路径广播产生的重复帧少得多,但需要生成树的支持。

思考 图 6-19 所示有 5 个站分别连接在 3 个局域网上,并且使用网桥 B_1 和 B_2 连接起来。每个网桥都有 2 个接口(1 和 2)。一开始,2 个网桥中的转发表都是空的。后来有以下各站向其他的站发送了数据帧:A 发送给 E,C 发送给 B,D 发送给 C,B 发送给 A。试把有关数据填写在表 6-4 中。

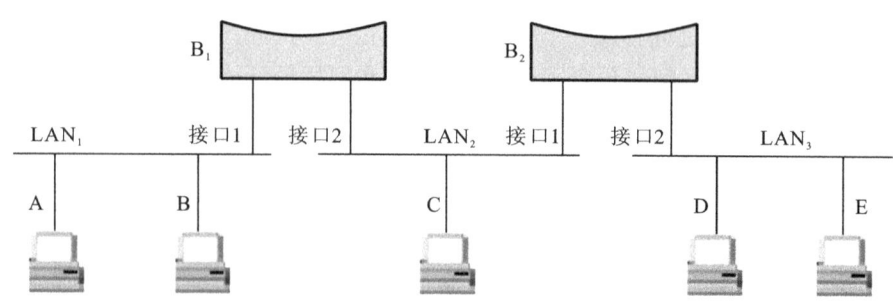

图 6-19　5 个站分别连接在 3 个局域网上的示意图

表 6-4　5 个站分别连接在 3 个局域网上的数据表

发送的帧	B₁的转发表		B₂的转发表		B₁的处理（转发? 丢弃? 登记?）	B₂的处理（转发? 丢弃? 登记?）
	地址	接口	地址	接口		
A→E	A	1	A	1	转发,写入转发表	转发,写入转发表
C→B	C	2	C	1	转发,写入转发表	转发,写入转发表
D→C	D	2	D	2	写入转发表,丢弃不转发	转发,写入转发表
B→A	B	1			写入转发表,丢弃不转发	接收不到这个帧

6.5　高速局域网桥技术

6.5.1　光纤分布式数据接口

光纤分布式数据接口(FDDI)是于 20 世纪 80 年代中期发展起来的一种局域网技术,它提供的高速数据通信能力要高于当时的以太网(10 Mb/s)和令牌网(4 Mb/s 或 16 Mb/s)的能力。FDDI 标准由 ANSI X3T9.5 标准委员会制定,为繁忙网络上的高容量输入/输出提供了一种访问方法。FDDI 技术同 IBM 公司的令牌环技术相似,并提供具有 LAN 和令牌环所缺乏的管理、控制和可靠性措施,FDDI 支持长达 2 km 的多模光纤。FDDI 网络的主要缺点是,价格比快速以太网的贵很多,且因为它只支持光缆和 5 类电缆,所以使用环境受到限制,以太网升级更是面临大量移植问题。

FDDI 的主要特性包括以下几方面。

(1) 使用基于 IEEE 802.5 令牌环标准的令牌传输 MAC 协议。

(2) 使用 802.2 LLC 协议,因而与 IEEE 802 局域网兼容。

(3) 利用多模光纤进行传输,并使用有容错能力的双环拓扑。

(4) 数据传输速率为 100 Mb/s,光信号码元传输速率为 125 MBaud。

(5) 有 1 000 个物理连接(如果都是双连接站,则为 500 个站)。

(6) 最大站间距离为 2 km(使用多模光纤),环路长度为 100 km,即光纤总长度为 200 km。

(7) 具有动态分配带宽的能力,故能同时提供同步和异步数据服务。

(8) 分组长度最大为 4 500 字节。

FDDI 的工作原理:在 MAC 子层,采用与 IEEE 802.5 类似的令牌传输方式作为介质访问控制机制,采用令牌传输的方法实现对介质的访问控制,这一点与令牌环的类似。区别是,在令牌环中,帧在环路上绕行一周回到发送结点后,发送结点才释放令牌,在此期间,环路上的其他结点无法获得令牌,不能发送数据。所以,在令牌环中,环路上只有一个帧在流动。在 FDDI 中,采用了早期令牌释放 ETR 技术,发送数据的结点在截获令牌后,可以发送一个或多个帧,当帧发送完毕或规定时间用完时,则立即释放令牌,而不管发出的帧是否在环路上绕行一周回到发送结点。这样,在帧还没有回到发送它的结点且被清除之前,其他结点有可能截获令牌,并且发送帧。所以,在 FDDI 的环路中,可能同时有多个结点发出的帧在流动。这样提高了信道的利用率,增加了网络系统的吞吐量。

正常情况下,FDDI中主要包括以下这些操作。

(1)传输令牌。在没有帧传输时,令牌一直在环路中绕行。如果某个结点没有帧要发送,则转发令牌。

(2)发送帧。如果某个结点需要发送帧,当令牌传到该结点时,则不转发令牌,而是发送帧。可以一次发送多个帧。当帧发送完毕时,则停止发送,并立即释放令牌。

(3)转发帧。每个结点侦听经过的帧,如果不属于自己,则转发出去。

(4)接收帧。当结点发现经过的帧属于自己,就复制下来,然后转发出去。

(5)清除帧。发送结点与其他结点一样,随时侦听经过的帧,发现是自己发出的帧就停止转发。

FDDI是一个高速环路,是使用双环结构的令牌传输系统。FDDI网络的信息流量由类似的两条流组成,两条流以相反的方向绕着两个互逆环流动。其中一个环称为主环(primary ring),逆时针传输数据;另一个环称为从环(secondary ring),顺时针传输数据,如图6-17(a)所示。

双环拓扑结构的优点之一是冗余,一个环用于信息传输,另一个环用于备份。正常情况下,主环负责结点之间的数据传输工作,从环是为了提高网络容错能力和可靠性而准备的备用网络。如果主环某一点出现故障或断线,则会立即启动备用的从环,自动形成一条新的逻辑环路,从而有效隔离故障点,使数据传输不受影响。如果两者同时在一结点断路,如起火或电缆管道故障,则两个环可连成单一的环,如图6-20(b)所示,长度为原来的两倍。

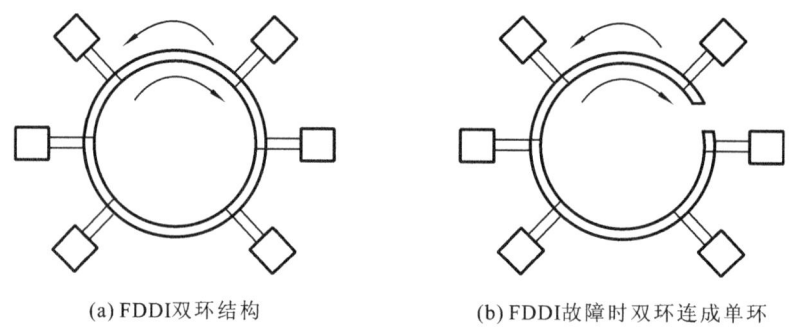

(a)FDDI双环结构　　　　　　　　(b)FDDI故障时双环连成单环

图 6-20　FDDI

6.5.2　快速以太网

随着网络的发展,传统标准的以太网技术已难以满足日益增长的网络数据流量速度需求。1993年10月以前,对要求10 Mb/s以上数据流量的LAN应用,只有光纤分布式数据接口可供选择,但它是一种价格非常昂贵的、基于100 Mb/s光缆的LAN。1993年10月,Grand Junction公司推出了世界上第一台快速以太网集线器FastSwitch10/100和网络接口卡FastNIC100,快速以太网技术正式得以应用。随后Intel、SynOptics、3COM、BayNetworks等公司也相继推出了自己的快速以太网装置。与此同时,IEEE 802工程组也对100 Mb/s以太网的各种标准,如100 BASE-TX、100 BASE-T4、MII、中继器、全双工等标准进行了研究。1995 年 3 月,IEEE 宣布了 IEEE 802.3u 100 BASE-T 快速以太网标准,于是就这样进入了快速以太网的时代。

快速以太网与原来在 100 Mb/s 带宽下工作的 FDDI 相比,它具有许多的优点,最主要体现在快速以太网技术可以有效地保障用户在布线基础实施上的投资,它支持 3、4、5 类双绞线及光纤的连接,能有效利用现有的设施。

快速以太网的不足其实也是以太网技术的不足,即快速以太网仍是基于载波侦听多路访问/冲突检测(CSMA/CD)技术,当网络负载较重时,会降低效率,当然这可以使用交换技术来弥补。

快速以太网标准可分为 100 BASE-TX、100 BASE-FX 和 100 BASE-T4 等 3 个子类。

100 BASE-TX 是一种使用 5 类数据级无屏蔽双绞线或屏蔽双绞线的快速以太网技术。它使用两对双绞线,一对用于发送数据,一对用于接收数据。在传输中使用 4B/5B 编码方式,信号频率为 125 MHz。符合 EIA 586 的 5 类布线标准和 IBM 的 SPT 1 类布线标准。使用同 10 BASE-T 相同的 RJ-45 连接器。它的最大网段长度为 100 m。它支持全双工的数据传输。

100 BASE-FX 是一种使用光缆的快速以太网技术,可使用单模光纤和多模光纤(62.5 μm 和 125 μm),多模光纤连接的最大距离为 550 m。单模光纤连接的最大距离为 3 000 m。在传输中使用 4B/5B 编码方式,信号频率为 125 MHz。它使用 MIC/FDDI 连接器、ST 连接器或 SC 连接器。它的最大网段长度为 150 m、412 m、2 000 m 甚至 10 km,这与所使用的光纤类型和工作模式有关,它支持全双工的数据传输。100 BASE-FX 特别适合在有电气干扰的环境、较大距离连接或高保密环境等情况下使用。

100 BASE-T4 是一种可使用 3、4、5 类无屏蔽双绞线或屏蔽双绞线的快速以太网技术。它使用 4 对双绞线,3 对用于传输数据,1 对用于检测冲突信号。在传输中使用 8B/6T 编码方式,信号频率为 25 MHz,符合 EIA 586 结构化布线标准。它使用与 10 BASE-T 相同的 RJ-45 连接器,最大网段长度为 100 m。

习　题　6

6-1　IEEE 802 定义的局域网参考模型中,只包括了物理层和数据链路层,其中 LLC 地址为高层提供服务访问的接口,这个接口是　(1)　,在 LLC 帧中,广播地址是通过　(2)　表示的,将数据链路层划分成 LLC 和 MAC,主要目的是　(3)　。

(1) A. SSAP　　　　B. DSAP　　　　C. SAP　　　　D. MAC

(2) A. 全 I 地址　　　　　　　　　B. 地址中的 I/G 置 1

　　C. 地址中的 C/R 置 1　　　　　D. 地址中的 C/R 置 0

(3) A. 使与硬件相关和无关的部分分开　B. 便于实现

　　C. 便于网络管理　　　　　　　　D. 因为下层使用硬件实现

6-2　局域网总线拓扑的多点介质传输系统中,要使多个站点共享单个数据通道,需要特别考虑解决　(1)　和　(2)　这两个问题。例如,采用 50 Ω 同轴电缆作为传输介质并构成总线拓扑的网络系统,可使用基带技术传输数字信号,总线上　(3)　。总线两端加上终端匹配器用于___(4)___。

(1) A. 数据帧格式   B. 介质访问控制方法

     C. 通信协议类型   D. 信道分配方案

(2) A. 信号平衡   B. 站点之间性能匹配

     C. 数据编码方案   D. 介质传输性能

(3) A. 整个带宽由单个信号占用   B. 整个带宽被分成多路数据信道

     C. 可传输视频或音频信号   D. 数据只能单向传输

(4) A. 防止信号衰减   B. 增强抗干扰能力

     C. 降低介质损耗   D. 阻止信号发射

6-3 CSMA/CD 协议可以利用多种监听算法来减小发送冲突的概率,下面关于各种监听算法的描述中,正确的是( )。

     A. 非坚持监听算法有利于减少网络的空闲时间

     B. 坚持监听算法有利于减少冲突的概率

     C. p-坚持监听算法无法减少网络的空闲时间

     D. 坚持监听算法能够及时抢占信道

6-4 关于 IEEE 802.3 的 CSMA/CD 协议,下面结论中错误的是( )。

     A. CAMA/CD 是一种解决访问冲突的协议

     B. CSMA/CD 协议适用于所有 IEEE 802.3 以太网

     C. 当网络负载较小时,CSMA/CD 协议的通信效率很高

     D. 这种网络协议适合传播非实时数据

6-5 802.11 标准定义的分布式协调功能采用了( )协议。

     A. CSMA/CD   B. CSMA/CA   C. CDMA/CD   D. CDMA/CA

6-6 以太网的最大帧长为 1 518 字节,每个数据帧前面有 8 字节的前导字段,帧间隔为 9.6 μs,对 10 BASE-5 网络来说,发送这样的帧需要多长时间?

6-7 一台网桥的生成树优先级是 12 288,如果要将优先级提高一级,那么优先级的值应该设定为多少?

6-8 建立一个家庭无线局域网,使得计算机不但能够连接 Internet,而且 WLAN 内部还可以直接通信,正确的组网方案是( )。

     A. AP+无线网卡   B. 无线天线+无线调制解调器

     C. 无线路由器+无线网卡   D. AP+无线路由器

6-9 图 6-21 中,( )正确地表现了 CSMA/CD 和令牌环两种局域网中线路利用率与平均传输时延的关系。

6-10 CSMA/CD 是否完全避免碰撞?为什么?

6-11 考虑建立一个 CSMA/CD 网络,电缆长 1 km,不适用中继器,运行速度为 1 Gb/s。电缆中信号的速度是 200 000 km/s,最小帧长度是多少?

6-12 解释 10 BASE-5 标准的名称代号。

6-13 简述环形结构局域网的主要优、缺点。

6-14 画出 Ethernet 网的帧结构,并注明各字段的长度。

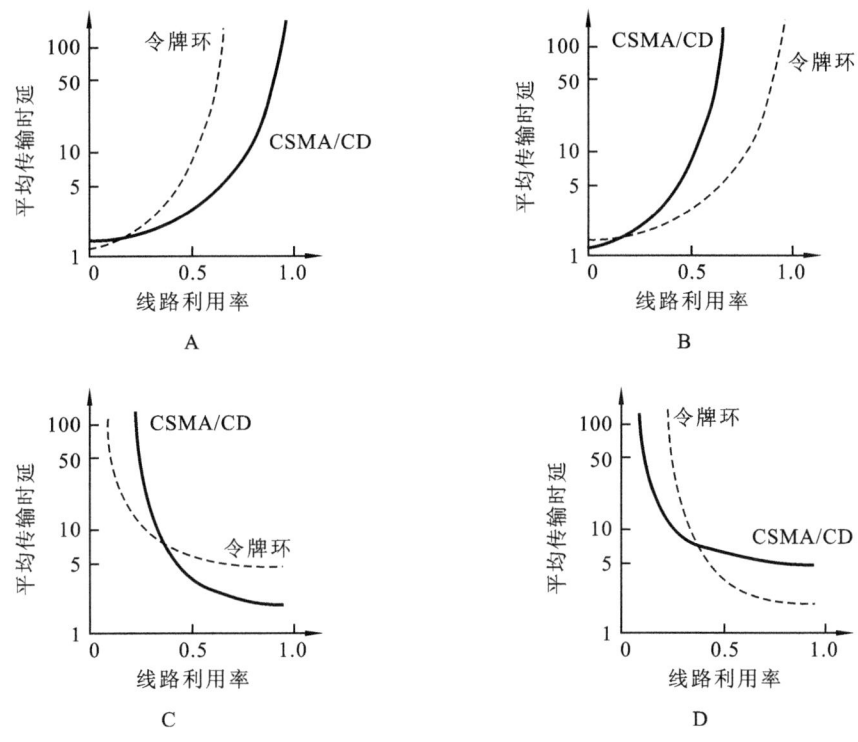

图 6-21 题 6-9 图

6-15 简述透明网桥的工作方式。

第7章 网　络　层

7.1　网络层概述

网络层是 OSI 参考模型中的第三层,介于传输层和数据链路层之间,在数据链路层相邻端点之间提供帧传输功能的基础上,进一步管理网络中的数据通信,将数据设法从源端经过若干个中间结点传输到目的端,从而向传输层提供最基本的端对端的数据传输服务。数据传输服务有面向连接服务和无连接服务,面向连接服务通过建立虚电路的方式来实现,无连接服务通过发送数据报的方式来实现。

网络层的主要目的是在源子网结点和目的子网结点之间选择路由,实现相邻两个结点间帧的透明传输,最终把帧发送到目的地。网络层的主要功能是转发和路由选择,实现寻址、路由选择、拥塞控制与网络互联等基本功能。转发就是把分组从一条入链路送到一台路由器中的出链路。一个网络中的所有路由器通过路由协议交互,决定分组从源结点到目的结点所采用的路由或路径,这个过程就是路由。

7.2　路由算法

路由算法是网络层最重要的部分,它负责确认一个进来的分组应该被传输到哪一条输出线路上。

理想的路由算法要求具备正确性(correctness)、简单性(simplicity)、健壮性(robustness)、稳定性(stability)、公平性(fairness)和最优性(optimality)等特点。

正确性:算法必须正确。

简单性:算法开销小,效率高。

健壮性:算法能适应网络负荷和拓扑的变化。

稳定性:算法必须收敛,不能振荡发散。

公平性:算法对所有用户必须是平等的。

最优性:算法应提供最佳路径选择。

路由算法可分为非自适应算法和自适应算法两大类。非自适应算法不是根据当前测量或者估计的流量和拓扑结构来调整它们的路由策略,而是按照预先设定好的路由进行路径选择,这个过程也常称为静态路由。与此相反,自适应算法则会改变它们的路由选择,以反映拓扑结构的变化,通常也会反映流量的变化情况。

非自适应算法(静态路由算法)的特点是简单、开销小,但不能适应网络状态变化,通常采用离线方式求出路由表。

自适应算法(动态路由算法)的特点是复杂、开销大,但能适应网络状态变化。

7.2.1 最优化原则

最优化原则是指如果路由器 J 在路由器 I 到路由器 K 的最优路由上,那么从 J 到 K 的最优路由会落在同一路由上。

最优化原则的工作结果就是,从所有的源结点到一个给定的目的结点的最优路由的集合形成了一个以目的结点为根的树,称为汇集树(见图 7-1)。路由算法的目的是找出并使用汇集树。

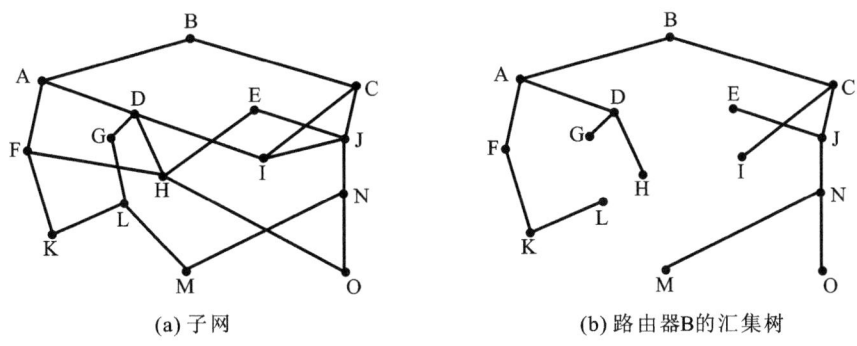

(a) 子网   (b) 路由器B的汇集树

图 7-1 汇集树构造示意图

7.2.2 最短路径路由算法

1. 基本原理

最短路径路由算法属于静态路由算法,在最短路径路由算法中,数据会沿着最短路径传输到目的网络。每个路由器有一张路由表,表中包含去往任意一个目的路由器的下一跳地址和距离等路由信息。路由表在整个初始化配置时生成,并且在此后的一段时间内保持固定不变。当网络通信量相对稳定且拓扑结构固定不变时,采用最短路径路由算法是最好的。

2. 最短路径度量指标

最短路径度量指标主要包含以下几方面。

(1) 两个路由器之间的跳数。

(2) 地理距离(单位:km)。

(3) 信道带宽。

(4) 平均通信量。

(5) 通信开销。

(6) 队列平均长度。

(7) 延时。

3. 最短路径的 Dijkstra 算法

执行 Dijkstra 算法的步骤如下。

(1) 路由器先建立一张网络图,并且确定源结点 V_1 和目的结点 V_2。路由器再建立一个矩阵,这个矩阵称为邻接矩阵。在这个矩阵中,各矩阵元素表示权值。例如,[i,j]是结点 V_i 与 V_j 之间的链路权值。如果结点 V_i 与 V_j 之间没有链路直接相连,则它们的权值为"无穷大"。

（2）路由器为网路中的每个结点建立一组状态记录。此记录包括以下三个字段。

① 前序字段表示当前结点之前的结点。

② 长度字段表示从源结点到当前结点的权值之和。

③ 标号字段表示结点的状态。每个结点都处于一种状态模式，即"永久"或"暂时"。

（3）路由器初始化状态记录集参数，并将它们的长度设为"无穷大"、标号设为"暂时"。

（4）路由器设置一个 T 结点。例如，如果设 V_1 是源 T 结点，则路由器可将 V_1 的标号更改为"永久"。当一个标号更改为"永久"后，它将不再改变。一个 T 结点仅仅是一个代理而已。

（5）路由器更新与源 T 结点直接相连的所有暂时性结点的状态记录集。

（6）路由器在所有的暂时性结点中选择距离 V_1 的权值最低的结点。这个结点将是新的 T 结点。

（7）如果这个结点不是 V_2（目的结点），则路由器返回到步骤（5）。

（8）如果这个结点是 V_2，则路由器向前回溯，将它的前序结点从状态记录集中提取出来，如此循环，直到提取到 V_1 为止。这个结点列表便是从 V_1 到 V_2 的最佳路由。

图 7-2 所示的为从 A 到 D 的最短路径计算的前 5 步，箭头指示工作路由器。

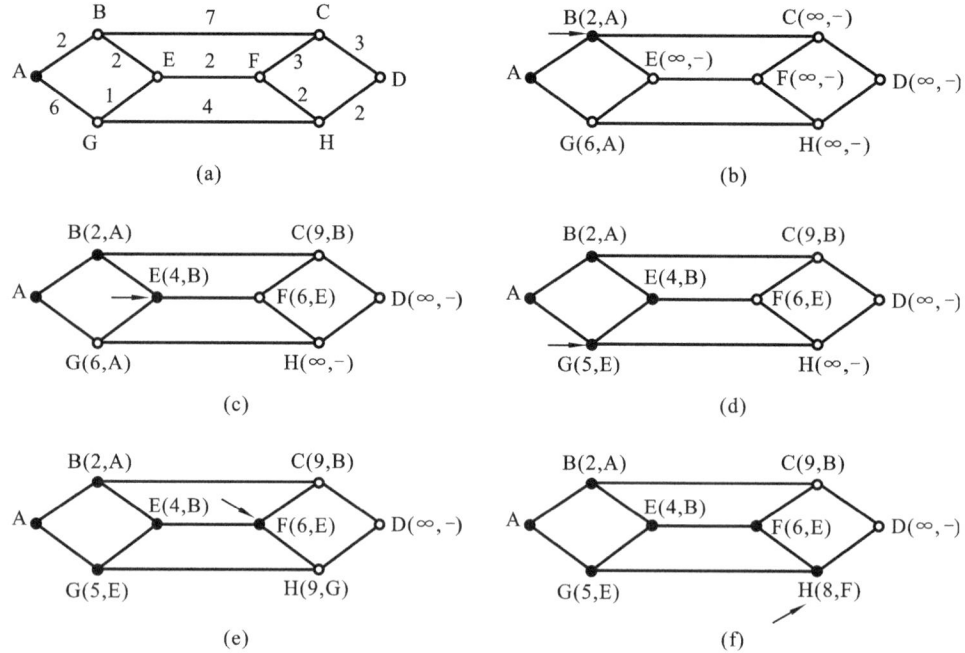

图 7-2 从 A 到 D 的最短路径计算

结点 A 的路由表如图 7-3 所示。由图 7-3 可以看出，所有由 A 转发的分组都要经过 B，如果通信量变化较大，则 B 很可能不堪重负而发生拥塞，进而影响网络的传输性能。可见，最短路径路由算法在通信量不平稳时效果不好。

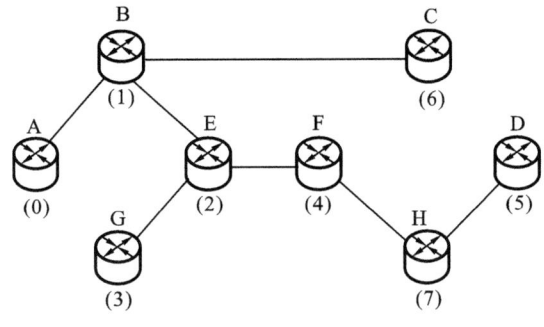

目的路由器	下一跳路由器
A	—
B	B
C	B
D	B
E	B
F	B
G	B
H	B

(a) 最短路径树,数字代表加入T的顺序　　　　　　(b) 路由表

图 7-3　结点 A 的路由表

7.2.3　洪泛算法

洪泛算法也属于静态路由算法。洪泛算法的基本思想是,将接收到的每个分组向除该分组到来的线路外的所有输出线路发送。这种算法不要求维护网络的拓扑结构和相关的路由计算,只要求接收到信息的结点以广播方式转发数据包。这种算法会产生大量的重复分组,为了解决这个问题,特提供以下两种方法。

方法 1:每个包首部包含站点计数器(端到端的最大段数),每经过一站计数器减 1,为 0 则丢弃该包。

方法 2:在每个结点上建立一张登记表,凡经过此结点的数据包进行登记,如果再次经过该结点,则丢弃该包。

选择性扩散算法(selective flooding)是扩散算法的一种改进,是将进来的每个数据包仅发送到与正确方向接近的线路上(见图 7-4)。

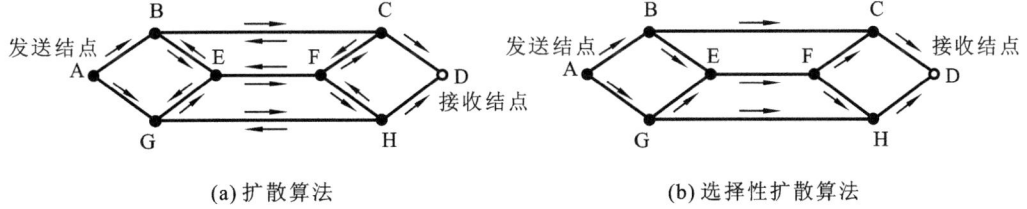

(a) 扩散算法　　　　　　　　　　　　　(b) 选择性扩散算法

图 7-4　选择性扩散算法

洪泛算法的应用情况:路由器和线路的资源过于浪费,实际很少直接采用;具有很强的健壮性,常用于军用网;作为衡量标准来评价其他路由算法。

7.2.4　基于流量的路由算法

前面讲的最短路径路由算法和洪泛算法是针对网络拓扑结构设计的,在路由选择时没有考虑通信流量的影响。尽管别的路径很空闲,这类路由选择算法还是会把大量的通信流量汇集到最短路径的某一段上。而基于流量的路由(flow-based routing,FR)算法就结合了网络拓扑结构和通信流量两方面的因素进行路由选择。

1. 基本思想

基于流量的路由算法就是根据已知的载荷量和平均流量计算分组平均延迟,最终找出产生网络最小延迟的路由。

这种算法假定网络中每对路由器之间的平均数据流量是相对稳定的和可预测的,然后通过对流量的定量分析,再对某个路由选择进行优化(这个路由选择先由其他路由选择算法给出)。

2. 定量分析基本方法

对某一给定的通信链路,如果已知平均流量和载荷量,则可以由排队论原理计算该链路上的平均分组延时。再由所有链路的平均延时直接计算流量加权平均值,进而得到整个网络的平均分组延时。

3. 基于流量的路由选择的已知信息

基于流量的路由选择的已知信息有以下几方面。

(1) 网络的拓扑结构(链路数量)。

(2) 路由器 i 和 j 之间的流量 f_{ij}。

(3) 路由器 i 和 j 之间链路的载荷(容量)C_{ij}。

(4) 初始路由算法,由它给出待优化路由。

在流量和拓扑结构相对稳定的场合,以上这些信息是容易满足的,这正是静态算法适用的场合。

7.2.5 距离向量路由算法

距离向量路由算法(bellman-ford routing algorithm),也称为最大流量算法(ford-fulkerson algorithm),距离向量协议把距离向量路由算法作为一个算法,如 RIP、BGP、ISO IDRP、NOVELL IPX。运用这个算法的路由器必须掌握这个距离表(它是一个一维排列,即一个向量),并告诉网络中每个结点的最远和最近的距离。距离表中的信息是根据临近结点信息的改动而时刻更新的。表中的数据量和网络中的所有结点(除了它自身)是等同的,且表中的列代表直接和它相连的邻居,行代表网络中的所有目的地。每个数据包括传输数据包到每个在网上的目的地的路径和距离(或时间)、由哪个路径来传输。"成本"在算法中的度量公式包括跳跃的次数、等待时间、流出数据包的数目等。因此,距离向量路由算法属于动态路由算法。

1. 基本思想

距离向量路由算法要给出两个重要数据,即到达目的地的输出链路和到达目的地的距离(或者是跳数、延时、排队长度等度量)。此外,相邻路由器要周期性地交换网络状态信息,即各路由器中的路由表要不断刷新。由于网络状态信息只能在相邻路由器之间交换,因此,网络状态变化要经过一定时间后才能被各路由器知道,从而刷新其路由表数据,这段时间越短,网络路由越早趋于稳定。

2. 路由表的生成

1) 距离向量路由算法的表示法

距离向量路由算法使用两个向量来计算到达目的地的最佳距离,即

$$D_i = \left\{ \begin{array}{c} d_{i1} \\ \vdots \\ d_{iN} \end{array} \right\}, \quad S_i = \left\{ \begin{array}{c} s_{i1} \\ \vdots \\ s_{iN} \end{array} \right\}$$

其中,D_i 代表路由器 i 的延时向量,S_i 代表路由器 i 的下一跳向量。

2）延时计算

每个路由器每隔 128 ms 与它所有相邻的路由器交换它们的延时向量 D_i,然后根据收到的全部延时向量来修改本路由器的延时向量和下一跳向量。距离向量路由算法要通过比较延时大小,同时记录延时当前最小的路由器,从而最终给出 S_i。

3）计算下一跳路由器

对任意路由器 i,令

$$\begin{cases} d_{ij} = \min_{k \in A} (t_{ik} + d_{kj}) \\ s_{ij} = h, h \text{ 使 } t_{ih} + d_{hj} \text{ 最小} \end{cases}$$

其中,A 为路由器 i 所有相邻路由器的集合,d_{kj} 为路由器 k 到路由器 j 的延时的当前估计值,t_{ik} 为路由器 i、k 间的当前延时。上式第一式的意义是求出路由器 i 经某个相邻路由器到路由器 j 的最小延时。上式第二式的物理意义是,如果路由器 i 经相邻路由器 h 到 j 的延时最小,则 h 就作为 i 到 j 的下一跳路由器,i 到 j 的延时是 $t_{ih} + d_{hj}$。

4）路由表的生成与刷新

在网络启动的最初一段时间内,路由器首先会探测相邻路由器,以得到它们之间的延时。然后通过以上算法计算到任意路由器的下一跳路由器及相应的延时。当所有的路由器通过互换路由信息得到上述 D_i 和 S_i 后,网络路由就稳定地建立起来了,即每个路由器中的路由表就生成了(主要项目就是延时向量 D_i 和下一跳向量 S_i)。图 7-5 显示了这个更新的过程。

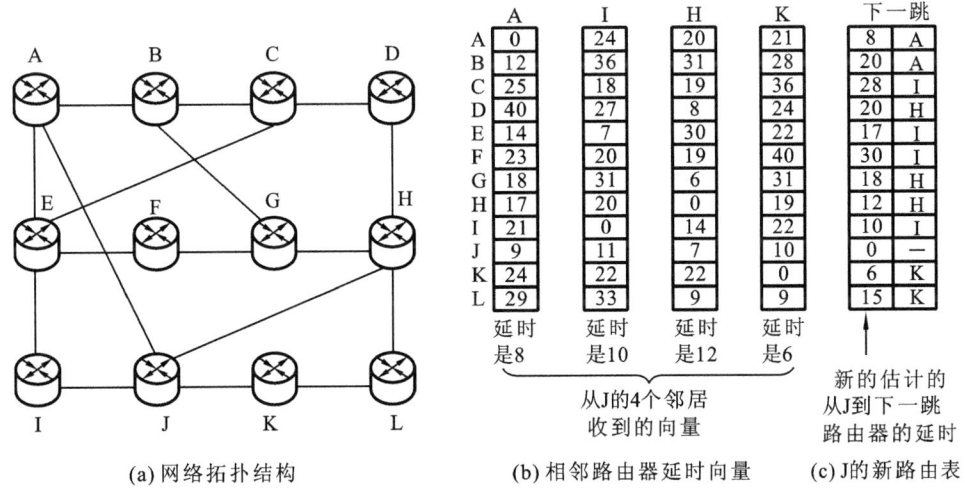

图 7-5　距离向量路由算法计算过程

如图 7-5 所示,路由器 J 到达路由器 C 的最新路由计算结果如下。

$$JAC = (8 + 25)\ ms = 33\ ms$$

$$JIC=(10+18)\ ms=28\ ms$$
$$JHC=(12+19)\ ms=31\ ms$$
$$JKC=(6+36)\ ms=42\ ms$$

其中,JIC 是最好的。因此在路由器 J 的新路由表中填上到 C 的延时为 28 ms,经过路由器 I。

7.2.6 链路状态路由算法

距离向量路由算法的最大缺点是,在选择最佳路径时并没有考虑链路的可用带宽,若所用链路带宽均为 56 Kb/s,则该算法是可行的。但实际上链路带宽迅速扩展为 230 Kb/s,甚至达 1.544 Mb/s 或更高,而且不同的路由器之间带宽也不尽相同。忽视带宽这一重要因素显然是不实际的,因此,距离向量路由算法逐渐被链路状态路由算法所取代。

1. 基本思想

首先,每个路由器发现其邻居结点,并学习它们的网络地址;其次,测量到达每个邻居结点的时延或开销,创建一个包含全部链路状态信息的分组以便与其他路由器交换信息;再次,将这个分组发送给其他路由器;最后,计算到达每个其他路由器的最短路径。

事实上,完整的拓扑结构和所有的延时都已被测量,并且被分发到各个路由器中。随后,各个路由器都可以用 Dijkstra 算法来找出最短路径。以下将详细讨论具体工作步骤。

2. 工作步骤

1) 发现邻居结点

当一个路由器启动以后,它的第一项任务就是要知道谁是它的邻居,这是通过向每条点对点线路发送特殊的分组来实现的。在另一端的路由器应发送回来一个应答来说明它是谁,这个名字必须是唯一的。

2) 测量线路开销

链路状态路由算法需要每个路由器知道它到邻居结点的延时,至少知道有一个可信的估计值。取得延迟时间的最直接方式就是发送一个要求对方立即响应的特殊的 ECHO 分组。通过测量一个来回的时间再除以 2,发送方路由器就可以得到一个可靠的延时估计值。要想更精确些,可以多次重复这一过程,再取平均值。

其中一个有趣的话题是,在测量延迟时是否考虑载荷。如果考虑载荷因素,往返时间应该从 ECHO 分组进入队列时开始计时;如果忽略载荷因素,计时器就得从 ECHO 分组排列队列第一位开始计时。

两种方法都会有争议,在延时测量中引入流量因素,意味着当一个路由器在两条相同带宽的线路间进行选择时,如果一条线路总是负载较重,而另一条线路总是负载较轻,那么后者将被认为是一条更短的路径,这条线路具有良好的性能。

3) 创建链路状态分组

一旦用于交换的信息收集起来,下一步就是构造一个包含所有数据的分组。该分组以发送者的标志符开头,紧跟顺序号、年龄和一个邻居结点列表,每个邻居结点都给出了它们的延时。

创建链路状态分组很容易,难的是决定何时创建分组。一种可能性是定期创建,即每隔一定时间间隔就创建一次;另一种可能性是当出现重大事件(像线路或邻居结点的增删,或它的特征值明显改变)时再创建。

4)发布链路状态分组

本算法中最具技巧性的部分就是如何可靠地发布链路状态分组。当发布和安装分组后,首先得到分组的路由器将改变其路由选择。同时,别的路由器可能还在使用不同版本的拓扑结构,这样会导致不一致性、死循环、不可达计算机等问题。

发布链路状态分组的基本思想是利用扩散来发布链路状态分组。为了控制扩散,每个分组要包含一个顺序号,该顺序号在每次发送新分组时加 1。路由器记下它所见过的所有信息对(源路由器、顺序号)。当一个新的链路状态分组到达时,它会先查看该分组是否为已收到过的分组。如果是新的,则把它向除了进入线路之外的所有线路发布;如果是重复的,则丢弃。如果一个分组的顺序号比目前已到达的最大顺序号还小,则认为已过时而拒绝。

5)计算新路由

一个路由器一旦积累了一整套链路状态分组,就可以重组整个子网结构。实际上,每条链路被表示了两次,两个方向各出现一次,两个值既可以取平均值,也可以分开使用。

现在 Dijkstra 算法可以在内部运行,以确定到所有可能目的地的最短路径。此算法的结果可以安装在路由选择表中,并且可以通过操作恢复。

对一个有 n 个路由器、每个路由器有 k 个邻居结点的子网来说,所需的存储输入数据的空间为 kn 的倍数。对大的子网,这可能是一个问题,而且,计算时间也可能成为一个问题。然而,在很多实际应用中,链路状态路由算法工作得很好。

3. 算法隐含的问题

算法隐含的问题主要有以下 3 方面。

(1)分组重复循环使用,容易产生误丢弃。

(2)一个路由器重启,分组序号会再从 0 开始计数,新的分组会被其他工作着的路由器认为其重复或过时而丢弃。

(3)分组传输过程中序号字段发生错误,有可能将其作为过时分组而丢弃。

4. 算法优化基本思想

当一个链路状态分组扩散到一个路由器时,它并不立即排队等待发送,而是先被放到一个缓冲区中等待一段时间,如果缓冲区中已经有了一个来自同一个路由器的分组,则会比较新旧分组的序号。如果相同,则认为新的分组重复被丢弃;如果不相同,则旧的分组被丢弃。一旦链路空闲,缓冲区就会循环扫描以选择发送一个分组或应答。

7.2.7　分层路由算法

网络规模增长带来的问题是,路由器中的路由表增多,路由器为选择路由而占用的内存、CPU 时间和网络带宽增多。其解决办法就是分层路由。

路由器被划分到不同的区域中。每个路由器在自己的区域内虽然知道怎样选择路由并将分组发送到目的地址,但不知道其他区域的内部结构。也就是说,对大型网络采用分而治之的策略,每个路由器只知道自己所在子网的路由信息,而不必去了解其他子网的内部结构。

根据需要,分层路由可以分成区域(regions)、聚类(clusters)、区(zones)和组(groups)。图 7-6 为分层路由的路由表。

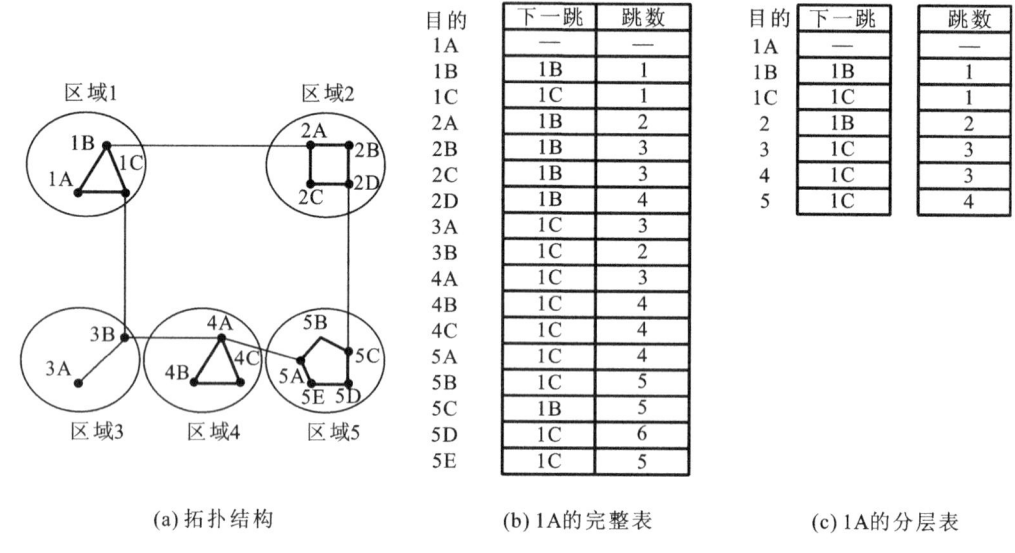

(a) 拓扑结构　　　　　(b) 1A的完整表　　　　　(c) 1A的分层表

图 7-6　分层路由的路由表

从图 7-6 可以看出,分层路由的优点是极大地缩小了路由表。

图 7-6 中,优点是路由表由 17 项减少到了 7 项;缺点是路径长度加长了。

分层路由最优级数确定:最优级数不但能够限制路由表的大小,而且能限制路径的加长,即最优级数能使路由表大小与路径长度之间达到最佳平衡。

7.3　拥塞控制算法

当网络资源上有太多的分组需要传输时,会导致网络性能下降,即当对资源的需求大于可用资源时,网络就会发生拥塞。

7.3.1　拥塞控制的基本原理

1. 拥塞现象

当一部分通信子网中有太多的分组,导致其性能下降,这种情况称为拥塞。也就是说,当网络中多种资源同时供给不足时,网络的性能会明显降低。当信息量增加太快时,路由器不能再应付,开始丢失分组,并导致情况恶化甚至使网络瘫痪。

造成拥塞的因素有很多。如果突然之间分组流同时从三个或者四个输入线到达,并且要求输出到同一线路,就需要建立队列。如果没有足够的空间来保存这些分组,有些分组就会丢失。在某种程度上增加内存会有所帮助,但路由器内存无限大时会使处理器速度变慢,这样也会导致拥塞。如果路由器的处理速度太慢,导致不能执行要求其做的日常工作(缓冲区派队、更新表等),那么,即使有多余的线路,也可能使队列饱和。低带宽线路也会导致拥塞。只升级线路而不提升处理器性能或者只提升处理器性能而不升级线路,都不会起作用。

当网络拥塞时,如果路由器没有足够的缓存空间,那么它会丢弃一些新的分组,这些被丢弃的分组要求重传,而且有的分组可能要被重传多次,从而导致被丢弃的分组增加,被重传的分组跟着增加,这样就会丢弃越来越多的分组,从而加剧拥塞的程度。因此要对拥塞进行有效控制。

拥塞控制与流量控制关系密切,但也存在一些差别。拥塞控制就是防止过多的数据注入网络中,这样可以使网络中的路由器或链路不至于过载。拥塞控制有一个前提,就是能够承受现有的网络负荷。拥塞控制必须确保子网能运送待传输的数据,这是全局性的问题,涉及多个主机、所有的路由器、路由器中存储转发的行为,以及与降低网络传输性能有关的所有因素。与之不同的是,流量控制只与发送方、接收方之间的点对点的通信量有关系,是一个局部过程。流量控制总是要涉及接收方,接收方要向发送方即时反馈自己的接收能力,以便自己能来得及接收。

拥塞控制和流量控制容易混淆,当网络出现问题时,有些拥塞控制算法通过向各源端发送消息以告诉它们要减慢发送速度。因此,一个主机既可能因为接收方不能跟上输入(流量控制问题),也可能因为网络承受能力有限(拥塞控制问题)而收到减慢发送的消息。

拥塞控制与流量控制示意图如图 7-7 所示。

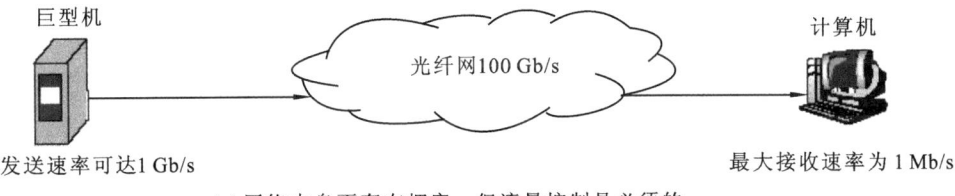

(a) 网络本身不存在拥塞,但流量控制是必须的

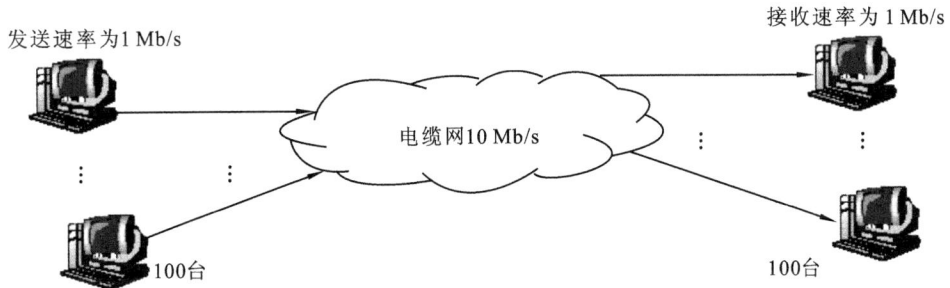

(b) 网络的输入负荷超过网络传输能力

图 7-7 拥塞控制与流量控制示意图

2. 拥塞控制的方法

拥塞控制分为开环控制和闭环控制两种方法。

1)开环控制(防患于未然)

(1)通过良好的设计来解决问题,以免发生拥塞。一旦运行,就不再做中间阶段的更正。

（2）进行开环控制的工具需要决定何时接收新的分组、何时丢弃分组、丢弃哪些分组，制定网络中不同地点的计划表等。利用开环进行拥塞控制时，所有这些操作都不会考虑网络的当前状态。

2）闭环控制（因地制宜）

基于反馈机制，闭环控制的工作过程为：监控系统，监控何时何地发生拥塞；把发生拥塞的消息传送给能采取动作的站点；调整系统操作，解决拥塞问题。

闭环控制操作需要完成何为拥塞、如何反馈和如何解决三个问题。

何为拥塞，即衡量网络拥塞的参数，主要包括：①缺乏缓冲区造成的分组丢包率；②平均队列长度；③超时重传的分组数目；④平均分组延迟；⑤分组延迟变化。

如何反馈，即反馈方法，主要包括：①向负载的发生源发送一个报警分组，这同时加强了拥塞；②在分组结构中保留一个位或一个域来表示发生拥塞，一旦发生拥塞，路由器将填充所有输出分组的拥塞位并报警；③主机或路由器主动地、周期性地发送探报，查询是否发生拥塞。

如何解决，即利用拥塞控制算法解决闭环控制操作问题。

7.3.2 拥塞控制算法

影响拥塞的网络设计策略有：数据链路层，即重传、乱序缓存、确认、流控；网络层，即子网中的虚电路和数据报、分组排队和服务策略、分组丢弃策略、路由算法、分组的生存时间管理；传输层，即重传、乱序缓存、确认、流控、超时中止。

1. 开环控制：通信量整形

通信量整形（traffic shaping）是指强迫分组以某种可以预见的速率传输，减少拥塞。此方法广泛应用于 ATM 网络中。通信量整形的基本思想是，在网络上，突发的通信量是造成拥塞的主要原因。

漏桶算法（the leaky bucket algorithm）和令牌桶算法（the token bucket algorithm）都可以实现通信量整形。

1）漏桶算法

在计算机中，漏桶表示有限内部队列；水表示通信量，需要发送的分组。当分组到达队列时，如果队列满，则分组被丢弃；如果队列空，则分组放置在队尾。

其效果是将用户发出的不平滑的分组流转变成网络中平滑的分组流。

漏桶算法既可用于分组长度固定的协议，如 ATM，使用分组计数；也可用于可变长分组的协议，如 IP，使用字节计数。无论水流进桶的速度为多少，只要桶中有水，水从桶中外漏的速度是恒定的。桶空了，速度为零。桶满了，水外泄。分组漏斗模型如图 7-8 所示。

2）令牌桶算法

由于漏桶算法不够灵活，因此加入令牌机制。

令牌桶算法的基本思想是，漏桶存放令牌，每 ΔT 秒产生一个令牌，分组发送传输之前必须获得一个令牌，传输之后删除该令牌。

令牌不是代表发送一个分组的权利，而是代表可以发送的字节数。令牌桶算法示意图如图 7-9 所示。

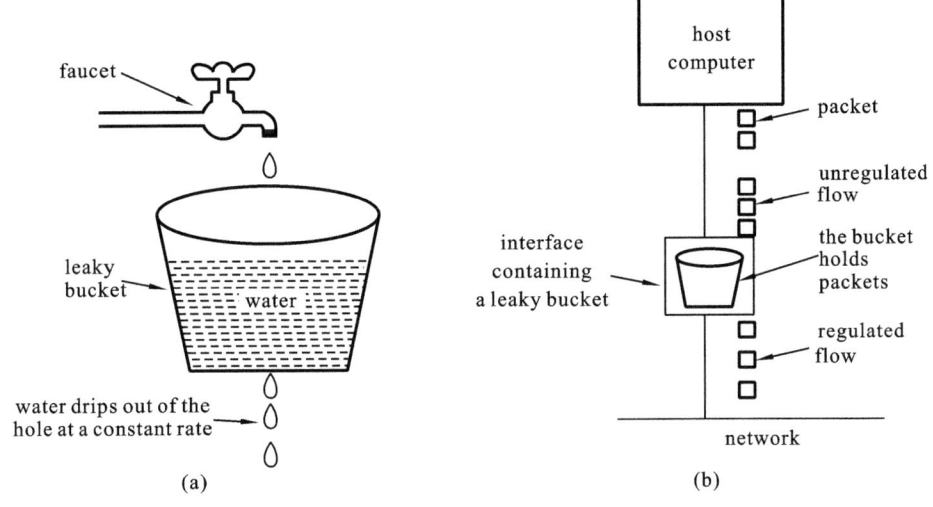

图 7-8　分组漏斗模型

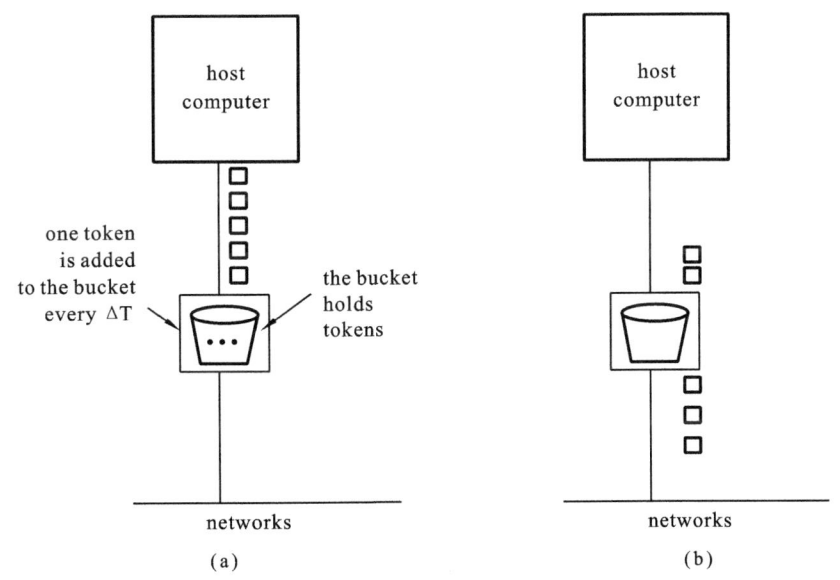

图 7-9　令牌桶算法示意图

3) 漏桶算法和令牌桶算法的比较

漏桶算法和令牌桶算法的区别如下。

(1) 通信量整形策略不同。漏桶算法不允许空闲主机积累发送权;令牌桶算法允许空闲主机积累发送权,以便以后发送大的突发数据,最大为桶的大小。

(2) 桶中存放的内容不同。漏桶中存放的是数据,桶满了丢弃数据;令牌桶中存放的是令牌,桶满了丢弃令牌,不丢弃数据。

［例 7-1］　一台计算机以 25 MB/s 的传输速率生成数据,虽然网络也可以运行该速率,但路由器的最佳工作速率为 2 MB/s。图 7-10 说明了 1 MB 的分组在不同的算法下的发送

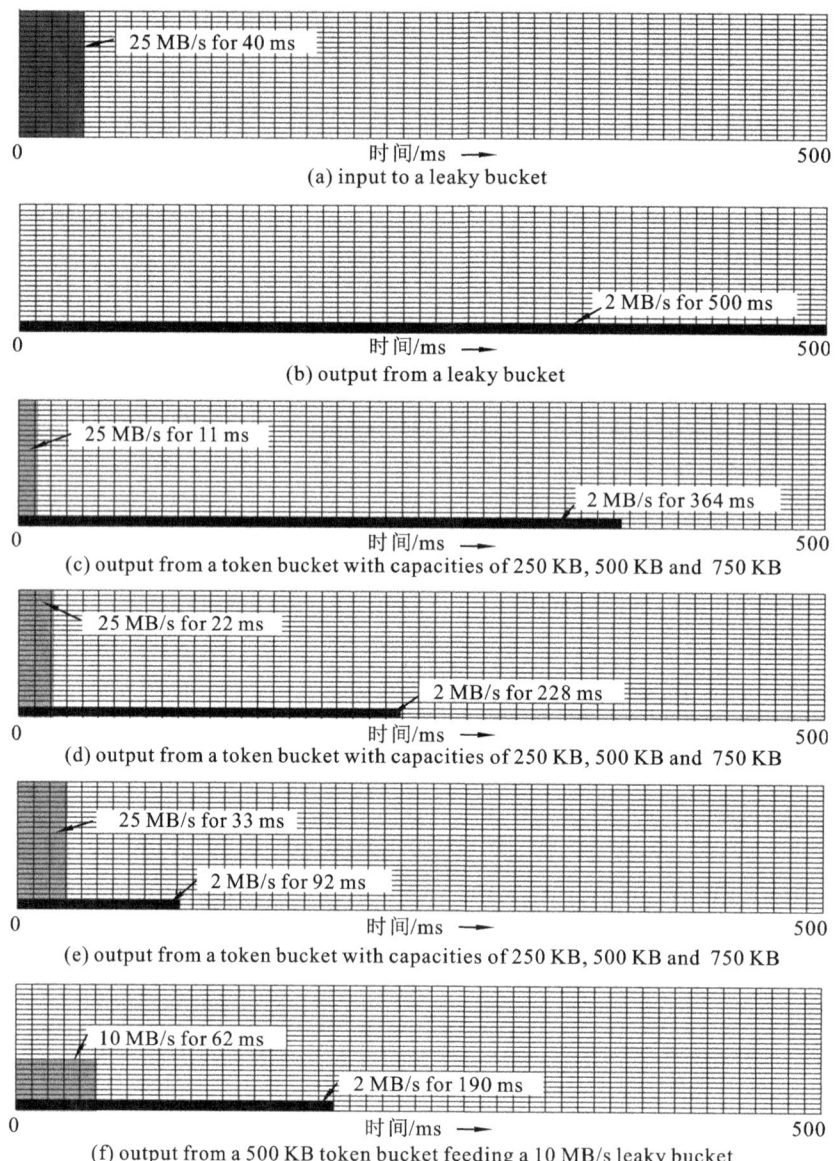

图 7-10 1 MB 的分组在不同的算法下的发送过程

过程。试计算最大传输速率的突发时间长度。

解 设令牌桶容量为 C B,突发时间为 s s,令牌到达速率为 p B/s,最大传输速率为 M B/s,则有 C+pS=MS>S=C/(M-p)

图 7-10(c)、(d)、(e)有 M=25 MB/s,p=2 MB/s,C=250/500/750 KB

图 7-10(f)有 M=10 MB/s,p=2 MB/s,C=500 KB

2. 闭环控制:虚电路子网中的拥塞控制

虚电路子网中的拥塞控制可以通过以下三种方法解决。

方法一:许可控制(admission control)。一旦发生拥塞,就不允许再建立新的虚电路,直到拥塞解除为止。

方法二:在发生拥塞后可以建立新的虚电路,但要绕开发生拥塞的地区。

方法三:资源预留。建立虚电路时,主机与子网达成协议,子网根据协议在虚电路上为此连接预留资源。

3. 闭环控制:数据报子网中的拥塞控制

1)抑制分组

由路由器监控输出线路及其他资源的利用情况,如果超过某个阈值,则此资源进入警戒状态。

当每个新分组到来时,会检查它的输出线路是否处于警戒状态。如果是,则向源主机发送抑制分组,分组会指出发生拥塞的目的地址,同时将源分组打上标记(为了以后不再产生抑制分组)后,正常转发。

源主机收到抑制分组后,可按一定比例减少发向特定目的地的通信量,并在固定时间间隔内忽略指示同一目的地的抑制分组。然后开始监听,如果此线路仍然拥塞,则主机在固定时间内减轻负载、忽略抑制分组;如果在监听周期内没有收到抑制分组,则增加通信量。

通常采用的通信量增减策略是:减少时按一定比例减少,以保证快速解除拥塞;增加时以常量增加,以防止快速拥塞。

2)加权公平队列

采用抑制分组,源端的抑制行为是自愿的。为了公平对待自觉和不自觉的源端,就提出了公平队列(weighted fair queuing)算法。每个输出线有多个队列,每个源端对应一个队列,当输出线空闲时,路由器将轮巡这几个队列,从下一个队列中选出第一个字节。由于某些服务器非常重要,所以可以对每个队列采用不同的优先权。例如,可以一次发送两个或者更多的字节。加权公平队列算法示意图如图 7-11 所示。

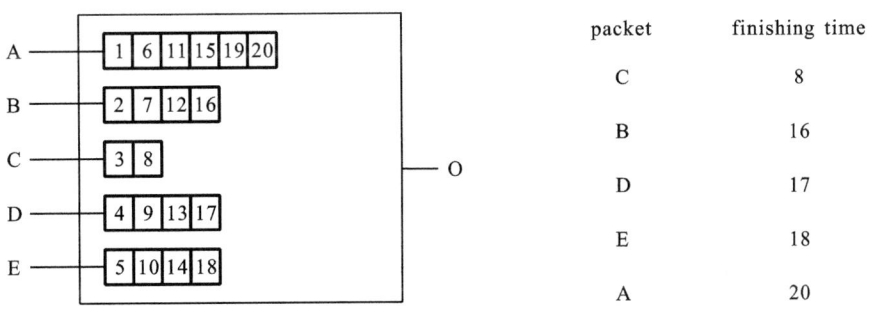

(a) a router with five packets queued for line O   (b) finishing times for the five packets

图 7-11 加权公平队列算法示意图

3)hop-by-hop 抑制分组

在高速、长距离的网络中,由于源主机响应太慢,抑制分组算法对拥塞控制的效果并不好,所以可采用 hop-by-hop 抑制分组算法。

hop-by-hop 抑制分组的基本思想是:hop-by-hop 抑制分组对它经过的每个路由器都起

作用;能够迅速缓解发生拥塞处的拥塞;要求上游路由器有更多的缓冲区。hop-by-hop 抑制分组工作示意图如图 7-12 所示。

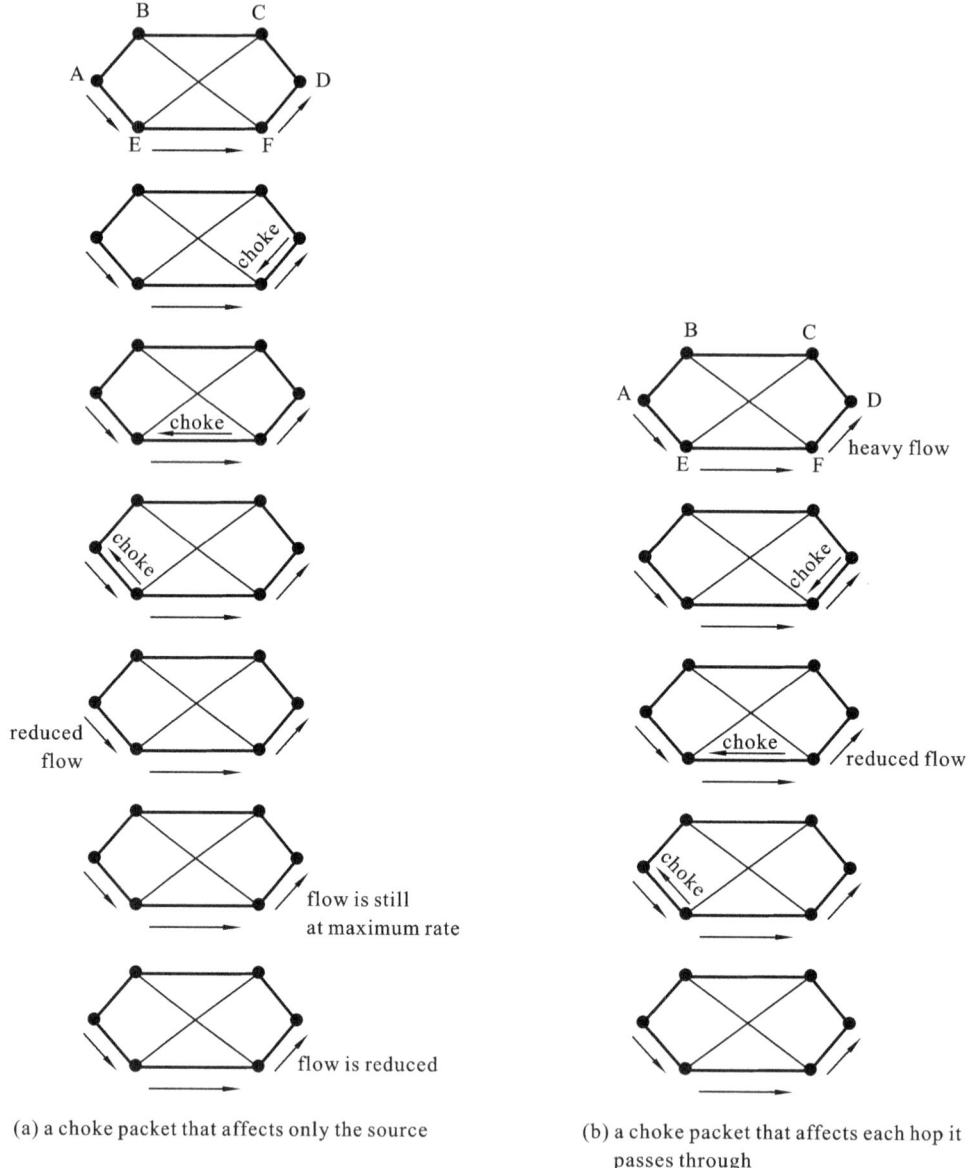

(a) a choke packet that affects only the source

(b) a choke packet that affects each hop it passes through

图 7-12　hop-by-hop 抑制分组工作示意图

4) 负载丢弃

当所有上述算法都不能消除拥塞时,路由器只得采用负载丢弃(load shedding)算法将分组丢弃。路由器可以随意挑选分组来丢弃,也可以根据不同的服务,采取不同的丢弃策略进行文件传输:

(1) wine 策略,优先丢弃新分组。

(2) milk 策略,多媒体服务,优先丢弃旧分组。

（3）早期丢弃分组，会减少拥塞发生的概率，以提高网络性能。

7.4　网络互联

1．定义

网络互联是指网络在物理上的连接，两个网络之间至少有一条在物理上连接的线路，它能为网络的数据交换提供物质基础和可能性，使得不同的或者相同的网络互联在一起形成更大的网络，以方便资源共享和协同工作。

2．网络互联的分类

从距离上分，有本地局域网互联和远程局域网互联，即 LAN-LAN 和 LAN-WAN-LAN；从互联所采用的介质来分，有同轴细缆或粗缆（coaxial cable）、各类非屏蔽双绞线和屏蔽双绞线、单模或多模光纤（optical fiber）等连接方式。

3．网络互联的通信方式

网络互联在一起的通信方式主要有面向连接互联和面向无连接互联。面向连接互联模式在通信前要建立连接，优点是可以充分利用各个子网的服务功能和质量保证机制，传输质量高，属于同一条虚电路的分组均按照同一路由进行转发，分组总是按顺序到达；缺点是寻址开销大，路由不灵活，一旦发生拥塞，就没有其他路由，健壮性差。无连接互联模式在通信前无需建立连接，优点是连接时为全局寻址，独立路由，网络利用率高，健壮性好，可用于多种网络互联，实现技术简单；缺点是只能提供无连接方式的传输服务，传输质量必须由端系统传输层来保证，增加了端系统的负担。

面向连接的解决方案是通信之前建立虚连接，通信过程中保持连接，通信结束拆除虚连接。面向无连接的解决方案是通信双方不需要建立和维持连接，只靠发送数据报实现通信。

7.4.1　级联虚电路

1．虚电路

在源主机与目的主机通信之前，应先建立一条网络连接，即虚电路。为此源主机应发出呼叫请求分组，在该分组中，包含源主机和目的主机的网络地址。呼叫请求分组途经的每个网络结点，都要记录该分组所用的虚电路号，并为它选择一条最佳传输路由发往下一个网络结点。当呼叫请求分组到达目的主机时，如果它同意与源主机通信，则由网络层为双方建立一条虚电路。以后的每个分组中，不必再填上源主机和目的主机的网络地址，而只需要表上的虚电路号。需要强调的是，虚电路只是逻辑上的连接，并没有真正的物理连接；电路交换的电话通信是先建立了一条真正的连接。因此分组交换的虚连接和电路交换的连接只是类似，但并不完全一样。

2．建立连接

当目的主机不在本子网内时，可在子网内找一个离目的网络最近的路由器，与之建立一条虚电路；该路由器与外部网关建立虚电路；该网关与下一个子网中的一个路由器建立虚电路。重复上述操作，直到到达目的主机。当通信结束时，拆除该虚电路。

3. 传输数据

相同连接的分组沿同一虚电路应按照顺序传输;网关应根据需要转换分组格式和虚电路号。图 7-13 中,H₁发送给 H₂的所有分组都沿着同一条虚电路传输数据。

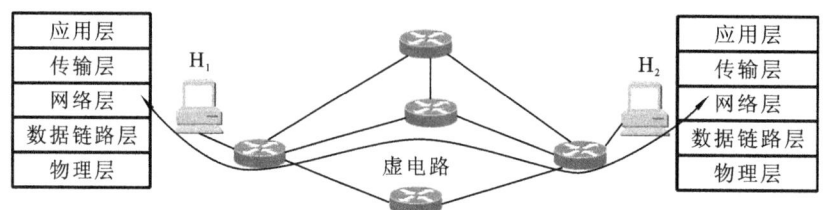

图 7-13　采用虚电路传输数据

虚拟互联网络进行通信时会遇到许多问题,如不同的寻址方案、不同的最大分组长度、不同的网络接入机制、不同的超时控制、不同的差错恢复方法、不同的状态报告方法、不同的路由选择技术、不同的用户接入控制、不同的服务(面向连接服务和面向无连接服务)、不同的管理与控制方式。网络要使用一些中间设备(为中继系统)来解决这些问题。

物理层的中继系统是中继器(repeater),数据链路层的中继系统是网桥,网络层的中继系统是路由器(router),网络层以上的中继系统是网关(gateway)。图 7-14 所示的为 OSI 各层使用的中继系统。

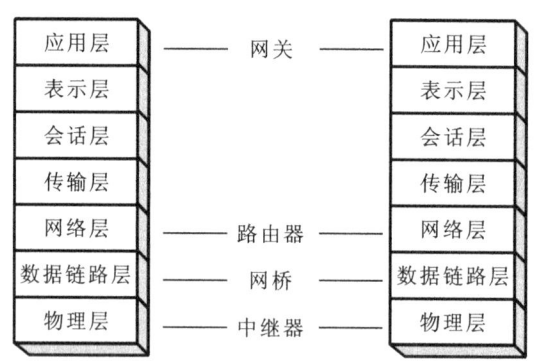

图 7-14　OSI 各层使用的中继系统

使用中继器在不同电缆段之间复制位信号,工作在 OSI 物理层,互联同类型网段,只起到放大信号的作用,驱动长距离通信。使用网桥或者交换机在局域网之间存储、转发帧,工作在 OSI 数据链路层,更准确地说应该位于 MAC 层,它互联兼容地址的局域网,利用 MAC 地址,以及存储、转发功能进行局域网间的信息交换。当中继系统是集线器、网桥或交换机时,并不称为网络互联,因为这仅仅是把一个网络扩大了,而这仍然是一个网络,如图 7-15 (a)所示。

使用路由器在不同网络间存储、转发分组,工作在 OSI 网络层,它需要处理网络层的数据分组或网络地址,以决定数据分组的转发,决定网桥中信息通信的完整路由。互联网是指使用路由器进行互联的网络,如图 7-15(b)所示。

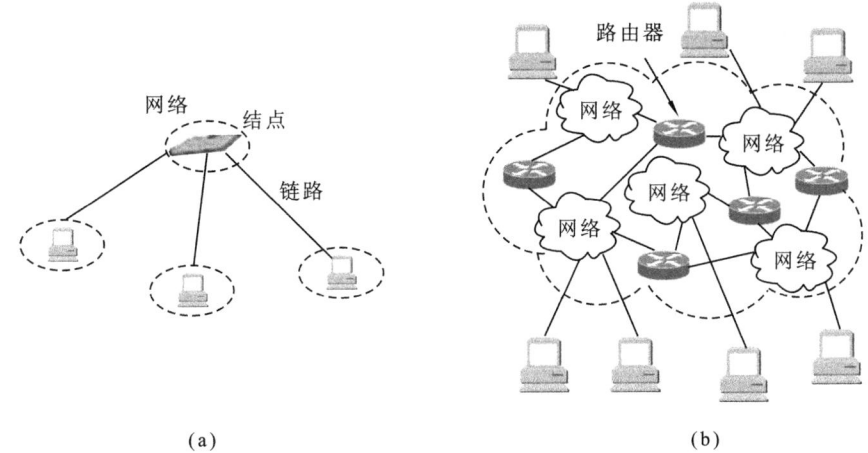

图 7-15　简单的网络和由路由器连接网络构成的互联网

7.4.2　无连接网络互联

1. Internet 采用的设计思路

网络层向上只提供简单的、灵活的、无连接的、尽最大努力交付的数据报服务。网络在发送分组时不需要先建立连接。每个分组（IP 数据报）独立发送，与其前后的分组无关（不进行编号）。

网络层不提供服务质量的承诺，即所传输的分组可能出错、丢失、重复和失序（不按序到达终点），当然也不保证分组传输的时限。

2. 尽最大努力交付的优点

无连接网络互联的优点主要包括以下几方面。

（1）由于传输网络不提供端对端的可靠传输服务，这就使得网络中的路由器可以做得比较简单，而且价格低廉（与电信网的交换机相比较）。

（2）如果主机（端系统）进程之间的通信需要是可靠的，那么由网络主机中的传输层负责（包括差错处理、流量控制等）。

（3）大大降低了网络的造价，运行方式灵活，能够适应多种应用。

（4）Internet 的规模充分证明了当初采用这种设计思路的正确性。

无连接的互联模式对应于分组交换网的数据报方式。在这种互联模式中，每个数据分组通过一系列的路由器从源端系统传输到目的端系统，并且路由器对每个数据分组进行单独路由选择。因此，不同的数据分组可能经历不同的传输路径，不保证分组按顺序到达，这样提高了网络利用率。其中，连接不同子网的多协议路由器会进行协议转换，包括分组格式转换和地址转换等。图 7-16 所示的为采用无连接互联传输数据。

7.4.3　隧道技术

隧道技术（tunneling）是一种为了将两个不同的网络相互连接起来，通过使用互联网的基础设施在网络之间传输数据的方式。使用隧道传输的数据（或负载）可以是不同协议的数

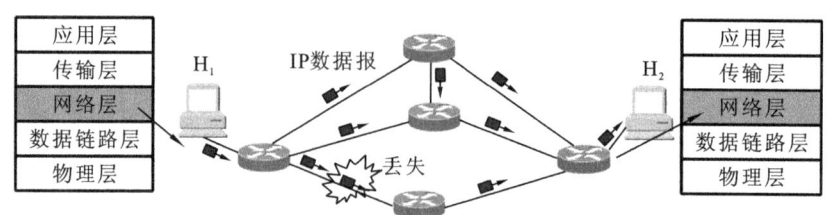

图 7-16　采用无连接互联传输数据

据帧或包。隧道协议是将其他协议的数据帧或包重新封装后通过隧道进行发送。新的帧首部提供路由信息,以便通过互联网传输被封装的负载数据。在网络中进行传输,在目的局域网和公网的接口处将数据进行解封装,以取出负载。隧道技术包括数据封装、传输和解包在内的全过程。利用隧道技术可以将数据流强制送到特定的地址隐藏私有的网络地址,在 IP 网上传输非 IP 数据包,提供数据安全支持。

　　隧道的源主机和目的主机双方必须使用相同的隧道协议。隧道技术可分别以第 2 层或第 3 层隧道协议为基础。第 2 层隧道协议在数据链路层中,有点对点隧道协议(point to point tunneling protocol,PPTP)、第 2 层隧道协议(L2TP)和第 2 层转发协议(layer two forwarding protocol,L2F),是将用户数据封装在点对点协议(PPP)帧中并通过互联网进行发送。第 3 层隧道协议在网络层中,使用包作为数据交换单位。IPIP(IP over IP)及 IPSec 隧道模式属于第 3 层隧道协议,它们是将 IP 包封装在附加的 IP 包首部中,通过 IP 网络进行传输。无论哪种隧道协议,都是由传输的载体、不同的封装格式及用户数据包组成的。它们的本质区别在于,用户的数据包被封装在数据包中传输。

1. 点对点隧道协议

　　点对点隧道协议提供 PPTP 客户机和 PPTP 服务器之间的加密通信。PPTP 客户机是指运行该协议的 PC,如启动该协议的 Windows 95/98;PPTP 服务器是指运行该协议的服务器,如启动该协议的 Windows NT 服务器。PPTP 是 PPP 的一种扩展,它提供了一种在互联网上建立多协议的安全虚拟专用网(VPN)的通信方式。远端用户能够透过任何支持 PPTP 的 ISP 访问公司的专用网。

　　通过 PPTP,客户机可采用拨号方式接入公用 IP 网。拨号用户首先按照常规方式拨到 ISP 的接入服务器(NAS)以建立 PPP 连接;在此基础上,用户进行二次拨号以建立到 PPTP 服务器的连接,该连接称为 PPTP 隧道,实质上是基于 IP 协议的另一个 PPP 连接,其中的 IP 包可以封装多种协议数据,包括 TCP/IP、IPX 和 NetBEUI。PPTP 采用了基于 RSA 公司 RC4 的数据加密方法,保证了虚拟连接通道的安全。对直接连到互联网的用户则不需要 PPP 的拨号连接,可以直接与 PPTP 服务器建立虚拟通道。PPTP 把建立隧道的主动权交给用户,但用户需要在其 PC 上配置 PPTP,这样做既增加了用户的工作量,又会给网络带来安全隐患。另外,PPTP 只支持 IP 作为传输协议。

2. 第 2 层转发协议

　　第 2 层转发协议是由 Cisco 公司提出的可以在多种介质(如 ATM、帧中继、IP 网)上建立多协议的安全虚拟专用网的通信。远端用户能通过任何拨号方式接入公用 IP 网,首先按照常规方式拨到 ISP 的接入服务器(NAS),以建立 PPP 连接;NAS 根据用户名等信息,建立直达 HGW 服务器的第二重连接。这种情况下,隧道的配置和建立对用户是完全透明的。

3. 第 2 层隧道协议

第 2 层隧道协议(L2TP)结合了 L2F 和 PPTP 的优点,可以让用户从客户机或访问服务器发起 VPN 连接。L2TP 是把数据链路层 PPP 帧封装在公共网络设施(如 IP、ATM、帧中继)中进行隧道传输的封装协议。L2TP 主要由 LAC(L2TP access concentrator)和 LNS(L2TP network server)构成。LAC(L2TP 访问集中器)支持客户机的 L2TP,它用于发起呼叫、接收呼叫和建立隧道;LNS(L2TP 网络服务器)是所有隧道的终点。在传统的 PPP 连接中,用户拨号连接的终点是 LAC,L2TP 使得 PPP 协议的终点延伸到 LNS。

L2TP 的建立过程如下。

(1) 用户通过公共电话网或 ISDN 拨号至本地的接入服务器 LAC;LAC 接收呼叫并进行基本的辨别。这一过程可以采用几种标准,如域名、呼叫线路识别(CLID)或拨号 ID 业务(DNIS)等。

(2) 当用户被确认为合法企业用户时,就建立一个通向 LNS 的拨号 VPN 隧道。

(3) 企业内部的安全服务器如 RADIUS 用于鉴定拨号用户。

(4) LNS 与远程用户交换 PPP 信息,分配 IP 地址。LNS 可采用企业专用地址(未注册的 IP 地址)或服务提供商提供的地址空间分配 IP 地址。因为内部源 IP 地址与目的地 IP 地址实际上都通过服务提供商的 IP 网络在 PPP 信息包内传输,企业专用地址对提供者的网络是透明的。

(5) 端对端的数据从拨号用户传到 LNS。实际应用中,LAC 将拨号用户的 PPP 帧封装后,传送到 LNS,LNS 去掉封装包首部,得到 PPP 帧,再去掉 PPP 帧首部,得到网络层数据包。

4. IPSec 安全隧道

虽然 PPTP、L2F 和 L2TP 协议都有各自的优点,但是都没有很好地解决隧道加密和数据加密的问题。而 IPSec 协议把多种安全技术集合到一起,建立了一个安全、可靠的隧道。这些技术包括 Diffie-Hellman 密钥交换技术,DES、RC4、IDEA 数据加密技术,哈希散列算法(HMAC)、MD5、SHA,数字签名技术等。

IPSec 安全结构包括 3 个基本协议,即 AH 协议为 IP 包提供信息源验证和完整性保证,ESP 协议提供加密保证,密钥管理协议(ISAKMP)提供双方交流时的共享安全信息。IPSec 可通过这 3 个基本协议在 IP 包首部后增加新的字段来实现安全保证。图 7-17 是一个 IPSec 数据包的格式。

IP包首部	AH包首部	ESP包首部	上层协议数据

图 7-17　IPSec 数据包的格式

AH 包首部可以保证信息源的可靠性和数据的完整性。首先发送方将 IP 包首部、高层的数据、公共密钥这三部分通过某种散列算法进行运算,得出 AH 包首部中的验证数据,并将 AH 包首部加入数据包中;当数据传输到接收方时,接收方将收到的 IP 包首部、高层的数据、公共密钥以相同的散列算法进行运算,并把得到的结果同收到数据包中的 AH 包首部进行比较;如果结果相同,则表明数据在传输过程中没有被修改,并且是从真正的信息源处发出的。

可以通过公共密钥来保证信息源的可靠性,常用的散列算法有 HMAC、MD5 和 SHA。这些算法有如下一些共同的特点。

(1) 不可能从计算结果推导出它的原始输入数据。

(2) 不可能从给定的一组数据和它经过散列算法计算出的结果推导出另外一组数据产生的结果。MD5 是单向数学函数,它可以对输入的数据进行运算,并产生代表该数据的 128 比特指纹信息。在这种方式下,MD5 提供完整性服务。128 比特指纹信息可以在信息发送之前和数据接收之后计算出来。如果两次计算结果相同,那么数据在传输过程中就没有被改变。SHA 与 MD5 类似,只是它产生 160 比特指纹信息,所以运算时间比 MD5 的稍长,安全性更高一些。当 HMAC 和 MD5 共同使用时,可以对每 64 个字节的数据进行运算,得出 16 字节的指纹信息,并放入 AH 包首部中。

由于 AH 没有对用户数据进行加密,所以,如果黑客使用协议分析照样可以窃取在网络中传输的敏感信息,那么使用有效负载安全封装(ESP)协议把需要保护的用户数据进行加密,并放到 IP 包中,ESP 协议提供数据的完整性、可靠性。

ESP 协议非常灵活,可以选择多种加密算法,其包括 DES、Triple DES、RC5、RC4、IDEA 和 Blowfish。

DES 是最常用的加密算法,其特点是采用 56 位的密钥处理 64 位的输入,加密、解密使用同一个密钥或可以相互推导出来。DES 把数据分成长度为 64 位的数据块,其中 8 位作为奇偶校验,有效码长为 56 位。DES 加密分为三步。第一步,将明文数据进行初始置换,得到 64 位混乱明文组,再将其分成两段,每段 32 位;第二步,进行乘积变换,在密钥的控制下,进行 16 次迭代;第三步,进行逆初始变换得到密文。由于计算机性能的提升,采用多台高性能服务器可以攻破 56 位 DES,所以出现了 Triple DES,它采用的 128 位密钥提高了安全性。

IDEA 算法采用 128 位密钥,每次加密一个 64 位的数据块。RC5 算法中数据块的大小、密钥的大小和循环次数都是可变的,密钥甚至可以扩充到 2048 位,具有极高的安全性。Blowfish 算法使用变长的密钥,长度可达 448 位,运行速度很快。

以上算法均要使用一个由通信各方共享的密钥,称为对称密码算法。接收方只有使用发送方用于加密数据的密钥才能解密,所以其安全性依赖于密钥的安全。

IPSec 有隧道模式和传输模式两种工作模式。在隧道模式中,整个用户的 IP 数据包用于计算 ESP 包首部,加密整个 IP 包并和 ESP 包首部一起封装在一个新的 IP 包内。这样,当数据在 Internet 上传输时,就把真正的源地址和目的地址隐藏起来。在传输模式中,只有高层协议(TCP、UDP、ICMP 等)及数据进行加密。在这种模式下,源地址、目的地址及所有 IP 包首部的内容都不加密。

由于对称密钥存在许多问题,所以密钥传输时容易泄密。网络通信时如果网内用户采用同样的密钥,就会失去保密的意义。但如果任意两个用户通信时都使用互不相同的密钥,N 个人就要使用 $N×(N-1)/2$ 个密钥,这样密钥量太大,实际使用中无法实现,所以在 IPSec 中使用非对称密钥技术将加密和解密的密钥分开,并且不可能从其中一个推导出另外一个。采用非对称密钥技术后,每个用户都有一对选定的密钥,一个由用户自己保存,一个可以公开得到。它的好处在于密钥分配简单,由于加密和解密的密钥互不相同并且无法互相推导,所以加密的密钥可以分发给各个用户,而解密密钥由用户自己保存。这样,密钥保存量少,N 个用户通信最多只需保存 N 对密钥,便于管理,也可以满足不同用户间通信的私密性,以完成数字签名和数字鉴别。目前有许多种非对称密钥算法,其中有的适用于密钥分配,有的适用于数字签名。

IPSec 中的 AH 和 ESP 实际上只是加密的使用者,IETF 制定的 IKE 用于通信双方进行身份认证、协商加密算法和散列算法、生成公钥。

5. 虚拟专用网络

虚拟专用网络(VPN)是隧道技术的重要应用。VPN 可以在公用数据网上建立属于自己的专用数据网。也就是说,不再使用长途专线建立专用数据网,而是充分利用完善的公用数据网建立自己的专用网。例如,随着公司业务的不断扩大,业务波及的范围也越来越广。员工想要实现建立在安全之上的信息交流和信息共享,一些不断出差的公司员工想随时访问企业内部网络,那些通过拨号由 ISP 动态分配的 IP 地址无法穿越公司的防火墙及其他安全设备。解决这些问题的一个办法是,公司租用专用线路来连接不同的部门及分公司,这种方式虽然安全性高,也有一定的效率,但成本太高,并且浪费资源;同时也无法满足随时的接入要求;更重要的是扩展性不好,不方便新用户的接入。如果利用 VPN,就可以利用不可靠的公用互联网作为信息传输介质,通过附加的安全隧道,用户认证连接到不同的部门及公司,以实现对重要信息的安全传输。这种方式不仅成本低,而且可以克服 Internet 的不安全性。

7.4.4 互联网路由

Internet 的联网概念是利用装有联网协议的路由器进行对等对话来选择路由并最终到达目的地的,因而路由选择是其核心技术。

1. 路由选择算法基本概念

路由选择是指选择通过互联网络从源结点向目的结点传输信息的通道,而且信息至少通过一个中间结点,其中可能要使用各种不同的路由选择协议。路由协议就是路由器之间实现路由信息共享的一种机制,它允许路由器之间相互交换和维护各自的路由表。路由选择协议的核心就是路由算法。各种路由算法不尽相同,主要有三点原因。首先,算法设计者的设计目标会影响路由选择协议的运行结果;其次,现有的各种路由选择算法对网络和路由器资源的影响不同;最后,不同的计量标准也会影响最佳路径的计算结果。

2. 路由选择算法设计的主要参数和基本原则

1) 路由选择算法设计的主要参数

(1) 跳数(hop count):一个分组从源结点到达目的结点经过的路由器的个数。一般来说,跳数越少的路径越好。

(2) 带宽(bandwidth):链路的传输速率。

(3) 延时(delay):一个分组从源结点到达目的结点所花费的时间。

(4) 负载(load):单位时间内通过路由器或线路的通信量。

(5) 可靠性(reliability):传输过程中的误码率。

(6) 开销(overhead):传输过程中的耗费,耗费通常与所使用的链路带宽有关。

2）路由选择算法设计的基本原则

（1）最优性：路由选择算法选择最优路径的能力，最优路径取决于计量标准和用于计量的权值。

（2）简易性和低开销：必须用最少的软件和最低的开销来提供最有效的功能。

（3）强壮性和稳定性：强壮性表示路由选择协议必须在出现异常情况或突发事件时（如硬件故障、高负载状态和不正确操作）也能正常运行；稳定性要求其能运行于各种不同的网络环境中，并且有良好的容错性。

（4）快速收敛性：所有路由器在最佳路径上取得一致的过程。当路由器发送修正路由消息时，该消息在网络上传播，引发路由器重新计算最优路由，并最终促使所有路由器承认新的最优路由，这就是路由收敛的过程。如果路由选择算法收敛过慢，则会导致路由循环或网络发生故障。

（5）灵活性：路由选择算法能迅速准确地适应网络环境（如网络带宽、路由器队列大小、网络延迟）的变化。

一个好的路由选择算法，应该尽可能多地考虑以上的参数及基本原则，在不同的实际环境下对各方面也要有所侧重。

3. 路由算法分类

从路由算法能否根据拓扑结构和通信量的变化来改变路由选择来划分，可以分为静态路由选择算法和动态路由选择算法。

静态路由选择算法也称为非自适应路由选择。严格来说，它并不是一种算法，而是一张由网络管理员在路由选择前就已手工建立好的映射表。自 20 世纪 90 年代以来，大多数优秀路由选择算法都是动态的，通过分析接收的路由修正消息来适应网络环境的变化。但静态路由选择算法也可以弥补动态路由选择算法的某些不足，如可以指定一些无法选择路由的数据包转发到某个指定的路由器，以保证所有数据包都能得到处理。它适用于小型的网络。

动态路由选择算法也称为自适应路由选择。它能够较好地适应网络的变化情况，当网络系统运行时，系统将自动运行动态路由选择协议，建立路由表，当某个路由器出现故障或某条链路中断时，动态路由选择协议就会自动更新所有路由器中的路由表。它适用于大型的网络，当前 Internet 采用的路由选择协议主要是动态的。

4. 自治系统

随着 Internet 的发展，其规模越来越大，目前已经有几百万个路由器互联在一起。如果让所有的路由器知道网络应怎样到达，则这种路由表将非常大，处理起来也花时间，且所有这些路由器之间交换路由信息所需的带宽会使 Internet 的通信链路饱和。许多单位不愿让外界了解自己单位网络的布局细节和本部门所采用的路由选择协议但同时希望连接到 Internet 上。

为此，Internet 将整个互联网划分为许多较小的自治（autonomous）系统，一般记为 AS。RFC4271 对 AS 有如下描述。

AS 的经典定义是，在单一技术管理下，一组路由器使用一种 AS 内部的路由器选择协议和共同的度量以确定分组在该 AS 内的路由，同时还使用一种 AS 之间的路由选择协议用以确定分组在 AS 之间的路由。

Internet 将路由选择协议分为两类,即内部网关协议(interior gateway protocol,IGP)和外部网关协议(external gateway protocol,EGP)。

内部网关协议是在一个自治系统内部使用的路由选择协议,这与 Internet 中的其他自治系统选用路由选择协议无关。目前内部网关协议主要有路由信息协议(routing information protocol,RIP)和开放最短路径优先(open shortest path first,OSPF)协议。

当源主机和目的主机处在不同的 AS 中,并且这两个 AS 使用不同的内部网关协议时;当分组传输到两个 AS 的边界中时,需要使用一种协议将路由选择信息传输到另一个 AS 中时,这时就需要使用外部网关协议。目前,外部网关协议主要是边界网关协议(border gateway protocol,BGP)。

自治系统之间的路由选择协议也称为域间路由选择(interdomain routing),而在 AS 内部的路由选择称为域内路由选择(intradomain routing)。

图 7-18 所示是两个自治系统互联在一起的示意图。每个自治系统决定在本自治系统内部运行哪一个内部路由选择协议,例如,可以是 RIP,也可以是 OSPF。但每个自治系统都有一个或多个路由器(图 7-18 中的路由器 R_1 和 R_2),除运行本系统的内部路由选择协议外,还要运行自治系统间的路由选择协议(BGP-4)。

图 7-18 自治系统和内部网关协议、外部网关协议

7.4.5 分段

1. 分段的策略

由于网络对最大分组长度有一定限制,因此要对网络进行分段,并把每段进行编号。分段采用的策略有透明分段和不透明分段两种。

1)透明分段

某网络内部的分段对其他网络透明,即在网络入口处分段,在出口处重组。

2)不透明分段

中间网关分段之后不必重组,重组由目的主机负责。

两种策略各有其优、缺点,透明分段实现简单,但是,需要注意以下几点:

(1)需要对分段计数或设置"最后一段"标志,以便重装;

(2)不允许分段通过不同的出口网关离开网络;

(3)可能有多个网络要进行分段/重组,开销大。

不透明分段允许各分段选择不同的路由,性能高,但是要求主机有重组能力;分段增加了首部开销。

2. 分段的编号

采用树结构进行分段,如图 7-19 所示。

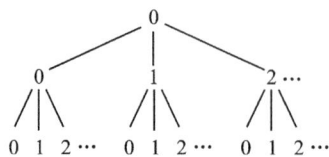

分组第一次分段编号:
0.0, 0.1, 0.2

分组第二次分段编号:
0.0.1, 0.0.2, …,
0.1.0, 0.1.1, …

图 7-19　采用树结构编号

由图 7-19 可知,把整个数据报看成一棵树,每片叶子就是一个分段,图中每一次编号为把一层"树枝"写成".",如第一次分组被编号为 0.0,0.1,0.2。如果没有分段完,则按照这种方法进行第二次分段,直到分完为止。

使用这种方法的优点是可以保证分组按序重组;缺点是当分组重传时,可能导致错误。例如,一个 1024 B 的分组分为 0.0、0.1、0.2 和 0.3 等 4 段,其中当 0.1 丢失,整个分组重传时,可能又分为 0.0 和 0.1 等 2 段,而导致重装错误。

7.4.6　防火墙与网络安全

1. 网络安全与信息安全

网络安全是指网络系统的硬件、软件及其系统中的数据受到保护,不因偶然的或者恶意的原因而遭到破坏、更改、泄露,系统还可以连续、可靠、正常地运行,网络服务不被中断。

信息安全除了包括网络安全之外,还包括操作系统安全、数据库安全、硬件设备和设施安全、物理安全、人员安全、软件开发安全、应用安全等。

1) 信息安全包含如下 5 大特征

(1) 完整性。完整性是指信息在传输、交换、存储和处理过程中保持非修改、非破坏和非丢失的特性,即保持信息原样性,使信息能正确生成、存储和传输,这是最基本的安全特征。

(2) 保密性。保密性是指信息按给定要求不泄漏给非授权的个人或实体,或提供其利用的特性,即杜绝有用信息泄漏给非授权个人或实体,强调有用信息只被授权对象使用的特征。

(3) 可用性。可用性是指网络信息可被授权实体正确访问,并按要求能正常使用或在非正常情况下能恢复使用的特征,即在系统运行时能正确存取所需信息,当系统遭受攻击或破坏时,能迅速恢复并能投入使用。可用性是衡量网络信息系统面向用户的一种安全性能。

(4) 不可否认性。不可否认性是指通信双方在信息交互过程中,确信参与者本身,以及参与者所提供信息的真实同一性,即所有参与者都不可能否认或抵赖本人的真实身份,以及提供信息的原样性和完成的操作与承诺。

(5) 可控性。可控性是指对流通在网络系统中的信息传播及具体内容能够实现有效控制的特性,即网络系统中的任何信息要在一定传输范围和存放空间内可控。除了采用常规的传播站点和传播内容监控这种形式外,当加密算法交由第三方管理时,最典型的如密码的托管政策，必须严格按规定可控执行。

2）网络安全与信息安全的区别

网络安全更注重于网络层面，例如，通过部署防火墙、入侵检测等硬件设备来实现链路层面的安全防护；而信息安全的层面要比网络安全的覆盖面大。信息安全是从数据的角度来看安全防护的，通常采用的手段包括防火墙、入侵检测、审计、渗透测试、风险评估等，安全防护不仅仅是在网络层面，更加关注应用层面。

2. 防火墙

防火墙是一种保证网络安全的有效方法。它是指设置在不同网络（如可信任的企业内部网和不可信任的公共网）或网络安全域之间的一系列部件的组合。它是不同网络或网络安全域之间信息的唯一出入口，能根据企业的安全政策控制（允许、拒绝、监测）出入网络的信息流，且本身具有较强的抗攻击能力。它是提供信息安全服务，实现网络和信息安全的基础设施。

防火墙安装在一个网点和网络的其余部分之间，目的是实施访问控制策略。这个访问控制策略是由使用防火墙的单位自行制定的。这种安全策略应当最适合本单位的需要。图 7-20 指出防火墙位于 Internet 和内部网之间的关系。Internet 属于防火墙的外面，而内部网属于防火墙的里面。一般把防火墙里面的网络称为可信任的网络，而把防火墙外面的网络称为不可信任的网络。

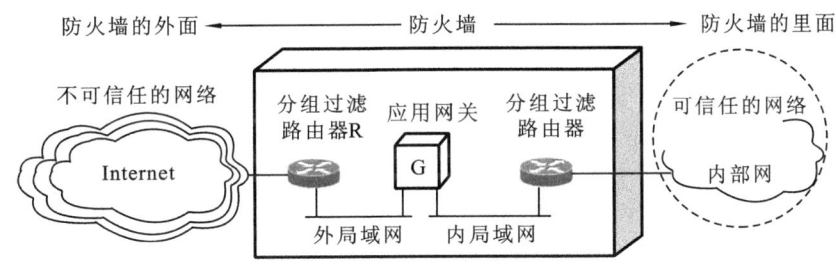

图 7-20　防火墙示例

防火墙具有两项功能：一项功能是阻止，另一项功能是允许。"阻止"就是阻止某种类型的信息流量通过防火墙（信息从外部网到内部网，或反过来）。"允许"的功能与"阻止"的恰好相反。可见防火墙必须能够识别信息流量的各种类型。不过在大多数情况下，防火墙的主要功能是实施"阻止"。

防火墙技术一般分为以下两类。

（1）网络级防火墙：主要用于防止整个网络出现外来非法的入侵。属于这类防火墙的有分组过滤和授权服务器。前者检查所有流入本网络的信息，然后拒绝不符合事先制定好的一套准则的数据；后者则检查用户的登录是否合法。

（2）应用级防火墙：从应用程序来进行访问控制。通常使用应用网关或代理服务器（proxy server）来区分各种应用。例如，只允许通过访问万维网的应用，而阻止 FTP 应用的通过。图 7-20 所示的防火墙就同时具有这两种技术。它包括两个分组过滤路由器和一个应用网关，它们通过两个局域网连接在一起。

这两个分组过滤路由器都是标准的路由器，但增加了一些功能，这就要对每个通过的分组进行检查。这两个路由器中的一个专门检查进入内部网的分组，而另一个则检查出去的分组。符合条件的分组能够通过,否则丢弃。使用两个局域网的原因是使穿过防火墙的各种分组必须经过分组过滤路由器和应用网关的检查,而没有任何其他的路径。

分组过滤是靠查找系统管理员所设置的表格来实现的。表格列出了可接受的或必须进行阻挡的目的站和源站,以及其他一些通过防火墙的规则。

TCP 的端口号指出了在 TCP 上面的应用层服务。例如,端口号 80 为 HTTP,端口号 23 为 TELNET,端口号 119 为 USENET,等等。所以,如果在 Internet 进入防火墙的分组过滤路由器中将所有目的端口号为 23 的流入分组都进行阻拦,那么所有外单位用户就不能使用 TELNET 登录到本单位的主机上。同理,如果某公司不愿意其雇员在上班时花费大量时间去看 Internet 的 USENET 新闻,就可将目的端口号为 119 的流出分组阻拦,使其无法发送到 Internet。阻拦流出分组更麻烦,因为它们有时不使用标准的端口号。例如,FTP 常常是动态地分配端口号。

应用网关是从应用层的角度来检查每个分组。例如,一个邮件网关在检查每封邮件时,要根据邮件的首部或报文的大小,甚至是报文的内容(例如,有没有某些像"导弹"、"核弹头"等关键词)来确定该邮件能否通过防火墙。防火墙只能有效防止外部入侵攻击,但却不能防止内部的恶意攻击,因此有了下面的入侵检测技术。

3. 入侵检测技术

入侵检测(intrusion detection)是对入侵行为的检测。它通过收集和分析网络行为、安全日志、审计数据、其他网络上可以获得的信息及计算机系统中若干关键点的信息,来检查网络或系统中是否存在违反安全策略的行为和被攻击的迹象。入侵检测作为一种主动安全防护技术,提供了对内部攻击、外部攻击和误操作的实时保护,在网络系统受到危害之前拦截和响应入侵。因此它被认为是防火墙之后的第二道安全闸门,在不影响网络性能的情况下能对网络进行监测。入侵检测通过执行监视、分析用户及系统活动,系统构造和脆弱点的审计,识别反映已知进攻的活动模式并向相关人士报警,异常行为模式的统计分析,评估重要系统和数据文件的完整性,操作系统的审计跟踪管理等任务来识别用户违反安全策略的行为。

入侵检测是防火墙的合理补充,可帮助系统对付网络攻击,扩展了系统管理员的安全管理能力(包括安全审计、监视、进攻识别和响应),提高了信息安全基础结构的完整性。它从计算机网络系统中的若干关键点收集信息,并分析这些信息,看网络中是否有违反安全策略的行为和遭到袭击的迹象。

这些迹象都通过以下任务来实现。

(1) 监视、分析用户及系统活动。

(2) 系统构造和弱点的审计。

(3) 识别反映已知进攻的活动模式并向相关人士报警。

(4) 异常行为模式的统计分析。

(5) 评估重要系统和数据文件的完整性。

(6) 操作系统的审计跟踪管理,并识别用户违反安全策略的行为。

对一个成功的入侵检测系统来讲,它不但可使系统管理员时刻了解网络系统(包括程序、文件和硬件设备等)的任何变更,还能给网络安全策略的制定提供指南。更为重要的是,它管理、配置简单,从而使非专业人员非常容易获得网络安全。而且,入侵检测的规模还应根据网络威胁、系统构造和安全需求的改变而改变。入侵检测系统在发现入侵后,会及时做出响应,包括切断网络连接、记录事件和报警等。

入侵检测技术可分为特征检测与异常检测两种。

特征检测是假设入侵者活动可以用一种模式来表示,系统的目标是检测主体活动是否符合这些模式。它可以将已有的入侵方法检查出来,但对新的入侵方法无能为力。其难点在于如何设计模式既能够表达“入侵”现象又不会将正常的活动包含进来。

异常检测是假设入侵者活动异常于正常主体的活动。根据这一理念来建立主体正常活动的“活动简档”,将当前主体的活动状况与“活动简档”相比较,当违反其统计规律时,认为该活动可能是“入侵”行为。异常检测的难点在于如何建立“活动简档”及如何设计统计算法,从而不把正常的操作作为“入侵”或忽略真正的“入侵”行为。

7.5　Internet 网络层协议

7.5.1　IP 协议

1. 网际互联协议

IP 协议是网络互联协议(Internet protocol)的简称,是 TCP/IP 协议簇中两个重要的协议之一,是 TCP/IP 协议簇的运作核心,如图 7-21 所示。

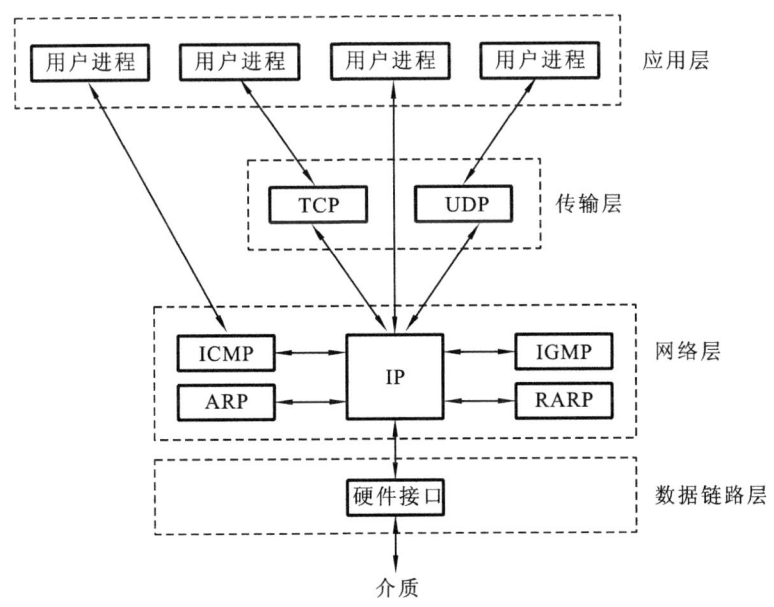

图 7-21　IP 协议在 TCP/IP 协议中的地位

2. IP 数据报的格式

所有的 TCP、UDP、ICMP 及 IGMP 数据都以 IP 数据报格式进行传输。IP 数据报的格式能够说明 IP 协议都具有什么功能。在 TCP/IP 的标准中,各种数据格式常常以 32 位(4

字节)为单位来进行描述。图 7-22 是 IP 数据报的完整格式。

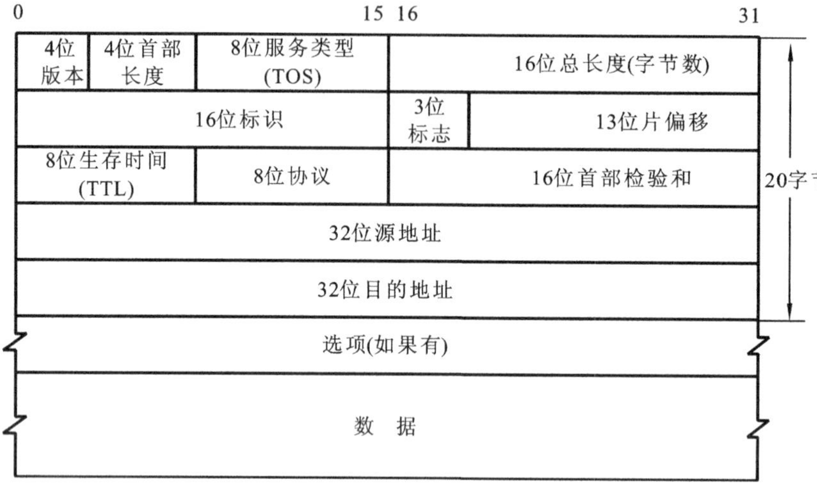

图 7-22　IP 数据报的完整格式

从图 7-22 可以看出,一个 IP 数据报由首部和数据两部分组成。首部的前一部分是固定长度(20 字节),是所有 IP 数据报必须具有的。在首部的固定部分的后面是一些可选字段,其长度是可变的。图 7-22 中最高位在左边,记为 0 位;最低位在右边,记为 31 位。4 字节的 32 位值以这样的次序进行传输:首先是 0~7 位,其次是 8~15 位,然后是 16~23 位,最后是 24~31 位。由于 TCP/IP 首部中所有的二进制整数在网络中传输时都要求以这种次序进行传输,因此它又称为网络字节序。以其他形式存储二进制整数的计算机,则必须在传输数据之前把首部转换成网络字节序。下面分析首部各字段的意义。

(1) 版本占 4 位,指 IP 协议的版本。通信双方使用的 IP 协议的版本必须一致。目前广泛使用的 IP 协议版本号为 4(IPv4)。

(2) 首部长度占 4 位,指可表示的最大二进制数值是 1111 即 15。在 TCP/IP 的标准中,由于各种数据格式常常以 32 位(4 字节)对齐,所以首部最大长度应该是 15×32 位,即 60 个字节。如果选项部分长度不为 4 的倍数,还应根据需要填充(padding)1 到 3 个字节以凑成 4 的倍数,最常用的首部长度就是 20 个字节(首部长度为 0101),这时不使用任何选项。

(3) IP 报文首部中的服务类型(type of service)字段规定了对本数据报的处理方式。该字段总共为 1 字节,被分为 5 个子域。其结构如图 7-23 所示。

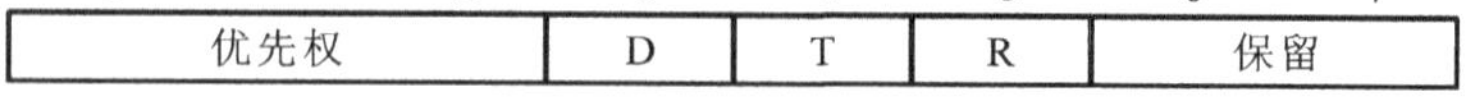

图 7-23　IP 报文首部中的服务类型字段

(4) 总长度是指首部和数据之和的长度,单位为字节。总长度字段为 16 位,因此数据报的最大长度为 $(2^{16}-1)$ 字节=65535 字节。

在 IP 层下面的每个数据链路层都有其自己的测试帧格式,其中包括帧格式中的数据字段的最大长度,这称为最大传送单元(maximum transfer unit,MTU)。当一个 IP 数据报封装成数据链路层的帧时,此数据报的总长度(首部加上数据部分)一定不能超过其下数据链路层的 MTU 值。

虽然使用尽可能长的数据报会提高传输效率,但由于以太网的普遍应用,所以实际上使用的数据报长度很少有超过 1 500 个字节的。为了不降低 IP 数据报的传输效率,有关 IP 的标准文档规定,所有的主机与路由器必须能够处理的 IP 数据报长度不得小于 576 个字节。这个数值也就是最小的 IP 数据报的总长度。当数据报长度超过网络上容许的最大传送单元时,就必须把过长的数据报进行分片后才能在网络上传输。这时,数据报首部中的"总长度"字段不是指未分片前的数据报长度,而是指分片后的每个分片的首部长度与数据长度的总和。

(5) 标识(identification)占 16 位。IP 软件在存储器中维持一个计数器,每产生一个数据报,计数器加 1,并将此值赋给标识字段。但这个"标识"并不是序号,因为 IP 是无连接服务,数据报不存在按序接收的问题。当数据报由于长度超过网络的 MUT 而必须分片时,这个标识字段的值就被复制到所有的数据报片的标识字段中。相同的标识字段的值使分片后的数据报片最后能正确地通过重装而成为原来的数据报。

(6) 标志(flag)占 3 位,但目前只有 2 位有意义。

标志字段中的最低位记为 MF(more fragment)。MF=1 表示后面"还有分片"的数据报。MF=0 表示这已是若干数据报片中的最后一个。标志字段中间的一位记为 DF(don't fragment),意思是"不能分片"。只有当 DF=0 时才允许分片。

(7) 片偏移占 13 位。片偏移指出较长的分组在分片后,某片在原分组中的相对位置。也就是说,相对于用户数据字段的起点,该片的开始位置。片偏移以 8 字节为偏移单位。这就是说,每个分片的长度一定是 8 字节(64 位)的整数倍。

(8) TTL(time-to-time)设置了数据报可以经过的最多路由器数,指定了数据报的生存时间。TTL 的初始值由源主机设置(通常为 32 位或 64 位),一旦经过一个路由器,它的值就减 1。当该字段的值为 0 时,数据报就被丢弃,并发送 ICMP 报文通知源主机。

(9) 协议占 8 位,协议字段指出此数据报携带的数据使用何种协议,一边是目的 IP 层知道应该将数据部分上交哪个处理过程。

(10) 首部检验和占 16 位。这个字段只检验数据报的首部,但不包括数据部分。这是因为数据报每经过一个路由器,路由器都要重新计算首部检验和(一些字段,如生存时间、标识、片偏移等都可以发生变化)。不检验数据部分可减少计算的工作量。

(11) 源地址:报文发送方的 IP 地址。

(12) 目的地址:报文接收方的 IP 地址。

3. IP 的分类

1) IP 地址表示的方法

每台连接在 Internet 上的主机,都会分配一个唯一 32 位的标识符,这个标识符就是 IP 地址。不但主机会分配 IP 地址,连接在网络上的路由器的每个接口也会分配一个 IP 地址。

IP 地址的编址方法共经历了以下三个历史阶段。

(1) 分类的 IP 地址。这是最基本的编址方法,在 1981 年就通过了相应的标准协议。

(2) 子网的划分。这是对最基本的编址方法的改进,其标准[RFC 950]于 1985 年通过。

(3) 构成超网(无分类编址方法)。

"分类的 IP 地址"的方法是将 IP 地址划分为网络号(net-id)和主机号(host-id)。网络号标志该主机或路由器所连接到的网络,一个网络号在整个 Internet 范围内必须是唯一的。主机号标志该主机或路由器在一个网络中的位置,一个主机号在它前面的网络号所指明的网络范围必须是唯一的。由此可见,一个 IP 地址在整个 Internet 范围内是唯一的。

这种编址的方法把 32 bit(4 字节)的 IP 地址定义为

IP 地址 ::=｛〈网络号〉,〈主机号〉｝

其中"::="表示"定义为"。

2) IP 地址的分类

IP 地址可以分为 5 类,即 A、B、C、D、E 类(见图 7-24)。

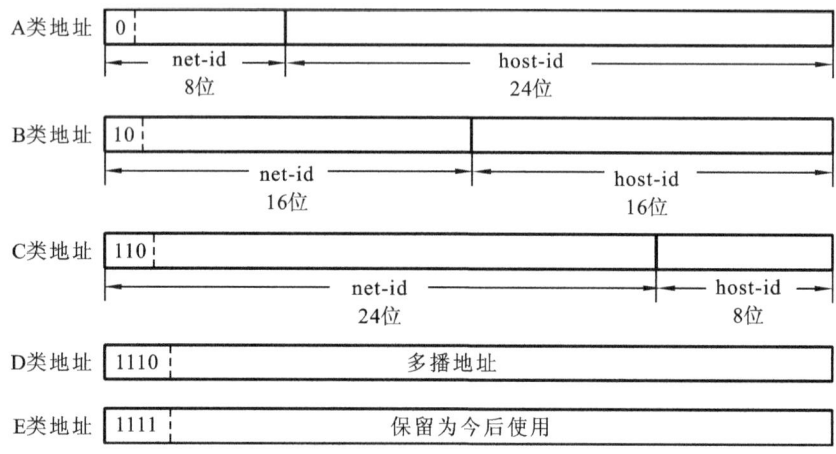

图 7-24　IP 地址中的网络号字段和主机号字段

(1) A、B、C 类地址的网络号字段分别为 1、2 和 3 字节长,而在网络号字段的最前面有 1～3 位的类别位,其数值分别规定为 0、10 和 110,那么 A、B、C 类地址的主机字段就是 3、2、1 个字节。

(2) D 类地址(前 4 位是 1110)用于多播(一对多通信),而 E 类地址(前 4 位是 1111)保留为以后使用。

对主机或路由器来说,IP 地址都是 32 位的二进制代码。为了提高可读性,通常把 32 位的 IP 地址中的每 8 位用对应的十进制数字表示,并且在这些数字之间加上一个点,因而叫做点分十进制记法。这种记法中的每一个十进制数的范围为 0～255。

A 类的 IP 地址的网络号字段不可以全 0 或者 127,因为全 0 的 IP 网络为保留地址,网络号 127 被用于环回地址。A 类地址中有($2^{24}-2$)个主机号,减 2 的原因是减去全 0 和全 1 的主机号,全 0 的表示该 IP 地址是本主机所在的网络地址,全 1 的主机号表示该网络上的所有主机。

由上可知,A 类、B 类、C 类的网络数分别有 126(2^7-2)、16383($2^{14}-1$)、2097151($2^{21}-1$)个,主机数分别有 16777214($2^{24}-2$)、65534($2^{16}-2$)、254(2^8-2)个(见表 7-1)。

表 7-1 A、B、C 类网络数及对应的最大主机数

网络类别	最大网络数	网络号范围	最大主机数
A	126 (2^7-2)	1～126	16 777 214
B	16 383($2^{14}-1$)	128.1～191.255	65 534
C	2 097 151 ($2^{21}-1$)	192.0.1～223.255.255	254

显然,A 类、B 类、C 类网络分别适用于大规模、中规模、小规模的网络。

4. IP 地址与硬件地址

物理地址是数据链路层和物理层使用的地址,而 IP 地址是网络层和以上各层使用的地址,是一种逻辑地址(IP 地址称为逻辑地址是因为 IP 地址是使用软件实现的)。

IP 地址放在 IP 数据报的首部,而硬件地址则放在 MAC 帧的首部。在网络层和网络层以上使用的是 IP 地址,而数据链路层及以下使用的是硬件地址。在图 7-25 中,当 IP 数据报放入数据链路层的 MAC 帧后,整个 IP 数据报就成为 MAC 帧的数据,因而在数据链路层看不见数据报的 IP 地址。

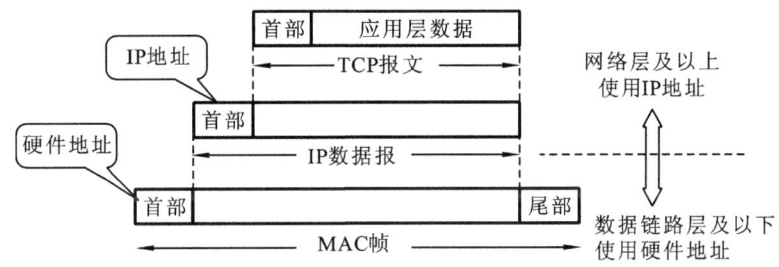

图 7-25 IP 地址与硬件地址的区别

5. 地址解析协议和逆地址解析协议

IP 数据包常通过以太网发送,以太网设备并不识别 32 位 IP 地址,它们是以 48 位以太网地址传输以太网数据包的。因此,必须把 IP 目的地址转换成以太网目的地址。在以太网中,一个主机要和另一个主机进行直接通信,必须要知道目的主机的 MAC 地址。但这个目的 MAC 地址是如何获得的呢? 它就是通过地址解析协议(ARP)获得的。ARP 用于将网络中的 IP 地址解析为硬件地址(MAC 地址),以保证通信的顺利进行。

地址解析协议是获取物理地址的一个 TCP/IP 协议,工作在数据链路层,是从计算机的协议地址到对应的硬件地址的转换。因此,地址解析是将协议地址解析为正确的硬件地址的过程。其逆向地址解析协议是 RARP,如图 7-26 所示。

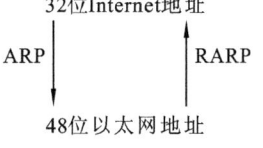

图 7-26 地址解析协议与
逆地址解析协议

ARP 和 RARP 使用相同的报文首部结构,如图 7-27 所示。

下面解析字段的含义。

(1) 硬件类型字段:指明发送方想知道的硬件接口类型,以太网的值为 1。

(2) 协议类型字段:指明发送方提供的高层协议类型,IP 为 0800(十六进制)。

(3) 硬件地址长度和协议长度:指明硬件地址和高层协议地址的长度,这样 ARP 报文

硬件类型		协议类型	
硬件地址长度	协议长度	操作类型	
发送方的硬件地址(0～3字节)			
发送方的硬件地址(4～5字节)		源IP地址(0～1字节)	
源IP地址(2～3字节)		目的硬件地址(0～1字节)	
目的硬件地址(2～5字节)			
目的IP地址(0～3字节)			

图 7-27 ARP/RARP 报文首部结构

就可以在任意硬件和任意协议的网络中使用。

（4）操作类型字段：表示这个报文的类型，ARP 请求为 1，ARP 响应为 2，RARP 请求为 3，RARP 响应为 4。

（5）发送方的硬件地址（0～3 字节）：源主机硬件地址的前 4 个字节。

（6）发送方的硬件地址（4～5 字节）：源主机硬件地址的后 2 个字节。

（7）源 IP 地址（0～1 字节）：源主机硬件地址的前 2 个字节。

（8）源 IP 地址（2～3 字节）：源主机硬件地址的后 2 个字节。

（9）目的硬件地址（0～1 字节）：目的主机硬件地址的前 2 个字节。

（10）目的硬件地址（2～5 字节）：目的主机硬件地址的后 4 个字节。

（11）目的 IP 地址（0～3 字节）：目的主机的 IP 地址。

6. ARP 和 RARP 的工作原理

1）ARP 的工作原理

（1）每台主机都会在自己的 ARP 缓冲区（ARP cache）中建立一个 ARP 列表，以表示 IP 地址和 MAC 地址的对应关系。

（2）当源主机需要将一个数据包发送到目的主机时，会首先检查自己 ARP 列表中是否存在该 IP 地址对应的 MAC 地址，如果有，就直接将数据包发送到这个 MAC 地址；如果没有，就向本地网段发起一个 ARP 请求的广播包，以查询此目的主机对应的 MAC 地址。此 ARP 请求数据包里包括源主机的 IP 地址、硬件地址及目的主机的 IP 地址。

（3）网络中所有的主机收到这个 ARP 请求后，会检查数据包中的目的 IP 地址是否和自己的 IP 地址一致。如果不相同，则忽略此数据包；如果相同，则该主机首先将发送方的 MAC 地址和 IP 地址添加到自己的 ARP 列表中，如果 ARP 表中已经存在该 IP 的信息，则将其覆盖，然后给源主机发送一个 ARP 响应数据包，告诉对方自己是它需要查找的 MAC 地址。

（4）源主机收到这个 ARP 响应数据包后，将得到的目的主机的 IP 地址和 MAC 地址添加到自己的 ARP 列表中，并利用此信息开始数据的传输。如果源主机一直没有收到 ARP 响应数据包，表示 ARP 查询失败。

2）RARP 的工作原理

（1）发送主机发送一个本地的 RARP 广播，在此广播包中，声明自己的 MAC 地址并且请求任何收到此请求的 RARP 服务器分配一个 IP 地址。

（2）本地网段上的 RARP 服务器收到请求后，检查 RARP 列表，查找该 MAC 地址对应的 IP 地址。

（3）如果存在，RARP 服务器就给源主机发送一个响应数据包并将此 IP 地址提供给对方主机使用。

（4）如果不存在，RARP 服务器对此不做任何的响应。

（5）如果源主机收到从 RARP 服务器的响应信息，就利用得到的 IP 地址进行通信；如果一直没有收到 RARP 服务器的响应信息，表示初始化失败。

7. IP 路由选择

从概念上说，特别相对于主机来说，IP 路由选择是简单的。如果目的主机与源主机直接相连（如点对点链路）或都在一个共享网络上（以太网或令牌环网），那么 IP 数据报就直接送到目的主机上。否则，主机把数据报发往默认的路由器上，由路由器来转发该数据报。大多数主机都是采用这种简单机制。

IP 可以从 TCP、UDP、ICMP 和 IGMP 接收数据报（在本地生成的数据报）并进行发送，或者从一个网络接口接收数据报（待转发的数据报）并进行发送。IP 层在内存中有一个路由表，当收到一份数据报并进行发送时，它都要对该表搜索一次。当数据报来自某个网络接口时，IP 首先检查目的 IP 地址是否为本机 IP 地址之一或者 IP 广播地址。如果确实是这样，数据报就被送到由 IP 首部协议字段所指定的协议模块进行处理。如果数据报的目的地址不是这些地址，那么，当 IP 层会被设置为路由器的功能时，就对数据报进行转发；否则，数据报被丢弃。

路由表中的每项都包含下面这些信息。

目的 IP 地址。它既可以是一个完整的主机地址，也可以是一个网络地址，由该表目中的标志字段来指定。主机地址中的主机号为非 0，用以指定某一特定的主机；而网络地址中的主机号为 0，用以指定网络中的所有主机。当各个网络都有成千上万个主机的时候，使用网络地址可以大大简化路由表。

下一站（或下一跳）路由器（next-hop router）的 IP 地址，或者有直接连接的网络 IP 地址。下一站路由器是指一个在直接相连网络上的路由器，通过它可以转发数据报。下一站路由器不是最终目的，但是可以把传输给它的数据报转发到最终目的主机。

IP 路由选择是逐跳（hop-by-hop）进行的。所有的 IP 路由选择只为数据报传输提供下一站路由器的 IP 地址。它假定下一站路由器比发送数据报的主机更接近目的主机，而且下一站路由器与该主机是直接相连的。

1）路由器分组转发算法

（1）从 IP 数据报的首部提取目的主机的 IP 地址 D，得出目的网络地址为 N。

（2）若网络 N 与此路由器直接相连，则把数据报直接交付目的主机 D；否则是间接交付，执行（3）。

（3）若路由表中有目的地址为 D 的特定主机路由，则把数据报传送给路由表中所指明的下一跳路由器；否则，执行（4）。

（4）若路由表中有到达网络 N 的路由，则把数据报传送给路由表指明的下一跳路由器；否则，执行（5）。

（5）若路由表中有一个默认路由（default），则把数据报传送给路由表中所指明的默认路由器;否则,执行(6)。

(6)报告转发分组出错。

完整主机地址匹配在网络号匹配之前执行。只有当它们都失败后才选择默认路由。默认路由及下一站路由器发送的 ICMP 间接报文(如果为数据报选择了错误的默认路由),是 IP 路由选择机制中功能强大的特性。

为网络指定一个路由器,而不必为每个主机指定一个路由器,这是 IP 路由选择机制的另一个基本特性。这样做可以极大地缩小路由表的规模,如果 Internet 上的路由器只有几千个表目,则不会超过 100 万个表目。

下面看一个简单的例子:主机 bsdi 有一个 IP 数据报要发送给主机 sun,双方都在同一个以太网上,数据报的传输过程如图 7-28 所示。

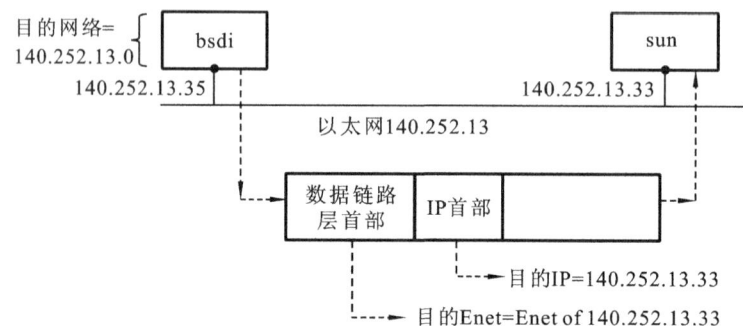

图 7-28 数据报从主机 bsdi 到 sun 的传输过程

当 IP 从某个上层收到这份数据报后,搜索路由表并发现目的 IP 地址(140.252.13.33)在一个直接相连的网络上(以太网 140.252.13.0),于是,在表中找到匹配网络地址。可以看到,由于以太网的子网掩码的存在,实际的网络地址是 140.252.13.32,但是这并不影响这里所讨论的路由选择。数据报被送到以太网驱动程序,然后作为一个以太网数据帧被送到主机 sun 上。IP 数据报中的目的地址是 sun 的 IP 地址(140.252.13.33),而在数据链路层首部中的目的地址是 48 bit 的主机 sun 的以太网接口地址。这个 48 bit 的以太网地址是用 ARP 协议获得的。

下面再看一个例子:主机 bsdi 有一份 IP 数据报要传到 ftp. uu. net 主机上,它的 IP 地址是 192.48.96.9,如图 7-29 所示。首先,主机 bsdi 搜索路由表,但是没有找到与主机地址或网络地址相匹配的表目,因此只能用默认的表目,把数据报传给下一站路由器,即主机 sun。当数据报从 bsdi 传到主机 sun 上以后,目的 IP 地址是最终的信宿机地址(192.48.96.9),但是数据链路层地址却是主机 sun 的以太网接口地址。这与图 7-28 不同,图 7-28 数据报中的目的 IP 地址和目的链路层地址都是指相同的主机 sun。

当 sun 收到数据报后,发现数据报的目的 IP 地址并不是本机的任意地址,而 sun 已被设置成具有路由器的功能时,它会把数据报进行转发。经过搜索路由表,选用了默认表目。根据 sun 的默认表目,它把数据报转发到下一站路由器 netb,该路由器的地址是140.252.1.183。

当 netb 收到数据报后,它执行与主机 sun 相同的步骤:数据报的目的地址不是本机地

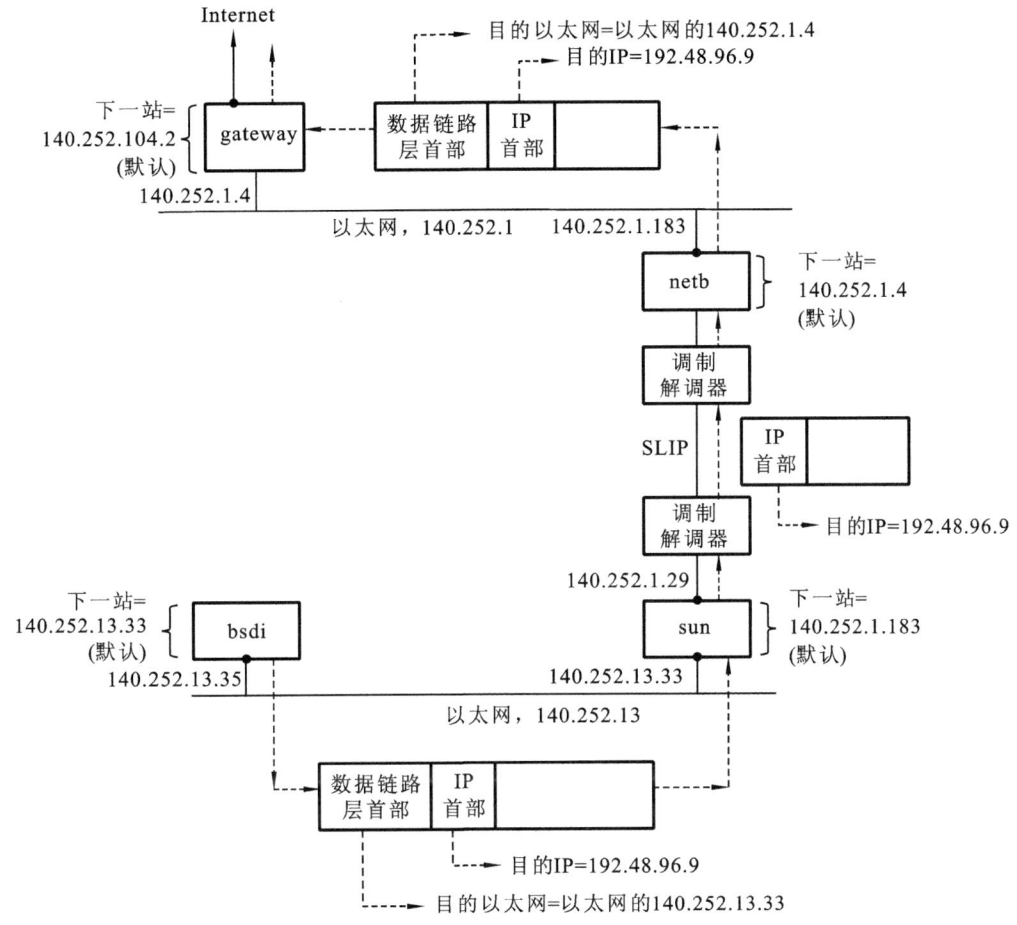

图 7-29 从主机 bsdi 到 ftp. uu. net(192. 48. 96. 9)的初始路径

址,而 netb 也被设置成具有路由器的功能,于是它也对该数据报进行转发。采用的也是默认路由表目,把数据报送到下一站路由器 gateway(140.252.1.4)。位于以太网 140.252.1 上的主机 netb 用 ARP 获得对应于 140.252.1.4 的 48 bit 以太网地址。这个以太网地址就是链路层数据帧首部上的目的地址。路由器 gateway 也执行与前面两个路由器相同的步骤。它的默认路由表目所指定的下一站路由器 IP 地址是 140.252.104.2。对这个例子需要指出一些关键点。

2) 数据报的关键传输过程

(1) 该例子中的所有主机和路由器都使用了默认路由。事实上,大多数主机和一些路由器可以使用默认路由来处理任何目的主机,除非它在本地局域网上。

(2) 数据报中的目的 IP 地址始终不发生任何变化。所有的路由选择决策都基于这个目的 IP 地址。

(3) 每个数据链路层可能具有不同的数据帧首部,而且数据链路层的目的地址(如果有)始终指的是下一站的数据链路层地址。在这个例子中,两个以太网封装了含有下一站以太网地址的数据链路层首部,但是数据链路没有这样做。以太网地址一般通过 ARP

获得。

8. 子网划分

1）从两级 IP 地址到三级 IP 地址

A 类 IP 地址可以容纳 1 600 多万台主机,B 类 IP 地址可以容纳 6 万多台主机。对一个公司或者组织来说,分配 A 类或 B 类 IP 地址将造成 IP 地址的资源浪费,在网络中将造成广播风暴而阻塞网络,而且 IP 地址利用率过低。因此,要将这个大的网络划分为多个小的网络,即子网。

为了划分大的网络,自 1985 年起,在[RFC 950]中把 IP 地址分为三级 IP 地址,新加入的字段称为子网字段、这种方法称为划分子网(subnetting),或子网寻址或子网路由选择。

因此,IP 地址的定义为

IP 地址 ::=｛〈网络号〉,〈子网号〉,〈主机号〉｝

2）划分子网的基本思路

一个拥有许多物理网络的单位,可将所属的物理网络划分为若干个子网(subnet)。划分子网属于单位内部的事情。本单位以外的网络看不见这个网络是由多少个子网组成的,因为该单位对外仍然表现为一个网络。

划分子网的方法是,从网络的主机号借用若干位作为子网号(subnet-id),当然主机号也相应减少了同样的位数。于是两级 IP 地址在本单位内部就变成三级 IP 地址,即网络号、子网号和主机号。

凡是从其他网络发送给本单位某个主机的 IP 数据报,仍然根据 IP 数据报的目的网络号找到连接在本单位网络上的路由器。但此路由器在收到 IP 数据报后,会按目的网络号和子网号找到目的子网,把 IP 数据报交付给目的主机。

9. 子网掩码

从 IP 数据报的首部并不能知道源主机或目的主机所连接的网络是否进行了子网的划分。这是因为 32 位的 IP 地址本身及数据报的首部都没有包含任何有关子网划分的信息。因此使用子网掩码(subnet mask),它可以屏蔽掉 IP 地址中的一部分信息,从而分离出 IP 地址中的网络部分与主机部分。

图 7-30(a)所示的 IP 地址 145.13.3.10 为主机的两级 IP 地址结构。图 7-30(b)为同一主机的三级 IP 地址结构,也就是说,从原来 16 位的主机号中拿出 8 位作为子网号,从而使主机号减少到 8 位。注意,现在子网号为 3 的网络的网络地址为 145.13.3.0(既不是原来的网络地址 145.13.0.0,也不是子网号 3)。为了使路由器 R_1 能方便从数据报中的目的 IP 地址中提取出所要找的子网的网络地址,路由器 R_1 就要使用子网掩码。

图 7-30(c)为子网掩码,也是 32 位,由一串 1 和 0 组成。子网掩码中的 1 对应于 IP 地址中原来的网络号加上子网号,而子网掩码中的 0 对应于现在的主机号。虽然 RFC 文档中没有规定子网掩码中的一串 1 必须是连续的,但极力推荐在子网掩码中选用连续的 1,以免出现可能的差错。

图 7-30(d)表示 R_1 子网掩码和收到的数据报的目的 IP 地址 145.13.3.10 逐位相"与"(AND)(计算机进行这种逻辑 AND 运算是很容易的),得出所要找的子网的网络地址为 145.13.3.0。

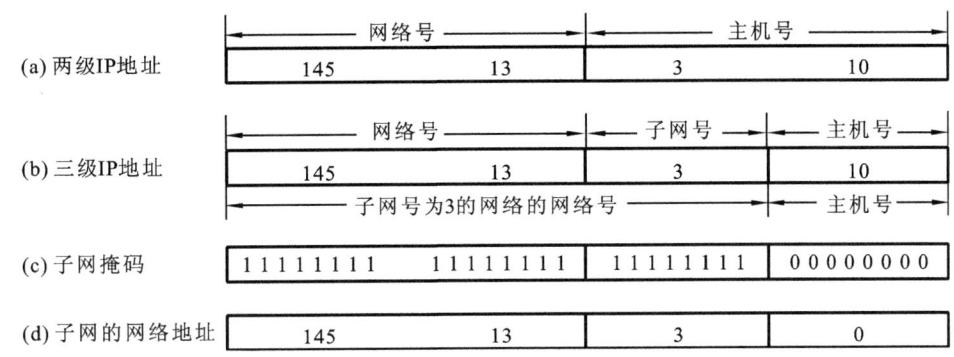

图 7-30　IP 地址的各字段和子网掩码(以 145.13.3.10 为例)

　　使用子网掩码的好处是,不管网络有没有划分子网,只要把子网掩码和 IP 地址进行逐位"与"运算(AND),就可立即得出网络地址。这样当路由器处理到来的分组时就可采用同样的算法。

　　另外,当不划分子网时,使用子网掩码是为了便于查找路由表。现在 Internet 的标准规定:所有的网络都必须使用子网掩码,同时在路由器的路由表中也必须有子网掩码这一栏。如果网络不划分子网,那么该网络的子网掩码就使用默认子网掩码。默认子网掩码中 1 的位置和 IP 地址网络号字段正好相对应。因此,若用默认子网掩码和某个不划分子网的 IP 地址逐位相"与"(AND),就可以得出该 IP 地址的网络地址。这样不用查找该地址的类别位就能知道这是哪一类的 IP 地址。显然,A 类地址的默认子网掩码为 255.0.0.0 或 0xFF000000,B 类地址的默认子网掩码为 255.255.0.0 或 0xFFFF0000,C 类地址的默认子网掩码为 255.255.255.0 或 0xFFFFFF00。

　　子网掩码是一个网络或一个子网的重要属性。路由器在和相邻路由器交换路由信息时,必须把自己所在网络(或子网)的子网掩码告诉相邻路由器。路由器的路由表中的每个项目,除了要给出目的网络地址外,还必须同时给出该网络的子网掩码。若一个路由器连接在两个子网上,就表示拥有两个网络地址和两个子网掩码。

　　使用子网掩码得出网络号与主机号的过程如下。

　　(1) 将 IP 地址与子网掩码转换成二进制数。

　　(2) 将 IP 地址与子网掩码进行"与"运算,便得到网络地址。

　　(3) 将子网掩码取"反"。

　　(4) 将取"反"后的子网掩码与 IP 地址进行"与"运算,便得到主机地址。

　　下面来看利用子网掩码求网络地址的例子。

(1)　　　　11000000.10101000.00000000.00000001　　(192.168.0.1)

　　与　　11111111.11111111.11111111.00000000　　(255.255.255.0)

　　　　　11000000.10101000.00000000.00000000　　(192.168.0.0)

(2)　反　11111111.11111111.11111111.00000000　　(255.255.255.0)

　　　　　00000000.00000000.00000000.11111111　　(0.0.0.255)

(3)　　　　　11000000.10101000.00000000.00000001　　（192.168.0.1）

　　与　　　00000000.00000000.00000000.11111111　　（0.0.0.255）
　　　　　　　00000000.00000000.00000000.00000001　　（0.0.0.1）

　　假设主机地址为140.252.1.1,是一个 B 类地址,而子网掩码为 255.255.255.0。如果目的 IP 地址为140.252.4.5,那么可以知道 B 类网络号是相同的(140.252),而子网号是不同的。使用子网掩码在两个 IP 地址之间的比较如图 7-31 所示。如果目的 IP 地址为140.252.1.22,那么 B 类网络号是一样的(140.252),而且子网号也是一样的,但是主机号不同。如果目的 IP 地址为 192.43.235.6,是一个 C 类地址,那么网络号是不同的,因而无须再进一步进行比较了。

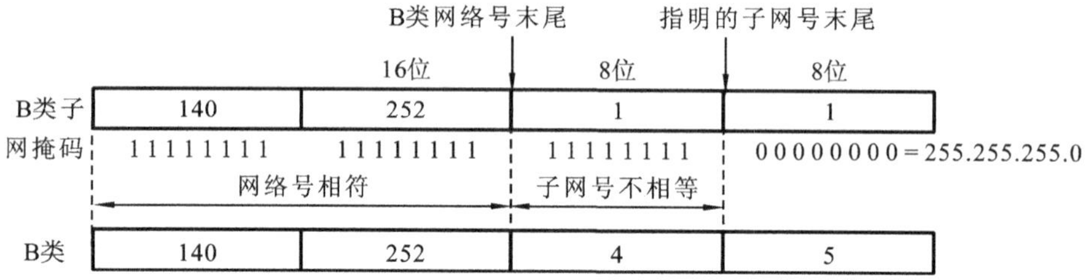

图 7-31　使用子网掩码的两个 B 类地址之间的比较

10. 使用子网掩码的分组转发过程

　　在不划分子网的两级 IP 地址的情况下,从 IP 地址得出网络地址是件很简单的事。但在划分子网的情况下,从 IP 地址却不能唯一地得出网络地址来,这是因为网络地址取决于网络所采用的子网掩码,但数据报的首部并没有提供子网掩码的信息。因此分组转发的算法也必须进行相应的改动。

　　在划分子网的情况下,路由器转发分组的算法如下。

　　(1) 从收到的分组的首部提取目的 IP 地址 D。

　　(2) 先用各网络的子网掩码和 D 逐位相"与",看是否和相应的网络地址匹配。如果匹配,如将分组直接交付;否则间接交付,执行(3)。

　　(3) 如果路由表中有目的地址为 D 的特定主机路由,则将分组传输给指明的下一跳路由器;否则,执行(4)。

　　(4) 对路由表中每行的子网掩码和 D 逐位相"与",如果其结果与该行的目的网络地址匹配,则将分组传输给该行指明的下一跳路由器;否则,执行(5)。

　　(5) 如果路由表中有一个默认路由,则将分组传输给路由表中所指明的默认路由;否则,执行(6)。

　　(6) 报告转发分组出错。

11. 无分类地址 CIDR(构造超网)

1) CIDR 概述

　　划分子网在一定程度上缓解了 Internet 在发展中遇到的困难。然而,在 1992 年 Internet 仍然面临三个必须尽早解决的问题,即 B 类地址在 1992 年已分配了近一半,眼看很快将全部分配完毕。Internet 主干网上的路由表中的项目数据急剧增长(从几千个增长到几万个)。整个 IPv4 的地址空间最终将全部耗尽。当时预计前两个问题将在 1994 年变得更严重,于是,IETF 很快研究出采用无分类编址的方法来解决前两个问题,同时成立 IPv6 工作组,负责研究解决新版本 IP 协议的问题。

1987 年,RFC1009 指明在一个划分子网的网络中可同时使用几个不同的子网掩码。使用变长子网掩码(variable length subnet mask,VLSM)可进一步提高 IP 地址资源的利用率。在 VLSM 的基础上又进一步研究出无分类编址方法,它的正式名字是无分类域间路由选择(classless inter-domain routing,CIDR)。1993 年形成了 CIDR 的 RFC 文档:RFC 1517~1519和1520。现在 CIDR 已成为 Internet 建议标准协议。

2) CIDR 的特点

(1) CIDR 能消除传统的 A 类、B 类和 C 类地址及划分子网的概念,因而可以更加有效地分配 IPv4 的地址空间,并且可以在使用 IPv6 之前允许 Internet 的规模继续增长。CIDR 把 32 位的 IP 地址划分为两个部分。前面的部分为"网络前缀"(network-prefix,简称"前缀"),用于指明网络;后面的部分则用于指明主机。因此 CIDR 使 IP 地址从三级编址(使用子网掩码)又回到了两级编址,但这已是无分类的两级编址,其记法为

IP 地址::=〈〈网络前缀〉,〈主机号〉〉

CIDR 还使用"斜线记法"(slash notation,或称为 CIDR 记法),即在 IP 地址后面加上斜线"/",然后写上网络前缀所占的位数。

(2) CIDR 把网络前缀都相同的连续的 IP 地址组成一个"CIDR 地址块"。只要知道 CIDR 地址块中的任何一个地址,就可以知道这个地址块的起始地址(最小地址)和最大地址,以及地址块中的地址数。例如,已知 IP 地址 128.14.35.7/20 是某 CIDR 地址块中的一个地址,现在把它表示成二进制数,其中前 20 位为网络前缀(用下划线表示),而前缀后面的 12 位为主机号:

$$128.14.35.7/20=\underline{10000000\ 00001110\ 0010}0011\ 00000111$$

可以很方便得出这个地址所在的地址块中的最小地址和最大地址:

最小地址　128.14.32.0　　$\underline{10000000\ 00001110\ 0010}0000\ 00000000$

最大地址　128.14.47.255　$\underline{10000000\ 00001110\ 0010}1111\ 11111111$

当然,一般并不使用这两个主机号为全 0 和全 1 的地址,通常只使用这两个地址之间的地址。不难看出,这个地址块共有 2^{12} 个地址,我们可以使用地址块中的最小地址和网络前缀的位数指明这个地址块。例如,上面的地址块可记为 128.14.32.0/20。在不需要指出地址块的起始地址时,也可把这样的地址块简称为"/20 地址块"。

为了更方便进行路由选择,CIDR 使用 32 位的地址掩码(address mask)。地址掩码由一串 1 和一串 0 组成,而 1 的个数就是网络前缀的长度。虽然 CIDR 使用的地址掩码也可继续成为子网掩码,例如,"/20 地址块"的地址掩码为 11111111 11111111 11110000 00000000(20 个连续的 1),但在斜线记法中,斜线后面的数字就是地址掩码中 1 的个数。

请读者记注,"CIDR 不使用子网"是指 CIDR 并没有在 32 位地址中指明若干子网字段(subnet-id)。分到一个 CIDR 地址块的组织,仍然可以在本组织内根据需要划分一些子网。这些子网也都只有一个网络前缀和一个主机号字段,但子网的网络前缀比整个组织的网络前缀要长。例如,某组织分配到"地址块/20",就可以再继续划分为 8 个子网,即需要从主机

号中借用 3 位来划分子网。这时每个子网的网络前缀就变成 23 位(原来的 20 位加上从主机号借来的 3 位),比该组织的网络前缀长 3 位。

斜线记法还有一个好处就是它除了表示一个 IP 地址外,还提供了其他一些重要信息。例如,地址 192.199.170.82/27 不仅表示 IP 地址是 192.199.170.182,而且还表示这个地址块的网络前缀有 27 位,地址块包含 32 个 IP 地址。通过简单计算还可得出,这个地址块的最小地址是 192.199.170.64,最大地址是 192.199.170.95。具体的计算方法是这样的,找出地址掩码中 1 和 0 的交界处发生在地址中的字节,此处为第 4 个字节。因此只要这个字节用二进制表示,写成 01010010,取其前 3 位(这 3 位加上前 3 个字节的 24 位等于前缀 27 位),再把后面 5 位都写成 0,即 01000000,等于十进制的 64,这就找出了地址块的最小地址。再把地址的第 4 个字节的最后 5 位都置 1,即 01011111,等于十进制的 95,这就找出了地址块中的最大地址。

由于一个 CIDR 地址块中有很多地址,所以在路由表中利用 CIDR 地址块来查找目的网络。这种地址的聚合常称为路由聚合(route aggregation),也称为构成超网(supernetting),它使得路由表中的一个项目可以表示原来传统分类地址的很多个(如上千个)路由。如果没有采用 CIDR,在 1994 年和 1995 年,Internet 的一个路由表的项目数就会超过 7 万个,而使用了 CIDR 后,在 1996 年一个路由表的项目数只有 3 万多个。路由聚合有利于减少路由器之间的路由选择信息交换,从而提高了整个 Internet 的性能。

CIDR 记法有多种形式,例如,地址块 10.0.0.0/20 可简写为 10/20,也就是把点分十进制中连续的 0 省略。另一种简化表示方法是在网络前缀的后面加上一个星号 *,例如,

00001010 00 *

意思是,在星号(*)之前为网络前缀,而星号(*)表示 IP 地址中的主机号,可以是任意值。

前缀位数不是 8 的整数倍时,需要进行简单的计算才能得到一些地址信息。

前缀长度不超过 23 位的 CIDR 地址块包含多个 C 类地址。这些 C 类地址合起来就构成超网。CIDR 地址块中的地址数一定是 2 的整数次幂。网络前缀越短,其地址块所包含的地址数就越多。而在三级结构 IP 地址中,划分子网是使网络前缀变长。

由图 7-32 可知,这个 ISP 共有 64 个 C 类网络。如果不采用 CIDR 技术,则在与该 ISP 的路由器交换路由信息的每个路由器的路由表中,就需要有 64 个项目。但采用地址聚合后,只需用路由聚合后的 1 个项目 206.0.64.0/18 就能找到该 ISP。

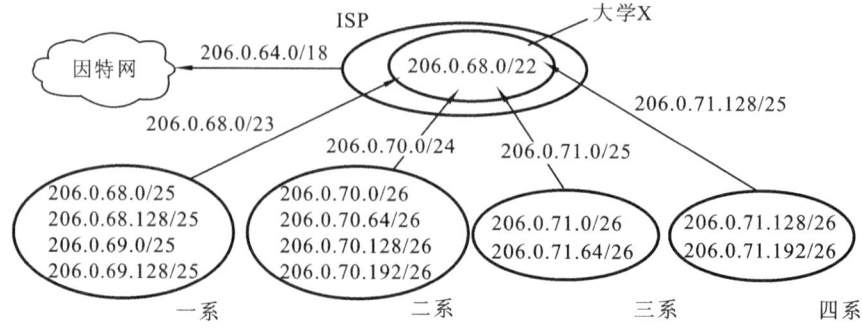

图 7-32　CIDR 地址块划分举例

3）最长前缀匹配与二叉线索

使用 CIDR 时,路由表中的每个项目由"网络前缀"和"下一跳地址"组成。在查找路由表时可能会得到不止一个匹配结果。应当从匹配结果中选择具有最长网络前缀的路由,即最长前缀匹配（又称为最长匹配或最佳匹配,longest-prefix matching）。网络前缀越长,其地址块就越少,因而路由就越具体。

当路由表的项目数很大时,怎样设法减少路由表的查找时间就成为一个非常重要的问题。为了进行更加有效的查找,通常将无分类编址的路由表存放在一种层次的数据结构中,然后自上而下地按层次进行查找。这里最常用的就是二叉线索（binary tree）,它是一棵特殊的树。IP 地址中从左到右的比特值决定了从根结点逐层向下层延伸的路径,而二叉线索中的各个路径就代表路由表中的各个地址。

图 7-33 说明了二叉线索的结构。为了简化,可以找出对应于每个 IP 地址的唯一前缀及在所有的 IP 地址中该前缀是唯一的。这样就可以使用这些唯一前缀来构造二叉线索。

32位的IP地址	唯一前缀
01000110 00000000 00000000 00000000	0100
01010110 00000000 00000000 00000000	0101
01100001 00000000 00000000 00000000	011
10110000 00000010 00000000 00000000	10110
10111011 00001010 00000000 00000000	10111

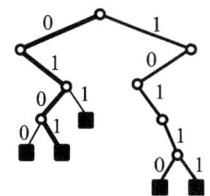

图 7-33　用 5 个前缀构成的二叉线索

从二叉线索的根结点自顶向下的深度最多有 32 层,每层对应于 IP 地址中的一位。一个 IP 地址存入二叉线索的规则很简单。先检查 IP 地址左边的第一位,如果为 0,则第一层的结点就在根结点的左下方;如果为 1,则在根结点的右下方。然后检查地址的第二位,构造出第二层的结点。依此类推,直到唯一前缀的最后一位。由于唯一前缀一般都小于 32 位,因此使用唯一前缀构造的二叉线索的深度往往不到 32 层。图 7-33 中较粗的折线代表前缀 0101 在这个二叉线索中的路径,小圆圈代表中间结点,而在路径终点的小方框为叶结点（也称为外部结点）。每个叶结点代表一个唯一前缀,结点之间连线旁边的数字表示这条边在唯一前缀中对应的比特是 0 或 1。

7.5.2　网际控制报文协议

为了更有效地转发 IP 数据报和提高交付成功的机会,在网际层使用了网际控制报文协议（Internet control message protocol,ICMP）[RFC792]。ICMP 允许主机或路由器提供差错情况和有关异常情况的报告。ICMP 是 Internet 的标准协议,但 ICMP 不是高层协议,而是 IP 层的协议。ICMP 报文作为 IP 层数据报的数据,加上数据报的首部,组成 IP 数据报发送出去。ICMP 报文格式如图 7-34 所示。

1. ICMP 报文的种类

ICMP 报文的种类有两种,即 ICMP 差错报告报文和 ICMP 询问报文。ICMP 报文的前 4 个字节的统一格式共有三个字段,即类型、代码和检验和。接着的 4 个字节的内容与ICMP 的类型有关。ICMP 的数据字段的长度取决于 ICMP 的类型。

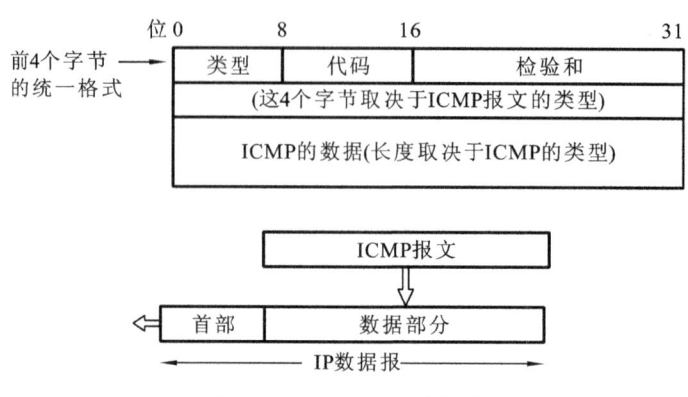

图 7-34 ICMP 报文的格式

ICMP 报文的代码字段是为了进一步区分某种类型中的几种不同情况。检验和字段用于检验整个 ICMP 报文。如前所述,IP 数据报首部的检验和并不检验 IP 数据报的内容,因此不能保证经过传输的 ICMP 报文不产生差错。

ICMP 差错报告报文共包括以下五种。

(1) 终点不可达。当路由器或主机不能交付数据报时,就向源点发送终点不可达报文。

(2) 源点抑制。当路由器或主机由于拥塞而丢弃数据报时,就向源点发送源点抑制报文,让源点知道应当减小数据报的发送速率。

(3) 时间超过报文。当路由器收到生存时间为零的数据报时,除丢弃该数据报外,还要向源点发送时间超过报文。当终点在预先规定的时间内不能收到一个数据报的全部数据报片时,把已收到的数据报片都丢弃,并向源点发送时间超过报文。

(4) 参数问题。当路由器或目的主机收到数据报的首部中有的字段的值不正确时,就丢弃该数据报,并向源点发送参数问题报文。

(5) 改变路由(重定向)。路由器把改变路由报文发送给主机,让主机知道下次应将数据报发送给另外的路由器(可通过更好的路由)。

常用的 ICMP 询问报文包含以下两种。

(1) 回送请求和回答。ICMP 回送请求报文是指由主机或路由器向一个特定的目的主机发出的询问。收到此报文的主机必须给源主机或路由器发送 ICMP 回送回答报文。这种询问报文用于测试目的站是否可达及了解其有关状态。

(2) 时间戳请求和回答。ICMP 时间戳请求报文是指由某个主机或路由器来回答当前的日期和时间。在 ICMP 时间戳回答报文中有一个 32 位的字段,其中写入的整数代表从 1900 年 1 月 1 日起到当前时刻共有多少秒。时间戳请求与回答可用于进行时钟同步和测量时间。

2. ICMP 的应用举例

ICMP 的一个重要应用就是分组网间探测(packet internet groper,PING),它用于测试两个主机之间的连通性。PING 使用了 ICMP 回送请求报文与回送回答报文,是应用层直接使用网络层 ICMP 的一个例子,而不是通过传输层的 TCP 或 UDP。

Windows 操作系统的用户可在接入 Internet 后转入 MS DOS(先点击"开始"→"运

行"，再输入"cmd"）。看到屏幕上的提示符后，输入"ping hostname"（这里的 hostname 是要测试连通性的主机名或它的 IP 地址），按回车键后就可看到结果。

图 7-35 给出了从南京的一台计算机到新浪网的邮件服务器 mail. sina. com. cn 的连通性的测试结果。计算机一连发出 4 个 ICMP 回送请求报文。如果邮件服务器 mail. sina. com. cn 正常工作而且响应这个 ICMP 回送请求报文（有的主机为了防止恶意攻击，不理睬外界发送过来的这种报文），那么它就发回 ICMP 回送回答报文。由于往返的 ICMP 报文上有时间戳，因此很容易得出往返时间。最后显示的统计结果是，发送到哪个计算机（IP 地址），发送的、收到的和丢失的分组数（但不给出分组丢失的原因），往返时间的最小值、最大值和平均值。从结果可以看出，第三个测试分组丢失了。

```
C:\Documents and Settings\XXR>ping mail.sina.com.cn

Pinging mail.sina.com.cn [202.108.43.230] with 32 bytes of data:

Reply from 202.108.43.230: bytes=32 time=368ms TTL=242
Reply from 202.108.43.230: bytes=32 time=374ms TTL=242
Request timed out.
Reply from 202.108.43.230: bytes=32 time=374ms TTL=242

Ping statistics for 202.108.43.230:
    Packets: Sent = 4, Received = 3, Lost = 1 (25% loss),
Approximate round trip times in milli-seconds:
    Minimum = 368ms, Maximum = 374ms, Average = 372ms
```

图 7-35　用 PING 测试主机的连通性

另一个非常有用的应用是 traceroute（这是 UNIX 操作系统中的名字），它用于跟踪一个分组从源点到终点的路径。在 Windows 操作系统中这个命令是 tracert。下面简单介绍这个程序的工作原理。

traceroute 从源主机向目的主机发送一连串的 IP 数据报，数据报中封装的是无法交付的 UDP 用户数据报。第一个数据报 P_1 的生存时间 TTL 设置为 1。当 P_1 到达路径上的第一个路由器 R_1 时，路由器 R_1 先接收它，接着把 TTL 的值减 1。由于 TTL 等于 0 了，R_1 就把 P_1 丢弃，并向源主机发送一个 ICMP 时间超过差错报告报文。

源主机接着发送第二个数据报 P_2，并把 TTL 设置为 2。P_2 先到达路由器 R_1，R_1 接收后把 TTL 减 1 再转发给路由器 R_2。R_2 收到 P_2 时 TTL 为 1，但减 1 后 TTL 变为 0，R_2 就丢弃 P_2，并向源主机发送一个 ICMP 时间超过差错报告报文。这样一直继续下去。当最后一个数据报刚到达目的主机时，数据报的 TTL 是 1，主机不转发数据报，也不把 TTL 减 1。但因 IP 数据报中封装的是无法交付的传输层 UDP 用户数据报，因此目的主机要向源主机发送 ICMP 终点不可达差错报告报文。这样，源主机达到了自己的目的，因为这些路由器和最后目的主机发来的 ICMP 报文正好给出了源主机想知道的路由信息——到达目的主机所经过的路由器的 IP 地址，以及到达其中的每个路由器的往返时间。图 7-36 是从南京的一台计算机向新浪网的邮件服务器 mail. sina. com. cn 发出的 tracert 命令后所获得的结果。图 7-36 中每行有三个时间出现，是因为对应于每个 TTL，源主机要发送三次同样的 IP 数据报。

```
C:\Documents and Settings\XXR>tracert mail.sina.com.cn

Tracing route to mail.sina.com.cn [202.108.43.230]
over a maximum of 30 hops:

  1    24 ms    24 ms    23 ms  222.95.172.1
  2    23 ms    24 ms    22 ms  221.231.204.129
  3    23 ms    22 ms    23 ms  221.231.206.9
  4    24 ms    23 ms    24 ms  202.97.27.37
  5    22 ms    23 ms    24 ms  202.97.41.226
  6    28 ms    28 ms    28 ms  202.97.35.25
  7    50 ms    50 ms    51 ms  202.97.36.86
  8   308 ms   311 ms   310 ms  219.158.32.1
  9   307 ms   305 ms   305 ms  219.158.13.17
 10   164 ms   164 ms   165 ms  202.96.12.154
 11   322 ms   320 ms  2988 ms  61.135.148.50
 12   321 ms   322 ms   320 ms  freemail43-230.sina.com [202.108.43.230]

Trace complete.
```

图 7-36   使用 tracert 命令获得目的主机的路由信息

值得注意的是,从原则上讲,IP 数据报经过的路由器越多,所花费的时间也会越多。但从图 7-36 可看出,有时正好相反。这是因为 Internet 的拥塞程度随时都在变化,也很难预料到。因此,完全有这样的可能:经过更多的路由器反而花费更少的时间。

7.5.3   内部网关协议:OSPF

1. OSPF 协议的基本特点

开放最短路径优先(open shortest path first,OSPF)协议是一个内部网关协议(interior gateway protocol,IGP),用于在单一自治系统(autonomous system,AS)内决策路由。OSPF 是链路状态路由协议,而 RIP 协议是距离向量路由协议。链路是路由器接口的另一种说法,因此 OSPF 也称为接口状态路由协议。OSPF 协议通过路由器通告网络接口的状态来建立链路状态数据库,生成最短路径树,每个 OSPF 路由器使用这些最短路径构造路由。

OSPF 协议的主要特征是使用分布式的链路状态协议(link state protocol),而不是像 RIP 协议那样的距离向量协议。与 RIP 协议的区别如下。

(1)向本自治系统中所有路由器发送信息。这里使用的方法是洪泛法(flooding),即路由器通过所有输出端口向所有相邻的路由器发送信息,而每个相邻路由器又将此信息发往其所有的相邻路由器(但不再发送给刚发来信息的那个路由器)。这样,最终整个区域中所有的路由器都得到这个信息的一个副本。注意,RIP 协议仅向自己相邻的几个路由器发送信息。

(2)发送的信息虽是与本路由器相邻的所有路由器的链路状态,但这只是路由器所知道的部分信息。链路状态就是说明本路由器都和哪些路由器相邻,以及该链路的度量(metric)。OSPF 协议用度量来表示费用、距离、时延、带宽等。这些都由网络管理人员来决定,因此较为灵活。有时为了方便度量也称为代价。注意,对 RIP 协议,发送的信息是“到所有网络的距离和下一跳路由器”。

(3)只有当链路状态发生变化时,路由器才用洪泛法向所有路由器发送此信息。而不像 RIP 协议那样,不管网络拓扑有无变化,路由器之间都要定期交换路由表的信息。

由于各路由器之间频繁地交换链路状态信息,因此所有的路由器最终都能建立一个链路状态数据库(link-state database),这个数据库实际上就是全网的拓扑结构图。这个拓扑结构图在全网范围内是一致的(称为链路状态数据库的同步)。因此,每个路由器都知道全网共有多少个路由器,以及哪些路由器是相连的,其代价是多少等。每个路由器使用链路状态数据库中的数据,构造自己的路由表。OSPF 协议的链路状态数据库能较快地进行更新,使各个路由器能及时更新其路由表。OSPF 协议的更新过程收敛得快是其重要优点。

为了使 OSPF 协议能够用于规模很大的网络,OSPF 协议将一个自治系统再划分为若干个更小范围的区域(area)。划分区域的好处就是把利用洪泛法交换链路状态信息的范围局限于每个区域而不是整个自治系统,这就减小了整个网络上的通信量。在一个区域内部的路由器只知道本区域的完整网络拓扑情况。为了使每个区域能够和本区域以外的区域进行通信,OSPF 协议使用层次结构的区域进行划分。在上层的区域称为主干区域(backbone area)。主干区域的标识符规定为 0.0.0.0。主干区域的作用是连通其他下层的区域。其他区域的信息都由区域边界路由器(area border router)进行概括。采用分层次划分区域的方法虽然增加了交换信息的种类,同时也使 OSPF 协议更加复杂了,但这样做大大减小了每个区域内部交换路由信息的通信量,因而能够使 OSPF 协议用于规模很大的自治系统中。这里,我们再一次看到划分层次在网络设计中的重要性。

OSPF 协议不用 UDP 而是直接用 IP 数据报传输(其 IP 数据报首部的协议字段值为89)。OSPF 协议构成的数据报很短,这样可以减小路由信息的通信量。数据报很短的另一个好处是,不必将长的数据报分片传输。分片传输的数据报只要丢失一个,就无法组装成原来的数据报,因而使整个数据报必须重传。

OSPF 分组使用 24 字节的固定长度首部(见图 7-37),分组的数据部分可以是五种类型分组中的一种。下面简单介绍 OSPF 首部各字段的意义。

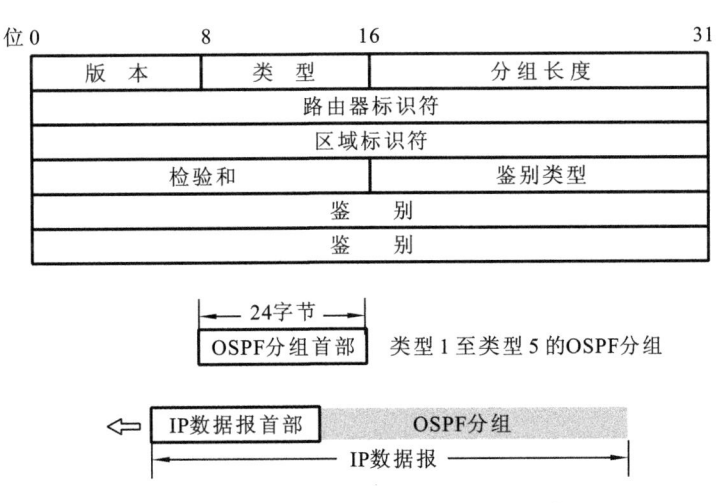

图 7-37　OSPF 分组使用 IP 数据报传送

(1) 版本为当前的版本号是 2。

(2) 类型可以是五种分组类型的一种。

（3）分组长度包括 OSPF 协议首部在内的分组长度，以字节为单位。

（4）路由器标识符标志发送该分组的路由器的接口 IP 地址。

（5）区域标识符为分组属于的区域标识符。

（6）检验和用于检测分组中的差错。

（7）鉴别类型。目前只有两种，0（不用）和 1（口令）。

（8）鉴别。鉴别类型为 0 时，就填入 0 鉴别类型；鉴别类型为 1 则填入 8 个字符的口令。

除了以上几个基本特点外，OSPF 协议还具有以下一些特点。

（1）对不同的链路，OSPF 协议可根据 IP 分组的不同服务类型（TOS）而设置成不同的代价。例如，高带宽的卫星链路对非实时的业务可设置为较低的代价，但对时延敏感的业务就可设置为非常高的代价。因此，OSPF 协议对不同类型的业务可计算出不同的路由。链路的代价可以是 1 至 65533 中的任何代价。这种灵活性是 RIP 协议所没有的。

（2）如果遇到同一个目的网络有多条相同代价的路径，那么可以将通信量分配给这几条路径，这称为多路径间的负载平衡（load balancing）。在代价相同的多条路径上分配通信量是通信量工程中的简单形式。RIP 协议只能找到某个网络的一条路径。

（3）所有在 OSPF 路由器间交换的分组（如链路状态更新分组）都具有鉴别的功能，因而保证了仅在可信赖的路由器之间交换链路状态信息。

（4）OSPF 协议支持可变长度的子网划分和无分类的编址 CIDR。

（5）由于网络中的链路状态可能经常发生变化，因此 OSPF 协议让每个链路状态都带上一个 32 位的序号，序号越大状态就越新。OSPF 协议规定，链路状态序号增长的速率不得超过每 5 秒 1 次。这样，全部序号空间在 600 年内不会产生重复号。

2. OSPF 协议的五种分组类型

OSPF 协议包括以下五种分组类型。

（1）类型 1，问候（hello）分组，用于发现和维持邻站的可达性。

（2）类型 2，数据库描述（database description）分组，向邻站给出自己的链路状态数据库中的所有链路状态项目的摘要信息。

（3）类型 3，链路状态请求（lind state request）分组，向对方请求发送某些链路状态项目的详细信息。

（4）类型 4，链路状态更新（link state update）分组，使用洪泛法对全网更新链路状态。这种分组最复杂，也是 OSPF 协议最核心的部分。路由器使用这种分组将其链路状态通知给邻站。

（5）类型 5，链路状态确认（link state acknowledgement）分组，对链路更新分组的确认。

OPSF 协议规定，每两个相邻路由器每隔 10 秒要交换一次问候分组，这样就能确知哪些相邻站是可达的。对相邻路由器来说，"可达"是最基本的要求，因为只有可达邻站的链路状态信息才存入链路状态数据库（路由表就是根据链路状态数据库计算出来的）。正常情况下，网络中传输的绝大多数 OSPF 分组都是问候分组。如果有 40 秒没有收到某个相邻路由器发来的问候分组，则认为该相邻路由器是不可达的，应立即修改链路状态数据库，并重新计算路由表。

其他四种分组都是用于进行链路状态数据库的同步。同步就是指不同路由器的链路状态数据库的内容是一样的。两个同步的路由器称为完全邻接的(fully adjacent)路由器。不是完全邻接的路由器表明虽然它们在物理上相邻,但其链路状态数据库并没有达到一致。

当一个路由器刚开始工作时,它只能通过问候分组得知它有哪些相邻的路由器在工作,以及将数据发往相邻路由器所需的"代价"。如果所有的路由器都把自己的本地链路状态信息对全网进行广播,那么各路由器只要将这些链路状态信息综合起来就可得出链路状态数据库。但这样做开销太大,因此 OSPF 协议采用:让每个路由器用数据库描述分组和相邻路由器交换本数据库中已有的链路状态摘要信息。摘要信息主要是指出哪些路由器的链路状态信息及其序号已经写入了数据库。经过与相邻路由器交换数据库描述分组后,路由器就使用链路状态请求分组,向对方请求发送自己所缺少的某些链路状态项目的详细信息。通过一系列的这种分组交换,就建立了全网同步的链路数据库。

在网络运行的过程中,只要一个路由器的链路状态发生变化,该路由器就要使用链路状态更新分组,使用洪泛法对全网更新链路状态。OPSF 协议使用的是可靠洪泛法,为了确保链路数据库与全网的状态一致,OSPF 协议还规定每隔一段时间,如 30 分钟,要刷新一次数据库中的链路状态。

由于一个路由器的链路状态只涉及与相邻路由器的连通状态,因此与整个互联网的规模并无直接关系。因而共有 $(N-1)^2$ 个链路状态要在这个以太网上传输。OSPF 协议对这种多点连入的局域网采用了指定的路由器(designated router)的方法,使广播的信息量大大减少。指定的路由器代表该局域网上所有的链路向连接到该网络上的各路由器发送状态信息。

3. RIP 协议

RIP 协议来源于加利福尼亚伯克利分校设计的 routed 程序,因将其附加在流行的 4BSD UNIX 系统上一起分发,从而使得许多 TCP/IP 网点根本没考虑其技术上的优劣就采用了 routed,并开始使用 RIP 协议。

1) 路由算法

RIP 协议的基础就是基于本地网的距离矢量算法而实现的。它将通信的路由器分为主动的(active)路由器和被动的(passive/silent)路由器。主动路由器向其他相邻路由器通告其路由,发送全部或部分路由表信息;而被动路由器接收通告并在此基础上更新其路由,它们自己并不通告路由。只有路由器能以主动方式使用 RIP 协议,而主机只能使用被动方式。

当路由器以主动方式运行 RIP 协议时,它将每隔 30 秒广播一次报文,该报文包含路由器当前的链路数据库中的信息。每个报文由序偶构成,每个序偶包括一个 IP 网络地址和一个代表到达该网络的距离的整数。运行 RIP 协议的主动路由器和被动路由器都要监听所有的广播报文,并根据距离矢量算法来更新其路由表。

2) RIP 报文格式

现在较新的 RIP 版本是于 1998 年 11 月公布的 RIP2 [RFC 2453](已成为 Internet 标准协议),新版本协议本身并无多大变化,但在性能上有所改进。RIP2 可以支持变长子网掩码和 CIDR。此外,RIP2 还提供简单的鉴别过程支持多播。

图 7-38 是 RIP2 的报文格式,它和 RIP1 的首部相同,但后面的路由部分不一样。

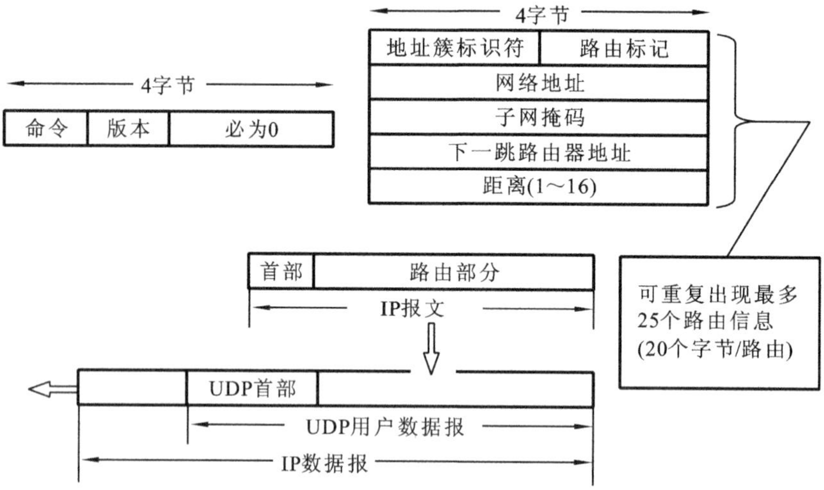

图 7-38　RIP2 的报文格式

RIP 报文由首部和路由部分组成。RIP 的首部占 4 个字节,其中命令字段指出报文的意义。例如,1 表示请求路由信息,2 表示对请求路由信息的响应或未被请求而发出的路由更新报文。首部后面的"必为 0"是为了 4 字的对齐。

RIP2 报文中的路由部分由若干个路由信息组成。每个路由信息需要用 20 个字节。地址簇标识符(又称为地址类别)字段用于标识所使用的地址协议。如采用 IP 地址就令这个字段的值为 2(原来考虑 RIP 也可用于其他非 TCP/IP 协议的情况)。路由标记填入自治系统号(autonomous system number,ASN),这是考虑使 RIP 协议有可能收到本自治系统以外的路由选择信息。后面再指出某个网络地址、该网络的子网掩码、下一跳路由器地址及到此网络的距离。一个 RIP 报文最多可包括 25 个路由,因而 RIP 报文的最大长度是(4+20×25)字节=504 字节。如果超过,则必须再传输一个 RIP 报文。

RIP2 还具有简单的鉴别功能。如果使用鉴别功能,则将原来写入第一个路由信息(20字节)的位置用于鉴别。这时应将地址簇标识符置为全 1(即 0xFFFF),而路由标记写入鉴别类型,剩下的 16 字节为鉴别数据。在鉴别数据之后才写入路由信息,但这时最多只能再放入 24 个路由信息。

RIP 协议的这一特点称为好消息传输得快,而坏消息传输得慢。网络出现故障的传输时间往往需要较长的时间(例如数分钟),这是 RIP 协议的一个主要缺点。

但如果一个路由器发现了更短的路由,那么这种更新信息就传输得很快。为了使坏消息传输得更快些,可以采取多种措施。例如,让路由器记录收到某特定路由信息的接口,而不让同一路由信息再通过此接口向反方向传输。

RIP 协议最大的优点就是实现简单,开销较小。但 RIP 协议的缺点也较多。首先,RIP 协议限制了网络的规模,它能使用的最大距离为 15(16 表示不可达)。其次,路由器之间交换的路由信息是路由器中的完整路由表,因而随着网络规模的扩大,开销也就增加。最后,"坏消息传输得慢"使更新过程的收敛时间过长。因此,规模较大的网络就应当使用 OSFP

协议。

7.5.4 外部网关路由协议:BGP

边界网关协议(border gateway protocol,BGP)用于连接 Internet 上独立系统的路由选择协议。它是 Internet 工程任务组制定的一个加强的、完善的、可伸缩的协议。BGP4 支持 CIDR 寻址方案,该方案增加了 Internet 上的可用 IP 地址数量。BGP 是为了取代最初的外部网关协议(EGP)而设计的,也被认为是一个路径矢量协议。

路由包括两个基本的动作:确定最佳路径和信息群(通常称为分组)在网络中的传输。通过网络传输分组相对较简单,而路径的确定较复杂。BGP 就是当今网络中实现路径选择的一种协议。下面简述 BGP 的基本操作。

BGP 在 TCP/IP 中实现域间路由,是一种外部网关协议(EGP),即它在多个自治系统或域间执行路由、与其他 BGP 交换路由和可达性信息。

BGP 设计用于代替其前身(现在已不用了)EGP 作为全球 Internet 的标准外部网关路由协议。BGP 解决了 EGP 的严重问题,能更有效地适应 Internet 的飞速发展。

BGP 在多个 RFC 中规定:RFC1771 描述了 BGP4,即 BGP 的当前版本。RFC1654 描述了第一个 BGP4 规范。RFC1105、RFC1163 和 RFC1267 描述了 BGP4 之前的 BGP 版本。

BGP 执行三类路由,即 AS 间路由、AS 内部路由和贯穿 AS 路由。

AS 间路由发生在不同 AS 的两个或多个 BGP 路由器之间,这些系统的对等路由器使用 BGP 来维护一致的网络拓扑视图,AS 间通信的 BGP 邻居必须处于相同的物理网络。Internet 就是使用这种路由的实例,因为它由多个 AS(或称管理域)构成,许多域构成 Internet 的研究机构、公司和实体。BGP 经常用于在 Internet 内提供最佳路径而做路由选择。

AS 内部路由发生在同一 AS 内的两个或多个 BGP 路由器之间,同一 AS 内的对等路由器使用 BGP 来维护一致的系统拓扑视图,BGP 也用于决定哪个路由器作为外部 AS 的连接点。Internet 提供了 AS 间路由的实例。一个组织,如大学,可以利用 BGP 在其自己的管理域(或称 AS)内提供最佳路由。BGP 既可以提供 AS 间路由也可以提供 AS 内部路由。

贯穿 AS 路由发生在通过不运行 BGP 的 AS 交换数据的两个或多个 BGP 对等路由器之间。在贯穿 AS 路由环境中,BGP 通信既不源自 AS 内,也不源自该 AS 内的结点,BGP 必须与 AS 内的路由协议进行交互才能成功通过该 AS 传输 BGP 通信。

与其他路由协议一样,BGP 维护路由表、发送路由更新信息及基于路由 metric 决定路由。BGP 的主要功能是交换其他 BGP 的网络可达信息,包括 AS 路径的列表信息,此信息可用于建立 AS 系统连接图,以消除路由环及执行 AS 策略。

虽然每个 BGP 路由器维护到特定网络的所有可用路径构成的路由表,但是它并不清除路由表,它只维持从对等路由器收到的路由信息直到收到增值(incremental)更新。

BGP 路由器在初始数据交换和增值更新后交换路由信息。当路由器第一次连接到网络时,BGP 路由器会交换它们的整个 BGP 路由表。类似地,当路由表改变时,路由器只发送路由表中改变的部分。BGP 路由器并不周期性发送路由更新,且 BGP 路由更新只包含到某网络的最佳路径。

BGP 协议使用单一的路由 metric 决定到给定网络的最佳路径。该 metric 含有指定链路优先级的任意单元值,BGP 的 metric 通常由网管赋给每条链路。赋给一条链路的值可以基于任意数目的尺度,包括途经的 AS 数目、稳定性、速率、延迟或代价等。

图 7-39 给出了 BGP 报文的格式。4 种类型的 BGP 报文具有同样的通用首部,其长度为 19 字节。通用首部分为 3 个字段。标记字段为 13 字节长,用于鉴别收到的 BGP 报文(这是假定将来有人会制定合理的鉴别方案)。当不使用鉴别时,标记字段要置为全 1。长度字段指出包括通用首部在内的整个 BGP 报文以字节为单位的长度,最小值是 19,最大值是 4096。类型字段的值为 1~4,分别对应于下述 4 种 BGP 报文中的一种。

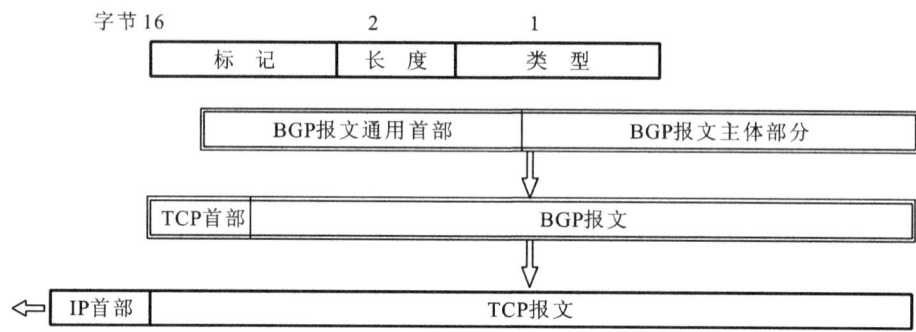

图 7-39 BGP 报文格式

OPEN 报文共有 6 个字段,即版本(1 字节,现在的值是 4)、本自治系统号(2 字节,使用全球唯一的 16 位自治系统号,由 ICANN 地区登记机构分配)、保持时间(2 字节,以秒计算的保持为邻站关系的时间)、BGP 标识符(4 字节,通常就是该路由器的 IP 地址)、可选参数长度(1 字节)和可选参数。

UPDATE 报文共有 5 个字段,即不可行路由长度(2 字节,指明下一个字段的长度)、撤销的路由(列出所有要撤销的路由)、路径属性总长度(2 字节,指明下一个字段的长度)、路径属性(定义在这个报文中增加的路径属性)和网络层可达信息(network layer reachability information,NLRI)。网络层可达信息字段定义发出此报文的网络,包括网络前缀的位数、IP 地址前缀。

NOTIFICATION 报文只有 3 个字段,即差错代码(1 字节)、差错子代码(1 字节)和差错数据(给出有关差错的诊断信息)。

RFC2918 定义的 ROUTER-REFRESH 报文只有 4 字节长。

7.5.5 IPv6

1. IPv6 的基本首部

1) IPv6 的主要变化有如下几方面

(1) 更大的地址空间。IPv6 把 IP 地址的长度从 IPv4 的 32 位增大到 128 位,使地址空间增大了($2^{128} - 2^{32}$)个。这么大的地址空间在可预见的将来是不会用完的。

(2) 扩展的地址层次结构。IPv6 由于地址空间很大,因此可以划分为更多的层次。

(3) 灵活的首部格式。IPv6 数据报首部和 IPv4 的并不兼容。IPv6 定义了许多可选的扩展首部,不仅可提供比 IPv4 更多的功能,而且可提高路由器的处理效率,这是因为路由器对扩展首部不进行处理(除逐跳扩展首部外)。

(4) 改进的选项。IPv6 允许数据报包含有选项的控制信息,因而可以包含一些新的选项。而 IPv4 所规定的选项是固定不变的。

(5) 允许继续扩充协议。这一点很重要,因为技术总是在不断地发展(如网络硬件的更新),新的应用也还会出现。而 IPv4 的功能是固定不变的。

(6) 支持即插即用(自动配置)。

(7) 支持资源的预分配。IPv6 支持实时视像等要求,保证一定的带宽和时延的应用。

(8) IPv6 首部改为 8 字节对齐(首部长度必须是 8 字节的整数倍),而 IPv4 首部为 4 字节对齐。

IPv6 数据报在基本首部的后面允许有零个或多个扩展首部,再后面是数据部分(见图 7-40)。但请注意,所有的扩展首部都不属于 IPv6 数据报的首部。所有的扩展首部和数据合起来称为数据报的有效载荷或净负荷。

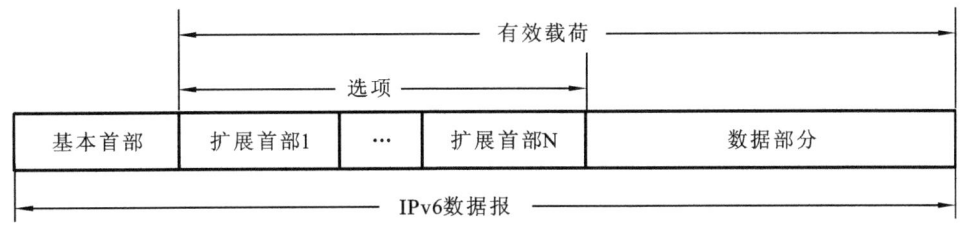

图 7-40　IPv6 数据报

图 7-40 是 IPv6 数据报的基本首部。在基本首部后面是有效载荷,它包括传输层的数据和可能选用的扩展首部。

2) 与 IPv4 相比,IPv6 对首部中的某些字段进行了如下更改

(1) 取消了首部长度字段,因为 IPv4 的首部长度是固定的(40 字节)。

(2) 取消了服务类型字段,因为优先级和流标号字段合起来实现了服务类型字段的功能。

(3) 取消了总长度字段,改用有效载荷长度字段。

(4) 取消了标识、标志和片偏移字段,因为这些功能已包含在分片扩展首部中。

(5) 把 TTL 字段改为跳数限制字段,但作用是一样的(名称与作用更加一致)。

(6) 取消了协议字段,改用下一个首部字段。

(7) 取消了检验和字段,这样加快了路由器处理数据报的速度。我们知道,在数据链路层若检测出有差错的帧就丢弃。在传输层,当使用 UDP 时,若检测出有差错的用户数据报就丢弃;当使用 TCP 时,对检测出有差错的报文段就重传,直到正确传输到目的进程为止。因此在网络层的差错检测可以精简掉。

(8) 取消了选项字段,而使用扩展首部来实现选项功能。

由于把首部中不必要的功能取消了,所以 IPv6 首部的字段数减少到只有 8 个(虽然首部长度增大了一倍)。

3）下面解释 IPv6 基本首部中各字段的作用

（1）版本（version），占 4 位。它指明了协议的版本，对 IPv6 该字段是 6 位。

（2）通信量类（traffic class），占 8 位。这是为了区分不同的 IPv6 数据报的类别或优先级。目前正在进行不同的通信量类性能的实验。

（3）流标号（flow label），占 20 位。IPv6 的一个新机制是支持资源预分配，并且允许路由器把每个数据报与一个给定的资源分配相联系。IPv6 提出了流的抽象概念。所谓"流"就是互联网上从特定源点到特定终点（单播或多播）的一系列数据报（如实时音频或视频传输），在这个"流"所经过的路径上的路由器都保证指明的服务质量。所有属于同一个流的数据报都具有同样的流标号。因此流标号对实时音频/视频数据的传输特别有用。对传统的电子邮件或非实时数据，流标号则没有用处，把它置为 0 即可。

（4）有效载荷长度（payload length），占 16 位。它指明 IPv6 数据报除基本首部以外的字节数（所有扩展首部都算在有效载荷之内），这个字段的最大值是 64 KB（65535 字节）。

（5）下一个首部（next header），占 8 位。它相当于 IPv4 的协议字段或可选字段。当 IPv6 数据报没有扩展首部时，下一个首部字段的作用和 IPv4 的协议字段一样，它的值指出了基本首部后面的数据应交付给 IP 上面的哪一个高层协议（例如，6 或 17 分别表示应交付给 TCP 或 UDP）。

（6）跳数限制（hop limit），占 8 位，用于防止数据报在网络中无限期地存在。源点在每个数据报发出时即设定某个跳数限制（最大为 255 跳）。每个路由器在转发数据报时，要先把跳数限制字段中的值减 1。当跳数限制的值为零时，就要丢弃这个数据报。

（7）源地址，占 128 位，是数据报发送方的 IP 地址。

（8）目的地址，占 128 位，是数据报接收方的 IP 地址。

2. IPv6 的扩展首部

把 IPv4 首部中选项的功能都放在扩展首部，并交由扩展首部留给路径两端的源点和终点的主机来处理，而数据报途中经过的路由器都不处理这些扩展首部（只有一个首部例外，即逐跳选项扩展首部），这样就大大提高了路由器的处理效率。

在 RFC 2460 中定义了六种扩展首部：逐跳选项、路由选择、分片、鉴别、封装安全有效载荷、目的站选项。

每个扩展首部都由若干个字段组成，且它们的长度也各不相同。所有扩展首部的第一个字段都为 8 位的"下一个首部"字段，该字段的值指明在该扩展首部后面的字段是什么。当使用多个扩展首部时，应按以上顺序先后出现。高层首部总是放在最后面。

下面以分片扩展首部为例来说明扩展首部的作用。

IPv6 将分片限制为由源点来完成。源点可以采用保证的最小 MTU（1280 字节），或者在发送数据前完成路径最大传输单元发现（path MTU discovery），以确定沿着该路径到达终点的最小 MTU。当需要分片时，源点在发送数据报前先把数据报进行分片，以保证每个数据报片都小于此路径的 MTU。因此，分片是端对端的，路径途中的路由器不允许进行分片。

IPv6 基本首部中不包含用于分片的字段，当需要分片时，源点在每个数据报片基本首部的后边插入一个小的分片扩展首部，其格式如图 7-41 所示。

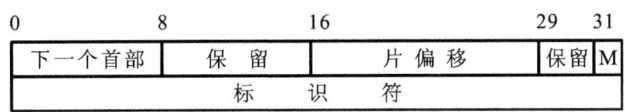

图 7-41 分片扩展首部的格式

IPv6 保留了 IPv4 分片的大部分特征,其分片扩展首部共有以下几个字段。

(1) 下一个首部(8 位)指明紧接着这个扩展首部的下一个首部。

(2) 保留(10 位)为今后使用。该字段在第 8~15 位和第 29~30 位。

(3) 片偏移(13 位)指明本数据报片在原来的数据报中的偏移量,以 8 字节为表示单位。由此可见每个数据报片的长度必须是 8 字节的整数倍。

(4) M(1 位)。M=1 表示后面还有数据报片,M=0 表示这是最后一个数据报片。

(5) 标识符(32 位)由源点产生的、用于唯一标识数据报的一个 32 位数。每产生一个新数据报,就把这个标识符加 1。采用 32 位的标识符,可使得在源点发送到同样的终点的数据报中,在数据报的生存时间内无相同的标识符(即使是高速网络)。

设 IPv6 数据报的有效载荷为 3 000 字节。现用下层的以太网传输此数据报,而以太网的最大传送单元 MTU 为 1 500 字节,因此必须进行分片。分成的三个数据报片的数据部分分别是 1 400 字节、1 400 字节和 200 字节(见图 7-42)。分片需要在 IPv6 的基本首部后面增加一个分片扩展首部。

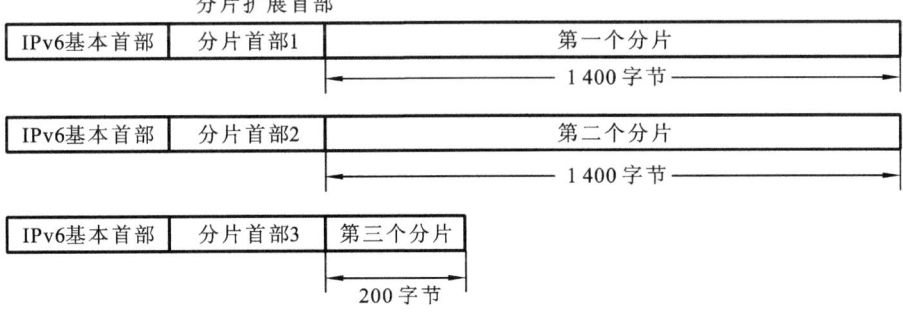

图 7-42 IPv6 数据报分片举例

3. IPv6 的地址空间

1) 地址的类型与地址空间

一般来讲,一个 IPv6 数据报的目的地址可以是以下三种基本类型地址之一。

(1) 单播(unicast)。单播就是传统的点对点通信。

(2) 多播(multicast)。多播是一点对多点的通信,数据报发送到一组计算机中的每个计算机。IPv6 没有采用广播,而是将广播作为多播的一个特例。

(3) 任播(anycast)。这是 IM 增加的一种类型。任播的终点是一组计算机,但数据报只交付给距离最近的一个计算机。

IPv6 把实现 IPv6 的主机和路由器均称为结点。由于一个结点可能会使用多条链路与其他的一些结点相连,因此一个结点就可能有多个与链路相连的接口。这样,IM 给结点的每个接口指派一个 IP 地址。一个结点可以有多个单播地址,而其中的任何一个地址都可以作为到达该结点的目的地址。

在 IPv6 中，每个地址占 128 位，地址空间大于 $3.4 \times 1\,038$ 字节。如果地址分配速率是每微秒分配 100 万个地址，则需要 10^9 年的时间才能将所有可能的地址分配完毕。可见，IPv6 的地址空间是不可能用完的。

巨大的地址范围还必须使维护互联网的人易于阅读和操纵这些地址。IPv4 使用的点分十进制记法就也不够方便了。例如，一个使用点分十进制记法的 128 位的地址为

104.230.140.100.255.255.255.255.0.0.17.128.150.10.255.255

为了使地址再简洁些，IM 使用冒号十六进制记法（colon hexadecimal notation，简写为 colon hex），它把每个 16 位的值使用十六进制数表示，各值之间使用冒号分隔。例如，如果将前面所给的点分十进制数记法的值改为冒号十六进制记法，就变成

68E6:8C64:FFFF:FFFF:0:1180:960A:FFFF

在冒号十六进制记法中，允许把数字前面的 0 省略。上面就把 0000 中的前三个 0 省略了。

冒号十六进制记法还包含两项技术。首先，冒号十六进制记法可以允许零压缩（zero compression），即一连串连续的零可以为一对冒号所取代，例如，FF05:0:0:0:0:0:0:B3 可以写成:FF05::B3。

为了保证零压缩有一个不含糊的解释，规定在任意地址中只能使用一次零压缩。该技术对已建议的分配策略特别有用，因为会有许多地址包含较长连续的零串。

其次，冒号十六进制记法可结合使用点分十进制记法的后缀。下面这种结合在 IPv4 向 IPv6 转换的阶段特别有用。例如，下面的串是一个合法的冒号十六进制记法：

0:0:0:0:0:0:128.10.2.1

请注意，在这种记法中，虽然为冒号所分隔的每个值是两个字节（16 位）的量，但每个点分十进制部分的值则指明一个字节（8 位）的值。再使用零压缩即可得出::128.10.2.1。

下面再给出几个使用零压缩的例子。

1080:0:0:0:8:800:200C:417A 可记为 1080::8:800:200C:417A

FF01:0:0:0:0:0:0:101（多播地址）可记为 FF01::101

CIDR 的斜线表示法仍然可用。例如，60 位的前缀 12AB00000000CD3（用十六进制数表示的 15 个字符，每个字符代表 4 位二进制数）可记为 12AB:0000:0000:CD30:0000:0000:0000:0000/60 或 12AB::CD30:0:0:0:0/60 或 12AB:0:0:CD30::/60，但不允许记为 12AB:0:0:CD3/60（不能把 16 位地址块最后的 0 省略），或 12AB::CD30/60（这是地址 12AB:0:0:0:0:0:0:CD3 的前 60 位二进制数），或 12AB::CD3/60（这是地址 12AB:0:0:0:0:0:0:OCD3 的前 60 位二进制数）。

2）特殊地址

IPv6 包含以下几种特殊地址。

（1）未指明地址。这是 16 字节的全 0 地址，可缩写为两个冒号"::"。这个地址不能用于目的地址，只能作为某个主机的源地址使用，条件是这个主机还没有配置到一个标准的 IP 地址。

（2）环回地址。IPv6 的环回地址是 0:0:0:0:0:0:0:1(::1)，作用和 IPv4 的环回地址

一样。

(3)基于 IPv4 的地址前缀为 0000 0000 应保留一小部分地址作为与 IPv4 兼容,这是因为必须要考虑在比较长的时期 IPv4 和 IPv6 会同时存在,而有的结点不支持 IPv6。因此,数据报在这两类结点之间转发时,必须进行地址的转换。

(4)本地链路单播地址(link-local unicast address)。这种地址的使用情况是这样的,有些组织的网络虽使用 TCP/IP 协议,但并没有连接到 Internet 上。这可能是担心 Internet 不安全,或者可能还有一些准备工作需要完成。连接在这样的网络上的主机可以使用这种本地地址进行通信,但不能和 Internet 上的其他主机通信。

4. 从 IPv4 向 IPv6 过渡

双协议栈(dual stack)是指在完全过渡到 IPv6 之前,使一部分主机(或路由器)装有两个协议栈,即一个 IPv4 和一个 IPv6。因此,双协议栈主机(或路由器)既能够和 IPv6 的系统通信,又能够和 IPv4 的系统通信。双协议栈的主机(或路由器)记为 IPv6/IPv4,表明它具有一个 IPv6 地址和一个 IPv4 地址两种 IP 地址。双协议栈主机在和 IPv6 主机通信时是采用 IPv6 地址,和 IPv4 主机通信时就采用 IPv4 地址。双协议栈主机如何知道目的主机采用哪一种地址呢?它是使用域名系统 DNS 来查询。如果 DNS 返回的是 IPv4 地址,则双协议栈的源主机就使用 IPv4 地址。如果 DNS 返回的是 IPv6 地址,则源主机就使用 IPv6 地址。

习 题 7

7-1 解释下面名词的含义。

(1)ICMP　　　　　　(2)第三层交换机　　　　　(3)路由器

(4)路由选择　　　　　(5)超网　　　　　　　　(6)地址解析协议(ARP)

7-2 在 OSI 七层模型中,网络层的功能主要是( )。

A. 在信道上传输原始的比特流

B. 确保到达对方的各段信息正确无误

C. 确定数据包从源端到目的端如何选择路由

D. 加强物理层数据传输原始比特流的功能并且进行流量控制

7-3 下列不是拥塞控制的方法的是( )。

A. 慢开始　　　　B. 拥塞避免　　　　C. 流量控制　　　　D. 快恢复

7-4 拥塞控制和流量控制的区别是( )。

A. 拥塞控制是广域网技术,流量控制是局域网技术

B. 拥塞控制是局域网技术,流量控制是广域网技术

C. 拥塞控制是全局控制技术,流量控制是端到端控制技术

D. 拥塞控制是端到端控制技术,流量控制是点对点控制技术

7-5 在 OSI 环境中,下层能向上层提供两种不同形式的服务的是( )。

A. 面向连接的服务与面向对象的服务　　B. 面向对象的服务与无连接的服务

C. 面向连接的服务与面向客户的服务　　D. 面向连接的服务与无连接的服务

7-6 计算机网络的目标是实现（   ）。

    A. 数据处理   B. 信息传输与数据处理

    C. 文献查询   D. 资源共享与信息传输

7-7 分组交换不具有的优点是（   ）。

    A. 传输时延小   B. 处理开销小

    C. 对数据信息格式和编码类型没有限制   D. 线路利用率高

7-8 在 IPv4 向 IPv6 过渡的方案中，当 IPv6 数据进入 IPv4 网络时，将 IPv6 数据封装成 IPv4 数据报进行传输的方案是（   ）。

    A. 双协议栈   B. 多协议栈

    C. 协议路由器   D. 隧道技术

7-9 下面对防火墙描述不正确的是（   ）。

    A. 防火墙不只用于 Internet，也可用于 Intranet 各部门网络之间（内部防火墙）

    B. 由内到外和由外到内的所有访问都必须通过防火墙

    C. 防火墙不能防止内部攻击（防外不防内）

    D. 防火墙很容易反弹端口木马攻击

7-10 192.168.11.15 代表的是（   ）地址。

    A. A 类地址   B. B 类地址   C. C 类地址   D. D 类地址

7-11 下列（   ）是合法的 IP 主机地址。

    A. 127.2.3.5   B. 1.255.254.2/24

    C. 255.23.200.9   D. 192.240.150.255/24

7-12 C 类地址最大可能的子网位数是（   ）。

    A. 6   B. 8   C. 12   D. 14

7-13 以下对 IP 协议的陈述正确的是（   ）。

    A. IP 协议可保证数据传输的可靠性

    B. 各个数据报之间是互相关联的

    C. IP 协议在陈述过程中可能会丢失某些数据报

    D. 到达目的主机的 IP 数据报顺序与发送的顺序必须是一致的

7-14 与 IP 地址为 10.110.12.29、子网掩码为 255.255.255.224，属于同一网段的主机 IP 地址的是（   ）。

    A. 10.110.12.0   B. 10.110.12.30

    C. 10.110.12.31   D. 10.110.12.32

7-15 当一台主机从一个网络移到另一个网络时，以下说法正确的是（   ）。

    A. 必须改变它的 IP 地址和 MAC 地址

    B. 必须改变它的 IP 地址，但无需改变 MAC 地址

    C. 必须改变它的 MAC 地址，但无需改变 IP 地址

    D. MAC 地址、IP 地址都无需改变

7-16 划分子网是在 IP 地址的（   ）部分。

    A. 网段地址   B. 主机地址   C. 子网网段   D. 默认子网掩码

7-17 对于这样几个网段：172.128.12.0、172.128.17.0、172.128.18.0、172.128.19.0,最好使用下列( )网段实现路由汇总。

A. 172.128.0.0/21   B. 172.128.17.0/21

C. 172.128.0.0/19   D. 172.128.20.0/20

7-18 A 类网络是很大的网络,每个 A 类网络中可以有 __(1)__ 个网络地址,实际使用中必须把 A 类网络划分为子网。如果指定的子网掩码为 255.255.192.0,则该网络被划分成 __(2)__ 个子网。C 类网络是很少的网络,如果一个公司有 2 000 台主机,则必须给它分配 __(3)__ 个 C 类网络。为了使该公司的网络在路由表中只占一行,给它指定的子网掩码必须是 __(4)__ 。

(1) A. 2^{10} B. 2^{12} C. 2^{20} D. 2^{24}

(2) A. 128   B. 256   C. 1024   D. 2048

(3) A. 2   B. 8   C. 16   D. 24

(4) A. 255.192.0.0   B. 255.240.0.0   C. 255.255.240.0   D. 255.255.248.0

7-19 在网络 192.168.10.0/24 中划分 16 个大小相同的子网,每个子网最多有( )个可用主机地址。

A. 16   B. 14   C. 255   D. 254

7-20 对 RIP 协议,可以到达目标网络的跳数最多为( )。

A. 12   B. 15   C. 16   D. 没有限制

7-21 对 OSPF 协议中划分区域的必要性,下列描述不准确的是( )。

A. 减小 LSDB 的规模   B. 降低运行 SPF 算法的复杂度

C. 缩短路由器件的 LSDB 的同步时间   D. 有利于路由进行聚合

7-22 某网络的 IP 地址空间为 192.168.5.0/24,采用长子网划分,子网掩码为 255.255.255.248,则该网络的最大子网个数是( ),每个子网内的最大可分配地址个数是( )。

A. 32 8   B. 32 6   C. 8 32   D. 8 30

7-23 给定的 IP 地址为 192.55.12.120,子网屏蔽码为 255.255.255.240,那么子网号为 __(1)__ ,主机号为 __(2)__ ,直接的广播地址为 __(3)__ 。如果主机地址的前十位用于子网,那么 184.231.138.239 的子网屏蔽码为 __(4)__ 。如果子网屏蔽码为 255.255.192.0,那么主机 __(5)__ 必须通过路由器才能与主机 129.23.144.16 通信。

(1) A. 0.0.0.112   B. 0.0.0.120

     C. 0.0.12.120   D. 0.0.12.0

(2) A. 0.0.0.112   B. 0.0.12.8

     C. 0.0.0.8   D. 0.0.0.127

(3) A. 255.255.255.255   B. 192.55.12.127

     C. 192.55.12.120   D. 192.55.12.112

(4) A. 255.255.192.0   B. 255.255.224.0

     C. 255.255.255.224   D. 255.255.255.192

(5) A. 129.23.191.21   B. 129.23.127.222

C. 129.23.130.33 D. 129.23.148.127

7-24 试辨认以下 IP 地址的网络类别。

(1) 128.36.199.3 (2) 21.12.240.17

(3) 183.194.76.253 (4) 192.12.69.248

(5) 89.3.0.1 (6) 200.3.6.2

7-25 在 TCP/IP 体系结构中,BGP 是一种( )。

A. 网络应用 B. 地址转换协议 C. 路由协议 D. 名字服务

7-26 在 TCP/IP 体系结构中,BGP 报文封装在( )中传输。

A. 以太帧 B. IP 数据报 C. UDP 报文 D. TCP 报文

7-27 计算机网络由哪几部分组成?

7-28 环回地址必须是 127.0.0.1 吗?

7-29 网络互联分为哪几个层次?每个互联层次上的设备各具有什么特点?

7-30 试述报文首部在网络数据传输中的作用。

7-31 试述防火墙的主要功能。

7-32 试述路由选择算法与路由选择协议的区别和联系。

7-33 试简单说明 IP、ARP、RARP 和 ICMP 的作用。

7-34 试判断主机的 IP 地址为 192.168.0.1,目的地址为 192.168.0.4,子网掩码为 255.255.255.0,判断主机与目的地址是否在同一子网。

7-35 设某路由器建立了如下路由表:

目的网络	子网掩码	下一跳
128.96.39.0	255.255.255.128	接口 m0
128.96.39.128	255.255.255.128	接口 m1
128.96.40.0	255.255.255.128	R2
192.4.153.0	255.255.255.192	R3
*(default)	——	R4

现共收到 5 个分组,其目的地址分别为:

(1) 128.96.39.10,

(2) 128.96.40.12,

(3) 128.96.40.151,

(4) 192.153.17,

(5) 192.4.153.90,

请分别计算其下一跳路由器。

7-36 某校有 6 个系,路桥系最大,有 55 台计算机;商贸旅游系最小,只有 18 台计算机,其他各系都有 28 台计算机,现申请到一个 C 类地址段为 192.168.1.0/24,请按要求划分子网,使每个系都满足要求且又留有一定余量。每个子网的网络号、广播地址及有效主机范围各是多少?

7-37 某单位分配到的一个地址块为 136.23.12.64/26。现在需要进一步划分为 4 个一样大的子网。

（1）每个子网的网络前缀有多长？

（2）每个子网中有多少个地址？

（3）每个子网的地址是什么？

（4）每个子网可分配给主机使用的最小地址和最大地址是什么？

7-38　试总结内部网关协议的主要特点与优缺点。

7-39　试比较面向连接服务和无连接服务的异同点。

7-40　计算机 little-sister. cs. vu. nl 的 IP 地址为 130.37.62.23，该计算机是在 A 类、B 类还是 C 类网上？

7-41　假定 IP 的 B 类地址不是使用 16 位而是使用 20 位作为 B 类地址的网络号部分，那么将会有多少个 B 类网络？

7-42　在 Internet 上的一个 B 类网络的子网掩码为 255.255.240.0，每个子网中的最大主机数目是多少？

7-43　有人说，"ARP 向网络层提供服务，因此它是数据链路层的一部分"。你认为他的这种说法对吗？

7-44　大多数 IP 数据报重组算法都由一个计数器来避免一个丢失的片段长期挂起一个重组缓冲区。假定一个数据报被分割成四个片段，开头三个片段到达了，但最后一个片段被耽搁了，最终计数器超时，在接收方存储器中的三个片段被丢弃。过了一段时间，最后一个片段姗姗而至。那么应该如何处置这个片段？

7-45　一个单位有一个 C 类网络 200.1.1。考虑到共有四个部门，准备划分子网。这四个部门内的主机数目分别为 A——72 台，B——35 台，C——20 台，D——18 台，即共有 145 台主机。

（1）给出一种可能的子网掩码安排来完成任务划分。

（2）如果部门 D 的主机数目增长到 34 台，那么该单位又该怎么做？

7-46　让 ARP 登录项在 10～15 分钟后超时是进行合理折中的一种尝试。试述如果把超时值定得太小或太大可能引发的问题。

7-47　假定主机 A 和 B 在一个具有 C 类 IP 网络地址 200.0.0 的以太网上。现在通过一条对 B 的直接连接把主机 C 附接到该网络（见图 7-43）。说明对这种配制如何划分子网，并给出一种具体的样例子网地址分配。假定不可能提供额外的网络地址，则对以太网的大小会有什么影响？

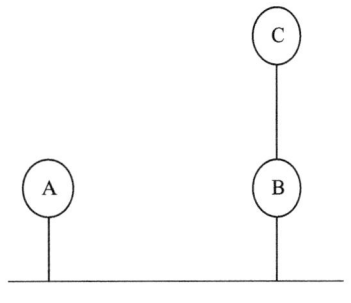

图 7-43　题 7-45 图

7-48　在使用 ARP 的同一个以太网上，假定主机 A 和 B 被分配在同一个 IP 地址，并且 B 在 A 之后启动，那么，这对 A 的现有连接会有什么影响？试给出克服这一影响的一种措施。

7-49　在 C4.50.0.0/12 中的"/12"表示开头有 12 个 1 的网络掩码，也就是 FF.F0.0.0。注意，最后三个登录项涵盖每一个地址，因此起到了默认路由的作用。试指出具有下列目标地址的 IP 分组将被投递到哪一个下站地？

  (1) C4.5E.13.87

  (2) C4.5E.22.09

  (3) C3.41.80.02

  (4) 5E.43.91.12

  (5) C4.6D.31.2E

  (6) C4.6B.31.2E

7-50 IPv6 使用 16 字节地址。如果每微秒分配一个含有 100 万个地址的地址块，那么该 16 字节地址可持续多长时间？

7-51 在 IPv4 首部中使用的协议段在 IPv6 的固定首部中不复存在。试说明这是为什么？

7-52 当采用 IPv6 协议的时候，ARP 协议是否需要改变？如果需要，是概念上的改变，还是技术上的改变？

7-53 通常，当一个移动主机不在居所时，送往它的居所 LAN 的分组被它的家乡代理（Home Agent）截获。对一个在 IEEE 802.3 LAN 上的 IP 网络，家乡代理如何完成这项截获任务？

7-54 大多数 IP 路由选择协议都使用跳段数作为进行路由计算时设法使其取值最小的一种度量。而对 ATM 网络而言，跳段数不是很重要。为什么？ATM 网络也使用存储-转发机制吗？

第8章 传 输 层

传输层是整个协议层次结构的核心,其任务是在源主机和目的主机之间提供可靠的、性价比合理的数据传输功能,并与当前所使用的物理网络完全独立。本章首先介绍了传输层提供的传输服务及原语,然后介绍了传输协议的要素,最后讲述了用户数据报协议(UDP)和传输控制协议(TCP)的工作原理。UDP 是一种面向非连接的协议,虽然不能保证可靠安全的通信,但是非常高效。TCP 是一种面向连接的协议,能提供可靠的字节流服务。由于 TCP 比 UDP 复杂得多,所以必须弄清 TCP 的各种机制,如面向连接的可靠服务、流量控制、拥塞控制等。

8.1 传输服务

传输层是整个协议层次结构的核心,在 OSI 参考模型中的位置如图 8-1 所示。它介于通信子网和资源子网之间,可屏蔽高层用户通信的细节,以弥补通信子网所提供服务的不足,提供端对端之间的无差错服务。传输层工作的繁简取决于通信子网提供服务程度的高低。

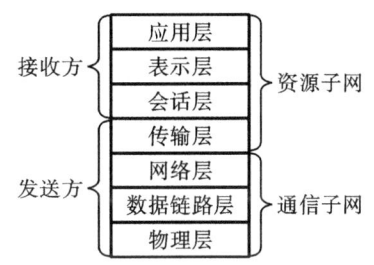

图 8-1 传输层在 OSI 参考模型中的位置

8.1.1 传输实体

传输层的最终目的是向它的用户(通常是应用层中的进程)提供可靠的、性价比合理的服务。为了达到此目的,传输层需要充分利用网络层提供给它的服务。在传输层内部,完成该项工作的硬件和(或)软件称为传输实体(transport entity)。传输实体可能存在于操作系统的内核中、一个单独的用户进程中、网络应用的程序库中、网络接口卡上。

8.1.2 传输层提供的传输服务

从本质上讲,传输层的存在,使得传输服务有可能比网络服务更加可靠。图 8-2 表示网络层、传输层和应用层之间的逻辑关系,图中的 TPDU(transport protocol data unit,传输协议数据单元)代表从一个传输实体发送到另一个传输实体的消息。网络层是通信子网的最高层,它无法保证通信子网或路由器提供面向连接服务的可靠性,而用户一般不能直接对通信子网加以控制,因此,通常在网络层上加一层传输层来提高传输质量。有了传输层后,应用于各种网络的应用程序就能通过采用一个标准的原语集来进行编写,而不必担心不同的子网接口和不可靠的传输过程。传输层起着将通信子网的技术、设计和各种缺陷与上层隔离的关键作用。

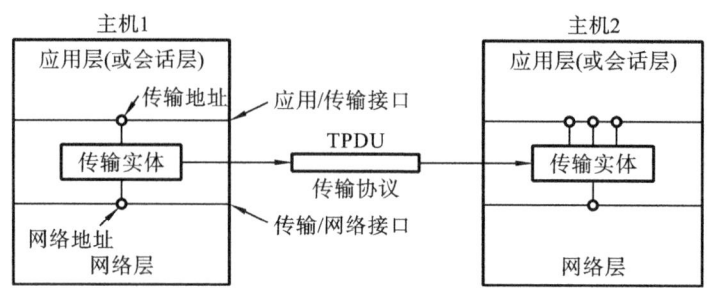

图 8-2　网络层、传输层和应用层之间的逻辑关系

　　根据不同的协议,传输层提供的传输服务分为面向连接服务和无连接服务。面向连接服务是指发送方与接收方传输数据时需要通过建立连接,然后传输数据,最后释放连接三个过程。其通信可靠,对数据进行校验和重发。传输层采用缓冲区解决按序传输(发送和接收顺序是一样的)过程,即当一个数据到达后,在交给应用程序处理前,传输层要看到数据的序号,如果序号排在前面的数据没有收到,则收到的数据会暂存在缓冲区,等前面序号的数据到达后,再一起交给应用程序进行处理。而无连接服务,发送方无须事先建立连接,只要有数据需要发送,就直接发送。其通信不可靠,对数据不进行校验和重发,通信效率高。

　　传输层向高层用户屏蔽网络核心的细节,如所采用的路由选择协议、网络拓扑等,使高层用户看到的就像在两个传输层实体之间有一条端对端的逻辑通信信道(数字管道),这条逻辑通信信道对上层的表现却因传输层使用的不同协议而有很大差别。当传输层采用面向连接的 TCP 时,尽管其网络不可靠,但是这种逻辑通信信道仍相当于一条全双工的可靠信道。而当传输层采用无连接的 UDP 时,这种逻辑通信信道则是一条不可靠信道。

8.1.3　传输服务原语

　　为了让用户访问传输服务,传输层必须为应用程序提供一些操作,即提供一个传输服务接口。每个传输服务都有它自己的接口。用户(应用进程)调用传输层功能的接口就是传输服务原语。

1. 典型的面向连接的传输服务原语(采用 C/S 的工作方式提供服务)

　　为了初步了解传输服务的基本面貌,表 8-1 列出了 5 个原语。尽管这个传输服务接口非常精简,但是它给出的一个典型的面向连接的传输服务接口应该要完成一些本职工作。它可使应用程序建立并使用连接,用完后再释放连接。

表 8-1　典型的面向连接的传输服务原语

原　　语	TPDU 发送的	含　　义
LISTEN	(无)	阻塞,直到某个过程试图建立连接
CONNECT	CONNECTION REQ	建立连接的活动尝试
SEND	DATA	发送信息
RECEIVE	(无)	阻塞,直到一个 DATA TPDU 到达
DISCONNECT	DISCONNECTION REQ	该方希望释放连接

2. TPDU 的发送过程

TPDU 是传输层之间交换的数据单元,分组是网络层之间交换的数据单元,帧是数据链路层之间交换的数据单元。TPDU 包含在分组的内部,而分组包含在帧的内部。它们的嵌套关系如图 8-3 所示。当一帧到达时,数据链路层对帧首部进行处理,然后把帧有效载荷中的内容传输给网络实体。网络实体对分组首部进行处理,然后把分组有效载荷向上传递给传输实体。

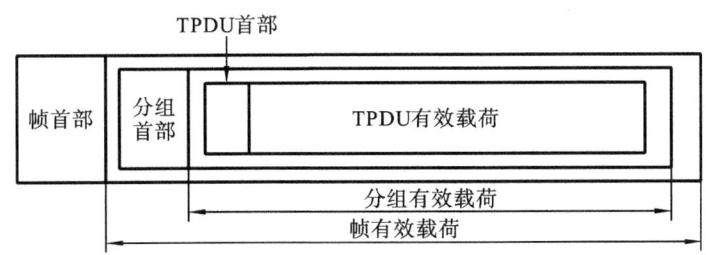

图 8-3　TPDU、分组和帧的嵌套关系

3. 伯克利套接字

在 TCP/IP 协议当中,使用最多的传输层服务原语就是伯克利套接字(Berkeley socket),表 8-2 列出了这些原语。

表 8-2　TCP 的套接字原语

原　　语	含　　义
SOCKET	创建一个新的通信端点
BIND	往套接字中附加本地地址
LISTEN	宣布愿意接受连接,并给出队列大小
ACCEPT	阻塞呼叫者,直到连接尝试到达
CONNECT	建立连接的尝试
SEND	通过连接发送一些数据
RECEIVE	通过连接接收一些数据
CLOSE	释放连接

SOCKET 原语用于创建一个新的通信端点,并且在传输实体中为它分配相应的表空间。它标识了某台主机的某个应用进程,把这两个信息捆绑在一起就形成了一个套接字,应用进程间的通信就是套接字间的通信。新创建的套接字并没有网络地址。BIND 原语可以将套接字和某个 IP 地址(主机标识)进行绑定。LISTEN 原语用于侦听连接请求,分配一定的空间给进来的连接请求排队,因此,多个用户可以同时发起连接请求。为了阻塞等待一个进来的连接,服务器要执行 ACCEPT 原语。CONNECT 原语用于阻塞调用方,并主动发起连接过程。

4. 典型的套接字应用过程

套接字的使用与文件的使用类似,其典型的应用过程如图 8-4 所示。

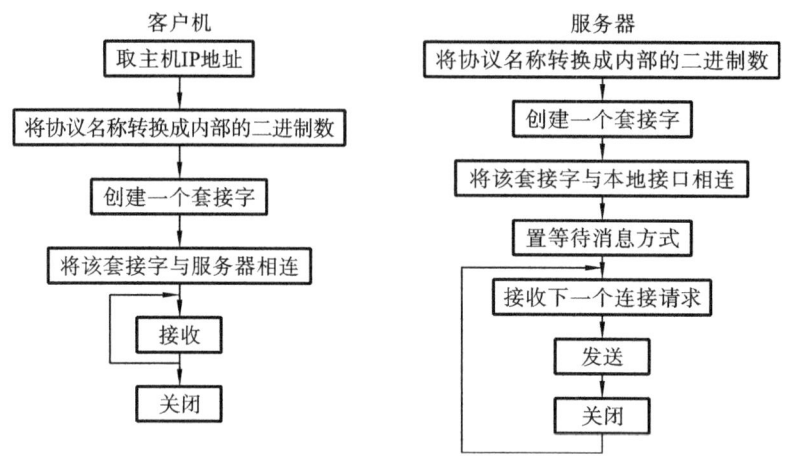

图 8-4 典型的套接字应用过程

8.2 传输协议

传输服务是通过两个传输实体之间采用传输协议来实现的。传输协议在某些方面类似于之前学过的数据链路层协议。这两种协议都提供可靠的数据传输,都要处理错误控制、顺序管理、流量控制及其他问题。然而,它们之间也有一些重要的差别,这是由于两种协议运行的环境有很大不同而引起的,其主要差别如下。

(1) 数据链路层的发送方和接收方是通过一条物理链路直接连接的;而传输层的通信双方面对的传输通道是一个网络,是通过网络连接的。

(2) 数据链路层的连接建立很简单,而传输层要复杂得多。

(3) 数据链路层的通信是点对点的,每条输出线对应唯一的一个设备;而传输层需要给出目的端的地址,即指定接收数据的接收进程的端口号。

(4) 在数据链路层无中间存储环节;在传输层,每条途径的路由器都必须进行存储、寻径、转发,且寻径到转发的时间随路由器本身的性能和路由算法而定。

(5) 数据链路层通常使用一对发送缓冲区(发送窗口)和一对接收缓冲区(接收窗口);传输层对每个连接必须分配一定的缓冲区,因此其缓冲区的管理将复杂得多。

下面讨论传输协议必须考虑的几个要素。

8.2.1 寻址

当一个应用程序希望与另一个应用程序传输数据时,如果是面向连接服务,则在建立连接时必须指定与哪个应用程序相连;如果是无连接服务,则要指明数据发送给哪个应用程序。

1. 传输服务访问点

两个程序要建立连接,必须指明对方是哪一个应用程序,这个标记称为传输层地址,也称为传输服务访问点(transport service access point,TSAP)。在 TCP/IP 协议中,传输层地址即 TCP 的端口号。网络层地址称为网络服务访问点(network service access point,NSAP),NSAP 在 IP 协议中即为 IP 地址。Internet 传输地址由 IP 地址和主机端口号组成。

寻址的方法一般采用定义传输地址。首先按照 IP 地址找到目的主机,然后根据主机端口号确定该进程的端口。

2. 连接方案举例

访问一个时间服务器,该时间服务器就提供标准的时间(服务器就是一个应用程序)。图 8-5 显示了 NSAP、TSAP 和传输连接之间的关系,具体说明如下。

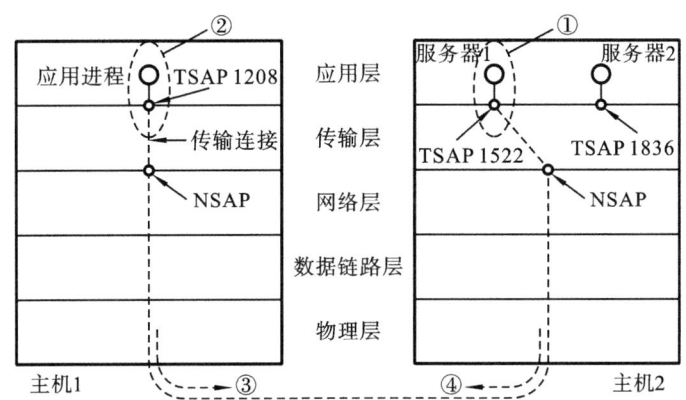

图 8-5 TSAP、NSAP 和传输连接之间的关系

主机 2 上的定时服务器进程将自己连到 TSAP 1522 上,等待即将到来的请求,例如,可以使用 LISTEN 调用。主机 1 上的一个应用进程想找出当天的时间,便发出一个 CONNECT 请求,将 TSAP 1208 设定为源地址,将 TSAP 1522 设定为目的地址。主机 1 上的传输实体通过网络地址与主机 2 的网络地址建立一个网络连接。使用该网络连接,主机 1 的传输实体便能与主机 2 的传输实体进行通话。主机 1 上的传输实体向主机 2 上对等端说的第一句话是:"我想在我的 TSAP 1208 和你的 TSAP 1522 之间建立一个传输连接,如何?"主机 2 上的传输实体便询问 TSAP 1522 的定时服务器是否愿意接受一个新的连接,如果它同意,便成功建立传输连接。

3. 如何知道对方的 TSAP

1) 众所周知的 TSAP

所有网络用户都知道,每个服务器都有自己固定的 TSAP。例如,UNIX 系统上的/etc/services 文件列出了有哪些服务器被永久地关联到哪些端口上。

2) 采用名字服务器(name server)或目录服务器(directory server)

用户与名字服务器建立连接,向服务器发送一个报文,指明服务器的名字,服务器将该服务器对应的 TSAP 返回给用户,类似于 114 查号。

3) 对方将分配的 TSAP 通知主机(见图 8-6)

在一台主机(主机 2)上有很多进程服务器,空闲时这些进程服务器都释放,不运行,此时主机 2 上运行一个特殊的侦听进程,用于代替主机 2 上各种服务进程,侦听客户机提出的各种服务请求。该侦听进程有一个 TSAP,当有一个客户机请求到来时,它会根据该客户机

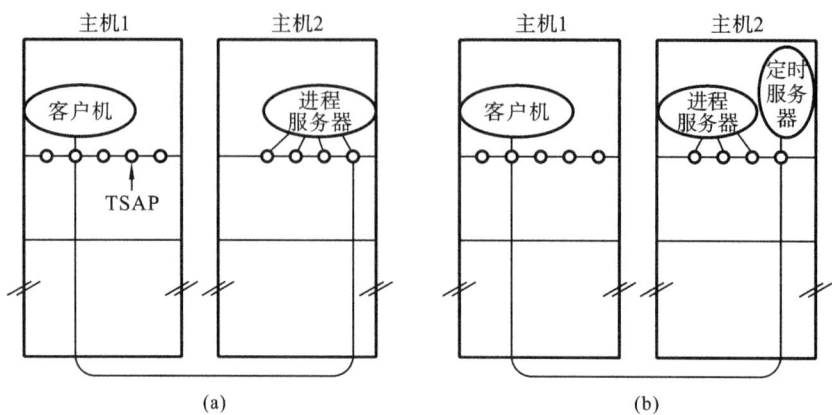

图 8-6　主机 1 的用户进程如何与主机 2 的时间服务器建立连接

的请求去启动相应的进程服务器,并为其分配一个 TSAP;然后将该 TSAP 通知客户机;最后客户机就和这个刚被启动的进程服务器进行通信,而这个侦听进程则继续自己侦听,等待下一个客户机请求。

初始连接协议(initial connection protocol)由进程服务器代理转接多种不同的服务请求。服务器(主机 2)上运行一个特殊的进程服务器,同时侦听一系列的端口,等待用户的 TCP 连接请求。用户(主机 1)设定所需服务的 TSAP 地址,发出一个 CONNECT 请求。主机 2 的进程服务器收到请求后,将请求装入被请求服务器,被请求服务器将继承已建立的连接并为用户提供服务。主机 2 的进程服务器又继续侦听新的请求。

8.2.2　建立连接

建立连接实际上是很琐碎的工作。其主要原因有:通信子网的不可靠性会产生丢包等情况,客户机发出的建立连接请求及服务器应答等都有可能丢失。通信子网中还存在延时、分组丢失,以及由延时和丢失带来的重复分组情况。由于通信子网的尽力而为的传输原则,一个早已超时的分组最终还是到达了目的端,所以有必要将分组的生命周期限制在一个合适的范围内。连接建立时,如何处理过期分组、保证连接的唯一性是建立连接过程中首要考虑的问题。常用三次握手的方式建立可靠的连接(通过三个信令/消息实现)。

1. 正常的三次握手过程

TCP 连接的建立采用三次握手的方式。三次握手的具体过程是:发送方发送连接请求,接收方回应对连接请求的确认,发送方再发送对确认的确认,如图 8-7(a)所示。

主机 1 发出连接请求序号为 x(seq=x),主机 2 应答接受主机 1 的连接请求,并声明自己的序列号为 y(seq=y,ACK=x),主机 1 收到确认后发送第一个数据 TPDU 并确认主机 2 的序列号(seq=x,ACK=y),至此,整个连接建立过程正常结束,正式开始数据传输。

2. 非正常的建立连接过程

1) 由于延时而重复的 TPDU 的连接过程

因延时而重复的连接请求的 TPDU(延时 CR)是三次握手的工作过程,此时在主机 1、主机 2 之间不会建立与第二条一样的连接,如图 8-7(b)所示。来自一个已经释放连接的主

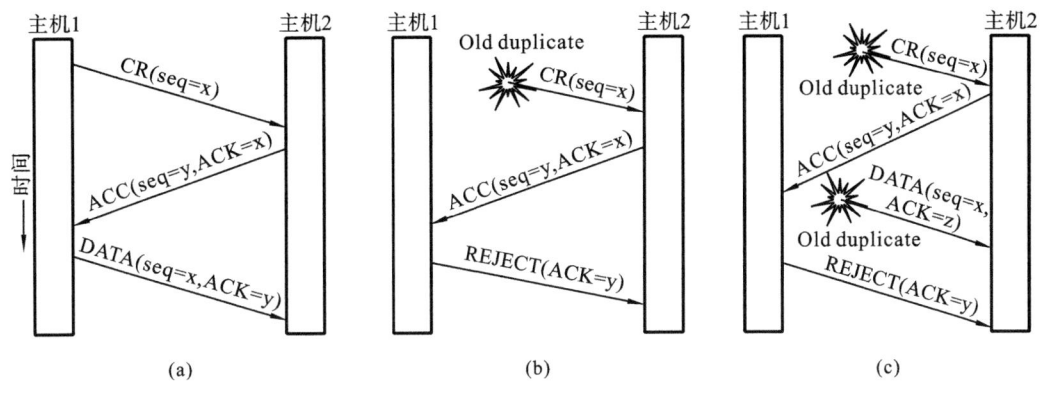

图 8-7 三次握手过程

机 1 的延时的重复连接请求,该 TPDU 在主机 1 毫不知晓的情况下到达主机 2,主机 2 通过向主机 1 发送一个接受连接请求的 TPDU 来响应该 TPDU,并声明自己的序号为 y(seq= y,ACK=x),主机 1 收到这个确认后感到莫名其妙并当即拒绝,主机 2 收到主机 1 的拒绝才意识到自己受到了延时的重复的 TPDU 的欺骗并放弃该连接,据此,延时的重复请求将不会产生不良后果。

2) 子网中同时出现作废的 CR 和 ACK 的情况(同时存在延时的 CR 和 ACK)

此时在主机 1、主机 2 之间也不会建立第二条连接,如图 8-7(c)所示。与上述情况一样,主机 2 收到了一个延时的 CR 并做了确认应答。在这里,关键是要认识到主机 2 已经声明使用 y 作为从主机 2 到主机 1 进行数据传输的初始序号,因此主机 2 十分清楚在正常情况下主机 1 的数据传输应捎带对 y 确认的 TPDU,于是,当第二个延时的 TPDU 到达主机 2 时,主机 2 根据它确认的是序号 z 而不是 y 来确定这也是一个延时的重复的 TPDU,因此也不会建立连接。

注意:传输层的 TPDU 的序号选择是有要求的,即在一段时间内不能出现两个序号相同的 TPDU,这样可以保证当 TPDU 的序号重新开始时,以前所有相同序号的 TPDU 在网上都已不存在。这样,z 肯定不会等于 y。

8.2.3 释放连接

释放连接分为非对称释放连接和对称释放连接。非对称释放连接比较粗鲁,一方中止连接,连接即告中断,其缺陷是可能导致数据丢失。对称释放连接要中止连接需要通知对方,只有对方同意了,才能真正中止连接。

1. 非对称释放连接

非对称释放连接如图 8-8 所示,当连接建立后,主机 1 发送一个数据 TPDU 并正确抵达主机 2,接着主机 1 发送第二个数据 TPDU。然而,主机 2 在收到第二个 TPDU 之前先突然发出了 DISCONNECT(释放连接请求),结果是立即释放连接,数据被丢失。

2. 对称释放连接

(1) 三次握手的正常情况(见图 8-9(a))。主机 1 在结束数据传输后决定释放连接,于是发送 DR 并启动计时器;主机 2 在收到主机 1 的 DR 后同意释放连接,也发送 DR 并启动

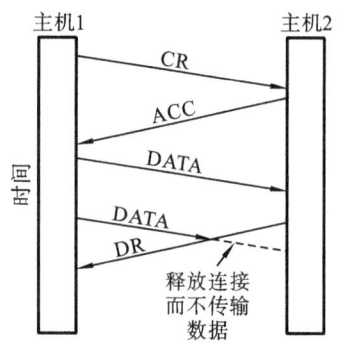

图 8-8　非对称释放连接

计时器；主机 1 在计时器没有超时前收到主机 2 的 DR，便正式释放连接并发送 ACK；主机 2 也在计时器没有超时前收到主机 1 的 ACK，于是也释放连接，至此整个数据传输过程（包括建立连接、传输数据和释放连接）正常结束。

（2）最后确认 TPDU 丢失（见图 8-9(b)）。主机 1、主机 2 的 DR 丢失都不会造成任何一方释放连接，如果主机 1 的 ACK 丢失，则会造成主机 1 释放与主机 2 的连接，而主机 2 不会释放与主机 1 的连接的情况。这个问题通过计时器超时、主机 2 自主决定释放连接来解决。值得注意的是，主机 1 上的计时器是重发计时器，如果超时，主机 1 就重发 DR，并设置一个值 n，当重发的次数超过 n 时，主机 1 也会自动释放连接；主机 2 上的计时器是超时计时器，如果超时，主机 2 就自动释放连接。

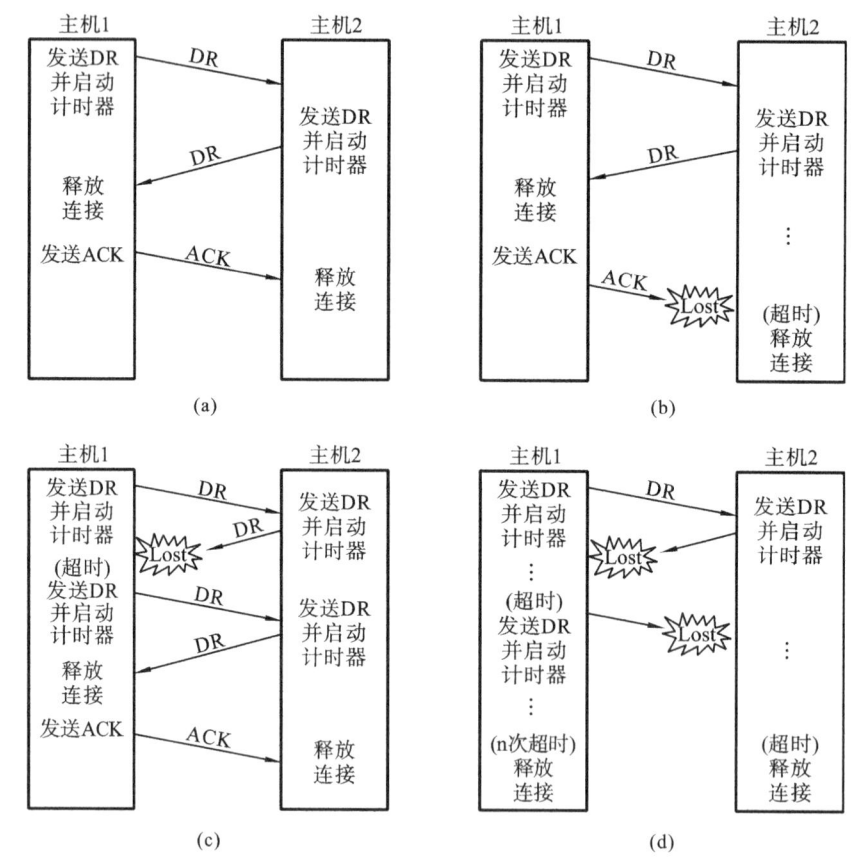

图 8-9　对称释放连接的几种情况

（3）应答丢失，发送端重发 DR（见图 8-9(c)）。主机 1 在结束数据传输后决定释放连接，于是发送 DR 并启动计时器，主机 2 在收到主机 1 的 DR 后同意释放连接，也发送 DR 并启动计时器。然而，主机 1 在计时器超时后还未收到主机 2 的 DR，于是又重新发送 DR 并启动计时器。上面便是一个正常的三次握手过程,并最后正常释放连接,即整个数据传输过程正常结束。

(4)应答丢失以及后续 DR 丢失(见图 8-9(d))。主机 1 在结束数据传输后决定释放连接,于是发送 DR 并启动计时器;主机 2 在收到主机 1 的 DR 后同意释放连接,也发送 DR 并启动计时器。然而,在紧接着的一段时间内,线路遇到了灾难性的干扰,无论是哪一方的超时重发的 TPDU 都不能到达对方,最终,接收方计时器超时也释放连接,发送方经 n 次重发和超时后只能无奈地放弃努力并释放连接。

总之,在网络中一般采用三次握手的方式建立连接和释放连接。

8.2.4　流量控制和缓冲策略

如果发送方把数据发送得过快,接收方可能来不及接收,这就会造成数据的丢失。所谓流量控制就是让发送方的发送速率不要太快,让接收方来得及接收。它是发送方和接收方之间传输速率上的匹配,为了让没有得到确定的 TPDU 在超时后重发,通常必须在缓冲区中暂存。利用滑动窗口机制可以很方便地在 TCP 连接上实现对发送方的流量控制。

在数据链路层,实现的是点对点的通信,双方缓冲区的大小根据滑动窗口协议而定。而传输层实现的是端对端的通信,某一时刻,一台主机可能同时与多台主机建立连接,多个连接必须有多组缓冲区,所以缓冲区的动态分配和管理策略与数据链路层相比要复杂得多。

1. 流量控制和缓冲策略举例

传输层的实体需要同时为很多的应用服务,虽然每个应用进程的数据都要保存在传输层的缓冲区中,但传输层的服务对象是不确定的,服务对象的个数也是不确定的。传输层的缓冲区采用动态分配的方法并根据缓冲区当前的容量来为应用进程分配缓冲区,而流量则根据应用进程分配到的缓冲区大小来决定(传输层根据接收缓冲区的大小来决定发送方发出的数据量,这和数据链路层的滑动窗口机制是一样的)。

下面通过图 8-10 说明如何利用滑动窗口机制进行流量控制。

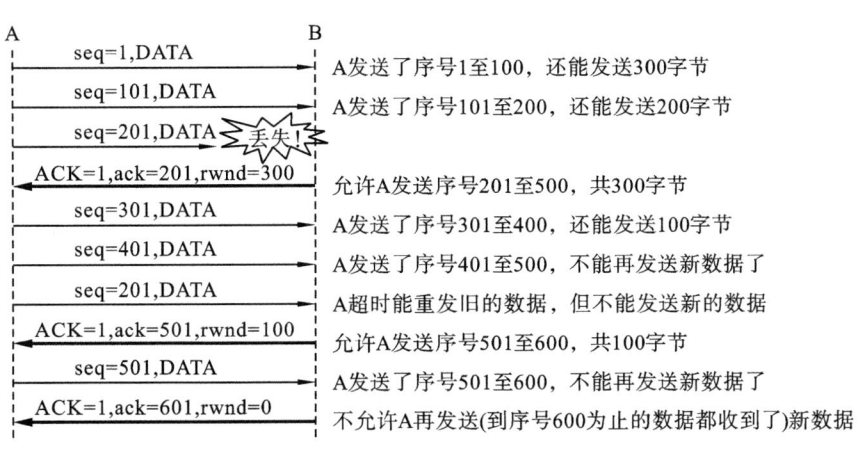

图 8-10　利用滑动窗口机制进行流量控制

设 A 向 B 发送数据。建立连接时,B 告诉 A:"我的接收窗口(receiver window,这里用 rwnd 表示)是 rwnd＝400"。因此,发送方的发送窗口的数值不能超过接收方给出的接收窗口的数值。请注意,TCP 的窗口单位是字节,不是报文段;TCP 建立连接时的窗口协商过程在图8-10中没有显示出来。再设每个报文段为 100 字节长,而数据报文段序号的初始值为1。ACK 表示首部中的确认号,ack 表示确认号字段的值。

从图 8-10 中可以看出,B 进行了三次流量控制。第一次把窗口数据减少到 rwnd＝300,第二次又减少到 rwnd＝100,最后减少到 rwnd＝0,即不允许发送方再发送数据。这种使发送方暂停发送的状态将持续到主机 B 重新发出一个新的窗口值为止。B 向 A 发送的三个报文段都设置了 ACK＝1,只有当 ACK＝1 时,确认号字段才有意义。

下面考虑一种情况。图 8-10 中,B 向 A 发送了零窗口的报文段后不久,B 的接收缓存又有了一些存储空间。于是 B 向 A 发送了 rwnd＝400 的报文段,但是该报文段在传输过程中丢失了。A 一直等待接收 B 发送的非零窗口的通知,而 B 也一直等待 A 发送的数据。如果没有其他措施,则将一直延续这种互相等待的死锁局面。

为了解决上述问题,TCP 为每个连接设有一个持续计时器(persistence timer)。只要TCP 连接的一方收到对方的零窗口通知,就启动持续计时器。若持续计时器设置的时间到期,就发送一个零窗口探测报文段(仅携 1 字节的数据),那么收到这个报文段的一方就重新设置持续计时器。如果窗口不是零,那么就可以打破死锁的僵局。

2. 必须考虑传输速率

应用进程把数据传输到 TCP 的发送缓存后,就由 TCP 来控制发送任务。可以使用不同的机制来控制 TCP 报文段的发送时机。

(1) TCP 维持一个变量,它等于最长报文段长度 MSS。只要缓存中存放的数据达到MSS 字节,就可以组装成一个 TCP 报文段发送出去。

(2) 由发送方的应用进程指明要求发送报文段,即 TCP 支持的推送(push)操作。

(3) 若发送方的一个计时器期限到了,这时就可以把已有的缓存数据装入报文段(但长度不能超过 MSS 字节)发送出去。

在 TCP 的实现中广泛使用了 Nagle 算法,描述如下:如果发送应用进程把要发送的数据逐个字节地送到 TCP 的发送缓存,则发送方就把第一个数据字节先发送出去,然后把后面到达的数据字节都缓存起来。当发送方接收到第一个数据字节的确认后,再把发送缓存中的所有数据字节组装成一个报文段发送出去,同时继续将随后到达的数据字节缓存起来。只有在收到前一个报文段的确认后才继续发送下一个报文段。当数据到达较快而网络速率较慢时,使用这样的方法可明显减少所用的网络带宽。Nagle 算法还规定:当到达的数据已达到发送窗口大小的一半或已达到报文段的最长长度时,就立即发送一个报文段。

糊涂窗口综合征(silly window syndrome)[RFC 813]有时也会使 TCP 的性能变坏。如TCP 接收方的缓存已满,而交互式的应用进程一次只从接收缓存中读取 1 字节(这样仅腾出 1 字节接收缓存空间),然后向发送方发送确认,并把窗口设置为 1 字节(但发送的数据报为 40 字节)。接着,发送方又发来 1 字节的数据(发送方的 IP 数据报为 41 字节)。接收方发回确认,仍然将窗口设置为 1 字节。这样,网络的效率很低。

要解决这个问题,可让接收方等待一段时间,使得接收方缓存已有足够空间容纳一个最长的报文段,或者等到接收方缓存已有一半空闲空间的大小。只要出现这两种情况之一,接收方就发回确认报文,并向发送方通知当前的窗口大小。此外,发送方也不要发送太小的报文段,而要把数据报积累成足够长的报文段,或者达到接收方缓存空间的一半大小。

上述两种方法可配合使用。在发送方不发送很短报文段的同时,接收方也无须在缓存刚有了一点空间就急忙把这个很小的窗口信息通知发送方。

8.2.5　多路复用

传输层的传输是基于网络层的传输。

(1) 向上多路复用(upward multiplexing):多个传输层的连接合用一个网络层的连接来发送,这可以提高网络层连接资源的利用率。

(2) 向下多路复用(downward multiplexing):一个传输层的连接合用多个网络层的连接来发送,可增加其有效带宽,并提高传输速率。

8.2.6　传输层实体崩溃的恢复

1. 网络崩溃的恢复

1) 数据报子网

数据报子网是不可靠的,在传输层有一个缓冲区用于保存所有已发送的但还没收到确认的数据。如果传输层对丢失的 TPDU 留有副本,就可以通过重发来解决。

2) 虚电路子网

虚电路子网不保存发送数据的副本,在网络恢复后重新建立连接,并询问远端的传输实体已经收到哪些 TPDU(只需知道最后收到的数据的序号就可以知道接收方哪些数据已收到,哪些数据没有收到),没有收到的则必须重发。

2. 主机崩溃的恢复

主机崩溃的恢复有以下两种情况。

(1) 客户机主机崩溃,其恢复较为简单。

(2) 服务器崩溃,如果能及时重新启动,则重新连接后,客户机可能处于两种状态之一:S1——有未被确认的 TPDU;S0——没有未被确认的 TPDU。

一般情况下,远端服务器的传输实体收到客户机的 TPDU 后,先发送一个确认,当确认发生后,再对应用进程执行一个写操作(如存盘或交上层),向输出流写一个 TPDU 和发送一个确认,这是两种不同而又不可分的事件,但两者不能同时进行。

3. 服务器传输实体发送确认和执行写操作的问题

(1) 先发送确认,然后执行写操作,中间发生崩溃。

此时客户机将收到这个确认,当崩溃恢复声明到达时,它处于 S0 状态。因此,客户机不再重发,因为它错以为每个 TPDU 已经到达服务器端,客户机的这种决定会导致丢失一个TPDU。

(2) 先执行写操作,然后发送确认,中间发生崩溃。

设想已经完成了写操作但在确认发出前系统发生了崩溃,此时客户机处于 S1 状态并重传数据,从而导致在服务器应用进程的输出流上出现一个无法检测的重复 TPDU。

无论怎样对发送方和接收方的协议进行编程,总是存在协议不能正确地从故障中恢复的情况,传输层无法彻底解决该问题,将由高一层协议处理(应用程序自己去解决)。

8.3 传输层协议

在 TCP/IP 协议簇中,IP 提供在主机之间传输数据报的能力,每个数据报根据其目的主机的 IP 地址在 Internet 中进行路由选择。传输层协议为应用层提供的是进程之间的通信服务。为了在给定的主机上能识别多个目的地址,同时允许多个应用程序在同一台主机上工作并能独立地进行数据报的发送和接收,TCP/UDP 提供了应用程序之间传输数据报的基本机制,它们提供的协议端口能够区分一台主机上运行的多个程序。也就是说,TCP/UDP 使用 IP 地址标识主机,使用端口号来标识应用进程,即 TCP/UDP 使用主机 IP 地址和为应用进程分配的端口号来标识应用进程。端口号是 16 位的无符号整数,TCP 的端口号和 UDP 的端口号是两个独立的序列。尽管相互独立,如果 TCP 和 UDP 同时提供某种知名服务,那么两种协议通常选择相同的端口号。这纯粹是为了使用方便,而不是协议本身的要求。利用端口号,一台主机上的多个进程可以同时使用 TCP/UDP 提供传输服务,并且这种通信是端对端的,它的数据由 IP 数据报传输,但与 IP 数据报的传输路径无关。网络通信中用一个三元组(协议、本地地址、本地端口号)可以全局唯一标识一个应用进程,这样的一个三元组,称为一个半相关(half-association),它用于指定连接的每半部分。一个完整的网间进程通信需要由两个进程组成,并且只能使用同一种高层协议。也就是说,不可能通信的一端使用 TCP 协议而另一端使用 UDP。因此,一个完整的网间通信需要一个五元组(协议、本地地址、本地端口号、远地地址、远地端口号)来标识。这样的一个五元组,称为一个相关(association),即两个协议相同的半相关才能组合成一个合适的相关,或者完全指定组成一连接。

端口号的分配是一个重要问题。有两种基本分配方式:第一种称为全局分配,这是一种集中控制方式,由一个公认的中央机构根据用户需要进行统一分配,并将结果公布于众;第二种称为本地分配,又称动态连接,即进程需要访问传输层服务时,会向本地操作系统提出申请,操作系统返回一个本地唯一的端口号,进程再通过合适的系统调用将自己与该端口号联系起来(绑扎)。TCP/UDP 端口号的分配中综合了上述两种方式。TCP/UDP 将端口号分为两部分,少量的作为保留端口,以全局方式分配给服务进程。因此,每台标准服务器都拥有一个全局公认的端口号(周知端口号,well-known port),即使在不同的服务器上,其端口号也相同。剩余的作为自由端口,以本地方式进行分配。表 8-3 列出了常用的 TCP/UDP 周知端口号。

表 8-3 常用的 TCP/UDP 周知端口号列表

端口号	协议	关键词	UNIX 关键词	描述
1	TCP	TCPMUX	—	TCP 复用器
7	TCP/UDP	ECHO	echo	回送
9	TCP/UDP	DISCARD	discard	丢弃
15	TCP/UDP	—	netstat	网络状态程序
20	TCP	FTP-DATA	ftp-data	文件传输协议(数据)

端口号	协 议	关 键 词	UNIX 关键词	描 述
21	TCP	FTP	ftp	文件传输协议
22	TCP/UDP	SSH	ssh	安全 Shell 远程登录协议
23	TCP	TELNET	telnet	远程登录
25	TCP	SMTP	smtp	简单邮件传输协议
37	TCP/UDP	—	time	时间
42	TCP/UDP	NAMESERVER	name	主机名称服务器
43	TCP/UDP	NICNAME	whois	是谁
53	TCP/UDP	DOMAIN	nameserver	域名服务器
67	UDP	BOOTPS	bootps	引导协议服务器
68	UDP	BOOTPC	bootpc	引导协议客户机
69	UDP	TFTP	tftp	简单文件传输协议
79	TCP	FINGER	finger	Finger 协议
80	TCP	HTTP	http	超文本传输协议
88	TCP	KERBEROS	kerberos	Kerberos 协议
93	TCP	DCP	—	设备控制协议
101	TCP	HOSTNAME	hostnames	NIC 主机名称服务器
110	TCP	POP3	pop3	邮局协议版本 3
111	TCP/UDP	SUNRPC	sunrpc	Sun Microsystems RPC
119	TCP	NNTP	nntp	USENET 新闻传送协议
123	UDP	NTP	ntp	网络时间协议
139	TCP	NETBIOS-SSN	—	NETBIOS 会话协议
161	UDP	—	snmp	简单网络管理协议
162	UDP	—	snmp-trap	SNMP 陷阱
389	TCP	LDAP	ldap	轻量目录访问协议
443	TCP	HTTPS	https	安全 HTTP 协议
513	UDP	—	who	UNIX rwho daemon
514	UDP	—	syslog	系统日志
525	UDP	—	timed	UNIX time daemon
546	TCP	DHCP-CLIENT	dhcp-client	动态主机配置协议客户机
547	TCP	DHCP-SERVER	dhcp-server	动态主机配置协议服务器

在传输层,Internet 有两种主要的协议:TCP 和 UDP。TCP 是一种面向连接服务,它提供可靠的传输,是大部分 Internet 应用的基础。UDP 提供的是一种无连接服务,每个数据包独立传输,在传统的应用中因为不能像 TCP 那样保证数据的可靠传输,所以应用较少。

但是对新的实时视频、音频数据的传输来说,因为不能容忍 TCP 重传带来的时延,所以常常建立在 UDP 之上。UDP 为互联网上的实时视频、音频服务提供了极好的实验环境。由于 UDP 基本上是在 IP 的基础上增加一个短的报文首部而得到的,比较简单,因此,本节将先介绍 UDP,然后重点介绍 TCP。

8.3.1　用户数据报协议

用户数据报协议(user datagram protocol,UDP)是一种简单的面向数据报的传输层协议,进程的每个输出操作都正好产生一个 UDP 数据报,并组装成一份待发送的 IP 数据报。UDP 不提供可靠性,它只负责把应用程序传给 IP 层的数据发送出去,但是并不保证它们能到达目的地。应用程序必须关心 IP 数据报的长度,如果它超过网络的最大传输单元(maximum transmission unit,MTU),就要对 IP 数据报进行分片。RFC 768[Postel 1980]是 UDP 的正式规范。

1. UDP 的主要特点

(1) UDP 是无连接的传输层协议。

UDP 是一种无连接的、不可靠的传输层协议。它在完成进程到进程的通信中,提供有限的差错检验功能。设计 UDP 的目的,是希望以最小的开销来实现网络环境中的进程通信。UDP 适用于可靠性较高的局域网。如果一个进程打算发送一个很短的报文,同时它对该报文的可靠性要求不高,那么它就可以使用 UDP。

(2) UDP 是面向报文的。

发送方的 UDP 为应用程序提交的报文,在添加首部后就向下交付给 IP 层。UDP 为应用层提交的报文,既不合并,也不拆分,而是保留这些报文的边界,即应用层提交给 UDP 多长的报文,UDP 照样发送,一次发送一个报文。而接收方的 UDP,为 IP 层提交的 UDP 用户数据报,在去除首部后就原封不动地交付给上层的应用进程。也就是说,UDP 一次交付一个完整的报文。因此,应用程序必须选择合适大小的报文。若报文太长,UDP 把它交给 IP 层后,IP 层在传输时可能要进行分片,这会降低 IP 层的效率。反之,如果报文太短,UDP 把它交给 IP 层后,会使 IP 数据报首部的相对长度太长,这也降低了 IP 层的效率。

(3) UDP 没有拥塞控制。

网络出现的拥塞不会降低源主机的发送速率。这对某些实时应用是很重要的。很多实时应用(如 IP 电话、实时视频会议等)要求源主机以恒定的速率发送数据,并且允许在网络发生拥塞时丢失一些数据,但不允许数据有太长的时延。UDP 正好适合这种要求。

(4) UDP 使用尽最大努力交付。

UDP 不能保证可靠交付,因此主机不需要维持复杂的连接状态表。

(5) UDP 支持一对一、一对多、多对一和多对多的交互通信。

(6) UDP 的首部开销小,只有 8 个字节,比 TCP 的 20 个字节的首部要短。

虽然某些实时应用需要使用没有拥塞控制的 UDP,但当很多的源主机同时向网络发送高速率的实时视频时,网络就有可能发生拥塞,结果大家都无法正常接收。因此,不使用拥塞控制功能的 UDP 有可能会使网络产生严重的拥塞问题。

还有一些使用 UDP 的实时应用,需要对 UDP 的不可靠传输进行适当改进,以减少数据的丢失。这种情况下,应用进程本身可以在不影响应用实时性的前提下,采取一些提高可靠性的措施,如采用前向纠错重传已丢失的报文。

2. UDP 报文格式

每个 UDP 报文称为一个用户数据报,分为 UDP 首部和 UDP 数据两部分。首部由四个 16 位长的字段组成,分别说明该报文的源端口、目的端口、报文长度及校验和。UDP 报文格式如图 8-11 所示。

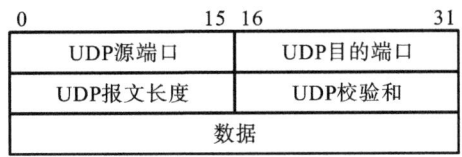

图 8-11 UDP 报文格式

UDP 源端口字段和 UDP 目的端口字段包含 16 位的 UDP 端口号,表示发送进程和接收进程。UDP 报文长度字段是指 UDP 首部和 UDP 数据的字节长度,该字段的最小值为 8 字节(发送一份 0 字节的 UDP 数据报是可以的)。UDP 校验和覆盖 UDP 首部和 UDP 数据。UDP 和 TCP 在首部中都有覆盖其首部和数据的检验和。UDP 校验和是可选的,如果该字段值为 0,则表明不进行校验。一般来说,使用校验和字段是必要的。

3. UDP 的封装与协议的分层

在 TCP/IP 协议层次结构模型中,UDP 层位于 IP 层之上。应用程序先访问 UDP 层,然后使用 IP 层传输数据报,如图 8-12 所示。

将 UDP 层放在 IP 层之上,表示一个 UDP 报文在 Internet 中传输时要封装到 IP 数据报中。最后,网络接口层将数据包封装到帧中并在物理传输通道上进行传输。封装过程如图 8-13 所示。

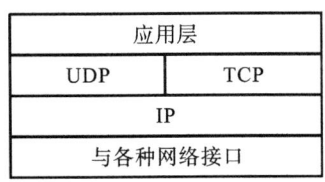

图 8-12 分层模型中的 UDP 层

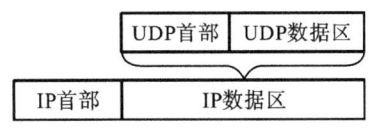

图 8-13 UDP 的封装

由图 8-13 可知,IP 层的首部指明了源主机和目的主机的地址,而 UDP 层的首部指明了主机上的源端口和目的端口。IP 层和 UDP 层之间的职责是清楚而明确的。IP 层负责对 Internet 上的一对主机之间的数据进行传输,而 UDP 层只负责对一台主机上复用的多个源端口或目的端口进行区分。

4. UDP 的复用、分解与端口

UDP 提供复用和分解的功能。它接收多个应用程序送来的数据报,并把它们送给 IP 层进行传输;同时它接收 IP 层送来的 UDP 数据报,并把它们送给对应的应用程序。从概念上讲,所有的 UDP 软件与应用程序之间的复用和分解都要通过端口机制来实现。实际上,每个应用程序在发送数据报之前必须与操作系统进行协商以获得协议端口和相应的端口

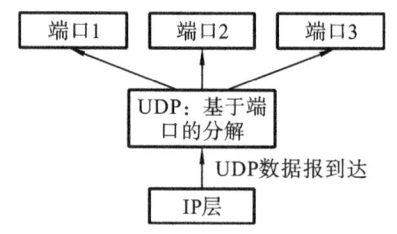

图 8-14　UDP 的分解操作

号。凡是利用指定的端口发送数据报的应用程序都要把端口号放入 UDP 报文的源端口字段中。UDP 的分解操作如图 8-14 所示,UDP 从 IP 层接收了数据报之后,根据 UDP 的目的端口号进行分解操作。

5. 远过程调用

远过程调用(remote procedure call,RPC)是 UDP 的一个重要应用,它为程序员屏蔽了网络运作的细节。其思想是尽可能地使一个远过程调用看起来像本地过程调用一样。将网络中的请求-应答交互表示成过程调用形式,例如,调用 get-IP-address(主机名)将发送一个 UDP 包给 DNS 服务器,并等待回答。

6. 实时传输协议

UDP 的另一个重要应用是多媒体数据的传输,实时传输协议(real-time transport protocol,RTP)是专门用于多媒体传输的一个协议。RTP 基于 UDP 放在用户空间中,并且通常运行在 UDP 之上。它的操作方式为:首先,多媒体应用通常包含多个音频、视频、文字流及其他的流。将这些流送入 RTP 库中,而 RTP 库位于多媒体应用的用户空间中。然后,将这些 RTP 分组填充到一个套接字中。在套接字的另一端生成 UDP 分组,将这些 UDP 分组嵌入到 IP 分组中。如果当前计算机是在以太网上,则将这些 IP 分组放到以太网帧中以便传输出去。RTP 在协议栈中的位置如图 8-15 所示,分组的嵌套情况如图 8-16 所示。

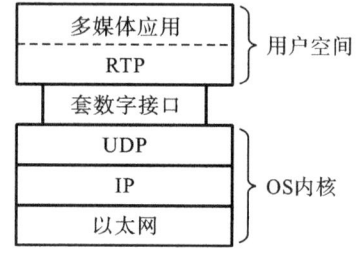

图 8-15　RTP 在协议栈中的位置

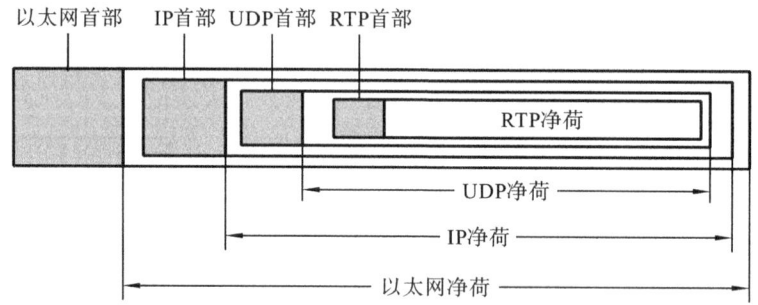

图 8-16　分组的嵌套情况

RTP 的基本功能是将多个实时数据流多路复用到一个 UDP 流上,将 UDP 流传输给某个地址(单址传输)或多个地址(多址传输)。每个 RTP 流的数据包有一个连续的编号,接收方可以根据此编号确定是否有数据包丢失。RTP 没有流量控制、差错控制、应答机制及重传机制。每个 RTP 净荷可能包含多个样本,它们可以按照应用系统期望的任何一种方式进行编码。为了允许网络互联,RTP 定义了几种配置轮廓,每种轮廓还可以允许多种编码格式,例如,一个单音频流的编码方式有 8 kHz 的 8 位 PCM 采样、增量编码、预测编码、GSM 编码、MP3 等,编码方式在 RTP 的包首部中指出。除编码之外,许多实时应用还需要另外一种设施,即时间戳机制。时间戳是相对于流的第一个数据包,它有助于在接收方消除抖动及多个流时同步。

图 8-17 显示了 RTP 首部的结构,它包含 3 个 32 位的字,并可能包含一些扩展域。

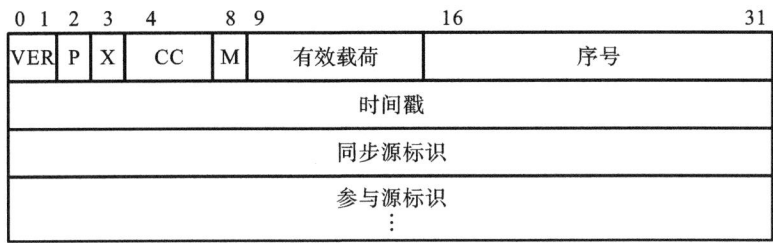

图 8-17 RTP 首部的结构

P 表示数据包是否被填充为 4 字节的整数倍;X 表示是否有扩展头;CC 表示有多少个有效源(0~15);M 表示应用指定的标记位,如表示 video 帧的开始;有效载荷(PTYPE)表示信息的编码方式;序号(SEQUENCE NUM)表示 RTP 包的序号;时间戳(TIMESTAMP)表示与第一个包的时间间隔,由发送源产生;同步源标识(SSRC)表示数据包属于哪个流,用于多路复用或解多路复用;参与源标识(CSRC)用于混合数据源,如果该字段出现,则该混合源是同步数据源,每个分数据源被列在这里。

8.3.2 传输控制协议

Internet 不同于单独的网络,不同的部分可能具有不同的拓扑结构、带宽、延时、分组大小及其他特性。传输控制协议能动态地满足 Internet 的要求,并且可以面对多种出错的方式。TCP 是用于在不可靠的 Internet 上提供可靠的、端对端的字节流通信的协议。RFC 793[Postel 1981]是 TCP 的正式规范。

1. 可靠的数据流传输

UDP 提供的服务是不可靠的数据传输服务,当传输过程中出现差错、网络软件发生故障或网络负载太重时,可能会丢失分组、破坏数据,这就需要应用程序负责进行差错检测和恢复工作。对传输数据量很大的应用来说,采用这种不可靠的数据传输是不合适的。因此需要有一种可靠的数据流传输方法,这就是 TCP。TCP 提供的可靠传输服务有如下 5 个特征。

(1)面向字节流。TCP 把应用程序提交过来的数据仅仅看成是一连串的无结构的字节流。当两个应用程序传输大量数据时,可以将这些数据当成一个可划分为字节的比特流。传输时,接收方收到的字节流与发送方发出的完全一样。

(2)虚电路连接。传输开始之前,接收应用程序和发送应用程序都要与操作系统进行交互,双方操作系统的协议软件模块通过在互联网上传输报文来进行通信,以做好数据传输的准备与连接。通常用"虚电路"这个术语来描述这种连接,因为对应用程序来说,这种连接好像是一条专用线路,而实际上是由数据流传输服务提供的可靠的虚拟连接。

(3)有缓冲的传输。使用虚电路服务来发送数据流的应用程序要不断地向协议软件提交以字节为单位的数据,并放在缓冲区中。当数据累积到足够多时,再将它们组成大小合理的数据报,发送到互联网上进行传输。这样可提高传输效率,降低网络流量。当应用程序要传输特别大的数据块时,协议软件会将它们划分为适合于传输的、较小的数据块,并且保证接收方收到的数据流与发送的顺序完全相同。

(4) 全双工连接。TCP/IP 流服务提供的连接功能是双向的,这种连接称为全双工连接。对应用程序而言,全双工连接包括两个独立的、流向相反的数据流,而且这两个数据流之间不进行显式的交互。全双工连接的优点为:底层协议软件能够在与送来数据流相反方向的数据流中传输控制信息,这种捎带的方式降低了网络流量。

(5) 点对点的传输。每条 TCP 连接只能有两个端点且是点对点(一对一)的。

2. 滑动窗口概念

TCP 采用一项称为带重传功能的肯定确认(positive acknowledge with retransmission)的技术作为提供可靠数据传输服务的基础。这项技术要求接收方在收到数据之后向源站回送确认信息 ACK。发送方对发出的每个分组都保存一份记录,并在发送下一个分组之前等待确认信息。发送方还在送出分组的同时启动一个定时器,并在定时器的定时期满而确认信息还没有到达的情况下,重发刚才发出的分组。图 8-18 表示带重传功能的肯定确认协议传输数据的情况,图 8-19 表示分组丢失引起超时和重传的情况。为了避免由于网络延时引起迟到的确认和重复的确认,协议规定在确认信息中捎带一个分组的序号,使接收方能正确将分组与确认关联起来。

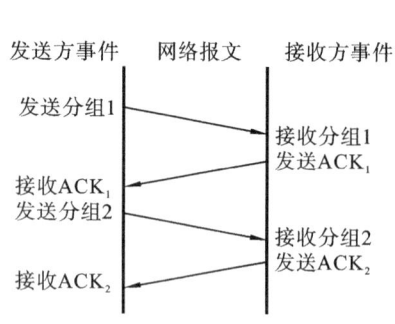

图 8-18　带重传功能的肯定确认协议

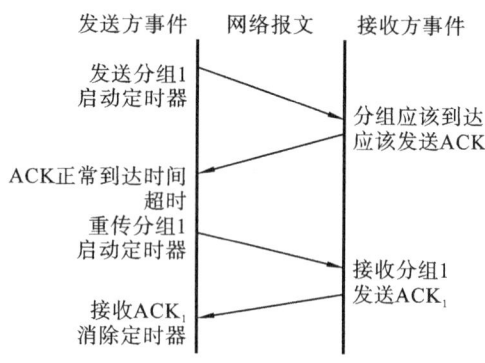

图 8-19　分组丢失引起超时和重传

从图 8-18 可以看出,虽然网络具有同时进行双向通信的能力,但由于在接到前一个分组的确认信息之前必须推迟下一个分组的发送,所以带重传功能的肯定确认协议浪费了大量宝贵的网络带宽。为此,TCP 使用滑动窗口机制来提高网络吞吐量,同时解决端对端的流量控制问题。

滑动窗口技术是简单的带重传功能的肯定确认机制的一个更复杂的变形,它允许发送方在等待一个确认信息之前可以发送多个分组。图 8-20 所示为发送方要发送一个分组序列,滑动窗口协议在分组序列中放置一个固定长度的窗口,然后将窗口内的所有分组都发送出去;当发送方收到窗口内第一个分组的确认信息时,它可以向后滑动并发送下一个分组;随着确认的不断到达,窗口也在不断地向后滑动。

滑动窗口协议的效率和窗口大小与网络接收分组的速度有关。图 8-21 所示为一个使用窗口大小为 3 的滑动窗口协议传输分组示意图。发送方在收到确认之前发出了三个分

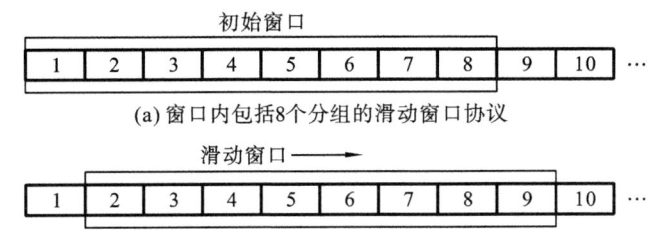

(a) 窗口内包括8个分组的滑动窗口协议

(b) 收到对1号分组的确认信息后，窗口滑动，使得9号分组也能被发送

图 8-20　滑动窗口技术的变形

组，在收到第一个分组的确认 ACK$_1$ 后，又发送了第四个分组。比较图 8-18 和图 8-21，可以看出，使用滑动窗口提高了网络吞吐量。实际上，当窗口大小等于 1 时，滑动窗口协议就等同于带重传功能的肯定确认协议。增加窗口大小，可以完全消除网络的空闲状态。稳定情况下，发送方能以网络传输分组的最快速度来发送分组。

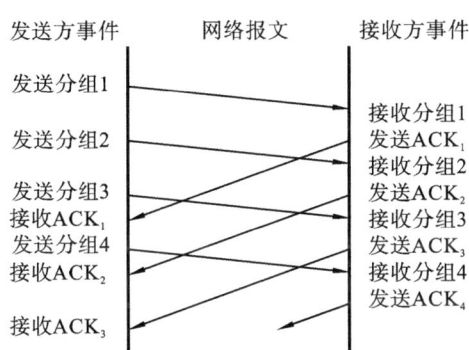

图 8-21　使用窗口大小为 3 的滑动窗口协议传输分组示意图

3. TCP 报文格式

两台计算机上的 TCP 软件之间传输的数据单元称为报文。TCP 通过报文的交互来建立连接、传输数据、发送确认、通告窗口大小及释放连接。TCP 报文分为两部分，前面是首部，后面是数据。首部的前 20 个字节格式是固定的，后面是可能的选项，数据长度最大为 (65 535－20－20) 字节＝65 495 字节，其中第一个 20 字节指 IP 首部，第二个 20 字节指 TCP 首部。不带任何数据的报文也是合法的，一般用于确认报文和控制报文。图 8-22 给出了 TCP 报文的布局格式。每个字段的意义简介如下。

（1）源端口号（source port）：占 16 位，连同源主机 IP 地址标识源主机的一个应用进程。

（2）目的端口号（destination port）：占 16 位，连同目的主机 IP 地址标识目的主机的一个应用进程。这两个值加上 IP 首部中的源主机 IP 地址和目的主机 IP 地址唯一确定一个 TCP 连接。

（3）顺序号：占 32 位，用于标识从 TCP 源端向 TCP 目的端发送的数据字节流，它表示在这个报文中的第一个数据字节的顺序号。如果将字节流看成在两个应用程序间的单向流动，则 TCP 使用顺序号对每个字节进行计数。序号是 32 位的无符号数，序号到达 $2^{32}-1$

0	15	16	31
源端口号		目的端口号	
顺序号			
确认号			
TCP首部长度	保留位	控制位 URG ACK PSH RST SYN FIN	窗口大小
校验和		紧急指针	
可选项(0或多个32位字)			
数据(0或多个字节)			

图 8-22　TCP 首部格式

后又从 0 开始。当建立一个新的连接时，SYN 标志变为 1，顺序号字段包含由这个主机选择的该连接的初始顺序号(initial sequence number，ISN)。

（4）确认号：占 32 位，包含发送确认的一端所期望收到的下一个顺序号。因此，确认号应当是上次已成功收到数据字节的顺序号加 1。只有 ACK 标志为 1 时确认号字段才有效。TCP 为应用层提供全双工服务，这意味着数据能在两个方向上独立地进行传输。因此，连接的每端必须保持每个方向上的传输数据顺序号。

（5）TCP 首部长度：占 4 位，用于给出首部中 32 位数的数目，它实际上指明数据从哪里开始。需要这个值是因为任选字段的长度是可变的。这个字段占 4 位，因此 TCP 最多有 60 字节的报头。然而，没有任选字段，正常的长度是 20 字节。

（6）保留位：占 6 位，用于保留给将来使用，目前必须置为 0。

（7）控制位(control flags)：占 6 位，在 TCP 首部中有 6 个标志位，它们中的多个可同时被设置为 1，即

① URG 为 1 表示紧急指针有效；为 0 表示忽略紧急指针值。

② ACK 为 1 表示确认号有效；为 0 表示报文中不包含确认信息，忽略确认号字段。

③ PSH 为 1 表示是带有 PUSH 标志的数据，指示接收方应该尽快将这个报文段交给应用层而不用等待缓冲区装满；为 0 则需等到整个缓冲区装满后再向上交付。

④ RST 用于复位，由于主机崩溃或其他原因而出现错误的连接；还可以用于拒绝非法的报文段和拒绝连接请求。一般情况下，如果收到一个 RST 为 1 的报文，那么一定发生了某些问题。

⑤ SYN 为同步序号，为 1 表示连接请求，用于建立连接和使顺序号同步。

⑥ FIN 用于释放连接，为 1 表示发送方已经没有数据发送了，即关闭本方数据流。

（8）窗口大小：占 16 位，数据字节数，表示从确认号开始，本报文的源方可以接收的字节数，即源方接收窗口大小。窗口大小是一个 16 位字段，因而窗口大小最大为 65 535 字节。

（9）校验和：占 16 位，此校验和是对整个的 TCP 报文段，包括 TCP 首部和 TCP 数据，以 16 位字进行计算所得。这是一个强制性的字段，一定由发送方计算和存储，并由接收方进行验证。

（10）紧急指针：占 16 位，只有当 URG 标志置 1 时紧急指针才有效。紧急指针是一个

正的偏移量,和顺序号字段中的值相加表示紧急数据最后一个字节的序号。TCP 的紧急方式是发送方向接收方发送紧急数据的一种方式。

(11) 可选项:又称为 MSS(maximum segment size),最常见的可选字段是最长报文大小。每个连接方通常都在通信的第一个报文(为建立连接而设置 SYN 标志的那个段)中指明这个选项,它指明本端所能接收的最大长度的报文。选项长度不一定是 32 位字的整数倍,所以要加填充位,使得首部长度成为整数字。

(12) 数据:TCP 报文中的数据部分是可选的。为了建立连接和释放连接,双方交换的报文仅有 TCP 头。如果一方没有数据要发送,则使用没有任何数据的头来确认收到的数据。在处理超时的许多情况中,也会发送不带任何数据的报文。

8.3.3 建立与释放 TCP 连接

TCP 是一个面向连接的协议,发送数据之前,都必须先在双方之间建立一条连接。本节将详细讨论一个 TCP 连接是如何建立的,以及通信结束后是如何终止的。

1. 建立 TCP 连接

TCP 使用三次握手(three-way handshake)协议来建立连接,图 8-23 描述了三次握手的报文序列。这三次握手过程如下。

(1) 客户机发送一个 SYN 报文(SYN 为 1)指明客户机打算连接的服务器的端口及初始顺序号(ISN)。

(2) 服务器发回包含服务器的初始顺序号的 SYN 报文(SYN 为 1)作为应答。同时,将确认号设置为客户机的 ISN 加 1,以对客户机的 SYN 报文进行确认(ACK 也为 1)。

(3) 客户机必须将确认号设置为服务器的 ISN 加 1,以对服务器的 SYN 报文进行确认(ACK 为 1),该报文通知目的主机双方已建立连接。

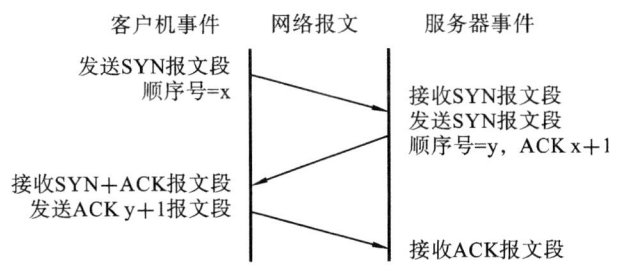

图 8-23 TCP 建立连接的三次握手报文序列

发送第一个 SYN 的一方执行主动打开(active open),接收这个 SYN 并发回下一个 SYN 的另一方执行被动打开(passive open)。另外,TCP 的握手协议精心设计为可以处理同时打开(simultaneous open),对同时打开它仅建立一条连接而不是建立两条连接。因此,连接可以由任意一方或双方发起,一旦建立连接,数据就可以双向对等地流动,而没有所谓的主从关系。

三次握手协议是连接双方正确同步的充要条件。因为 TCP 建立在不可靠的分组传输服务之上,报文可能丢失、延时、重复和乱序,因此协议必须使用超时和重传机制。如果重传的连接请求和原先的连接请求在连接正在建立时到达,或者在一个连接已经建立、使用和释放之后,某个延时的连接请求才到达,就会出现问题。采用三次握手协议(加上这样的规则:在建立连接之后,TCP 就不再理睬又一次的连接请求)就可以解决这些问题。

三次握手协议可以完成两项重要功能:一是确保连接双方做好传输准备,二是使双方统一初始顺序号。初始顺序号是指在握手期间传输顺序号并获得确认。当一端为建立连接而发送它的 SYN 时,它为连接选择一个初始顺序号;每个报文都包括顺序号字段和确认号字段,这使得两台主机仅仅使用三个握手报文就能协商好各自的数据流的顺序号。一般来说,ISN 随时间而变化,因此每个连接都将具有不同的 ISN。

2. 释放 TCP 连接

TCP 连接建立起来后,就可以在两个方向传输数据流。当 TCP 的应用进程再没有数据需要发送时,就发送释放连接命令。TCP 通过发送控制位 FIN＝1 的数据片虽然可关闭本方数据流,但还可以继续接收数据,直到对方关闭那个方向的数据流,连接才释放。

TCP 协议使用修改的三次握手协议来释放连接,如图 8-24 所示,即终止一个连接要经过四次握手,这是由 TCP 的半关闭(half-close)造成的。由于一个 TCP 连接是全双工(数据在两个方向上能同时传输)的,因此必须单独释放每个方向。释放的原则是当一方完成它的数据发送任务后,发送一个 FIN 来终止这个方向的连接。当一方收到一个 FIN,它必须通知应用层另一方已经终止了那个方向的数据传输。发送 FIN 通常是应用进程释放连接结果。

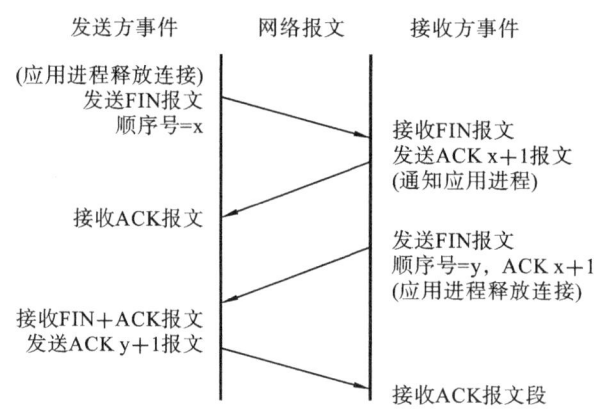

图 8-24　用于 TCP 关闭连接修改的三次握手报文序列

从一方的 TCP 来说,连接的释放有以下三种情况。

(1) 本方启动释放。收到本方应用进程的释放连接命令后,TCP 在发送完尚未处理的报文后,发送 FIN＝1 的报文给对方,且 TCP 不再受理本方应用进程的数据发送。在 FIN 以前发送的数据字节,包括 FIN,都需要得到对方确认,否则需要重传。注意 FIN 也占一个顺序号。一旦收到对方对 FIN 的确认及对方的 FIN 报文,本方 TCP 就对该 FIN 进行确认,等待一段时间后释放连接。等待是为了防止本方的确认报文丢失,以避免对方的重传报文干扰新的连接。

(2) 对方启动释放。当 TCP 收到对方发来的 FIN 报文时,发送 ACK 确认此 FIN 报文,并通知应用进程正在释放连接。应用进程将响应释放命令。TCP 在发送完尚未处理的报文后,发送一个 FIN 报文给对方 TCP,然后等待对方对 FIN 的确认,收到确认后释放连接。若对方的确认未及时到达,在等待一段时间后也释放连接。

（3）双方同时启动释放。连接双方的应用进程同时发送释放命令,则双方 TCP 在发送完尚未处理的报文后,发送 FIN 报文。各方 TCP 在 FIN 前所发送的报文都得到确认后,再发送 ACK 确认它收到的 FIN。各方在收到对方对 FIN 的确认后,同样等待一段时间再释放连接,这称为同时释放（simultaneous close）。

8.3.4　TCP 状态机

TCP 协议的操作可以使用一个具有 11 种状态的有限状态机（finite state machine）来表示,图 8-25 描述了 TCP 的有限状态机,图中的圆角矩形表示状态,箭头表示状态之间的转换,各状态的描述如表 8-4 所示。图 8-25 中用粗线表示客户机主动和被动的服务器建立连接的正常过程:客户机的状态变迁用粗实线,服务器的状态变迁用粗虚线。细线用于不常见的序列,如复位、同时打开、同时关闭等。图 8-25 中的每条状态变换线上均标有"事件/动作"。事件是指用户执行了系统调用（CONNECT、LISTEN、SEND 或 CLOSE）,收到一个报文（SYN、FIN、ACK 或 RST）,或者是出现了超过两倍大的分组生命期的情况;动作是指发送一个报文（SYN、FIN 或 ACK）或什么也没有（用"—"表示）。

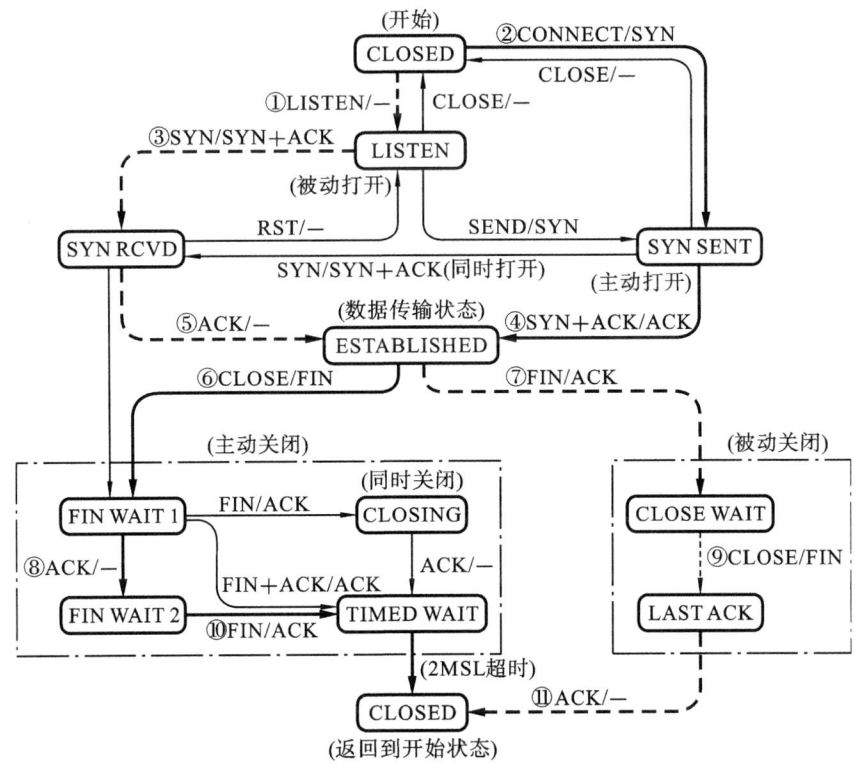

图 8-25　TCP 的有限状态机

注:粗实线表示客户的正常路径;粗虚线表示服务器的正常路径;细线表示不常见的事件。

　　每个连接均开始于 CLOSED 状态。当一方执行了被动的连接原语(LISTEN)或主动的连接原语(CONNECT)时,它便会脱离 CLOSED 状态。如果此时另一方执行了相对应的连接原语,便建立了连接,并且状态变为 ESTABLISHED。任何一方均可以首先请求释放连接,在释放连接后,状态又回到了 CLOSED。

表 8-4　TCP 状态表

状　　态	描　　述
CLOSED	关闭状态,没有连接活动或正在进行
LISTEN	监听状态,服务器正在等待连接进入
SYN RCVD	收到一个连接请求,尚未确认
SYN SENT	已经发出连接请求,等待确认
ESTABLISHED	建立连接,正常数据传输状态
FIN WAIT 1	(主动释放)已经发送释放请求,等待确认
FIN WAIT 2	(主动释放)收到对方释放确认,等待对方释放请求
TIMED WAIT	完成双向释放,等待所有分组死掉
CLOSING	双方同时尝试释放,等待对方确认
CLOSE WAIT	(被动关闭)收到对方释放请求,已经确认
LAST ACK	(被动关闭)等待最后一个释放确认,等待所有分组死掉

1. 正常状态转换

　　使用图 8-26 来显示在正常的 TCP 连接的建立与释放过程中,客户机与服务器所经历的不同状态。读者可以根据图 8-25 的状态图来跟踪图 8-26 的状态变化过程,以便明白每个状态的变化。

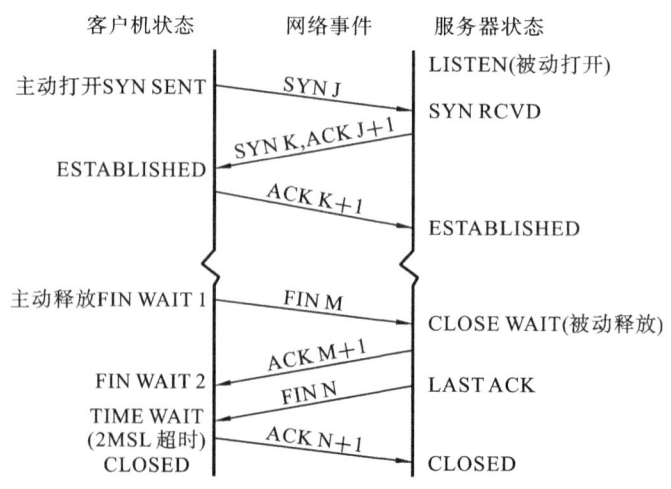

图 8-26　TCP 正常连接建立和释放所对应的状态

（1）服务器首先执行 LISTEN 原语进入被动打开状态（LISTEN），等待客户机连接。

（2）在客户机的一个应用程序发出 CONNECT 命令后，本地的 TCP 实体为其创建一个连接记录并标记为 SYN SENT 状态，然后给服务器发送一个 SYN 报文段。

（3）服务器收到一个 SYN 报文段，其 TCP 实体给客户机发送确认 ACK 报文段并同时发送一个 SYN 信号，进入 SYN RCVD 状态。

（4）客户机收到 SYN＋ACK 报文，其 TCP 实体给服务器发送三次握手的最后一个 ACK 报文，并转换为 ESTABLISHED 状态。

（5）服务器收到确认的 ACK 报文，完成了三次握手，于是也进入 ESTABLISHED 状态。

（6）在此状态下，双方可以自由传输数据。在一个应用程序完成数据传输任务后，它需要释放 TCP 连接。假设仍由客户机发起主动释放连接。

（7）客户机执行 CLOSED 原语，本地的 TCP 实体发送一个 FIN 报文段并等待响应确认（进入状态 FIN WAIT 1）。

（8）服务器收到一个 FIN 报文，它确认客户机的请求并发回一个 ACK 报文，进入 CLOSE WAIT 状态。

（9）客户机收到确认 ACK 报文，就转移到 FIN WAIT 2 状态，此时连接在一个方向上就会断开。

（10）服务器应用得到通告后，也执行 CLOSED 原语，释放另一个方向的连接，其本地 TCP 实体向客户机发送一个 FIN 报文，并进入 LAST ACK 状态，等待最后一个 ACK 确认报文段。

（11）客户机收到 FIN 报文并确认，进入 TIMED WAIT 状态，此时双方连接均已经释放，但 TCP 要等待一个两倍报文段最大生存时间（maximum segment lifetime，MSL），以确保该连接的所有分组全部消失，防止出现确认丢失的情况。当定时器超时时，TCP 删除该连接记录，返回到初始状态（CLOSED）。

（12）服务器收到最后一个确认 ACK 报文，其 TCP 实体便释放该连接，并删除连接记录，返回到初始状态（CLOSED）。

2. 同时打开

尽管发生的可能性极小，但两个应用程序同时执行主动打开的情况还是有可能的。每方必须发送一个 SYN，且这些 SYN 必须传输给对方。这需要每方使用一个对方周知的端口作为本地端口。例如，主机 A 中的一个应用程序使用本地端口 7777，并与主机 B 的端口 8888 执行主动打开。主机 B 中的应用程序则使用本地端口 8888，并与主机 A 的端口 7777 执行主动打开。TCP 是特意设计为可以处理同时打开。对于同时打开，它仅建立一条连接而不是建立两条连接（其他的协议簇，最突出的是 OSI 传输层，在这种情况下将建立两条连接而不是建立一条连接）。

当出现同时打开的情况时，状态变迁与图 8-26 所示的不同。双方几乎在同时发送 SYN，并进入 SYN SENT 状态。当每一方收到 SYN 时，状态变为 SYN RCVD，同时它们再发送 SYN 并对收到的 SYN 进行确认。当双方都收到 SYN 及相应的 ACK 时，状态都变迁为 ESTABLISHED。图 8-27 显示了这些状态变迁过程。

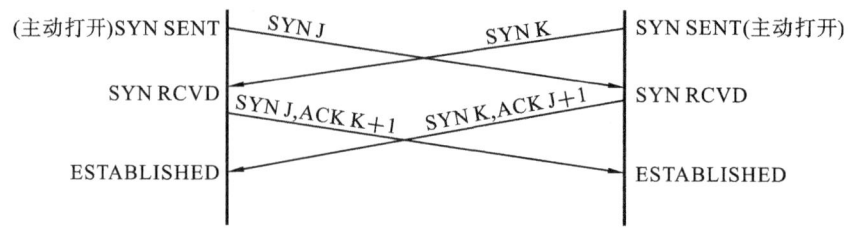

图 8-27　同时打开期间报文的交换

一个同时打开的连接需要交换四个报文，比正常的三次握手多一个。此外，要注意没有将任何一方称为客户机或服务器，因为每一方既是客户机又是服务器。

3. 同时释放

正常情况下，是由一方（通常但不总是客户机）发送第一个 FIN 执行主动释放，但双方都执行主动释放也是有可能的，TCP 协议也允许这样同时释放。

在图 8-25 中，当双方应用层同时发出释放命令时，双方均从 ESTABLISHED 变为 FIN WAIT 1。这将导致双方各发送一个 FIN，两个 FIN 经过网络传输后分别到达另一方。收到 FIN 后，状态由 FIN WAIT 1 变迁到 CLOSING，并发送最后的 ACK。当收到最后的 ACK 时，状态变化为 TIME WAIT。图 8-28 总结了这些状态的变化，从图 8-28 中可以看出，同时释放与正常释放使用的报文交换数目相同。

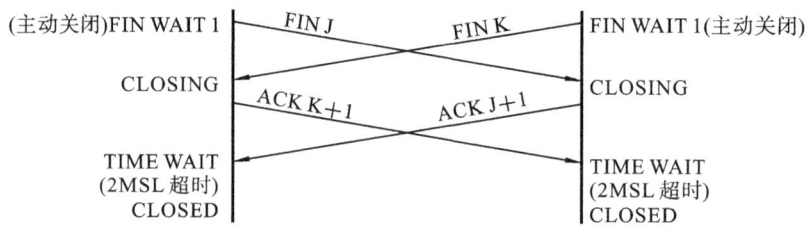

图 8-28　同时释放期间的报文交换

4. 其他情况

（1）服务方打开：从 LISTEN 到 SYN SENT 的变迁是正确的，它由服务器主动发出 SYN 报文，但 Berkeley 版的 TCP 软件并不支持它。

（2）重置连接（复位）：只有当 SYN RCVD 状态是从 LISTEN 状态（正常情况）进入，而不是从 SYN SENT 状态（同时打开）进入时，从 SYN RCVD 回到 LISTEN 的状态变迁才有效。这意味着如果执行被动打开（进入 LISTEN），收到一个 SYN，发送一个带 ACK 的 SYN（进入 SYN RCVD），然后收到一个 RST，而不是一个 ACK，便又回到 LISTEN 状态并等待另一个连接请求的到来。

（3）快速关闭：在主动释放后的 FIN WAIT 1 状态，如果收到的报文段不仅包括 ACK，而且包括对方的 FIN 信号，则直接进入 TIME WAIT 状态，给对方发送 ACK 报文，然后等待超时。

下面再进行详细介绍 TIME WAIT 状态的等待超时，因为它会直接影响网络应用程序的表现。

每个具体 TCP 实现必须选择一个报文段最大生存时间，它是任何报文段被丢弃前在网络内的最长时间。我们知道这个时间是有限的，因为 TCP 报文段以 IP 数据报在网络内进行传输，而 IP 数据报又限制其生存时间的 TTL 字段。RFC 793[Postel 1981c]规范指出 MSL 为 2 分钟。然而，TCP 实现中 MSL 的常用值是 30 秒、1 分钟或 2 分钟。

对一个具体实现所给定的 MSL 值，其处理的原则是，当 TCP 执行一个主动释放连接，并发回最后一个 ACK 时，该连接必须在 TIME WAIT 状态停留的时间为 MSL 的 2 倍，因此 TIME WAIT 状态也称为 2MSL 等待状态。在这段时间内，如果最后的 ACK 丢失，则对方会超时并重发最后的 FIN，这样本地 TCP 可以再次发送 ACK 报文段(这也是它唯一可以发送的报文，并重置 2MSL 定时器)。

这种 2MSL 等待的结果是，TCP 连接在 2MSL 等待期间，定义这个连接的套接字(Socket，客户机的 IP 地址和端口号，服务器的 IP 地址和端口号)不能再使用。这个连接只能在 2MSL 结束后才能再使用。当连接处于 2MSL 等待状态时，将丢弃任何迟到的报文段。

假设图 8-25 中客户机执行主动释放并进入 TIME WAIT 状态是正常的情况，因为服务器通常执行被动释放，不会进入 TIME WAIT 状态。这暗示我们如果终止一个客户程序，并立即重新启动这个客户程序，则这个新客户程序不能重用相同的本地端口。这不会带来问题，因为客户机使用本地端口时并不关心这个端口号是什么。然而，对服务器而言，情况就有所不同，因为服务器使用周知端口。如果我们终止一个已经建立连接的服务器程序，并试图立即重新启动这个服务器程序，则服务器程序不能把它的这个周知端口赋值给它的端点，因为那个端口处于 2MSL 连接的一部分。在重新启动服务器程序前，它要耗时 1~4 分钟。这就是很多网络服务器程序被杀死后不能马上重新启动的原因(错误提示为 Address already in use)。

8.3.5　TCP 重传策略

TCP 控制数据段是否需要重传的依据是设立重发定时器。在发送一个数据段的同时启动一个重发定时器，如果在重发定时器超时前收到确认，就关闭此定时器；如果重发定时器超时前未收到确认，则重传该数据段。

这种重传策略的关键是设定定时器的初值。TCP 采用了一种自适应算法，它记录一个报文段发出的时间，以及收到相应确认的时间。这两个时间之差就是报文段的往返时间(RTT)。TCP 保留了 RTT 的一个加权平均往返时间(RTTs，又称为平滑的往返时间，s 表示 smoothed。因为进行的是加权平均，所以得出的结果更加平滑)。当第一次测量到 RTT 样本时，RTTs 值就取为所测量到的 RTT 样本值。但以后每测量到一个新的 RTT 样本，就按下式重新计算一次 RTTs：

$$\text{新的 RTTs} = (1-\alpha) \times (\text{旧的 RTTs}) + \alpha \times (\text{新的 RTT 样本}) \tag{8-1}$$

在式(8-1)中，$0 \leqslant \alpha < 1$。如果 α 接近于零，则表示新的 RTTs 值和旧的 RTTs 值相比变化不大，对新的 RTT 样本影响不大(RTT 值更新较慢)。如果 α 接近于 1，则表示新的 RTTs 值受新的 RTT 样本的影响较大(RTT 值更新较快)。RFC 2988 推荐的 α 值为 1/8，即 0.125。使用这种方法得出的加权平均往返时间(RTTs)就比测量出的 RTT 值更加平滑。

显然,超时定时器设置的超时重传时间(retransmission time-out,RTO)应略大于上面得出的加权平均往返时间(RTTs)。RFC 2988 建议使用下式计算 RTO:

$$RTO = RTTs + 4 \times RTTd \qquad (8-2)$$

式中,RTTd 是 RTT 的偏差的加权平均值,它与 RTTs 和新的 RTT 样本之差有关。RFC 2988 建议这样计算 RTTd:当第一次测量时,RTTd 值取为测量到的 RTT 样本值的 1/2。在以后的测量中,则使用下式计算加权平均的 RTTd:

$$新的 RTTd = (1 - \beta) \times (旧的 RTTd) + \beta \times |\ RTTs - 新的 RTT 样本\ | \qquad (8-3)$$

式中,β 是个小于 1 的系数,它的推荐值是 1/4,即 0.25。

8.3.6　TCP 拥塞控制

随着传输线路质量的提高,由传输错误造成数据段丢失的情况越来越少,因此,Internet 上的传输超时大部分是由拥塞造成的。当网络发生拥塞时,路由器就要丢弃分组。因此只要发送方没有按时收到应当到达的确认报文,就可以猜想网络可能出现了拥塞。尽管网络层想管理拥塞发生的状况,但是,绝大多数繁重的任务是由 TCP 完成的,因为拥塞控制的最有效方法是降低数据传输速率。

1. 慢开始和拥塞避免

发送方维持一个称为拥塞窗口(congestion window,cwnd)的状态变量。拥塞窗口的大小取决于网络的拥塞程度,并且拥塞程度在动态地发生变化。发送方让自己的发送窗口等于拥塞窗口,如果再考虑接收方的接收能力,那么发送窗口就可能小于拥塞窗口。

发送方控制拥塞窗口的原则是,只要网络没有出现拥塞,拥塞窗口就增大一些,以便把更多的分组发送出去。但只要网络出现拥塞,拥塞窗口就减小一些,以减少注入网络中的分组数。

慢开始算法的思路是,当主机开始发送数据时,如果立即把大量数据字节注入网络,就有可能引起网络拥塞,因为并不清楚网络的负荷情况。经验证明,较好的方法是先进行探测,即由小到大逐渐增大发送窗口,也就是说,由小到大逐渐增大拥塞窗口数值。通常在刚开始发送报文时,先把拥塞窗口(cwnd)设置为一个最大报文 MSS 的数值。而在每收到一个对新的报文段的确认后,把拥塞窗口增加至多一个 MSS 的数值。使用这样的方法逐步增大发送方的拥塞窗口(cwnd),可以使分组注入网络的速率更加合理。

下面举例说明慢开始算法的原理,如图 8-29 所示。为方便起见,图 8-29 中用报文段的个数作为窗口大小的单位(请注意,实际上 TCP 是用字节作为窗口的单位)。在一开始,发送方先设置 cwnd=1,发送第一个报文段 M_1,接收方收到后确认 M_1。发送方收到对 M_1 的确认后,把 cwnd 从 1 增大到 2,于是发送方接着发送 M_2 和 M_3 两个报文段。接收方收到后发回对 M_2 和 M_3 的确认。发送方每收到一个对新报文段的确认(重传的不算在内)就使发送方的拥塞窗口加 1,因此发送方在收到两个确认后,cwnd 就从 2 增大到 4,并发送 $M_4 \sim M_7$ 共 4 个报文段。因此使用慢开始算法后,每经过一个传输轮次(transmission round),cwnd 就加倍。一个传输轮次所经历的时间其实就是往返时间 RTT。例如,cwnd 的大小是 4 个报文段,那么这时的往返时间 RTT 就是发送方连续发送 4 个报文段,并收到这 4 个报文段的确认共经历的时间。

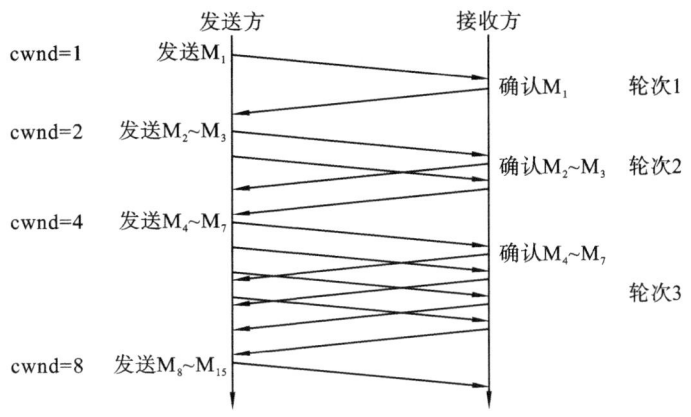

图 8-29 发送方每收到一个确认就把窗口 cwnd 加 1

为了防止拥塞窗口（cwnd）增长过大引起网络拥塞，还需要设置一个慢开始门限（ssthresh）状态变量。慢开始门限（ssthresh）的用法如下。

当 cwnd＜ssthresh 时，使用上述的慢开始算法；

当 cwnd＞ssthresh 时，停止使用慢开始算法而改用拥塞避免算法；

当 cwnd＝ssthresh 时，既可使用慢开始算法，也可使用拥塞避免算法。

拥塞避免算法的思路是，让拥塞窗口缓慢地增大，即每经过一个往返时间 RTT 就把发送方的拥塞窗口加 1，而不是加倍。这样，拥塞窗口按线性规律缓慢增长，比慢开始算法的拥塞窗口增长速率缓慢得多。

无论在慢开始阶段还是在拥塞避免阶段，只要发送方判断网络出现拥塞（其根据就是没有按时收到确认），就要把慢开始门限（ssthresh）设置为出现拥塞时的发送方窗口值的一半（但不能小于 2）；然后把拥塞窗口重新设置为 1，执行慢开始算法。这样做的目的就是要迅速减少主机发送到网络中的分组数，使得发生拥塞的路由器有足够时间把队列中积压的分组处理完毕。图 8-30 用具体数值说明了上述拥塞控制的过程，为了便于理解，图 8-30 中的窗口单位不使用字节而使用报文段的个数。现在发送窗口的大小和拥塞窗口一样大。

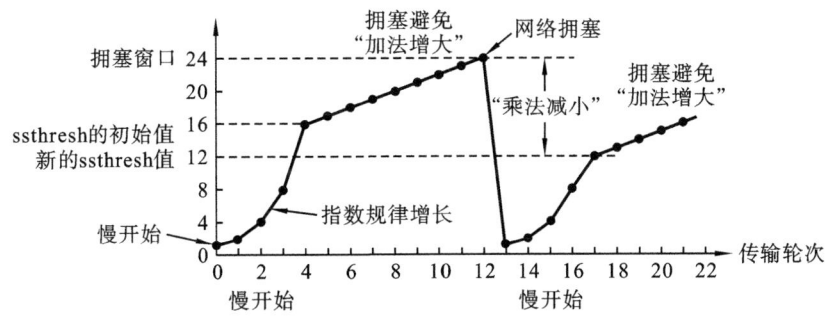

图 8-30 慢开始和拥塞避免算法的实现举例

（1）当 TCP 连接进行初始化时，把拥塞窗口置为 1。慢开始门限的初始值设置为 16 个报文段，即 ssthresh＝16。

（2）当执行慢开始算法时，拥塞窗口的初始值为 1。以后发送方每收到一个对新报文段的确认 ACK,就把拥塞窗口值加 1,然后开始下一轮的传输。因此,拥塞窗口随着传输轮次按指数规律增长。当拥塞窗口增长到慢开始门限值时(当 cwnd＝16 时),就改为执行拥塞避免算法,拥塞窗口按线性规律增长。

(3) 假定拥塞窗口的数值增长到 24 时,网络出现超时(很可能出现网络拥塞)。更新后的 ssthresh 值变为 12(变为出现超时时的拥塞窗口数值 24 的一半),拥塞窗口再重新设置为 1,并执行慢开始算法。当 cwnd＝ssthresh＝12 时,改为执行拥塞避免算法,拥塞窗口按线性规律增长,每经过一个往返时间增加一个 MSS 的大小。

"乘法减小"是指不论在慢开始阶段还是在拥塞避免阶段,只要出现超时(很可能出现了网络拥塞),就把慢开始门限值减半,即设置为当前的拥塞窗口的一半(与此同时,执行慢开始算法)。当网络频繁出现拥塞时,ssthresh 值就下降得很快,以大大减少注入网络中的分组数。而"加法增大"是指执行拥塞避免算法后,使拥塞窗口缓慢增大,以防止网络过早出现拥塞。上面两种算法合起来称为 AIMD(加法增大乘法减小)算法。对这种算法进行适当修改后,又出现了其他一些改进的算法。但使用最广泛的还是 AIMD 算法。需注意的是,拥塞避免并非指完全能够避免拥塞。要利用以上措施完全避免网络拥塞还是不可能的。拥塞避免是说在拥塞避免阶段将拥塞窗口控制为按线性规律增长,使网络比较不容易出现拥塞。

2. 快重传和快恢复

快重传算法首先要求接收方每收到一个失序的报文段后就立即发出重复确认(为了让发送方及早知道有报文段没有到达对方),而不要等待自己发送数据时才进行捎带确认。在图 8-31 所示的例子中,接收方收到了 M_1 和 M_2 后都分别发出了确认。现假定接收方没有收到 M_3 而收到了 M_4。显然,接收方不能确认 M_4,因为 M_4 是收到的失序报文段(按照顺序的 M_3 还没有收到)。根据可靠传输原理,接收方可以什么都不做,也可以在适当时机发送一次对 M_2 的确认。但按照快重传算法的规定,接收方应及时发送对 M_2 的重复确认,这样做可以让发送方及早知道报文段 M_3 没有到达接收方。发送方接着发送 M_5 和 M_6。接收方收到后,也要再次发出对 M_2 的重复确认。这样,发送方共收到了接收方的 4 次对 M_2 的确认,其中后 3 次都是重复确认。快重传算法规定,发送方只要连续收到 3 次重复确认,就应当立即重传对方尚未收到的报文段 M_3,而不必继续等待为 M_3 设置的重传计时器到期。由于发送

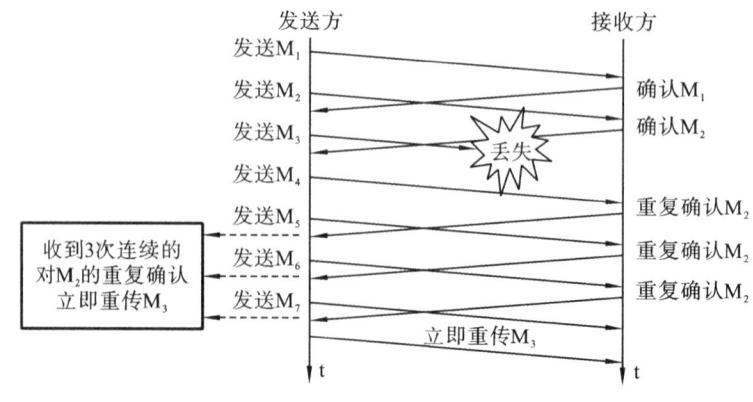

图 8-31　快重传算法举例

方尽早重传未被确认的报文段,因此采用快重传后可以使整个网络的吞吐量提高约 20%。

快恢复算法与快重传算法配合使用时,要注意以下两个要点。

(1)当发送方连续收到 3 次重复确认时,就执行"乘法减小"算法,把慢开始门限减半。这是为了预防网络发生拥塞。请注意,接下去不执行慢开始算法。

(2)由于发送方认为网络很可能没有发生拥塞(如果网络发生了严重的拥塞,就不会一连有好几个报文段连续到达接收方,不会导致接收方连续发送重复确认),因此与慢开始的不同之处是现在不执行慢开始算法,即拥塞窗口现在不设置为 1,而是把 cwnd 值设置为慢开始门限减半后的数值,然后开始执行拥塞避免算法(加法增大),使拥塞窗口缓慢地线性增大。

图 8-32 给出了快重传和快恢复的示意图,从连续收到 3 次重复的确认转入拥塞避免,并标明了"TCP Reno 版本",这是目前使用得很广泛的版本。图 8-32 中还画出了已经废弃不用的虚线部分(TCP Tahoe 版本)。请注意它们的区别:TCP Reno 版本在快重传之后采用快恢复算法而不是采用慢开始算法。

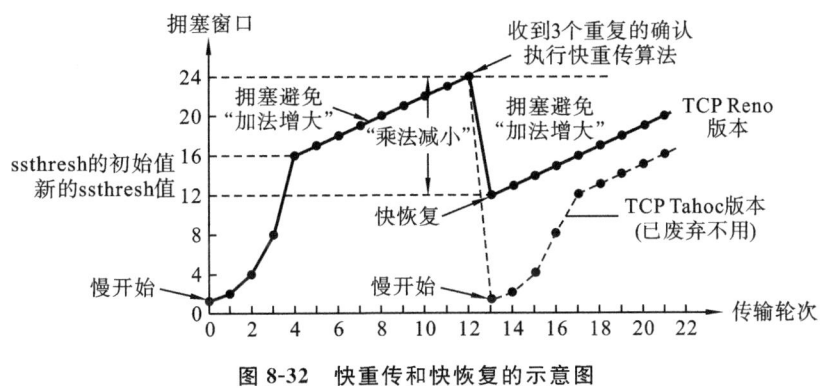

图 8-32   快重传和快恢复的示意图

注意,也有的快重传实现是把开始时的拥塞窗口值再增大一些(增大 3 个报文段的长度),即等于 ssthresh+3×MSS。这样做的理由是,既然发送方收到 3 次重复的确认,就表明有 3 个分组已经离开了网络。这 3 个分组不再消耗网络的资源而是停留在接收方的缓存中(接收方发送 3 次重复的确认就证明了这个事实)。可见现在网络中并不是堆积了分组而是减少了 3 个分组。因此可以适当扩大拥塞窗口。

当采用快恢复算法时,慢开始算法只是在 TCP 建立连接和网络出现超时时才使用。采用这样的拥塞控制方法使得 TCP 的性能有明显的改进[STEV94][RFC 2581]。

实际上,接收方的缓存空间总是有限的。接收方根据自己的接收能力设定了接收窗口 rwnd,并把这个窗口值写入 TCP 头中的窗口字段,传送给发送方。因此,从接收方对发送方的流量控制的角度考虑,发送方的发送窗口一定不能超过对方给出的接收窗口值 rwnd。

如果一起考虑本节所讨论的拥塞控制和接收方对发送方的流量控制,显然,发送方窗口的上限值应当取接收方窗口 rwnd 和拥塞窗口 cwnd 这两个变量中较小的一个,即

发送方窗口的上限值=Min[rwnd,cwnd]

当 rwnd<cwnd 时,是接收方的接收能力限制发送方窗口的最大值。

当 cwnd<rwnd 时,是网络的拥塞限制发送方窗口的最大值。

可见,rwnd 和 cwnd 中较小的一个控制发送方发送数据的速率。

习 题 8

8-1 简述 TCP/IP 体系的 4 个层次。

8-2 为什么 UDP 是面向报文的,而 TCP 是面向字节流的?

8-3 端口的作用是什么?为什么端口要划分为 3 种?

8-4 使用 TCP 对实时话音数据的传输有没有问题?在传输数据时使用 UDP 会有什么问题?

8-5 下列(　　)和(　　)是用户数据报协议(UDP)的功能。

    A. 流量控制 　　　　　　　　B. 面向连接 　　　　　　　　C. 系统开销低

    D. 无连接 　　　　　　　　　　E. 序列和确认

8-6 数据段的 TCP 首部中包含端口号的原因是(　　)。

    A. 指示转发数据段时应使用的正确路由器接口

    B. 标识接收或转发数据段时应使用的交换机端口

    C. 确定封装数据时应使用的第 3 层协议

    D. 让接收主机转发数据到适当的应用程序

8-7 OSI 模型(　　)负责规范信息从源设备到目的设备准确可靠地流动。

    A. 应用层 　　　B. 表示层 　　　C. 会话层 　　　D. 传输层 　　　E. 网络层

8-8 采用 TCP/IP 数据封装时,(　　)标识了所有常用应用程序。

    A. 0 到 255 　　　　　　　　　B. 256 到 1 022 　　　　　　　C. 0 到 1 023

    D. 1 024 到 2047 　　　　　　E. 49 153 到 65 535

8-9 图 8-33 中显示的是两台主机之间的 TCP 初始数据交换。假设初始序列号为 0,如果数据段 6 丢失,确认 2 中将包含的序列号为(　　)。

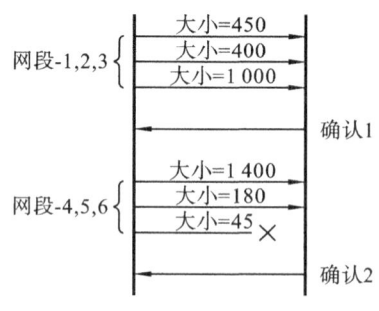

图 8-33 题 8-9 图

    A. 2 　　　B. 3 　　　C. 6 　　　D. 1 850 　　　E. 3 431 　　　F. 3 475

8-10 Web 浏览器向侦听标准端口的 Web 服务器发出请求之后,在服务器响应的 TCP 首部中,源端口号是(　　)。

    A. 13 　　　B. 53 　　　C. 80 　　　D. 1 024 　　　E. 1 728

8-11 根据图 8-34 中所示的传输层首部回答,(　　)描述了建立的会话。(选择两项)

0	15 16	31
源端口 13 357	目的端口 23	
序列号 43 693		
确认编号 8 732		
首部长度—	保留—	代码比特—	窗口 12 000	
校验和—	紧急—	

图 8-34 题 8-11 图

A. 这是 UDP 首部　　　　　　　　B. 包含 Telnet 请求　　　　　C. 包含 TFTP 数据传输

D. 从这台远程主机返回的数据包将包含确认号 43693　　　　E. 这是 TCP 首部

8-12　将流量控制用于 TCP 数据传输的原因是(　　)。

　　A. 同步设备速度以便发送数据

　　B. 同步并对序列号进行排序,从而以完整的数字顺序发送数据

　　C. 防止传入数据耗尽接收方资源

　　D. 在服务器上同步窗口大小

　　E. 简化向多台主机传输数据

8-13　首部信息和 UDP 首部信息中都包含(　　)。

　　A. 定序　　　　B. 流量控制　　　C. 确认　　　　D. 源和目的

8-14　如图 8-35 所示,从显示的输出中可以确定(　　)和(　　)。

```
C:\> netstat -n

Active Connections

Proto  Local Address        Foreign Address      State
TCP    192.168.1.101:1031   64.100.173.42:443    ESTABLISHED
TCP    192.168.1.101:1037   192.135.250.10:110   TIME WAIT
TCP    192.168.1.101:1042   128.107.229.50:80    ESTABLISHED
```

图 8-35 题 8-14 图

　　A. 本地主机使用公认端口号标识源端口

　　B. 已向 192.135.250.10 发送终止请求

　　C. 与 64.100.173.42 通信使用的是安全 HTTP

　　D. 本地计算机正在接收 HTTP 请求

　　E. 192.168.1.101:1042 正在执行与 128.107.229.50:80 的三次握手

8-15　(　　)由源主机在转发数据时动态选择。

　　A. 目的逻辑地址　　　　　　　　　　　　B. 源物理地址

　　C. 默认网关地址　　　　　　　　　　　　D. 源端口

8-16　(　　)发生于传输层三次握手期间。

　　A. 两个应用程序交换数据　　　　　B. TCP 初始化会话的序列号

　　C. UDP 确定要发送的最大字节数　　　D. 服务器确认从客户机接收的数据字节数

8-17　(　　)是 UDP 的重要特征。

A. 确认数据送达　　　　　　　　　　　B. 数据传输的延时最短

C. 数据传输的高可靠性　　　　　　　　D. 同序数据传输

8-18　( )、( )和( )三项功能使 TCP 得以准确可靠地跟踪从源设备到目的设备的数据传输。

A. 封装　　　　　　　　B. 流量控制　　　　　　　C. 无连接服务

D. 会话创建　　　　　　E. 编号和定序　　　　　　F. 尽力传输

8-19　从源向目的传输数据段的过程中,TCP 使用( )机制提供流量控制。

A. 序列号　　B. 会话创建　　C. 窗口大小　　D. 确认

8-20　( )传输层协议提供低开销传输,因而可用于不需要可靠数据传输的应用场合。

A. TCP　　　B. IP　　　C. UDP　　　D. HTTP　　　E. DNS

8-21　( )和( )代表第 4 层编址。

A. 标识目的网络　　　　　　　　　　　B. 标识源主机和目的主机

C. 标识正在通信的应用程序　　　　　　D. 标识主机之间的多个会话

E. 标识通过本地介质通信的设备

8-22　如果用户应用程序使用 UDP 进行数据传输,那么( )必须承担可靠性方面的全部工作。

A. 数据链路层程序　　　　　B. 互联网络层程序

C. 传输层程序　　　　　　　D. 用户应用程序

8-23　一个 UDP 用户数据的数据字段为 8 192 字节。在数据链路层要使用以太网来传输,试问应当划分为几个 IP 数据报片? 说明每个 IP 数据报字段长度和片偏移字段的值。

8-24　主机 A 向主机 B 发送一个很长的文件,其长度为 L 字节。假定 TCP 使用的 MSS 有 1 460 字节。

(1) 在 TCP 的序号不重复使用的条件下,L 的最大值是多少?

(2) 假定使用上面计算出文件长度,而传输层、网络层和数据链路层所使用的首部开销共 66 字节,链路的数据率为 10 Mb/s,试求这个文件所需的最短发送时间。

8-25　TCP 在进行流量控制时是以分组的丢失作为产生拥塞的标志。有没有不是因拥塞而引起的分组丢失的情况? 如有,请举出三种情况。

8-26　一个客户机向服务器请求建立 TCP 连接。客户机在 TCP 连接建立的三次握手中的最后一个报文段中捎带上一些数据,请求服务器发送一个长度为 L 字节的文件。假定:

(1) 客户机和服务器之间的数据传输速率是 R 字节/秒,客户机与服务器之间的往返时间是 RTT(固定值)。

(2) 服务器发送的 TCP 报文段的长度都是 M 字节,而发送窗口大小是 nM 字节。

(3) 所有传输的报文段都不会出错(无重传),客户机收到服务器发来的报文段后就及时发送确认。

(4) 所有的协议首部开销都可忽略,所有确认报文段和连接建立阶段的报文段的长度都可忽略(忽略这些报文段的发送时间)。

试证明,从客户机开始发起连接建立到接收服务器发送整个文件需要的时间 T 为

$$T = 2RTT + L/R, \qquad\qquad nM > R(RTT) + M$$

或 $T = 2RTT + L/R + (K-1)[M/R + RTT - nM/R]$, $nM < R(RTT) + M$

其中,$K = \lceil L/nM \rceil$,符号 $\lceil x \rceil$ 表示若 x 不是整数,则把 x 的整数部分加 1。

8-27 有一个包括 5 段链路的运输连接,试计算该 5 段链路单程端对端时延。5 段链路中有 2 段是卫星链路,有 3 段是广域网链路。每条卫星链路由上行链路和下行链路两部分组成。可以取这两部分的传播时延之和为 250 ms。每个广域网的范围为 1 500 km,其传播时延可按 150 000 km/s 来计算。各数据链路速率为 48 kb/s,帧长为 960 位。

8-28 设 TCP 的 ssthresh 的初始值为 8(单位为报文段)。当拥塞窗口上升到 12 时网络发生超时,TCP 使用慢开始和拥塞避免。试分别求出第 1 次到第 15 次传输的各拥塞窗口大小,并说明拥塞控制窗口每一次变化的原因。

8-29 试以具体例子说明为什么一个运输连接可以有多种方式释放连接。可以设两个互相通信的用户分别连接在网络的两个结点上。

8-30 试用具体例子说明为什么在运输连接建立时要使用三次握手,如不这样做可能会出现什么情况?

8-31 假定 TCP 在开始建立连接时,发送方设定超时重传时间是 RTO=6s。

(1) 当发送方接收到对方的连接确认报文段时,测量出 RTT 样本值为 1.5 s。试计算现在的 RTO 值。

(2) 当发送方发送数据报文段并接收到确认时,测量出 RTT 样本值为 2.5 s。试计算现在的 RTO 值。

第9章 应 用 层

前面章节主要介绍了数据通信、底层物理网络及 TCP/IP,目的是为应用程序之间的数据通信提供服务。本章介绍网络的具体应用,讨论各种应用进程通过什么样的应用层协议来使用网络所提供的通信服务。应用层协议是网络和用户之间的接口,即网络用户通过不同的应用协议来使用网络。

9.1 概述

9.1.1 地位和作用

应用层(application layer)是网络体系结构的最高层,虽是为应用程序提供服务以保证通信,但不是进行通信的应用程序本身。应用层也是唯一面向用户的一层,在应用层之上不存在其他的层,因此,应用层的任务不是为上层提供服务,而是直接为用户的应用进程提供服务,这里的应用进程是指正在运行的程序。应用层的作用是在实现多个系统应用进程相互通信的同时,完成一系列业务处理所需的服务。其服务元素分为两类,即公共应用服务元素(CASE)和特定应用服务元素(SASE)。CASE 提供最基本的服务,成为应用层中任何服务元素的用户,主要为应用进程通信,为分布系统实现提供基本的控制机制。SASE 提供一些特定服务,如文卷传送、访问管理、作业传送、银行事务、订单输入等。这些将涉及虚拟终端、作业传送与操作、文卷传送及访问管理、远程数据库访问、图形核心系统、开放系统互联管理等。应用层的具体内容就是规定应用进程在通信时所遵循的协议。

应用层实现网络服务的主要功能如下。

1. 文件传输、访问和管理功能

文件传输与远程文件访问是任何计算机网络最常用的两种应用。文件传输与远程文件访问所使用的技术类似,都可以假定文件位于文件服务器上,而用户想读/写顾客机器上的整个或部分这些文件。文件服务器的关键技术是有一个虚拟文件存储器,这是一个抽象的文件服务器。虚拟文件存储器给用户提供一个标准化的接口和一套可执行的标准化操作。这样隐去了实际文件服务器的不同内部接口,使用户只看到虚拟文件存储器的标准接口,访问和传输远程文件的应用程序,而不必知道各种不兼容的文件服务器的所有细节。

2. 电子邮件功能

电子邮件使通信方式开始了一场革命。电子邮件的吸引力,在于像电话的速度一样快,不要求双方都同时在场,而且留下可供处理或拷贝的文件。

虽然认为电子邮件只是文件传输的一个特例,但它有一些不为所有文件传输所共有的特殊性质。因为电子邮件系统首先要考虑一个完善的人机界面,例如写作、编辑和读取电子邮件的接口;其次要提供一项传输邮件所需的邮政管理功能,例如管理邮件表和递交通知等。此外,电子邮件与通用文件传输的另一个差别是,电子邮件是最高度结构化的文本。在许多系统中,每封电子邮件除了它的内容外,还有大量的附加信息域,这些信息域包括发送方名和地址、接收方名和地址、投寄的日期和时刻、接收复写副本的人员表、失效日期、重要性等级、安全许可性及其他附加信息。

3. 虚拟终端功能

可以说终端标准化的工作已完全失败。解决这一问题的 OSI 方法是,定义一种虚拟终端,它实际上只是代表实际终端的抽象状态的一种抽象数据结构。这种抽象数据结构可由键盘和计算机两者操作,并把数据结构的当前状态反映在显示器上。计算机能够查询此抽象数据结构,并能改变此抽象数据结构以输出在显示器上。

4. 其他应用功能

其他应用已经或正在标准化。

(1)目录服务:类似于电子电话本,提供在网络上找人或查找可用服务地址的方法。

(2)远程作业录入:允许在一台计算机上工作的用户把作业提交到另一台计算机上去执行。

(3)图形:具有发送到远地显示和标绘的功能。

(4)信息通信:用于家庭或办公室的公用信息服务,如智能用户电报、电视图文等。

9.1.2 TCP/IP 协议簇中的应用层协议

应用层的概念和协议发展得很快,使用面也很广,这给应用功能的标准化增加了复杂度和带来了困难。相比其他层,应用层需要的标准最多,也是最不成熟的一层。但随着应用层的发展,各种特定应用服务的增多,开展了许多关于应用服务的标准化研究工作,ISO 已制定了一些国际标准(IS)和国际标准草案(DIS)。因此,本章通过介绍一些具有通用性的协议标准来描述应用层的主要功能及其特点。

TCP/IP(transmission control protocol/Internet protocol,传输控制协议/网际协议),我们平常必须遵循 TCP/IP 协议簇才可以上网。TCP/IP 协议簇中的应用层协议很多,每个应用层协议用于解决某一类应用问题,而问题的解决又往往通过位于不同主机中的多个进程之间的通信和协同工作来完成。应用层协议主要有文件传输协议(file transfer protocol,FTP)、远程登录(telnet)、域名系统(domain name system,DNS)、超文本传输协议(hypertext transfer protocol,HTTP)、简单邮件传输协议(simple mail transfer protocol,SMTP)、简单网络管理协议(simple network management protocol,SNMP)、简单文件传输协议(trivial file transfer protocol,TFTP)、动态主机配置协议(dynamic host configuration protocol,DHCP)等。

9.1.3 客户机/服务器模式

目前应用最多的是客户机/服务器(client/server,C/S)模式。客户机和服务器分别对应两个应用进程,客户机(一般为网络用户的主机)进程向服务器(为网络上能够提供服务的主机)进程主动发起建立连接或服务请求,服务器接收连接或服务请求并给出应答,如图9-1所示。

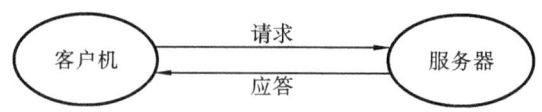

图 9-1 客户机/服务器模式

客户机/服务器模式的最重要的特点为非对称,即客户机与服务器处于不平等的地位。在客户机/服务器模式中,每次通信均由客户机进程发起,而服务器进程则等待客户机进程的请求并对请求进行应答。客户机/服务器所描述的是进程之间被服务和服务的关系。客户机是服务请求方,服务器是服务提供方。服务器是整个应用系统的资源存储、用户管理及数据运算的中心,是实现这些相关网络应用的核心所在。客户机对服务器有相当程度的依赖性,它的主要任务是完成服务请求的发送及展示所接收到的各种信息。客户机/服务器模式可以不局限在一个网络系统中,而且有不同的层次,如图 9-2 所示。

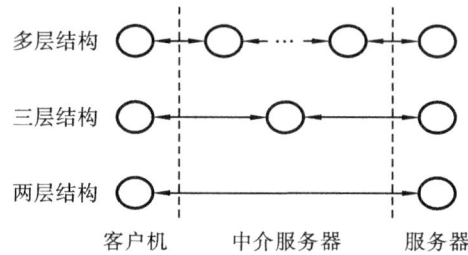

图 9-2 客户机/服务器模式的不同层次

目前不同的应用层服务对应有不同的服务器,如 FTP 服务器、WWW 服务器等。一台计算机中可以运行多个服务器软件,但是要求计算机有强大的硬件资源和多任务操作系统。服务器软件一般分为用于接受请求并创建新的进程或线程、用于处理实际的通信过程两部分。由于服务器要支持多个客户机的同时访问,所以必须具备并发性。服务器软件为每个新客户机创建一个进程或线程来处理与此客户机的通信。客户机一般不需要特殊的硬件和复杂的操作系统。任何一个应用程序当要进行远程访问时会变为客户机软件,以完成一些本地的功能:为用户提供图形用户界面(graphics user interface,GUI);根据用户输入的数据和命令向服务器发出请求;将服务器做出的回答进行分析处理,通过 GUI 提交给用户。客户机和服务器之间通信所使用的传输层协议可以是 TCP,可靠的面向连接的服务,适用于长的交互过程;也可以是无连接的 UDP(用户数据报协议),适用于短的交互过程;还可以同时使用 TCP 和 UDP 的服务。它们之间的交互通过使用 TCP/IP 协议栈来完成,这就要求客户机和服务器支持完全的协议栈。客户机/服务器通过套接字访问传输层服务。

9.1.4　P2P

与客户机/服务器模式相比,对等网络(peer-to-peer,P2P)是近年来广受关注的一种分布式服务模式。在 P2P 模式中,网络的资源和服务分散在所有用户结点上,信息的传输和服务的实现都直接在这些用户结点之间进行,使得整个系统对中央服务器的依赖性明显降低。随着客户机的加入,不仅服务的需求增加,而且系统整体的资源和服务能力也在同步增加,仍然能满足客户机的需求。P2P 模式的另一个优点在于系统中的大多数结点的动态性都很高。局部的异常情况如网络中断、网络拥塞、结点失效等事件的发生并不会终止整个系统的正常服务。对等网络的关键技术是如何管理每个对等结点的动态加入和离开,以及如何迅速有效地定位某项特定的资源。

9.2 常见的网络应用

9.2.1 文件传输协议和远程登录(FTP & Telnet)

1. FTP

FTP 的协议标准是 RFC959,主要用于文件传输。文件传输不同于文件访问。文件传输是指客户机将文件从服务器上下载下来,或者是客户机将文件上载到服务器上。而文件访问一般是指客户机在线访问服务器上的文件,可以对服务器上的文件进行在线操作。

初看起来,在两个主机之间传输文件是一件很简单的事情,其实很困难。原因是众多的计算机厂商研制的文件系统多达数百种,且差别很大。经常遇到如下困难。

(1)计算机存储数据的格式不同。

(2)文件的目录结构和文件命名的规定不同。

(3)对相同的文件存取功能、操作系统使用的命令不同。

(4)访问控制方法不同。

FTP 的主要功能是减小或消除在不同操作系统下处理文件的不兼容性。FTP 最早的设计是支持在两台不同的计算机之间进行文件传输,屏蔽计算机系统的细节,它与这两台计算机所处的位置、连接的方式、所用的操作系统无关,因而适合在异构网络中的任意计算机之间传输文件。FTP 提供交互式的访问,允许客户指明文件的类型与格式,并允许文件具有存取权限。要使用 FTP,用户必须有 FTP 服务器的用户名和口令或者 FTP 服务器支持匿名访问。匿名访问,即用户可使用"anonymous"作为用户名,以"guest"为口令,或者以用户的邮箱地址为口令,就可以与 FTP 服务器建立会话,下载 FTP 服务器提供的共享文件。FTP 只支持种类有限的文件类型(如 ASCII、二进制文件类型等)和文件结构(如字节流、记录结构)。

文件传输时,FTP 使用客户机/服务器模式。一个 FTP 服务器进程可同时为多个客户机进程提供服务。FTP 的服务器进程由两大部分组成:一是负责接受新请求的主进程;二是有若干个从属进程均负责处理单个请求。主进程的工作步骤如下。

(1)打开熟知端口(端口号为 21),使客户机进程能够连接上。

(2)等待客户机进程发出连接请求。

(3)启动从属进程来处理客户机进程发来的请求。从属进程对客户机进程的请求处理完毕后即终止,但从属进程在运行期间根据需要还可能创建其他子进程。

(4)回到等待状态,继续接受其他客户机进程发来的请求。主进程与从属进程的处理并发进行。

图 9-3 给出了 FTP 客户机和服务器之间的连接情况。在 FTP 客户机和服务器之间要

建立两条 TCP 连接,一条为控制连接,另一条为数据连接。控制连接在整个会话期间一直保持打开状态,FTP 客户机所发出的传输请求通过控制连接发送给服务器的控制进程。

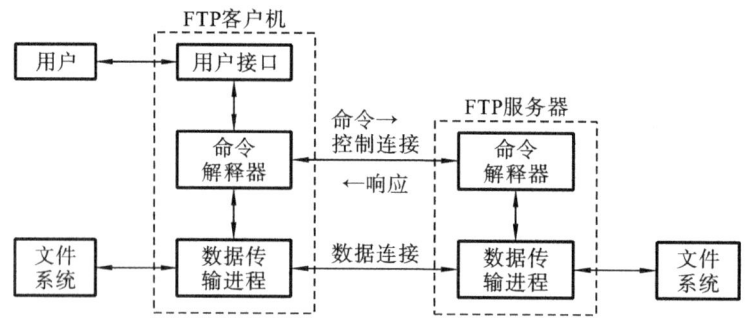

图 9-3　FTP 客户机和服务器之间的 TCP 连接

控制连接不传输文件,实际用于传输文件的是数据连接。服务器的控制进程在接收到 FTP 客户机发送来的文件传输请求后就创建"数据传输进程"和"数据连接",数据连接用于连接到客户机和服务器的数据传输进程,数据传输进程实际完成文件的传输,在传输完毕后关闭"数据传输连接"并结束运行。当客户机进程向服务器进程发出建立连接请求时,要寻找连接服务器进程的熟知端口(21),同时还要告诉服务器进程,自己的另一个端口号用于建立数据传输连接。接着,服务器进程使用自己传输数据的熟知端口(20)与客户机进程所提供的端口号建立数据传输连接。由于 FTP 使用了两个不同的端口号,所以数据连接与控制连接不会发生混乱的情况。使用两个不同端口号的好处是使协议更加简单和更易实现,同时在传输文件时还可以通过控制连接(例如,客户机发送请求终止传输)实现。

FTP 并非对所有的数据传输都最佳。譬如,计算机 A 上运行的应用程序要在远程计算机 B 的一个很大的文件末尾添加一行信息。如果使用 FTP,则应先将此文件从计算机 B 传输到计算机 A,添加该行信息后,再用 FTP 将此文件传输到计算机 B,来回传递这么大的文件需要花费很多时间。实际上不必要,因为计算机 A 并没有使用大文件的内容。

网络文件系统(network file system,NFS)采用另一种思路。NFS 允许应用进程打开远程文件,并能在该文件的某个特定的位置上开始读/写数据。这样,NFS 可使用户只复制大文件中的一个很小的片段,而不需要复制整个大文件。在上面的例子中,计算机 A 的 NFS 客户机软件把要添加的数据和在文件后面写数据的请求一起发送到远程计算机 B 的 NFS 服务器中。NFS 服务器更新文件后返回应答信息。在网络上传输的只是少量的修改数据。

TCP/IP 协议簇中还有一个简单文件传输协议(TFTP),提供不复杂、开销不大的文件传输服务,熟知端口号为 69。TFTP 是一个很小且易于实现的文件传输协议,最初用于引导无盘系统,被设计用来传输小文件。TFTP 同样使用 C/S 模式,也使用 UDP,因此 TFTP 需要采用自己的差错改正措施。TFTP 只支持文件传输而不支持交互。TFTP 没有一个庞大的命令集,因此,它不具备通常的 FTP 的许多功能,它只能从文件服务器上获得或写入文件,不能列出目录,也不能对用户进行身份鉴别。

TFTP 的优点主要有两个:第一,TFTP 可用于 UDP 环境。例如,当要将程序或文件同时向许多机器下载时,就要使用 TFTP。第二,TFTP 代码所占的内存较小。这对较小的计算机或某些特殊用途的设备是很重要的。这些设备无需硬盘,只需要固化 TFTP、UDP 和 IP 的小容量只读存储器即可。当接通电源后,设备执行只读存储器中的代码,在网络上广播一个 TFTP 请求。网络上的 TFTP 服务器就发送响应,其中包括可执行二进制程序。设备收到此文件后将其放入内存,然后开始运行程序。这种方式既增加了灵活性,也减少了开销。

TFTP 的主要特点:①每次传送的数据报文中有 512 B 的数据,但最后一次可不足 512 B;②数据 PDU 也称文件块(block),每个块按序编号,从 1 开始;③支持 ASCII 码或二进制传送;④可对文件进行读或写;⑤使用很简单的首部。

TFTP 的工作很像停等协议,发送完一个文件块后就等待对方的确认。这样就可保证文件的传送不致因某个数据报的丢失而告失败。TFTP 共有 5 种协议数据单元(PDU),即读请求 PDU、写请求 PDU、数据 PDU、确认 PDU 和差错 PDU。

2. Telnet

Telnet 的协议标准是 RFC854。Telnet 是 telecommunication network protocol 的英文缩写,它是一个简单的远程终端协议。Telnet 起源于 1969 年的 ARPAnet,现在由于个人计算机的功能越来越强,所以已较少使用。Telnet 也使用客户机/服务器模式,在本地系统运行 Telnet 客户机进程,而在远程主机则运行 Telnet 服务器进程。和 FTP 类似,服务器中的主进程等待新的请求,并产生从属进程来处理每一个连接。

使用远程登录,用户可在其所在地通过 TCP 连接注册(即登录)到远程的另一个主机上(使用主机名或 IP 地址)。Telnet 能将用户的击键传到远程主机,同时也能将远程主机的输出通过 TCP 连接返回到用户屏幕。这种服务是透明的,因为用户感觉到键盘和显示器好像是直接连在远程主机上的。因此,Telnet 又称为终端仿真协议。Telnet 的工作原理如图 9-4所示。

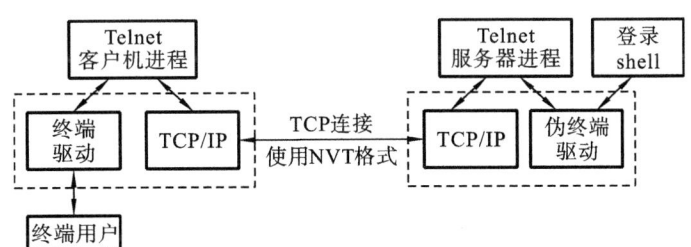

图 9-4　Telnet 的工作原理

图 9-4 中需要注意的是,Telnet 客户机进程和 Telnet 服务器进程之间只使用一条 TCP 连接,而 Telnet 客户机进程和 Telnet 服务器进程之间要进行各种通信,就必须使用某些方法来区分在 TCP 连接上传输的是数据还是控制命令。同时,不同的计算机系统之间也存在差异性。差异性首先表现在不同的系统对终端键盘输入命令的解释。例如,有的系统使用 Return 或 Enter 作为行结束标志,有的系统使用 ASCII 字符的 CR 作为行结束标志,而有的系统则使用 ASCII 字符的 LF 作为行结束标志。键盘定义的差异性给远程登录带来了很多问题。于是,Telnet 引入了网络虚拟终端(network virtual terminal,NVT)的概念。它提

供了一种专门的键盘定义,用于屏蔽不同计算机系统对键盘输入的差异性。客户机软件把用户的击键和命令转换成 NVT 格式,并提交给服务器。服务器软件把收到的数据和命令,从 NVT 格式转换成远程系统所需的格式。向用户返回数据时,服务器把远程系统的格式转换为 NVT 格式,本地客户机再从 NVT 格式转换到本地系统所需的格式。

NVT 格式定义很简单,所有通信都使用 8 位即一个字节。NVT 使用 7 位 ASCII 码传输数据,当最高位置 1 时表示传输的为控制命令。ASCII 码共有 95 个可打印字符(如字母、数字、标点符号)和 33 个控制字符。所有可打印字符在 NVT 中的意义和在 ASCII 码中的一样。但 NVT 只使用了 ASCII 码的控制字符中的几个。此外,NVT 还定义了两字符的 CR-LF 作为标准的行结束控制符。当用户键入回车键时,Telnet 的客户机就把它转换为 CR-LF 再进行传输,而 Telnet 服务器要把 CR-LF 转换为远程主机的行结束字符。Telnet 的选项协商(option negotiation)使 Telnet 客户机和 Telnet 服务器可商定使用更多的终端功能,协商的双方是平等的。

9.2.2 域名系统

在 Internet 中,采用 IP 地址虽然可以直接访问网络中的主机资源,但是 IP 地址难以记忆,于是产生了一套易于记忆、具有一定意义的主机名来表示 IP 地址,这就是域名(domain name)。域名系统(domain name system,DNS)是 Internet 使用的命名系统,其基本任务是将域名翻译成 IP 协议能够理解的 IP 地址。

1. Internet 的域名结构

早在 ARPAnet 时代,整个网络上只有数百台计算机,使用 hosts 文件就可列出所有的主机名称和相应的 IP 地址。只要用户输入一个主机名称,计算机就可以很快地把这个主机名称转换成计算机所能识别的二进制 IP 地址。随着 Internet 规模的扩大,网络上的主机数量迅速增加,hosts 文件的管理越来越困难,甚至已不可能管理。自 1983 年起,Internet 开始采用一种新的域名系统来解决 Internet 主机命名问题。在域名方式下,所有的名称由根在顶部的倒置树结构来定义,树上的每个结点都有一个标号,DNS 要求每个结点的子结点有不同的标号,这样就可以确保域名的唯一性。图 9-5 所示为 Internet 域名空间的结构。

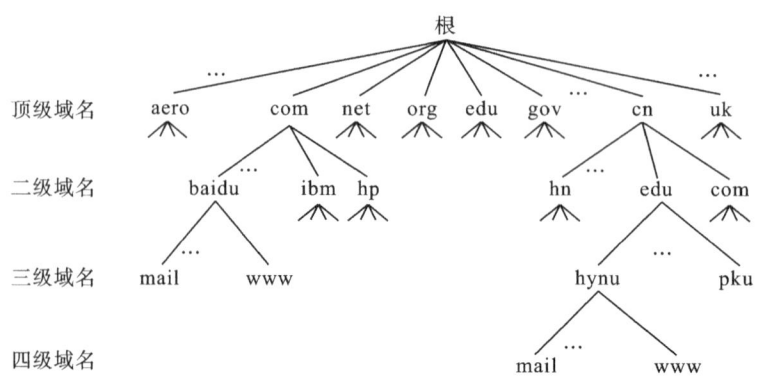

图 9-5 Internet 域名空间的结构

目前,Internet 采用层次树状结构的命名方法来划分等级,各等级域名之间用小数点连接。任何连接在 Internet 上的主机或路由器,都有一个唯一层次结构的名称,即域名。域是名字空间中一个可被管理的划分。域还可以划分为子域,子域还可继续划分为子域的子域,这样就形成了顶级域、二级域、三级域等。从语法上讲,每个域名都由标号(label)序列组成,而各标号之间用小数点隔开。例如,下面的域名就是百度的域名,它由三个标号组成。其中标号 com 是顶级域名,标号 baidu 是二级域名,标号 www 是三级域名。

www.baidu.com

三级域名. 二级域名. 顶级域名

1)注册规则

注册规则应注意以下几方面。

(1)域名中的标号只能使用英文字母(a~z,不区分大小写)、数字(0~9)及"-"(英文中的连字符,即中横线),不能使用空格及特殊字符(如!、$、&、?)等。

(2)"-"不能用于开头和结尾。

(3)每个标号长度不超过 63 个字符。

级别最低的域名写在最左边,级别最高的顶级域名写在最右边。由多个标号组成的完整域名总共不能超过 255 个字符。DNS 既不规定一个域名需要包含多少个下级域名,也不规定每级域名代表的含义。各级域名由其上一级的域名管理机构进行管理,而顶级域名则由 ICANN 进行管理。这种方法可使每个域名在整个 Internet 范围内是唯一的,并且也容易设计一种查找域名的机制。域名中的"点"和点分十进制 IP 地址中的"点"并无一一对应关系。点分十进制 IP 地址中一定包含三个"点",但每个域名中"点"的数目不一定是三个。

2)顶级域名

顶级域名是指域名系统名字空间中根结点下最顶层的域。顶级域名可分为国家及地区代码顶级域(country code top level domain,ccTLD)、通用类别顶级域(generic top level domain,gTLD)和行业类别顶级域(sponsored top level domain,sTLD)等三种不同类型。

国家及地区代码顶级域(ccTLD)采用 ISO 3166 的规定,如 cn 表示中国,us 表示美国,uk 表示英国等。

通用类别顶级域(gTLD)最常见的有 7 个,分别是 com(公司或企业)、net(网络服务机构)、org(非营利性组织)、int(国际组织)、edu(美国专用的教育机构)、gov(美国的政府部门)、mil(美国的军事部门)。其余 11 个通用类别顶级域是 aero(航空运输企业)、biz(公司或企业)、cat(加泰隆人的语言和文化团体)、coop(合作团体)、info(各种情况)、jobs(人力资源管理者)、mobi(移动产品与服务的用户和提供者)、museum(博物馆)、name(个人)、pro(有证书的专业人员)和 travel(旅游业)。

3)基础结构域名(infrastructure domain)

这种顶级域名只有一个,即 arpa,又称为反向域名,用于反向域名解析。

在国家顶级域名下注册的二级域名均由该国家自行确定。例如,顶级域名为 jp 的日本,将其教育和企业机构的二级域名定为 ac 和 co,而不用 edu 和 com。

中国把二级域名划分为"类别域名"和"行政区域名"两大类。"类别域名"共 7 个,分别为 ac(科研机构)、com(工、商、金融等企业)、edu(中国的教育机构)、gov(中国的政府机构)、mil(中国的国防机构)、net(提供互联网服务的机构)、org(非营利性组织)。"行政区域名"共 34 个,适用于我国的各省、自治区和直辖市,分别是 bj(北京市)、fj(福建省)、sh(上海市)、jx(江西省)、tj(天津市)、sd(山东省)、cq(重庆市)、ha(河南省)、he(河北省)、hb(湖北省)、sx(山西省)、hn(湖南省)、nm(内蒙古自治区)、gd(广东省)、ln(辽宁省)、gx(广西壮族自治区)、jl(吉林省)、hi(海南省)、hl(黑龙江省)、sc(四川省)、js(江苏省)、gz(贵州省)、zj(浙江省)、yn(云南省)、ah(安徽省)、xz(西藏自治区)、sn(陕西省)、tw(台湾地区)、gs(甘肃省)、hk(香港特别行政区)、qh(青海省)、mo(澳门特别行政区)、nx(宁夏回族自治区)、xj(新疆维吾尔自治区)。

值得注意的是,我国修订的域名体系允许直接在 cn 的顶级域名下注册二级域名,这给我国的 Internet 用户提供了方便。例如,某公司 aaa 以前要注册为 aaa.com. cn,是一个三级域名,但现在可注册为 aaa.cn,变成二级域名。

2. 域名服务器

域名体系是抽象的,具体实现域名系统则是使用分布在各地的域名服务器。从理论上讲,每级域名都应有一个相对应的域名服务器,所有的域名服务器构成应有和图 9-5 相对应的"域名服务器"结构。但这样做会使域名服务器的数量太多,降低域名系统的运行效率。因此,DNS 采用划分区的办法来解决这个问题。

一个服务器所负责管辖的(或有权限的)范围称为区(zone)。各单位可根据具体情况来划分自己管辖范围的区。但在一个区中的所有结点必须是连通的。每个区设置相应的权限域名服务器(authoritative name server),用于保存该区中所有主机的域名到 IP 地址的映射。总之,DNS 服务器的管辖范围不是以域为单位的,而是以区为单位的。区是 DNS 服务器实际管辖的范围。区不大于域。图 9-6 所示为 DNS 不同划分区方法的举例。例如,aaa 公司有下属部门 x 和 y,部门 x 有下属分部门 u、v 和 w,部门 y 有下属分部门 t。图 9-6(a) 表示 aaa 公司只划分一个区 aaa.com,则区 aaa.com 等于域 aaa.com。图 9-6(b)表示 aaa 公司划分为 aaa.com 和 y.aaa.com 两个区,则这两个区都隶属于域 aaa.com。显然,区是域的子集。

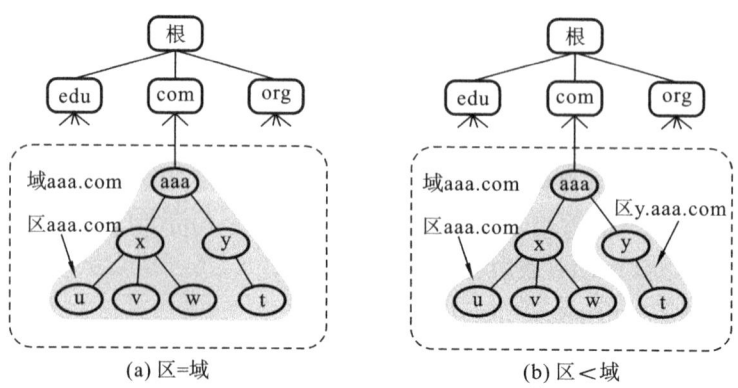

图 9-6　DNS 不同划分区方法的举例

通过域名服务器所起的作用,可以把域名服务器划分为以下 4 种不同的类型。

(1)根域名服务器。根域名服务器是最高层次的域名服务器,也是最重要的域名服务器。所有的根域名服务器都知道所有的顶级域名服务器的域名和 IP 地址。因为不管是哪一个本地域名服务器,如果要对 Internet 上任何一个域名进行解析(即转换为 IP 地址),只要自己无法解析,就要首先求助于根域名服务器。假定所有的根域名服务器都瘫痪了,那么整个 DNS 系统就无法工作。在 Internet 上共有 13 个不同 IP 地址的根域名服务器,1 个为主根服务器,放置在美国;其余 12 个为辅根服务器,其中 9 个放置在美国、2 个放置在欧洲(英国和瑞典各 1 个)、1 个放置在亚洲(日本),由互联网名称与数字地址分配机构(ICANN)统一管理。它们的名称由一个英文字母命名,从 a 到 m(13 个字母)。这些根域名服务器相应的域名分别是 a. rootservers. net,…,m. rootservers. net。但请注意,根域名服务器并不是 13 台服务器,而是 13 套装置,例如,根域名服务器 f 就有 40 个地点安装有机器,并分布在世界各地。这样做是为了方便用户,使世界上大部分 DNS 域名服务器都能就近找到一个根域名服务器。由于根域名服务器采用了任播(anycast)技术,因此当 DNS 客户机向某个根域名服务器进行查询时(用这个根域名服务器的 IP 地址),Internet 上的路由器就能找到离这个 DNS 客户机最近的一个根域名服务器。这样做不仅加快了 DNS 的查询过程,也更加合理地利用了 Internet 的资源。

(2)顶级域名服务器,即 TLD 服务器。这些域名服务器负责管理在该顶级域名服务器注册的所有二级域名。当收到 DNS 查询请求时,就给出相应的回答(可能是最后的结果,也可能是下一步应当查找的域名服务器的 IP 地址)。

(3)权限域名服务器。这是前面已经讲过的负责一个区的域名服务器。当一个权限域名服务器还不能给出最后的查询应答时,它会告诉查询请求的 DNS 客户机,下一步应当找哪一个权限域名服务器。例如,在图 9-6(b)中,区 aaa. com 和区 y. aaa. com 各设有一个权限域名服务器。

(4)本地域名服务器(local name server)。当一个主机发出 DNS 查询请求时,这个查询请求报文就发送给本地域名服务器。由此可看出本地域名服务器的重要性。每个 Internet 服务提供着 ISP 或一个大学,甚至一个大学里的系,这些都可以拥有一个本地域名服务器,这种域名服务器有时也称为默认域名服务器。当使用 Windows XP 操作系统时,打开"控制面板",选择"网络连接",再用鼠标右击任何一种网络连接,选择"属性",然后选择"Internet 协议(TCP/IP)",再单击"属性"按钮,就可以看见有关 DNS 地址的选项(自动获取或指定地址)。这里的 DNS 服务器就是指本地域名服务器。本地域名服务器离用户较近,一般不超过几个路由器的距离。当所要查询的主机也属于同一个本地 ISP 时,该本地域名服务器就能立即将所查询的主机名转换为它的 IP 地址,而不需要再去询问其他的域名服务器。

为了提高域名服务器的可靠性,DNS 域名服务器会把数据复制到几个域名服务器中保存起来,其中一个是主域名服务器(master name server),其他的是辅助域名服务器(secondary name server)。当主域名服务器出现故障时,辅助域名服务器可以保证 DNS 的查询工作不会中断。主域名服务器会定期把数据复制到辅助域名服务器中,而更改数据只能在主域名服务器中进行,这样就保证了数据的一致性。

3. 域名解析过程

域名解析有递归解析(recursive query)和迭代解析(iterative query)两种方式。递归解析要求域名服务器系统一次性完成全部域名 IP 地址的变换;迭代解析每次请求一个服务器,如果不行就再请求别的服务器。图 9-7 描述了一个简单的域名解析过程。

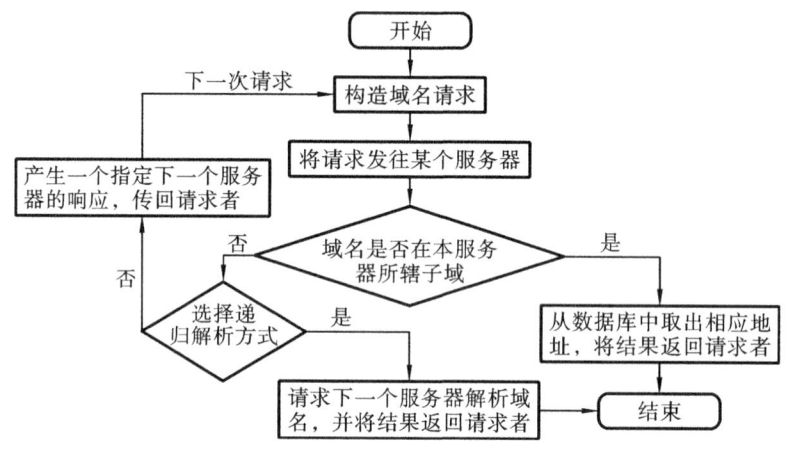

图 9-7　域名解析流程图

（1）递归解析。主机向本地域名服务器的查询一般都采用递归解析方式。递归解析就是指如果主机所询问的本地域名服务器不知道被查询域名的 IP 地址,那么本地域名服务器就以 DNS 客户机的身份向其他根域名服务器继续发出查询请求报文(替该主机继续查询),而不是让该主机自己进行下一步的查询。因此,递归解析返回的查询结果或者是所要查询的 IP 地址,或者是报错,表示无法查询到所需的 IP 地址。

（2）迭代解析。本地域名服务器向根域名服务器的查询通常采用迭代解析方式。迭代解析就是指当根域名服务器收到本地域名服务器发出的迭代查询请求报文时,要么给出所要查询的 IP 地址,要么告诉本地域名服务器"下一步应当向哪一个域名服务器进行查询"。然后让本地域名服务器进行后续的查询,而不是替本地域名服务器进行后续的查询。根域名服务器通常是把自己知道的顶级域名服务器的 IP 地址告诉本地域名服务器,让本地域名服务器再向顶级域名服务器进行查询。顶级域名服务器在收到本地域名服务器的查询请求后,要么给出所要查询的 IP 地址,要么告诉本地域名服务器下一步应当向哪一个权限域名服务器进行查询。最后,知道了所要解析的域名的 IP 地址后,就把这个结果返回给发起查询的主机。当然,本地域名服务器也可以采用递归查询,这取决于最初查询请求报文的设置要求使用哪一种查询方式。

9.2.3　电子邮件

电子邮件(electronic mail,E-mail)是传统邮件的电子化,是把邮件发送到收件人使用的邮件服务器,并放在收件人的邮箱(mail box)中,收件人可以随时上网到自己使用的邮件服务器进行读取。这相当于 Internet 为用户设立了存放邮件的信箱,因此,E-mail 也称为电子信箱。电子邮件不仅使用方便,而且传递迅速、费用低廉。现在,电子邮件不仅可传输文字信息,而且可传输声音、图像等附件。

1. 电子邮件的组成结构

一个电子邮件系统应包含用户代理、邮件服务器、邮件发送协议(如 SMTP)和邮局协议(如 POP3),如图 9-8 所示。

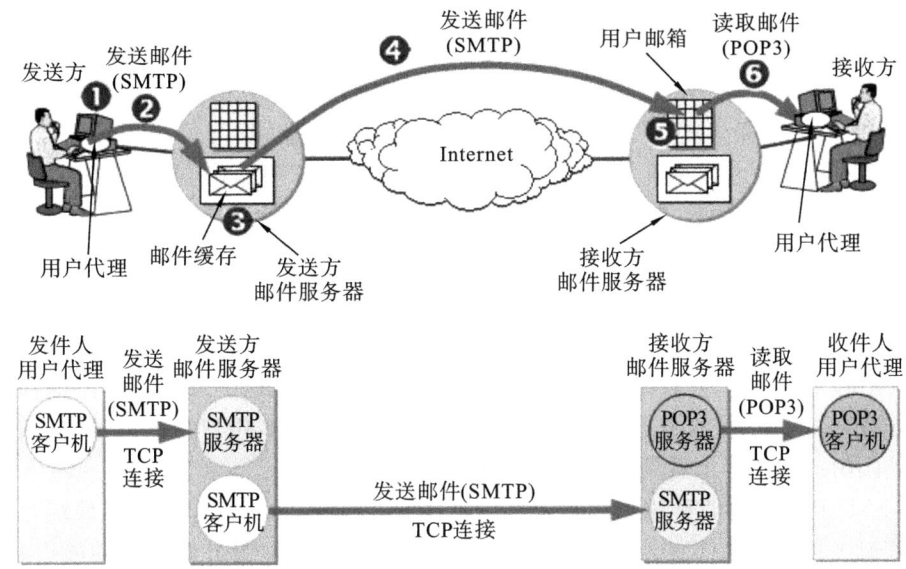

图 9-8　电子邮件的主要组成构件

2. 用户代理

用户代理(user agent,UA)是用户与电子邮件系统的接口,大多数情况下它是运行在用户个人计算机中的一个程序,因此,用户代理又称为电子邮件客户机软件。用户代理向用户提供一个很友好的接口(目前主要是窗口界面)来发送邮件和接收邮件。现在可供大家选择的用户代理有很多,例如,微软公司的 Outlook Express 和中国张小龙制作的 Foxmail。

用户代理至少应当具有以下 4 项功能。

(1) 撰写。给用户提供编辑信件的环境。例如,让用户能创建便于使用的通讯录(有常用的人名和地址)。回信时不仅能方便地从来信中提取出对方的地址,而且能自动将此地址写入邮件中合适的位置,还能方便对来信提出的问题进行回复(系统自动将来信复制一份在用户撰写回信的窗口中,因而用户不需要再输入来信中的问题)。

(2) 显示。能方便在计算机屏幕上显示出来信(包括来信附上的声音和图像等)。

(3) 处理。处理包括发送邮件和接收邮件。收件人应能根据情况按不同的方式对来信进行处理。例如,阅读后删除、存盘、打印、转发等,以及自建目录对来信进行分类保存。有时还可在读取信件之前先查看邮件的发件人和邮件的长度等,对不愿收的信件可直接从邮箱中删除。

(4) 通信。发信人在撰写完邮件后,要利用邮件发送协议发送到用户所使用的邮件服务器。收件人在接收邮件时,要使用邮件读取协议从本地邮件服务器接收邮件。

3. 邮件服务器

Internet 上有许多邮件服务器可供用户选择(有些要收取少量的邮箱费用)。邮件服务器 24 小时不间断工作,并且具有很大容量的邮件信箱。邮件服务器的功能是发送邮件和接收邮件,同时还要向发件人报告邮件传输结果(已交付、被拒绝、丢失等)。邮件服务器按照客户机/服务器模式工作。邮件服务器需要使用两种不同的协议,一种协议用于 UA 向邮件服务器发送邮件或在邮件服务器之间发送邮件,如 SMTP;另一种协议用于 UA 从邮件服务器读取邮件,如 POP3。

应当注意,邮件服务器必须能够同时充当客户机和服务器。例如,当邮件服务器 A 向另一个邮件服务器 B 发送邮件时,A 是 SMTP 客户机,而 B 是 SMTP 服务器。反之,当 B 向 A 发送邮件时,B 是 SMTP 客户机,而 A 是 SMTP 服务器。

图 9-8 给出了个人计算机之间发送电子邮件和接收电子邮件的几个重要步骤。其中,SMTP 和 POP3(或 IMAP)都是在 TCP 连接的上面传送邮件的,而使用 TCP 连接的目的是使邮件的传输可靠。

(1) 发件人调用个人计算机中的用户代理撰写和编辑要发送的邮件。

(2) 发件人单击屏幕上"发送邮件"按钮,发送邮件的工作全都交给用户代理来完成。用户代理把邮件用 SMTP 发给发送方邮件服务器,用户代理充当 SMTP 客户机,而发送方邮件服务器充当 SMTP 服务器。用户代理所进行的这些工作,用户是看不到的。有的用户代理可以让用户在屏幕上看到邮件发送的进度显示。

(3) SMTP 服务器收到用户代理发来的邮件后,就把邮件临时存放在邮件缓存队列中,等待发送到接收方的邮件服务器(等待时间的长短取决于邮件服务器的处理能力和队列中待发送的邮件数量,但这种等待时间一般都远远大于分组在路由器中等待转发的排队时间)。

(4) 发送方邮件服务器的 SMTP 客户机与接收方邮件服务器的 SMTP 服务器建立 TCP 连接,把邮件缓存队列中的邮件依次发送出去。请注意,邮件不会在 Internet 中的某个中间邮件服务器落地。如果 SMTP 客户机还有邮件要发送到同一个邮件服务器,那么可以在原来已建立的 TCP 连接上重复发送。如果 SMTP 客户机无法和 SMTP 服务器建立 TCP 连接(如接收方服务器过负荷或出了故障),那么要发送的邮件就会继续保存在发送方的邮件服务器中,并在稍后一段时间再进行新的尝试。如果 SMTP 客户机超过了规定的时间还不能把邮件发送出去,那么发送邮件服务器会把这种情况通知用户代理。

(5) 运行在接收方邮件服务器中的 SMTP 服务器进程收到邮件后,把邮件放入收件人的用户邮箱中,等待收件人读取。

(6) 收件人若打算收信,就运行个人计算机中的用户代理,使用 POP3(或 IMAP)读取发送给自己的邮件。图 9-8 中 POP3 服务器和 POP3 客户机之间的箭头表示邮件的传输方向,但它们之间的通信是由 POP3 客户机发起的。

电子邮件由信封(envelope)和内容(content)两部分组成。电子邮件的传输程序根据邮件上的信息来传输邮件,这与邮局按照信封上的地址投递信件类似。

在邮件的信封上,最重要的就是收件人的地址。TCP/IP 体系的电子邮件系统规定电子邮件地址(E-mail address)的格式为

$$收件人邮箱名 @ 邮箱所在主机的域名 \hspace{2cm} (9-1)$$

在式(9-1)中,符号"@"读为"at",表示"在"的意思。收件人邮箱名又简称为用户名

(user name)，是收件人自己定义的字符串。应注意，标志收件人邮箱名的字符串在邮箱所在邮件服务器的计算机中必须是唯一的。这样就能保证电子邮件在整个 Internet 范围内的准确交付。电子邮件的用户名一般采用容易记忆的字符串。

4. SMTP

SMTP 规定了在两个相互通信的 SMTP 进程之间应如何交换信息。由于 SMTP 使用客户机/服务器模式，因此负责发送邮件的 SMTP 进程就是 SMTP 客户机，而负责接收邮件的 SMTP 进程就是 SMTP 服务器。至于邮件内部的格式、邮件如何存储，以及邮件系统应以多快的速度发送邮件，SMTP 也为此做出了规定。

SMTP 规定了 14 条命令和 21 种应答信息，在 TCP 25 号端口监听连接请求。SMTP 命令和响应都是基于 ASCII 文本、以命令行为单位的，换行符为 CR/LF。每条命令由 4 个字母组成，而每种应答信息一般只有一行信息，以一个 3 位数字的代码开始，后面附上(也可不附上)简单的文字说明。SMTP 基本命令集如表 9-1 所示。

表 9-1 **SMTP 基本命令集**

命　　令	说　　明
HELO	向服务器标识用户身份
MAIL	初始化邮件传输
RCPT	标识邮件接收人，常在 MAIL 命令后面，可有多个"RCPT TO:"
DATA	表示已标识所有的邮件接收人，并初始化数据传输，以"."结束
VRFY	用于验证指定的用户/邮箱是否存在，考虑安全原因，服务器常禁止此命令
EXPN	验证给定的邮箱列表是否存在，扩充邮箱列表，常被禁用
HELP	查询服务器支持什么命令
NOOP	无操作，服务器应响应 OK
QUIT	结束会话
RSET	重置会话，当前传输被取消

下面通过发送方和接收方的邮件服务器之间的 SMTP 通信的 3 个阶段介绍几个主要的命令和响应信息。

1）建立连接

发件人的邮件传输到发送方邮件服务器的邮件缓存后，SMTP 客户机就每隔一定时间（如 30 分钟）对邮件缓存扫描一次，如果发现有邮件，就使用 SMTP 的周知端口号码（25）与接收方邮件服务器的 SMTP 服务器建立 TCP 连接。在建立连接后，接收方 SMTP 服务器要发出"220 Service ready"（服务就绪）。然后 SMTP 客户机向 SMTP 服务器发送 HELO 命令，并附上发送方的主机名。如果 SMTP 服务器有能力接收邮件，则回答"250 OK"，表示已准备好接收。如果 SMTP 服务器不可用，则回答"421 Service not available"（服务不可用）。

如果在一定时间内（如 3 天）发送不了邮件，邮件服务器就会把这种情况通知发件人。

SMTP 不使用中间的邮件服务器。不管发送方和接收方的邮件服务器相隔有多远，不管在邮件的传输过程中要经过多少个路由器，TCP 连接总是在发送方和接收方这两个邮件服务器之间直接建立。当接收方邮件服务器出现故障而不能工作时，发送方邮件服务器只能在等待一段时间后再尝试和该邮件服务器建立 TCP 连接，而不能先找一个中间的邮件服务器建立 TCP 连接。

2）邮件传输

邮件传输从 MAIL 命令开始，该命令后面有发件人的地址。例如，MAIL FROM:〈zhu-mary@163.com〉。如果 SMTP 服务器已准备好接收邮件，则回答"250 OK"；否则，返回一个代码，指出原因。例如，451（处理时出错）、452（存储空间不够）、500（命令无法识别）等。

下面跟着一个或多个 RCPT 命令。该命令取决于把同一个邮件发送给一个或多个收件人，其格式为

```
RCPT  TO:<收件人地址>
```

RCPT 是收件人（recipient）的缩写。每发送一个 RCPT 命令，都应当有相应的信息从 SMTP 服务器返回，例如，"250 OK"表示指明的邮箱在接收方的系统中；或"550 No such user here"（无此用户）表示此邮箱不存在。

RCPT 命令的作用是，先弄清接收方系统是否已做好接收邮件的准备，然后才发送邮件，这样做是为了避免浪费通信资源。

再下面就是 DATA 命令。该命令表示要开始传输邮件的内容了。SMTP 服务器返回的信息是"354 Start mail input;end with〈CRLF〉.〈CRLF〉"。这里〈CRLF〉是"回车换行"的意思。如果不能接收邮件，则返回 421（服务器不可用）、500（命令无法识别）等。接着 SMTP 客户机就发送邮件的内容。发送完毕后，再发送〈CRLF〉.〈CRLF〉（两个回车换行中间用一个点隔开）表示邮件内容结束。实际上，在服务器上看到的可打印字符只是一个英文的句点。如果收到邮件，则 SMTP 服务器返回信息"250 OK"，或返回差错代码。

虽然 SMTP 使用 TCP 连接试图使邮件的传输可靠，但它并不能保证不丢失邮件。也就是说，使用 SMTP 传输邮件只能说可以可靠地传输到接收方的邮件服务器，再往后的情况如何就不知道了。接收方的邮件服务器也许会出现故障，使收到的邮件全部丢失（在收件人读取信件之前）。然而，基于 SMTP 的电子邮件通常都被认为是可靠的。

3）释放连接

邮件发送完毕后，SMTP 客户机应发送 QUIT 命令。SMTP 服务器返回的信息是 221（服务关闭），表示 SMTP 同意释放 TCP 连接。邮件传输的全部过程结束。

5. POP3

POP（邮局协议）最初公布于 1984 年［RFC 918］，经过几次更新，现在普遍使用的是第三个版本 POP3（Post Office Protocol 3）［RFC 1939］。POP3 已成为 Internet 的正式标准，它是一种规定 PC 如何连接到 Internet 的邮件服务器进行收发邮件的协议，是电子邮件的第一个离线协议标准，允许用户从服务器上把邮件存储到本地主机（本地计算机）上，同时根据客户机的操作删除或保存在邮件服务器上的邮件。

POP3 命令行由一个命令和一些参数组成。所有命令行以一个 CRLF 对结束。命令和参数由可打印的 ASCII 字符组成，之间用空格隔开。命令一般为 3~4 个字母，每个参数可达 40 个字符长。POP3 的基本命令如表 9-2 所示。

表 9-2　POP3 的基本命令

命　令	说　明
USER	发送邮箱名
PASS	邮箱口令
STAT	服务器状态
LIST	邮件目录
RETR	取邮件
DELE	删除邮件
NOOP	无操作
REST	删除标记的复位
QUIT	结束
TOP	显示报文首部
APOP	邮箱、鉴别字符列的发送
UIDL	特殊 ID 的查询

POP 也使用客户机/服务器的工作方式。在接收邮件的用户个人计算机中的用户代理必须运行 POP 客户机程序,而在收件人所连接的 ISP 的邮件服务器中则运行 POP 服务器程序。当然,这个 ISP 的邮件服务器还必须运行 SMTP 服务器程序,以便接收发送方邮件服务器的 SMTP 客户机程序发来的邮件。POP 服务器只有在用户输入正确的用户名和口令后,才允许对邮箱进行读取。

POP3 的一个特点就是只要用户从 POP 服务器读取了邮件,POP 服务器就把该邮件删除。这在某些情况下就不够方便。例如,某用户在办公室的台式计算机上接收了一些邮件,还没来得及回信,就马上携带笔记本出差。当他打开笔记本回信时,却无法再看到原先在办公室收到的邮件(除非他事先将这些邮件复制到笔记本中)。为了解决这一问题,POP3 进行了一些功能扩充,其中包括让用户事先设置邮件读取后仍然在 POP 服务器中存放的时间[RFC 2449]。目前 RFC 2449 还只是 Internet 建议标准。

6. IMAP

另一个读取邮件的协议是网际报文存取协议(Internet message access protocol, IMAP),它是斯坦福大学在 1986 年开发的一个功能更强的电子邮件协议,IMAP 比 POP3 复杂得多。IMAP 和 POP 都采用客户机/服务器模式工作,但它们有很大的差别。IMAP 改进了 POP3 的不足,用户可以通过浏览邮件头来决定是否要下载、删除或检索信件的特定部分,还可以在服务器上创建或更改文件夹或邮箱。它除支持 POP3 协议的脱机操作模式外,还支持联机操作和断连接操作。它为用户提供了有选择地从邮件服务器接收邮件的功能、基于服务器的信息处理功能和共享邮箱功能。

当使用 IMAP 时,在用户的个人计算机上运行 IMAP 客户机程序,然后与接收方的邮件服务器上的 IMAP 服务器程序建立 TCP 连接。用户在自己的个人计算机上就可以操纵邮件服务器的邮箱,就像在本地操纵一样,因此 IMAP 是一个联机协议。当用户个人计算机上的 IMAP 客户机程序打开 IMAP 服务器的邮箱时,用户就可看到邮件头。如果用户需要打开某人的邮件,则该邮件应传到用户的计算机上。用户可以根据需要为自己的邮箱创建便于分类管理的层次式的邮箱文件夹,并且存放的邮件能够从某一个文件夹移到另一个文件夹。用户也可根据某种条件对邮件进行查找。在用户未发出删除邮件的命令之前,一直保存着 IMAP 服务器邮箱中的邮件。

IMAP 最大的好处就是,用户可以在不同的地方使用不同的计算机(例如,使用办公室的计算机或家中的计算机,或在外地使用笔记本)随时上网阅读和处理自己的邮件。IMAP 还允许收件人只读取邮件中的某一部分。例如,收到了一个带有图像的附件(此文件可能很大)的邮件,而用户使用的是无线上网,信道的传输速率很低。为了节省时间,可以先下载邮件的正文部分,待以后有时间再读取或下载这个附件。

IMAP 的缺点是,如果用户没有将邮件复制到自己的个人计算机上,则邮件一直保存在 IMAP 服务器上。因此,用户需要经常与 IMAP 服务器建立连接(这时许多用户要考虑所花费的上网费)。

注意,不要把邮局协议 POP3 或 IMAP 与邮件传送协议 SMTP 弄混。发件人的用户代理向发送方邮件服务器发送邮件,以及发送方邮件服务器向接收方邮件服务器发送邮件,都是使用 SMTP 协议。而 POP3 或 IMAP 则是用户代理从接收方邮件服务器上读取邮件所使用的协议。

7. MIME

前面所述的 SMTP 存在一些缺陷,如仅限于传送 7 位的 ASCII 码,许多其他非英语国家的文字(如中文、俄文,甚至带重音符号的法文或德文)就无法传送,也不能传送可执行文件或其他的多媒体信息,而且 SMTP 服务器会拒绝超过一定长度的邮件。

于是,提出了 MIME(multipurpose Internet mail extensions,通用因特网邮件扩充)。MIME 试图在不改变 SMTP 协议和 RFC 822(邮件格式标准)的基础上,使得邮件可以传送任意非 ASCII 码字符或文件。为此,它在这些协议之上采取了一些措施。MIME 和 SMTP 的关系如图 9-9 所示。

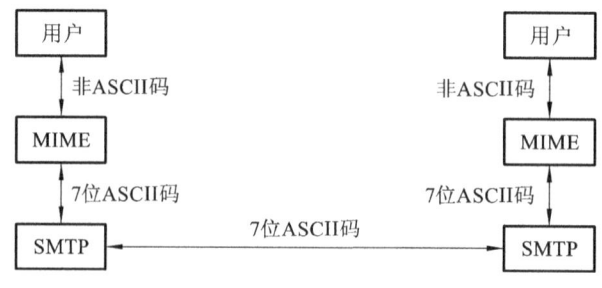

图 9-9 MIME 和 SMTP 的关系

MIME 主要包括以下 3 个部分。

(1) 5 个新的邮件首部字段,它们可包含在 RFC 822 首部中。这些字段提供了有关邮件主体的信息。

（2）定义了许多邮件内容的格式，对多媒体电子邮件的表示方法进行了标准化。

（3）定义了传送编码，可对任何内容格式进行转换，而不会被邮件系统改变。

9.2.4　万维网

1. 万维网概述

万维网（world wide web，WWW）起源于 1989 年 3 月欧洲粒子物理研究室（CERN），是由 CERN 的物理学家 Tim Berners-Lee（蒂姆·伯纳斯·李）提出的。他想设计一种易于联系实验室成员的软件。当某个人需要了解另一个人的工作时，他不必把对方的文件拷贝到自己的计算机上，只要"链接"到对方的计算机上即可。而且，每个人都可以在不同的地方建立自己的网页，然后把这些网页"链接"起来。第一个基于文本的原型于一年半后（1991 年 12 月）在得克萨斯州的 San Antonio 91 超文本会议上进行公开演示。接着，他又开发超文本服务器（hypertext server）代码，并使之适用于 Internet。超文本服务器是一种存储超文本标记语言（hypertext markup language，HTML）文件的计算机，其他计算机可以连入这种服务器，并读取这些 HTML 文件。1993 年 2 月，第一个图形界面的浏览器开发成功，称为 Mosaic。1995 年，著名的 Netscape Navigator 浏览器上市。

后来，CERN 和麻省理工学院签订协议成立万维网集团，其网址是 http://www.w3.org。这是一个致力于进一步发展信息网、标准化协议并鼓励站点间互操作性的组织。目前最流行的浏览器是微软公司的 Internet Explorer。

今天，人们把 WWW 称为万维网，其含义是指通过 HTTP 协议链接起来的无数 Web 服务器中的网页资源。万维网是一种特殊的结构框架，是目前 Internet 上使用最广泛的应用之一，像一个无比巨大的虚拟网络，将全世界连接起来，其目的是访问遍布在 Internet 上的链接文件。万维网强有力地推动了 Internet 走向商业的发展，并提升了它的知名度。从此，Internet 向全世界迅速蔓延，成为信息时代的新宠。蒂姆·伯纳斯·李称为万维网之父。

万维网是一个分布式的超媒体（hypermedia）系统，是超文本（hypertext）系统的扩充。所谓超文本是包含指向其他文档链接的文本。也就是说，一个超文本由多个信息源链接而成，这些信息源的数目实际上是不受限制的。利用一个链接可使用户找到另一个文档，而这又可链接到其他的文档（依此类推）。这些文档可以位于世界上任何一个接在 Internet 上的超文本系统中。超文本是万维网的基础。超媒体与超文本的区别是文档内容不同。超文本文档仅包含文本信息；而超媒体文档还包含其他表示方式的信息，如图形、图像、声音、动画，甚至活动视频图像。

分布式的超媒体系统与非分布式的超媒体系统有很大区别。在非分布式超媒体系统中，各种信息都驻留在单个计算机的磁盘中。由于各种文档都可从本地获得，因此这些文档之间的链接可进行一致性检查。所以，一个非分布式超媒体系统能够保证所有的链接都是有效的和一致的。

万维网把大量信息分布在整个 Internet 上，每台主机上的文档都独立进行管理。对这些文档的增加、修改、删除或重新命名，都不需要（实际上也不可能）通知 Internet 上成千上万的结点。这样，万维网文档之间的链接经常就会不一致。例如，主机 A 上的文档 X 本来包含了一个指向主机 B 上的文档 Y 的链接。如果主机 B 的管理员在某天删除了文档 Y,那么主机 A 的上述链接显然就失效了。

万维网以客户机/服务器模式工作。上面所说的浏览器就是用户主机上的万维网客户机程序。万维网文档所驻留的主机则运行服务器程序,因此这个主机也称为万维网服务器。客户机程序向服务器程序发出请求,服务器程序向客户机程序送回客户机所要的万维网文档。在一个客户机程序主窗口上显示的万维网文档称为页面(page)。

万维网必须解决以下几个问题。

(1) 怎样标识分布在整个 Internet 上的万维网文档?

(2) 用什么样的协议来实现万维网上的各种链接?

(3) 怎样使不同作者创作的不同风格的万维网文档都能在 Internet 上的各种主机上显示出来,同时使用户清楚地知道在什么地方存在着链接?

(4) 怎样使用户能够很方便地找到所需的信息?

为了解决第一个问题,万维网使用统一资源定位符(uniform resource locator,URL)来标识万维网上的各种文档,并使每个文档在整个 Internet 的范围内具有唯一的标识符——URL。为了解决第二个问题,要使万维网客户机程序与万维网服务器程序之间的交互遵守严格的协议,这就是超文本传输协议(hypertext transfer protocol,HTTP)。HTTP 是一个应用层协议,它使用 TCP 连接进行可靠的传输。为了解决第三个问题,万维网使用超文本标记语言,使得万维网页面的设计者可以很方便地使用链接从本页面的某处链接到 Internet 上的任何一个万维网页面,并且能够在自己的计算机屏幕上将这些页面显示出来。最后,用户可使用搜索工具在万维网上方便地查找所需的信息。

2. URL

URL 是用于表示从 Internet 上得到的资源位置和访问这些资源的方法。URL 给资源位置提供一种抽象的识别方法,并用这种方法给资源进行定位。只要能够对资源定位,系统就可以对资源进行各种操作,如存取、更新、替换和查找其属性。这里所说的“资源”是指在 Internet 上可以被访问的任何对象,包括文件目录、文件、文档、图像、声音等,以及与 Internet 相连的任何形式的数据。“资源”还包括电子邮件的地址和 USENET(新闻组),或 USENET(新闻组)中的报文。

对用户而言,URL 是一种统一格式的 Internet 信息资源地址表示方法,它将 Internet 提供的各种服务统一编址。URL 可以理解为网络信息资源定义的名称,是计算机系统文件名概念在网络环境下的扩充。因此,URL 是与 Internet 相连的计算机上的任何可访问对象的一个指针。由于访问不同对象所使用的协议不同,所以 URL 还指出读取某个对象时所使用的协议。URL 的一般形式由以下 4 个部分组成:

<协议>://<主机>:<端口>/<路径>

URL 的第一部分是最左边的〈协议〉。这里的〈协议〉是指使用什么协议来获取该万维网文档。现在最常用的协议是超文本传输协议(HTTP),其次是 FTP(文件传输协议)。

在〈协议〉后面规定必须写上“://”,不能省略。它的右边是第二部分〈主机〉,指出这个万维网文档是在哪个主机上。这里的〈主机〉是指该主机在 Internet 上的域名。后面的第三部分和第四部分是〈端口〉和〈路径〉,有时可省略。端口号是指 Internet 用于说明使用特定服务的软件标识,用数字表示。当使用不同的信息服务方式时,对应的端口号也不相同。默认情况下,HTTP 的端口号为 80,TELNET 的端口号为 23,FTP 的端口号为 21。一般情况下,由于常用的信息服务程序采用的是标准的端口号,用户在 URL 中可以不必给出,例如,http://www. baidu. com 和 http://www. baidu. com:80 是完全相同的。

当某些信息服务使用非标准的端口号时,就要求用户必须在 URL 中进行端口号的说明。例如,ftp://skey. net:1050/pub/readme. txt 表示使用 FTP 传输文件资源,主机域名为 skey. net,使用的不是默认的 FTP 端口号 21,而是 1050,资源在主机中存放的路径和文件名为/pub/readme. txt。又如,http://home. Microsoft. com/intel/cn 表示使用 HTTP 访问信息资源,且信息存储在域名为 home. Microsoft. com 的主机上,HTTP 使用的默认端口号为 80,资源在主机中存放的路径为 intel/cn,文件名使用了默认文件名,此时,URL 指到 Internet 的某个主页(home page)上。

主页是一个很重要的概念,它可以是下列 3 种情况之一。

(1) 一个 WWW 或 Gopher 服务器的最高级页面。

(2) 某组织或部门的一个定制的页面或目录,从这样的页面可链接到 Internet 上与本组织或部门有关的其他站点。

(3) 由某个人自己设计的描绘本人情况的 WWW 页面。

例如,要查询衡阳师范学院的信息,就可以进入其主页,URL 为:http://www. hynu. edu. cn,这里省略了默认端口号 80。

3. HTTP

1) HTTP 的操作过程

标准的万维网传输协议是超文本传输协议。HTTP 定义了浏览器(万维网客户机进程)向万维网服务器请求万维网文档及服务器把文档传输给浏览器的方法。从层次的角度看,HTTP 是面向事务的(transaction-oriented)应用层协议,它是万维网上能够可靠地交换文件(包括文本、声音、图像等各种多媒体文件)的基础。

万维网的大致工作过程如图 9-10 所示。每个万维网站点都有一个服务器进程,它不断地监听 TCP 的端口 80,以便发现是否有浏览器(客户机进程)向它发出建立连接请求。一旦监听到建立连接请求并建立了 TCP 连接之后,浏览器就向万维网服务器发出浏览某个页面的请求,服务器接着就返回所请求的页面作为响应。最后,释放 TCP 连接,一个事务就结束了。在浏览器和服务器之间的请求和响应的交互,必须按照规定的格式和遵循 HTTP 标准进行。

HTTP 规定在 HTTP 客户机与 HTTP 服务器之间的每次交互,都由一个 ASCII 码串构成的请求和一个类 MIME (MIME-like)的响应组成。HTTP 报文通常都使用 TCP 连接传输。用户浏览页面的方法有两种:一种方法是在浏览器的地址窗口中键入所要查找的页面的 URL;另一种方法是在某个页面中使用鼠标单击一个可选部分,这时浏览器会自动在 Internet 上找到所要链接的页面。

假定图 9-10 中的用户使用鼠标单击 http://www. hynu. edu. cn/index. html 超链接后,网络的工作过程如下。

(1) 浏览器分析链接指向页面的 URL。

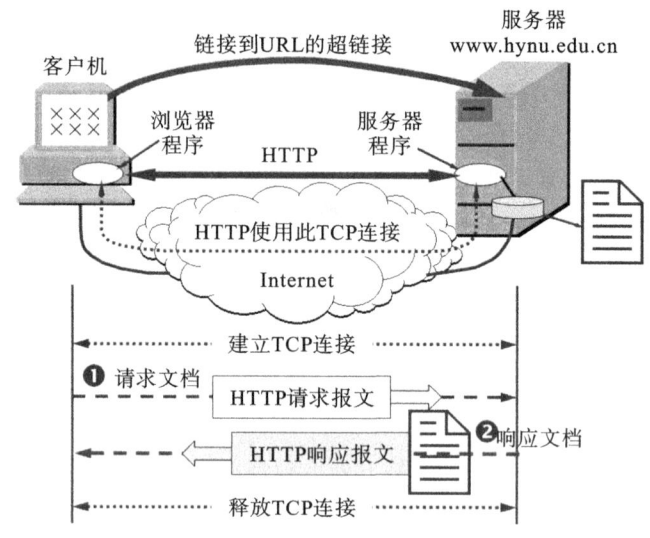

图 9-10 万维网的工作过程

（2）浏览器向 DNS 请求解析 www. hynu. edu. cn 的 IP 地址。

（3）DNS 解析出服务器的 IP 地址为 59.51.24.37。

（4）浏览器与服务器建立 TCP 连接（服务器的 IP 地址是 59.51.24.37，端口是 80）。

（5）浏览器发出取文件命令：GET/index. html。

（6）服务器 www. hynu. edu. cn 给出响应，将文件 index. html 发送给浏览器。

（7）释放 TCP 连接。

（8）浏览器显示文件 index. html 中的所有文本。

在下载文件时，浏览器可以设置为只下载其中的文本部分，这样可使下载的速度加快。在这种情况下，文件中原来嵌入图像或声音的地方只用一个小图标来显示。如果用户要下载这些图像或声音，则可用鼠标再分别单击这些图标。每单击一次鼠标，就重复执行一次类似于上面的 8 个步骤。也就是先建立 TCP 连接，再使用 TCP 连接传输命令和文件，最后释放 TCP 连接。

HTTP 使用了面向连接的 TCP 作为运输层协议，以保证数据的可靠传输。HTTP 不必考虑数据在传输过程中被丢弃后又怎样被重传。但是，HTTP 本身是无连接的，也就是说，虽然 HTTP 使用了 TCP 连接，但通信双方在交换 HTTP 报文之前不需要先建立 HTTP 连接。在 1997 年以前使用的是 RFC 1945 定义的 HTTP/1.0 协议。这个协议于 1998 年升级为 HTTP/1.1[RFC2616]，目前是 Internet 草案标准。

HTTP 是一个面向事务的客户机/服务器协议。虽然 HTTP 使用了 TCP，但它是无状态的（stateless）协议。也就是说，每个事务都是独立进行处理的。当一个事务开始时，就在万维网客户机与服务器之间产生一个 TCP 连接；当事务结束时，就释放这个 TCP 连接。也就是说，同一个客户机第二次访问同一个服务器上的页面，服务器的响应与第一次被访问时相同（假定现在服务器还没有把该页面更新），因为服务器并不记得曾经访问过这个客户机，也不记得为该客户机曾经服务过多少次。HTTP 的无状态特性简化了服务器的设计，使服务器更容易支持大量并发的 HTTP 请求。

下面粗略估算从浏览器请求一个万维网文档到收到整个文档所需的时间。当用户单击鼠标链接某个万维网文档时,HTTP 首先要和服务器建立 TCP 连接,这需要使用三次握手。在三次握手的前两部分完成后,即经过了一个 RTT(round-trip time)后,万维网客户机就把 HTTP 请求报文作为三次握手的第三个报文的数据发送给万维网服务器。服务器收到 HTTP 请求报文后,就把所请求的文档作为响应报文返回给万维网客户机。RTT 是指往返时延,在计算机网络中它是一个重要的性能指标,表示从发送方发送数据开始到发送方收到来自接收方的确认(接收方收到数据后便立即发送确认)总共经历的时延。

由图 9-11 可知,请求一个万维网文档所需的时间是该文档的传输时间(与文档大小成正比)加上两倍往返时间 RTT(一个 RTT 用于连接 TCP 连接,另一个 RTT 用于请求和接收万维网文档)。这里 TCP 建立连接的三次握手的第三个报文段中捎带了客户机对万维网文档的请求)。

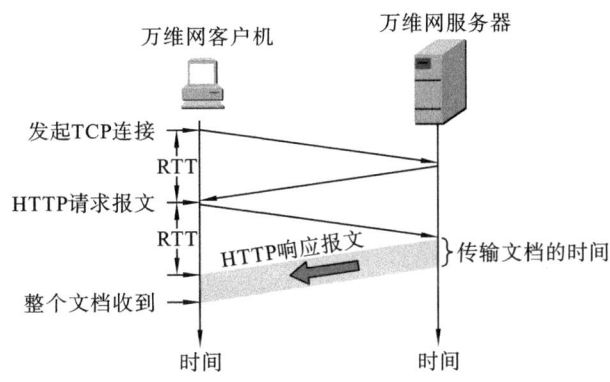

图 9-11　请求一个万维网文档所需的时间

2) 万维网高速缓存

万维网高速缓存(web cache)是一种网络实体,它能代表浏览器发出 HTTP 请求,因此,万维网高速缓存又称为代理服务器(proxy server)。万维网高速缓存把最近的一些请求和响应暂存在本地磁盘中。当新请求到达时,若万维网高速缓存发现这个请求与暂时存放的请求相同,就返回暂存的响应,而不需要按 URL 的地址再次去 Internet 访问该资源。万维网高速缓存可在客户机或服务器工作,也可在中间系统上工作。下面举例说明它的作用。

设图 9-12 所示的校园网中有许多个人计算机都通过 2 Mb/s 专线链路($R_1—R_2$)与 Internet 上的源点服务器建立 TCP 连接。先假定不使用万维网高速缓存,请估算访问 Internet 上服务器的时延。

若校园网使用 10 Mb/s 以太网,平均每秒产生 20 个请求,每个请求得到的返回信息平均为 100 Kb,则校园网以太网上的通信量强度为 0.1。以太网的时延很小,一般仅为几十毫秒。在 Internet 内,从路由器 R_2 转发 HTTP 请求报文到含有响应信息的数据报文传输到 R_2 所需的时间,正常情况下为 2 秒(这就是所谓的"Internet 时延")。再观察两个路由器之间链路上的时延。通过简单计算,可得出在 2 Mb/s 链路上的通信量强度为 1。这表明,在这样的链路上的时延已增加到几分钟甚至更长。显然,用户无法忍受这么长的时延。

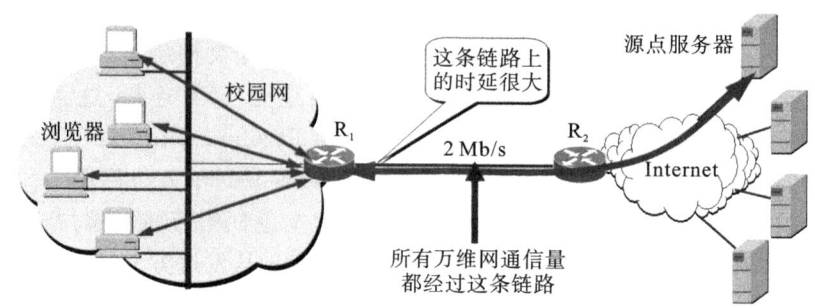

图 9-12   校园网不使用万维网高速缓存的情况

虽然将两个路由器之间的专线增加到 10 Mb/s 能解决这一瓶颈问题,但是需要增加数倍租用电路的费用。因此,最好采用其他更经济的方法,即在校园网内增加一个万维网高速缓存。

图 9-13 是校园网使用万维网高速缓存的情况。这时,访问 Internet 的过程如下。

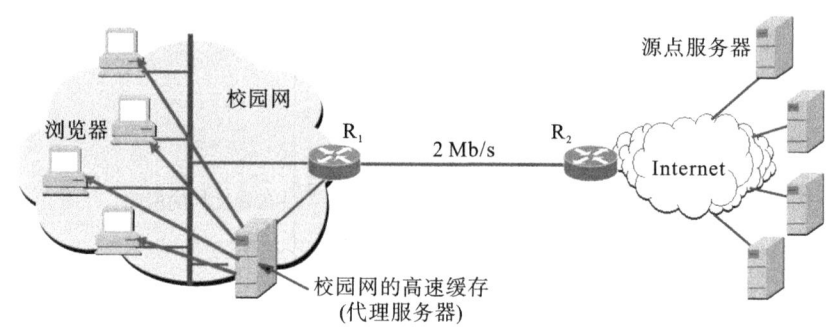

图 9-13   校园网使用万维网高速缓存的情况

(1)校园网个人计算机中的浏览器向 Internet 的服务器请求服务时,先和校园网的高速缓存建立 TCP 连接,并向高速缓存发出 HTTP 请求报文。

(2)如果高速缓存已经存放了所请求的对象,则高速缓存就把这个对象放入 HTTP 响应报文中并返回给个人计算机的浏览器。否则,高速缓存就代表发出请求的用户浏览器,与 Internet 上的源点服务器建立 TCP 连接,并发送 HTTP 请求报文。

(3)源点服务器把所请求的对象放在 HTTP 响应报文中并返回给校园网的高速缓存。

(4)高速缓存收到这个对象后,先复制在其本地存储器中(留待以后用),然后把这个对象放在 HTTP 响应报文中,通过已建立的 TCP 连接,返回给请求该对象的浏览器。

需注意的是,当接受浏览器的 HTTP 请求时,高速缓存作为服务器,当向 Internet 上的源点服务器发送 HTTP 请求时,高速缓存客户机。

假定高速缓存的命中率为 0.4,就表明有 40% 的 HTTP 请求可以由高速缓存来响应(通过 10 Mb/s 局域网),而 60% 的 HTTP 请求仍需经过 2 Mb/s 的链路连接到 Internet。这样,2 Mb/s 链路的通信量强度就从 1 降到 0.6(一般通信量强度小于 0.8 就可接受),这时的平均访问时延=0.4×链路时延+0.6×(2+链路时延),因而在此链路上的时延大大降低,例如,只有几十毫秒。可见,在使用高速缓存的情况下,2 Mb/s 链路已不再成为访问

Internet 服务器的瓶颈。

3）HTTP 的报文结构

了解 HTTP 功能的最好方法就是研究 HTTP 的报文结构。HTTP 包含两类报文。一类是请求报文,指从客户机向服务器发送请求报文,如图 9-14(a)所示。一类是响应报文,指从服务器到客户机的回答,如图 9-14(b)所示。

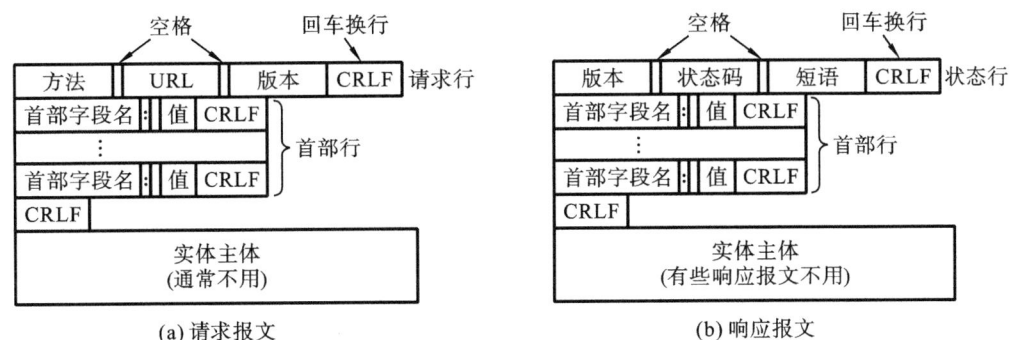

图 9-14　HTTP 的报文结构

由于 HTTP 是面向文本的协议,因此在报文中的每个字段都为 ASCII 码串,而各个字段的长度都是不确定的。

HTTP 请求报文和响应报文都由以下三部分组成。由图 9-14 可以看出,这两类报文格式的区别是开始行不同。

（1）开始行用于区分是请求报文还是响应报文。在请求报文中的开始行称为请求行（request-line）,而在响应报文中的开始行称为状态行（status-line）。在开始行的三个字段之间都以空格分隔开,最后的 CRLF 代表回车换行。

（2）首部行用于说明浏览器、服务器或报文主体的一些信息。首部可以有好几行,也可以不使用首部行。在每个首部行中都有首部字段名和它的值,每行在结束的地方都要有回车换行。整个首部行结束时,还应有一空行将首部行和后面的实体主体分开。

（3）实体主体。在请求报文中一般都不用这个字段,而在响应报文中也可能不用这个字段。

HTTP 请求报文的主要特点:请求报文的第一行"请求行"只包含三项内容,即方法、URL 及版本。方法就是对所请求的对象进行的操作,这些方法实际上是一些命令。因此,请求报文的类型是由它所采用的方法决定的。表 9-3 给出了请求报文中常用的几种方法。

表 9-3　HTTP 请求报文的一些方法

方法（操作）	意　　义
OPTION	客户机向服务器询问可用选项
GET	请求读取由 URL 所标识的信息
HEAD	请求读取由 URL 所标识的信息的首部
POST	请求接收本报文所附加的部分作为标识网页的一个新的部分

续表

方法(操作)	意　义
PUT	在指明的 URL 下存储文档
DELETE	删除指明的 URL 所标识的资源
TRACE	用于进行环回测试的请求报文
CONNECT	用于代理服务器

对于图 9-10 中的例子,HTTP 的请求报文的开始行(请求行)应当是(请注意 GET 后面和 HTTP/1.1 前面的空格):

```
GET  http://www.hynu.edu.cn/index.html  HTTP/1.1
```

下面是一个请求报文的例子:

```
CET  /chn/yxs2/index.htm  HTTP/1.1    {请求行使用了相对 URL}
host:www.hynu.edu.cn                  {此行是首部行的开始,这行给出主机的域名}
connection:close                      {告诉服务器发送完请求的文档后就可释放连接}
User-Agent:Mozilla/5.0                {表明用户代理使用 Netscape 浏览器}
Accept-Language:cn                    {表示用户希望优先得到中文版本的文档}
                                      {请求报文的最后还有一空行}
```

在请求行使用相对 URL(省略了主机的域名)是因为下面的首部行(第 2 行)给出了主机的域名。第 3 行告诉服务器不使用持续连接,表示浏览器希望服务器在传输完所请求的对象后即关闭 TCP 连接。这个请求报文没有实体主体。

当用户在网上填写表单(form)时,要用到 POST 方法。这时,用户输入的信息要填写在最后的实体主体中,和前面的请求行、首部行一起发送给 HTTP 服务器。

HTTP 响应报文的主要特点:每个请求报文发出后,都能收到一个响应报文。响应报文的第 1 行就是状态行。状态行包括 3 项内容,即版本、状态码和短语。状态码(status-code)是由 3 位数字组成的,分为 5 大类共 33 种。例如,

1xx 表示通知信息,如请求收到了或正在进行处理。

2xx 表示成功,如接收或知道了。

3xx 表示重定向,如要完成请求还必须采取进一步的行动。

4xx 表示客户机的差错,如请求中有错误的语法或不能完成。

5xx 表示服务器的差错,如服务器失效无法完成请求。

下面 3 种状态行在响应报文中是经常见到的。

```
HTTP/1.1 202 Accepted          {接受}
HTTP/1.1 400 Bad Request       {错误的请求}
HTTP/1.1 404 Not Found         {找不到}
```

若请求的网页从 http://www.aa.xyz.edu/index.html 转移到了一个新的地址,则响应报文的状态行和一个首部行的形式为

```
HTTP/1.1 301 Moved Permanently              {永久性地转移了}
Location:http://www.xyz.edu/aa/index.html   {新的 URL}
```

下面是一个典型的 HTTP 响应报文:

```
HTTP/1.1 200 OK              {状态行}
Connection:close            {首部行,服务器在传输完所请求的对象后即关闭 TCP 连接}
Date:Thu,06 Aug 2011 12:00:05 GMT {服务器返回所请求对象的日期和格林尼治时间}
Server:Apache/1.3.0(UNIX)
Last-Modified:Mon,2011 Jun 08:18:18 GMT
Content-Length:7886
Content-Type:text/html      {首部行}
{此处有一空行}
DATA DATA DATA DATA DATA…            {服务器返回的对象}
```

4. HTML

超文本标记语言(hypertext markup language,HTML)是一种制作万维网页面的标准语言,它消除了不同计算机之间信息交流的障碍。由于 HTML 易于掌握且实施简单,因此它很快就成为万维网的重要基础[RFC 1866]。官方的 HTML 标准由 W3C(即 WWW consortium)负责制定。有关 HTML 的一些参考资料请见[W-HTML]。现在最新的版本是 HTML 4.0。

HTML 是一种结构化的语言,采用标签来描述网页中的元素,如网页的首部信息、段落、列表、超链接、图片、表格等。网页元素的一般格式为

<标签名 属性 1="值 1" 属性 2="值 2"…属性 n="值 n" >描述的内容</标签名>

标签名是一串英文字符,必须使用半角字符,如果采用全角字符,则会出错。HTML 把各种标签嵌入万维网的页面中,这样就构成了所谓的 HTML 文档。HTML 文档是一种可以使用任何文本编辑器(如 Windows 的记事本 Notepad)创建的 ASCII 码文件。但应注意,仅当 HTML 文档以.html 或.htm 为扩展名时,浏览器才对这样的 HTML 文档的各种标签进行解释。如果 HTML 文档改为以.txt 为扩展名,则 HTML 解释程序就不对标签进行解释,浏览器只能看见原来的文本文件。

当浏览器从服务器读取某个页面的 HTML 文档后,根据浏览器所使用的显示器的尺寸和分辨率大小,按照 HTML 文档中的各种标签,可重新进行排版并恢复出所读取的页面。但是,并非所有的浏览器都支持所有的 HTML 标签。如果某个浏览器不支持某个 HTML 标签,则浏览器将忽略此标签,但在一对不能识别的标签之间的文本仍然会被显示出来。

9.2.5 网络管理

网络管理简称网管,是指通过对硬件、软件和人力的使用、综合与协调,以便对网络资源进行监视、测试、配置、分析、评价和控制,这样就能以合理的价格满足网络的一些需求,如实时运行性能、服务质量等。网络是一个非常复杂的分布式系统,这是因为网络上有很多不同厂家生产的、运行着多种协议的结点(主要是路由器),这些结点还可以相互通信和交换信息。网络的状态总是不断变化的。可见,必须使用一种机制来读取这些结点上的状态信息,有时还要把一些新的状态信息写入这些结点上。网络管理模型中的主要构件如图 9-15 所示,其中,M 表示管理程序(运行 SNMP 客户机程序),A 表示代理程序(运行 SNMP 服务器程序)。

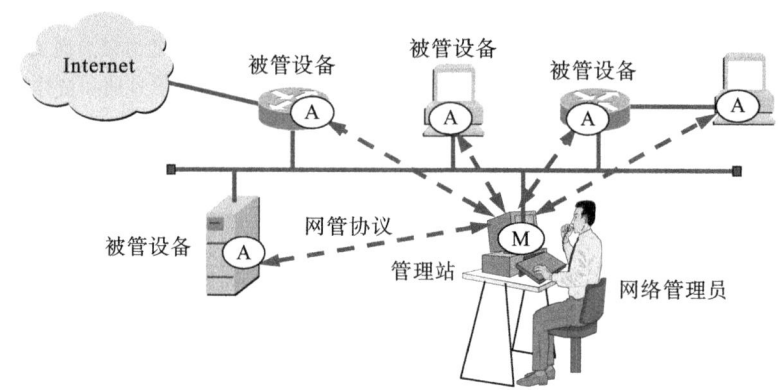

图 9-15　网络管理模型中的主要构件

　　管理站又称为管理器,是整个网络管理系统的核心,它通常是一个有着良好图形界面的高性能的工作站,并由网络管理员直接操作和控制。所有向被管设备发送的命令都是从管理站发出的。管理站的所在部门也常称为网络运行中心(network operations center,NOC)。管理站中的关键构件是管理程序,管理程序在运行时称为管理进程。管理站(硬件)或管理程序(软件)都可称为管理者(manager)或管理器,所以这里的管理者不是指人而是指计算机或软件。网络管理员(administrator)才是指人。大型网络往往实行多级管理,因而有多个管理者,而一个管理者一般只管理本地网络的设备。在被管网络中有很多的被管设备(包括设备中的软件)。被管设备可以是主机、路由器、打印机、集线器、网桥或调制解调器等。在每个被管设备中可能有许多被管对象(managed object)。被管对象可以是被管设备中的某个硬件(如一块网络接口卡),也可以是某些硬件或软件(如路由选择协议)的配置参数的集合。被管设备有时可称为网络元素,简称网元。在被管设备中也会有一些不能被管的对象。在每个被管设备中都要运行一个程序以便和管理站中的管理程序进行通信,这些运行着的程序称为网络管理代理程序,简称代理(agent)程序。代理程序在管理程序的命令和控制下在被管设备上采取本地的行动。图 9-15 中包含的一个重要构件就是简单网络管理协议(simple network management protocol,SNMP)。

　　简单网络管理协议是使用 TCP/IP 协议对 Internet 上的设备进行管理的一个框架,它提供一组基本的操作来监控和维护 Internet 的运行。SNMP 发布于 1988 年,经过 20 多年的使用,SNMP 已在 Internet 上得到广泛应用,SNMPv3 现已成为 Internet 的正式标准(STD 62)。SNMP 的网络管理由 3 个部分组成,即 SNMP 本身、管理信息结构(structure of management information,SMI)和管理信息库(management information base,MIB)。

　　SMI 是 SNMP 的重要组成部分。SMI 的功能有 3 个,即规定,被管对象的命名;用于存储被管对象的数据类型;在网络上传输的管理数据的编码方式。

　　MIB 是 SNMP 网络管理中的第二个组件。每个被管设备都有一个 MIB,MIB 用于保存所有被管理对象的信息。目前大部分企业使用的是 MIB2。MIB2 将所有被管设备的对象分成 12 类,每类对象分配一个标识符(实际上就是一个数字),表 9-4 给出了常用对象的标识符及所包含的信息。

表 9-4　MIB2 中的常用对象

对象类型	标识符	所包含的信息
system	1	主机或路由器结点的通用信息,如名字、位置、开机时间
interfaces	2	各种网络接口的信息,如接口数目、物理地址等
address translation	3	地址转换(例如,ARP 映射)
IP	4	关于 IP 的信息,如路由表和 IP 地址
ICMP	5	关于 ICMP 的信息,如已发送和接收到的 ICMP 报文数目
TCP	6	关于 TCP 的信息,如连接表、超时值、端口数及已经发送和接收的报文数目
UDP	7	关于 UDP 的信息,如端口数及已经发送和接收的报文数目
EGP	8	关于 EGP 的信息
SNMP	12	定义了有关 SNMP 本身的信息

习　题　9

9-1　文件传输协议(FTP)的主要工作过程是怎样的? 为什么说 FTP 带外传输控制信息? 主进程和从属进程各起什么作用?

9-2　DNS 的主要功能是什么? DNS 中的本地域名服务器、根域名服务器、顶级域名服务器及权限域名服务器有何区别?

9-3　域名服务器中的高速缓存的作用是什么?

9-4　如果有一天整个 Internet 的 DNS 都瘫痪了(这种情况不大会出现),试问还可以给朋友发送 E-mail 吗?

9-5　试述电子邮件的主要组成部件。用户代理的作用是什么? 没有用户代理行不行?

9-6　电子邮件的地址格式是怎样的? 请说明各部分的意思。

9-7　试简述 SMTP 通信三个阶段的过程。

9-8　试述 POP 的工作过程。在电子邮件中,为什么需要使用 POP 和 SMTP 这两个协议? IMAP 与 POP 有何区别?

9-9　什么是网络管理? 为什么说网络管理是当今网络领域中的热门课题?

9-10　解释下列术语。

　　　网络元素　　被管对象　　管理信息库　　管理站　　管理进程　　代理进程

附录 A 网络实验

实验一 基本网络命令

一、实验目的

(1) 了解网络命令的基本功能。

(2) 掌握基本网络命令的使用方法。

(3) 掌握使用网络命令观察网络状态的方法。

二、实验环境

(1) 硬件环境：配备网卡的计算机，通过集线器或交换机互联。

(2) 软件环境：Windows 2000(也可在 Windows XP 和 Windows 7 下运行)。

三、实验内容

本实验对 Windows 环境下的基本网络命令的使用方法进行介绍，并给出具体范例。

四、实验范例

1. ping 命令

ping 命令只有在安装了 TCP/IP 协议后才可以使用。ping 命令的主要作用是通过发送数据包并接收应答信息来检测两台计算机之间的网络是否连通。当网络出现问题时，可以使用这个命令来预测故障和确定故障源。如果执行 ping 命令不成功，则可以通过网线是否连通、网络适配器配置是否正确、IP 地址是否可用等几个问题来预测故障。但 ping 命令成功只能证明当前主机与目的主机间存在一条连通的路径。

(1) ping 命令的格式如下。

```
ping[-t][-a][-n count][-l size][-f][-i TTL][-v TOS][-r count][-s count][[-j host-
list]|[-k host-list]][-w timeout]destination-list
```

其中，ping 命令的主要参数功能如下。

-t：使当前主机不断地向目的主机发送数据，直到按 Ctrl+C 键才中断。

-a：将地址解析为计算机名。

-n count：发送 count 指定的 ECHO 数据包数，默认值为 4。

-l size：发送数据包的大小。

-f：在数据包中发送"不要分段"标志，数据包就不会被路由上的网关分段。

-i TTL：将"生存时间"字段设置为 TTL 指定的值。

-v TOS：指定服务类型。

-r count：指出要记录路由的轮数。

-s count：指定 count 跃点数的时间戳。

-w timeout：指定超时时间间隔（单位为毫秒），默认为 1 000。

（2）通常使用 ping 命令（ping IP_address）来验证本地计算机和网络中的计算机间的路由是否存在，即 ping 目标主机的 IP 地址是否响应。

如果 ping 某一网络地址时出现"Reply from…：bytes＝… time＜… TTL＝…"，则表示与该网络地址之间的线路是畅通的；如果 ping 某一网络地址时出现"Request timed out"，则表示此时发送的数据包不能到达目的地，此时可能有两种情况：一种是网络不通，另一种是网络连通状况不佳。可以使用带参数的 ping 来确定是哪一种情况。

（3）下面是使用 ping 命令测试网络连接是否正常的主要步骤。

① ping 127.0.0.1。ping 环回地址验证在本地计算机上是否安装 TCP/IP 协议及配置是否正确。这个命令被送到本地计算机的 TCP/IP 协议时，如果没有回应，就表示 TCP/IP 协议的安装或运行存在某些问题。

② ping localhost。localhost 是操作系统保留名（127.0.0.1 的别名），每台计算机都能将该名称转换成地址。

③ ping 本机 IP 地址。本地计算机始终都会对该 ping 命令做出应答，如果没有做出应答，则表示本地配置或安装存在问题。

④ ping 局域网内其他计算机的 IP 地址。命令到达其他计算机再返回，如果收到回送应答，则表明本地网络中的网卡和媒体运行正常；如果没有收到回送应答，则表示子网掩码不正确或网卡配置错误或介质有问题。

⑤ ping 默认网关的 IP 地址。验证默认网关是否运行及能否与本地网络上的主机通信。如果收到 4 个应答，则表示成功通过默认网关和路由器与远程计算机建立连接。

⑥ ping 远程 IP。ping 远程主机的 IP 地址验证能否通过路由器通信。

（4）一般使用较多的参数为-t、-n、-l，下面是具体的命令格式：

① ping IP-t。连续对 IP 地址执行 ping 命令，直到用户按 Ctrl＋C 键才中断。

② ping IP-l 2000。指定 ping 命令中数据长度为 2 000 字节，而不是默认的 32 字节。

③ ping IP-n。执行指定次数的 ping 命令。

图 A-1 所示是执行 ping 命令测试与网络中某台计算机是否正常连接的显示结果。

2. ipconfig 命令

ipconfig 实用程序与其等价的 Windows 95/98 中图形界面的 winipcfg 程序均可以用于显示本机当前的 TCP/IP 配置信息。这些信息一般用于检验 TCP/IP 配置是否正确。如果本机和所在局域网中使用了动态主机配置协议（dynamic host configuration protocol，DHCP，这是一种通过服务器将 IP 地址自动分配给网络中客户机的方法），则可以通过 ipconfig 了解本地计算机是否成功租用到一个 IP 地址，以及目前分配什么地址、子网掩码和默认网关等信息，这是进行网络测试和故障分析的必要项目。

ipconfig 命令的常用格式如下。

（1）当 ipconfig 不带任何参数选项时，那么它为每个已经配置好的接口显示 IP 地址、

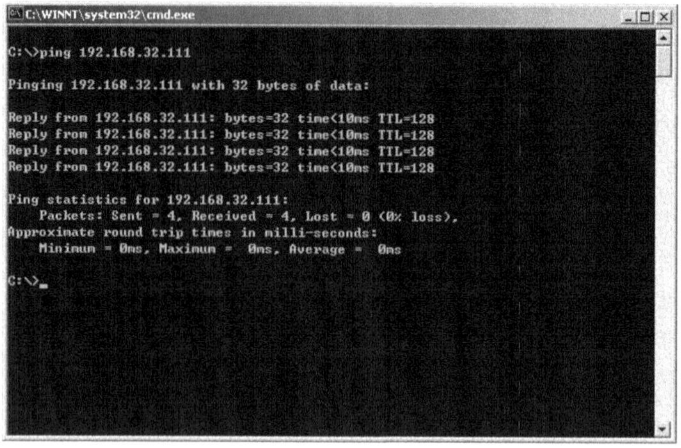

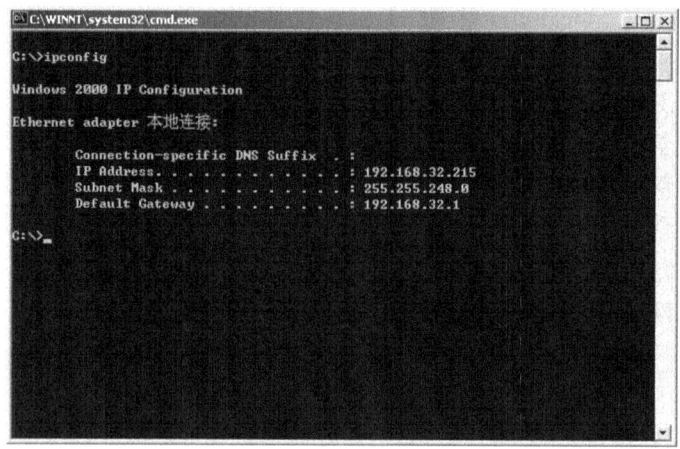

图 A-1　ping 命令的显示结果

子网掩码和默认网关值,如图 A-2 所示。

图 A-2　无参数 ipconfig 的显示信息

（2）ipconfig/all。当使用 all 选项时,ipconfig 除了显示已配置 TCP/IP 信息外,还显示内置于本地网卡中的物理地址（MAC）及主机名等信息。

（3）ipconfig/release 和 ipconfig/renew。这是两个附加选项,只能在向 DHCP 服务器租用 IP 地址的计算机上起作用。如果运行 ipconfig/release,那么将向 DHCP 服务器发出 dhcpr elease 消息停止租用 IP 地址。如果运行 ipconfig/renew,那么本地计算机便会设法与 DHCP 服务器取得联系,并租用一个 IP 地址。一般情况下,本地计算机将被重新赋予与以前相同的 IP 地址。

3. tracert 命令

tracert 命令可以判定数据包到达目的主机所经过的路径,以显示数据包经过的中继结点清单和到达时间。当数据包从计算机经过多个网关传输到目的地时,tracert 命令可以用于跟踪使用的路由。

tracert 命令的格式如下。

```
tracert[-d][-h maximum_hops][-j host-list][-w timeout]target_name
```

其中的主要参数说明如下。

-d:不解析主机名。

-h maximum_hops:指定搜索到目的地址的最大跳数。

-j host-list:沿着主机列表释放源路由。

-w timeout：指定超时时间间隔(单位为毫秒)。

target_name:目的主机。

可以使用"tracert 某台远程主机的名称"来跟踪到这台主机的路由。

图 A-3 所示为 tracert 命令的运行结果。

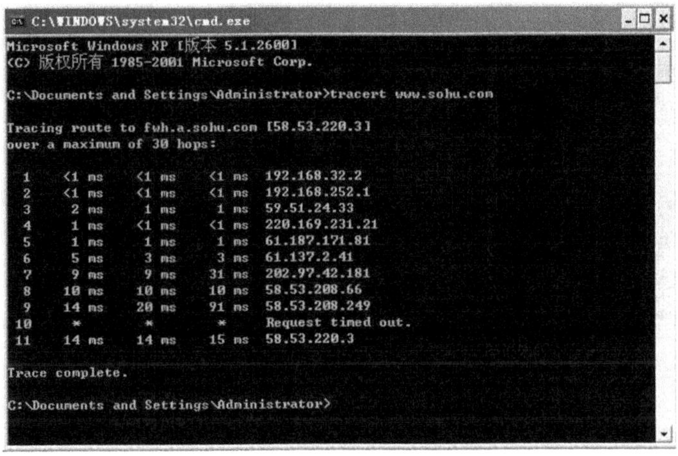

图 A-3　tracert 命令的运行结果

4. netstat 命令

netstat 命令有助于了解网络的整体使用情况,可以显示当前计算机中正在活动的网络连接的详细信息,如采用的协议类型、当前主机与远端相连主机(一个或多个)的 IP 地址及它们之间的连接状态等。用户或网络管理人员通过该命令可以得到非常详尽的网络统计结果。

netstat 命令的格式如下。

```
netstat[-a][-e][-n][-s][-p proto][-r][interval]
```

其中的主要参数说明如下。

-a:显示所有主机连接和监听的端口号。

-e:显示以太网统计信息。

-n:以数字表格形式显示地址和端口。

-p proto:显示特定协议的具体使用信息。

-r:显示路由信息。

-s:显示每个协议的使用状态,这些协议主要有传输控制协议(transfer control protocol,TCP)、用户数据报协议(user datagram protocol,UDP)、Internet 控制报文协议

(Internet control message protocol,ICMP)和 Internet 协议(Internet protocol,IP)。

经常使用 netstat-an 命令来显示当前主机的网络连接状态,这里可以看到有哪些端口处于打开状态,哪些远程主机连接到本机。

图 A-4 所示为 netstat-an 命令的显示结果。

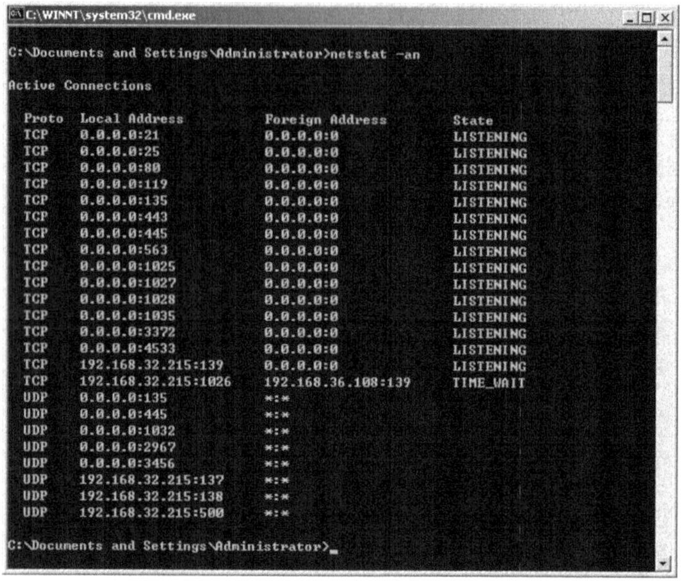

```
C:\WINNT\system32\cmd.exe

C:\Documents and Settings\Administrator>netstat -an

Active Connections

  Proto  Local Address          Foreign Address        State
  TCP    0.0.0.0:21             0.0.0.0:0              LISTENING
  TCP    0.0.0.0:25             0.0.0.0:0              LISTENING
  TCP    0.0.0.0:80             0.0.0.0:0              LISTENING
  TCP    0.0.0.0:119            0.0.0.0:0              LISTENING
  TCP    0.0.0.0:135            0.0.0.0:0              LISTENING
  TCP    0.0.0.0:443            0.0.0.0:0              LISTENING
  TCP    0.0.0.0:445            0.0.0.0:0              LISTENING
  TCP    0.0.0.0:563            0.0.0.0:0              LISTENING
  TCP    0.0.0.0:1025           0.0.0.0:0              LISTENING
  TCP    0.0.0.0:1027           0.0.0.0:0              LISTENING
  TCP    0.0.0.0:1028           0.0.0.0:0              LISTENING
  TCP    0.0.0.0:1035           0.0.0.0:0              LISTENING
  TCP    0.0.0.0:3372           0.0.0.0:0              LISTENING
  TCP    0.0.0.0:4533           0.0.0.0:0              LISTENING
  TCP    192.168.32.215:139     0.0.0.0:0              LISTENING
  TCP    192.168.32.215:1026    192.168.36.108:139     TIME_WAIT
  UDP    0.0.0.0:135            *:*
  UDP    0.0.0.0:445            *:*
  UDP    0.0.0.0:1032           *:*
  UDP    0.0.0.0:2967           *:*
  UDP    0.0.0.0:3456           *:*
  UDP    192.168.32.215:137     *:*
  UDP    192.168.32.215:138     *:*
  UDP    192.168.32.215:500     *:*

C:\Documents and Settings\Administrator>_
```

图 A-4　netstat-an 命令的显示信息

5. arp 命令

ARP 即地址解析协议,是一个重要的 TCP/IP 协议,用于确定对应 IP 地址的物理地址。

使用 arp 命令可以查看本地计算机或另一台计算机的 arp 高速缓存中的当前内容。此外,还可以使用人工方式输入静态的物理地址、IP 地址,对网络中的常用主机进行这项操作有助于减少网络上的信息量。

按照默认设置,arp 高速缓存中的项目是动态的,当发送一个指定地点的数据包且高速缓存中不存在当前项目时,arp 便会自动添加该项目。一旦输入高速缓存的项目内容,它们就会开始走向失效状态。所以,当通过 arp 命令查看某台计算机高速缓存中的内容时,要先 ping 此台计算机。

arp 命令的格式如下。

```
arp-s  inet-addr  eth-addr  [if-addr]
arp-d  inet-addr  [if-addr]
arp-a  [inet-addr]  [-N if-addr]
```

其中的主要参数说明如下。

inet-addr:IP 地址。

eth-addr:物理地址。

arp-a:显示 arp 缓存信息,即显示所有已激活的 IP 地址和物理地址的对应关系。如果指定 IP 地址,则只显示该 IP 地址的 arp 缓存信息。在显示 arp 缓存信息之前,需要先用 ping 命令连通某台主机,这样该主机的 IP 地址和物理地址才会出现在 arp 缓存中。

arp-d:删除所有 arp 缓存内容。如果在命令中指定 IP 地址,则只删除该 IP 地址的 arp 缓存信息。

arp-s:向 arp 高速缓存中人工输入添加静态项目,即增加 IP 地址和物理地址的对应关系。在显示 arp 缓存信息时,该信息的类型为 static。

例如,首先 ping 202.113.122.27,然后运行 arp-a 命令,显示结果如图 A-5 所示。

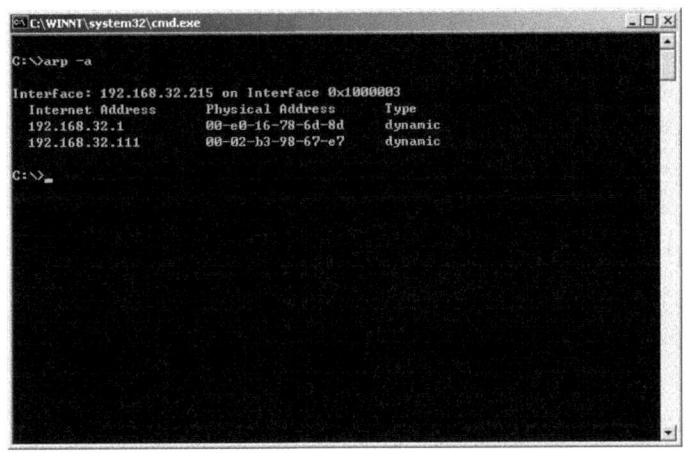

图 A-5　arp-a 命令的显示信息

说明:灵活使用 arp-a 命令不仅可以了解主机的网络连接情况,还可以进行相应的网络管理或检查工作,如检测网络线路是否畅通等。当运行 arp-a 命令时,需要在“命令提示符”状态,或者在开始菜单中选择“运行”,然后输入 cmd,从而出现 DDS 命令窗口。

6. ftp 命令

ftp 命令只有在安装了 TCP/IP 协议之后才可用。ftp 是一种服务,一旦启动,将创建其中可以使用 ftp 命令的子环境,通过键入 quit 子命令可以从子环境返回 Windows 2000 命令提示符。当 ftp 子环境运行时,它由 ftp 命令提示符代表,格式如下:

```
ftp [-v][-n][-i][-d][-g][-s:filename][-a][-w:windowsize][computer]
```

其中的各参数说明如下。

-v:禁止显示远程服务器响应。

-n:禁止自动登录到初始连接。

-i:多个文件传送时关闭交互提示。

-d:启用调试、显示在客户机和服务器之间传递的所有 ftp 命令。

-g:禁用文件名组,它允许在本地文件和路径名中使用通配符字符(* 和 ?)(请参阅联机“命令参考”中的 glob 命令)。

-s:filename:指定包含 ftp 命令的文本文件;当 ftp 启动时,这些命令将自动运行。该参数中不允许有空格。使用该开关而不是重定向(>)。

-a:在捆绑数据连接时使用任何本地接口。

-w:windowsize:替代默认大小为 4096 的传输缓冲区。

computer:指定要连接到远程计算机的计算机名或 IP 地址。如果指定,则计算机必须是行的最后一个参数。

下面是 ftp 命令中一些常用的命令。

!:从 ftp 子系统退出到系统外壳。

?:显示 ftp 说明,跟 help 一样。

append:添加文件,格式为"append 本地文件　远程文件"。

cd:更换远程目录。

lcd:更换本地目录,若无参数,则显示当前目录。

open:与指定的 ftp 服务器连接。

close:结束与远程服务器的 ftp 会话并返回命令解释程序。

bye:结束与远程计算机的 ftp 会话并退出 ftp。

dir:显示远程目录文件和子目录列表。

get 和 recv:使用当前文件转换类型将远程文件复制到本地计算机。

send 和 put:上传文件。

ascii:设定以 ASCII 方式传输文件(默认值)。

bell:每完成一次文件传输,就会有报警提示。

binary:设定以二进制方式传输文件。

bye:终止主机 FTP 进程,并退出 FTP 管理方式。

case:当为 ON 时,使用 mget 命令拷贝的文件名到本地机器中,并全部转换为小写字母。

cd:同 UNIX 的 cd 命令。

cdup:返回上一级目录。

chmod:改变远端主机的文件权限。

close:终止远端的 FTP 进程,若返回到 ftp 命令状态,则所有的宏定义都被删除。

delete:删除远端主机中的文件。

dir〔remote-directory〕〔local-file〕:列出当前远端主机目录中的文件。如果有本地文件,就将结果写至本地文件。

get〔remote-file〕〔local-file〕:从远端主机中传送至本地主机中。

help〔command〕:输出命令的解释。

lcd:改变当前本地主机的工作目录,如果默认为当前本地主机的工作目录,就转到当前用户的 home 目录。

ls〔remote-directory〕〔local-file〕:同 dir。

macdef:定义宏命令。

mdelete〔remote-files〕:删除一批文件。

mget〔remote-files〕:从远端主机接收一批文件至本地主机。

mkdir directory-name:在远端主机中建立目录。

mput local-files:将本地主机中一批文件传送至远端主机中。

open host［port］：重新建立一个新的连接。

prompt：交互提示模式。

put local-file［remote-file］：将本地文件传送至远端主机中。

pwd：列出当前远端主机目录。

quit：同 bye。

recv remote-file［local-file］：同 get。

rename［from］［to］：改变远端主机中的文件名。

rmdir directory-name：删除远端主机中的目录。

send local-file［remote-file］：同 put。

status：显示当前 ftp 的状态。

system：显示远端主机系统类型。

user user-name［password］［account］：重新以别的用户名登录远端主机。

?：同 help。

其他命令请参考帮助文件。

示例如下：

```
C:\>ftp
ftp>open ftp.abc.edu.cn
Connected to ftp.abc.edu.cn
220 ProFTPD 1.2.0pre9 Server  [ftp.abc.edu.cn]
User (ftp.abc.edu.cn:(none)):anonymous
331 Anonymous login ok,send your complete e-mail address as password.
Password:
230 Anonymous access granted,restrictions apply.
ftp>dir//查看本目录下的内容:
  ⋮
ftp>cd pub  //切换目录
250 CWD command successful.
ftp>dir
200 PORT command successful.
150 Opening ASCII mode data connection for file list.
  ⋮
ftp>cd microsoft
250 CWD command successful.
ftp>dir
200 PORT command successful.
150 Opening ASCII mode data connection for file list.
-rw-r--r--  1 ftp     ftp       288632 Dec  8  1999 chargeni.exe
226 Transfer complete.
ftp:69 bytes received in 0.01Seconds 6.90Kbytes/sec.
ftp>lcd e:\  //本地目录切换
```

```
Local directory now E:\.
ftp>gettest.exe   //下载文件
200 PORT command successful.
150 Opening ASCII mode data connection fortest.exe (288632 bytes).
226 Transfer complete.
ftp:289739 bytes received in 0.36Seconds 802.60Kbytes/sec.
ftp>bye          //离开
221 Goodbye.
```

7. nbtstat.exe 命令

该命令使用 nbt(TCP/IP 上的 NetBIOS)显示协议统计和当前 TCP/IP 连接。该命令只有在安装了 TCP/IP 协议之后才可用,其格式如下。

```
nbtstat [-a remotename][-A IP address][-c][-n][-R][-r][-S][-s][interval]
```

其中的各参数说明如下。

-a remotename:使用远程计算机的名称并列出其名称表。

-A IP address:使用远程计算机的 IP 地址并列出其名称表。

-c:给定每个名称的 IP 地址并列出 NetBIOS 名称缓存的内容。

-n:列出本地 NetBIOS 名称。"已注册"表明该名称已被广播或者 WINS(其他结点类型)已注册。

-R:清除 NetBIOS 名称缓存中的所有名称后,重新装入 Lmhosts 文件。

-r:列出 Windows 网络名称解析的名称解析统计。在配置使用 WINS 的 Windows 2000 计算机上,此选项返回要通过广播或 WINS 来解析和注册的名称数。

-S:显示客户机和服务器会话,只通过 IP 地址列出远程计算机。

-s:显示客户机和服务器会话,尝试将远程计算机 IP 地址转换成使用主机文件的名称。

interval:重新显示选中的统计,在每个显示之间暂停 interval 秒。按 Ctrl+C 键停止重新显示统计信息。如果省略该参数,则 nbtstat 打印一次当前的配置信息。

示例如下:

```
C:\> nbtstat-A 周围主机的 ip 地址
C:\> nbtstat-c
C:\> nbtstat-n
C:\> nbtstat-S
```

本地连接:

```
Node IpAddress:[10.111.142.71] Scope Id:[]
NetBIOS Connection Table

    Local Name            State    In/Out  Remote Host        Input   Output
    JJY          <03>   Listening
```

另外可以加上间隔时间,以秒为单位。

8. net 命令

许多 Windows 2000 网络命令都以 net 开头,这些 net 命令有如下一些公用属性:

(1) 键入 net/? 可以看到所有可用的 net 命令的列表。

（2）键入 net help command，可以在命令行获得 net 命令的语法帮助。例如，关于 net accounts 命令的帮助信息，请键入 net help accounts。

（3）所有 net 命令都接受/yes 和/no 选项（可以缩写为/y 和/n）。/y 选项向命令产生的任何交互式提示自动回答"是"，而/n 选项回答"否"。例如，net stop server 通常提示确认要停止基于"服务器"的所有服务；而 net stop server/y 对该提示自动回答"是"，然后"服务器"服务关闭。例如，

net send：将消息发送到网络上的其他用户、计算机或消息名。必须运行信使服务以接收邮件，格式如下。

        net send {name | * |/domain[:name] |/usersmessage}

net stop：停止 Windows 2000 网络服务，格式如下。

        net stop service

此时再输入 net send，本机名消息就没用了；相应地，要打开这项服务，只需把 stop 改为 start 就可以了，格式如下。

        net start ftp publishing service

启动 FTP 发布服务。该命令只有在安装了 Internet 信息服务后才可用，格式如下。

        net start "ftp publishing service"

类似的命令有很多，请参考帮助文件。

9. route. exe 命令

控制网络路由表。该命令只有在安装了 TCP/IP 协议后才可以使用，其格式如下。

        route [-f] [-p] [command [destination] [mask subnetmask] [gateway] [metric
        costmetric]]

其中的各参数说明如下。

-f：清除所有网关入口的路由表。如果该参数与某个命令组合使用，则路由表将在运行命令前清除。

-p：该参数与 add 命令一起使用时，将使路由在系统引导程序之间持久存在。默认情况下，系统重新启动时不保留路由。与 print 命令一起使用时，显示已注册的持久路由列表。忽略其他所有总是影响相应持久路由的命令。

command：指定下列的一个命令。

命　　令	描　　述
print	打印路由
add	添加路由
delete	删除路由
change	更改现存路由
destination	指定发送 command 的计算机
mask subnetmask	指定与该路由条目关联的子网掩码，如果没有指定，则将使用 255.255.255.255
gateway	指定网关
metric costmetric	指派整数跃点数（从 1 到 9 999）在计算最快速、最可靠和（或）最便宜的路由时使用

例如,本机 IP 地址为 10.111.142.71,默认网关为 10.111.142.1,假设此网段上另有一网关为 10.111.142.254,现在想添加一个路由,使得当访问 10.13.0.0 子网时通过这一个网关,那么可以加入如下命令:

```
C:\> route add 10.13.0.0 mask 255.255.0.0 10.111.142.1
C:\> route print //键入此命令查看路由表,看是否已经添加了
C:\> route delete 10.13.0.0
C:\> route print //此时可以看见已经没了添加的项
```

10. telnet. exe 命令

在命令行键入 telnet,将进入 telnet 模式。键入 help,即

```
Microsoft Telnet> help
```

指令可缩写,支持的指令如下。

命　　令	描　　述
close	关闭当前连接
display	显示操作参数
open	连接到一个站点
quit	退出 telnet
set	设置选项(要列表,请键入'set ?')
status	打印状态信息
unset	解除设置选项(要列表,请键入'unset ?')
? /help	打印帮助信息

可以键入 display 命令来查看当前配置,如:

```
C:\telnet
Microsoft Telnet> display
Escape 字符为 'CTRL+ ]'
WILL AUTH (NTLM 身份验证)
关闭 LOCAL_ECHO
发送 CR 和 LF
WILL TERM TYPE
优选的类型为 ANSI
协商的规则类型为 ANSI
```

可以使用 set 命令来设置环境变量,如:

```
Microsoft Telnet> set local_echo on
NTLM            打开 NTLM 身份验证
LOCAL_ECHO      打开 LOCAL_ECHO
TERM x          (x 表示 ANSI,VT100,VT52 或 VTNT)
CODESET x       (x 表示 Shift JIS,Japanese EUC,JIS Kanji,JIS Kanji(78),DEC Kanji
                 或 NEC Kanji)
```

```
CRLF              发送 CR 和 LF
```

假设主机 10.111.142.71 打开了 telnet 服务,格式如下:

```
Microsoft Telnet>open 10.111.142.71 正在连接到 10.111.142.71...
```

您将要发送密码信息到 Internet 区域中的远程计算机,这可能不安全。是否还要发送(y/n):y
　　//不同系统会有区别

上面说明了 Escape 字符为'CTRL+]',所以键入这个字符就可以切换到外面,再按下单独的 Enter 键又可以回去。

```
Microsoft Telnet>status
已连接到 10.111.142.71
协商的规则类型为 ANSI
```

以上仅列举了一些常用的网络命令,更深入的学习可以参考相关书籍。

实验二　网线制作

网线是网络互联的基本设备,它工作在 ISO/OSI(open system interconnect)模型的第一层——物理层,主要任务是为网络传输物理信号。

一、实验目的

(1) 了解网线制作的基础知识、相关制作设备和注意事项。
(2) 掌握 100 Mb 网线与 10 Mb 网线的制作方法。
(3) 了解双机直接互联的网线制作方法。

二、实验环境

网线、水晶头、网线钳、测试仪等。

三、实验内容

(1) 熟悉各个制作工具的功能,并能熟练使用。
(2) 能够独立制作 10 Mb 网线和 100 Mb 网线。

四、相关知识

1. 双绞线网线的制作

双绞线网线的制作其实非常简单,就是把双绞线的 4 对 8 芯网线按一定规则插入水晶头中,所以这类网线制作所需的材料为双绞线和水晶头。所需工具也较简单,通常仅需一把专用压线钳,双绞线网线的制作其实就是网线水晶头的制作。

这类网线制作的难点就是不同用途的网线跳线规则不一样。下面先来看最基本的直通五类线(不用跳线)的制作方法,其他类型网线的制作方法类似,不同的是跳线方法不一样。

直通 RJ-45 接头的制作方式如下。

第 1 步:使用双绞线网线钳(当然也可以使用其他剪线工具)把五类双绞线的一端剪齐

(最好先剪一段符合布线长度要求的网线),然后把剪齐的一端插入网线钳用于剥线的缺口中,注意网线不能弯,直插进去,直到顶住网线钳后面的挡位,稍微握紧压线钳慢慢旋转一圈(无需担心会损坏网线里面芯线的包皮,因为剥线的两刀片之间留有一定距离,这距离通常就是 4 对芯线的直径),让刀口划开双绞线的保护胶皮,拔下胶皮,如图 A-6 所示。当然也可使用专门的剥线工具来剥胶皮。

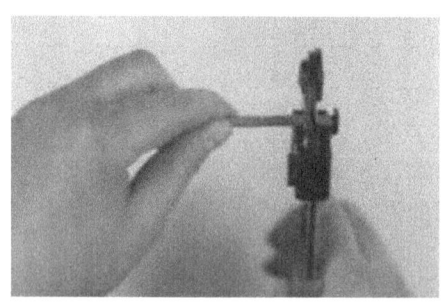

图 A-6　使用双绞线网线钳

小提示　网线钳挡位离剥线刀口长度最好为水晶头长度,这样可以有效避免剥线过长或过短。剥线过长一方面不美观,另一方面因网线不能被水晶头卡住,容易松动;剥线过短,因为有包皮存在,太厚,不能完全插入水晶头底部,造成水晶头插针不能与网线芯线完好接触,当然也不能制作成功。

第 2 步:剥除外包皮后即可见到双绞线网线的 4 对 8 根芯线,并且可以看到每对的颜色都不同。每对缠绕的 2 根芯线是由 1 根染有相应颜色的芯线加上 1 根只染有少许相应颜色的白色相间芯线组成。4 根全色芯线的颜色为棕色、橙色、绿色、蓝色。

先把 4 对芯线一字并排排列。然后把每对芯线分开(注意此时不跨线排列,也就是说,每对芯线都相邻排列),并按统一的顺序(如左边统一为主颜色芯线,右边统一为相应颜色的花白芯线)排列。注意每根芯线都要拉直,并且要相互分开并列排列,不能重叠。最后使用网线钳垂直于芯线排列方向剪齐(不要剪太长,只需剪齐即可),如图 A-7 所示。按自左至右编号的顺序定为 1、2、3、4、5、6、7、8。

第 3 步:左手水平握住水晶头(塑料扣的一面朝下,开口朝右),然后把剪齐、并列排列的 8 根芯线对准水晶头开口并排插入水晶头中(注意一定要使各芯线都插入水晶头的底部,不能弯曲,因为水晶头是透明的,所以可以从水晶头有卡位的一面清楚看到每根芯线所插入的位置)。

第 4 步:确认所有芯线都插入水晶头底部后,就可将插入网线的水晶头直接放入网线钳压线缺口中,如图 A-8 所示。因缺口结构与水晶头结构一样,一定要正确放入才能使后面压下网线钳手柄时所压位置正确。水晶头放好后即可压下网线钳手柄,一定要使劲,使水晶头的插针都能插入网线芯线之中,与之接触良好。然后用手轻轻拉一下网线与水晶头,看是否压紧,最好多压一次,更重要的是要注意所压位置一定要正确。

至此,这个 RJ-45 水晶头就压接好了。按照相同的方法制作双绞线的另一端水晶头,要注意的是芯线排列顺序一定要与另一端的顺序完全一样,这样整条网线的制作才算完成。两端都做好水晶头后即可用网线测试仪进行测试,如果测试仪上 8 个指示灯都依次为绿色

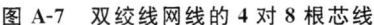

图 A-7　双绞线网线的 4 对 8 根芯线

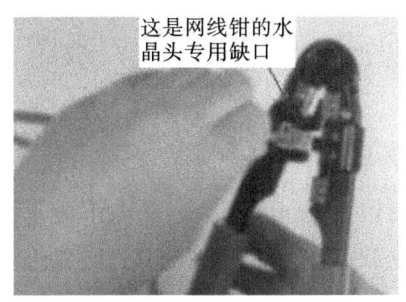

图 A-8　网线钳压线缺口

闪过,证明网线制作成功。如果出现任何一个灯为红灯或黄灯,则证明存在断路或者接触不良现象,此时最好先对两端水晶头再用网线钳压一次,再进行测试,如果故障依旧,再检查两端芯线的排列顺序是否一样;如果不一样,则剪掉一端重新按另一端芯线排列顺序制作水晶头。如果芯线顺序一样,但测试仪重测后仍显示红灯或黄灯,则表明其中肯定存在对应网线接触不良。此时只能先剪掉一端按另一端芯线顺序重做一个水晶头,再进行测试,如果故障消失,则不必重做另一端水晶头;否则要把原来的另一端水晶头也剪掉重做。直到测试全为绿色指示灯闪过为止。

图 A-9 所示为一条两端都制作好水晶头的网线,当然这是一条由专业公司使用机器制作的双绞线网线。

2. 100 Mb 网线的跳线规则

以上所介绍的是最简单的直通网线制作方法,速率是 10 Mb/s,这类网线通常只适用于从集线器(交换机)、墙上信息模块到工作站的连接,并不是一种最理想的制作方法。主要原因是这种网线制作没有考虑相互芯线之间的串扰,尤其在高速网络(如 100 Mb/s 以上网络)中影响更大。下面分别介绍 100 Mb 网线的制作方法。

100 Mb 接法是一种最常用的网线制作规则。所谓 100 Mb 接法,是指它能满足 100 Mb/s 带宽的通信速率。网线 4 对不同的颜色线并没有要求一个确定的顺序,即没有硬性规定哪对颜色线一定要排在第一,但网线的两端制作必须完全相同,即两端线序必须完全一致。100 Mb 网线只是需要在第 3 根线与第 5 根线进行线序交叉就可以(或者 2、4 交叉,但不能 3、5 与 2、4 同时交叉),这样做的目的是减少电磁干扰,从而提升传输速率。

水晶头的针脚排编号规则如图 A-10 所示。

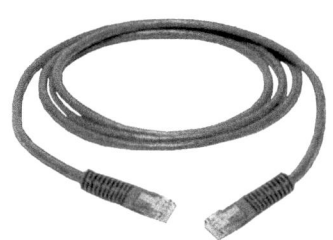

图 A-9　制作好水晶头的网线

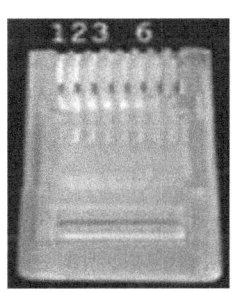

图 A-10　水晶头的针脚排编号规则

实验三　Windows 7 系统 IIS 管理器配置

一、实验目的

(1) 了解 IIS 管理器的作用与安装方法。

(2) 了解 WWW 和 FTP 服务的主要特点与相应概念。

(3) 掌握 WWW 和 FTP 站点的建立与属性配置。

二、实验环境

(1) 硬件环境:计算机一台,配备网卡,局域网环境。

(2) 软件环境:Windows 7 操作系统平台。

三、实验内容

(1) 构建 Web 服务器。

(2) 构建 FTP 服务器。

四、相关知识

IIS(Internet information services,Internet 信息服务)管理器是 Windows 系统的一种网络服务组件,其中包括 Web 服务器、FTP 服务器、NNTP 服务器和 SMTP 服务器,分别用于网页浏览、文件传输、新闻服务和邮件发送等方面,它使得在网络(包括互联网和局域网)上发布信息成为一件很容易的事。本实验主要对 Web 服务器和 FTP 服务器进行配置,读者可以了解 IIS 管理器的作用与安装方法、Web 网站和 FTP 服务器的主要特点和概念,以及 Web 和 FTP 站点的建立与属性设置方法。

五、实验步骤

实验前先要确保 Windows 7 系统已经启用了 IIS 管理器,若没有启用,则可以在控制面板下的"程序"中点击"打开或关闭 Windows 功能"选项,然后全部勾选 Internet 信息服务管理器的所有组件。安装完成后,回到控制面板主界面,选择"系统和安全"命令,进去后再勾选"管理工具"选项,双击"Internet 信息服务(IIS)管理器"选项。

1. IIS 中 Web 服务器的设置

(1) 打开 IIS 管理器后,展开左边栏目,在"网站"下面有一个"Default Web Site"选项,这是 IIS 默认的网站(其根目录默认名称为"wwwroot"),如图 A-11 所示。

安装完 IIS 管理器后,一般默认的网站是启动的,如果不是启动的,则说明安装有问题。另外,在安装完 IIS 管理器后,用 IE 浏览器打开 http://localhost 测试一下,看能不能打开页面,如果能打开,则说明 IIS 管理器安装成功。

(2) 新建一个网站。右击"网站"→"添加网站"命令。在弹出的对话框中输入网站名称,此时会创建一个同名的应用程序池;在物理路径处选择自己网站所在的文件夹(网站目

图 A-11　IIS 管理器

录);IP 地址选择本主机的 IP 地址;端口使用默认的"80",如图 A-12 所示。

图 A-12　添加网站

注意,如果网站是 ASP 的,当添加网站的时候需要在网站名称右边的应用程序池中点击"选择"按钮，在应用程序池中选择"DefaultAppPool"选项，再点击"确定"按钮。

（3）双击 IIS 管理器中的 ASP 文件，父路径默认是没有启用的，打开"行为"列表，将"启用父路径"设置为"True"，如图 A-13 所示。

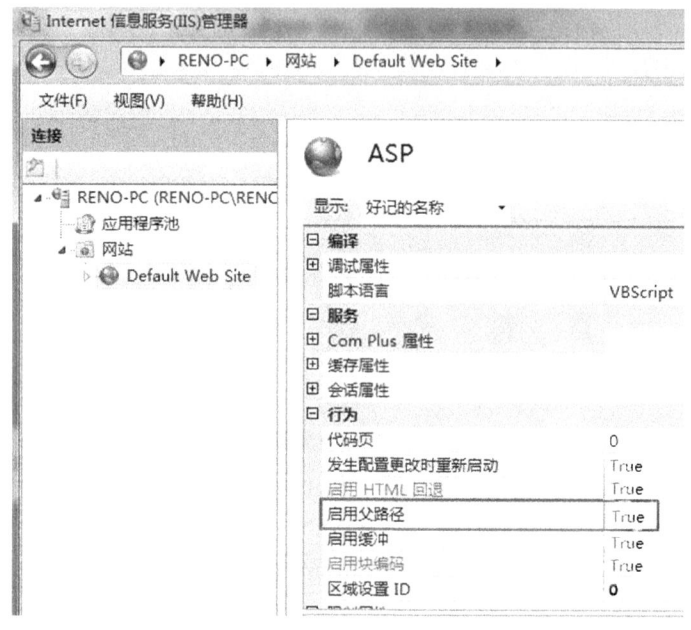

图 A-13　启用父路径

（4）添加默认主页。在前面选定的物理路径中需包含一个默认主页，如"index. html"。在 IIS 管理器中要查看或添加默认文档，可以双击"默认文档"选项，打开"默认文档"对话框。默认文档就是一组列表，按优先级遍历网站目录，一旦匹配，就把解析对应的页面发送给浏览器，如图 A-14 所示。

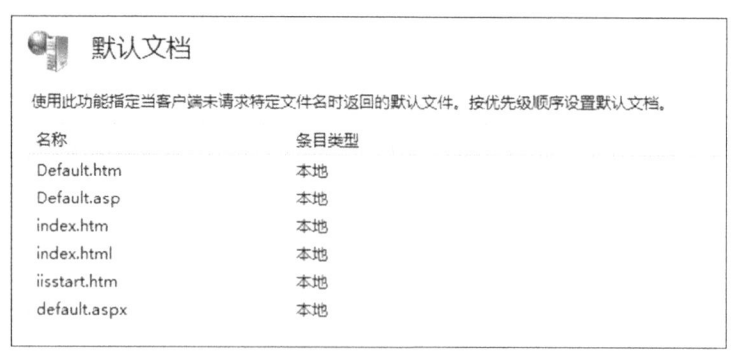

图 A-14　设置默认文档

（5）在浏览器的地址栏中访问本主机的 IP 就可以打开刚才添加的网站。

2. IIS 中 FTP 服务器的设置

（1）在 IIS 管理器中展开左边栏目，右击"网站"→"添加 FTP 站点"选项，如图 A-15 所示。

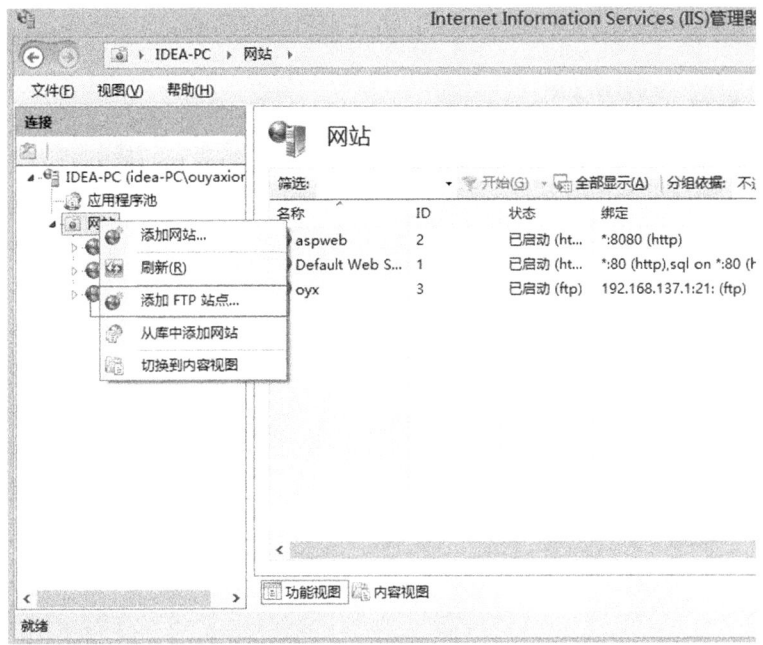

图 A-15　添加 FTP 站点

（2）在弹出的对话框中,输入 FTP 站点名称并选择物理路径,如图 A-16 所示。

图 A-16　FTP 站点信息

（3）点击"下一步"按钮,在出现的图 A-17 所示的对话框中选择本主机的 IP 地址,SSL
选择"无 SSL"选项。

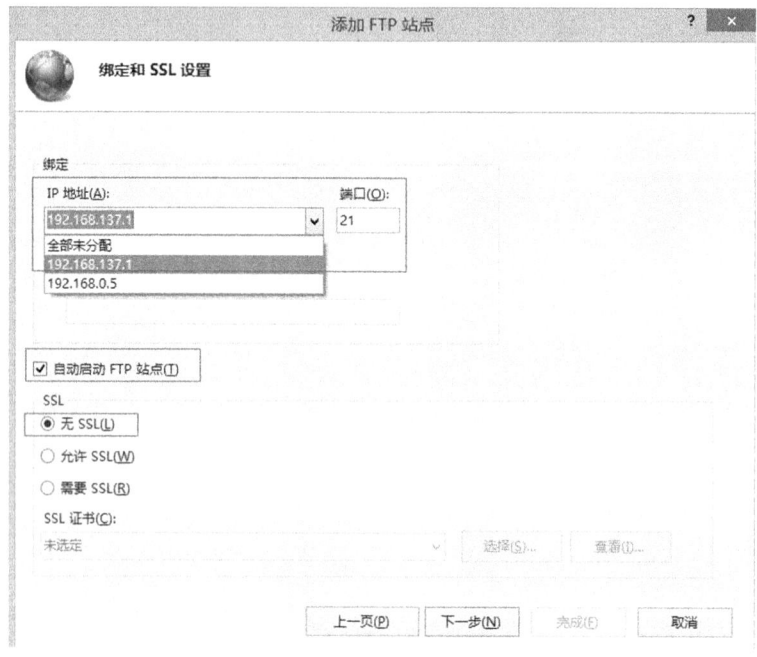

图 A-17　选择 IP 地址和 SSL 设置

（4）点击"下一步"按钮，设置相关选项，如图 A-18 所示，最后点击"完成"按钮。

图 A-18　身份验证和授权信息

（5）测试。FTP 服务器的配置完成之后，需要检验是否能访问。检验过程如下。

如果刚才设置的 FTP 站点的 IP 地址是 192.168.137.1，打开 Windows 资源管理器（也可以在 IE 浏览器中测试），在地址栏里输入 ftp://192.168.137.1，即可访问 FTP 服务器中的目录及文件，如图 A-19 所示。

图 A-19 测试 FTP 服务器

实验四 Cisco 路由器基础配置实验

一、实验目的

（1）使用静态路由协议、rip 协议来实现简单的网络互通。

（2）了解路由器的基本配置方式。

（3）熟悉路由器的命令行配置。

二、实验环境

模拟器软件使用 Cisco 的"Cisco Packet Tracer"软件。

（1）软件的安装步骤及汉化步骤如下。

① 软件安装。

打开压缩包，双击"PacketTracer53_setup.exe"选项，进行安装。同意相关协议后，点击"Next"按钮，如图 A-20 所示。然后就是选择要安装到哪个目录下，默认安装在 C 盘。后面基本都是点击"Next"按钮。

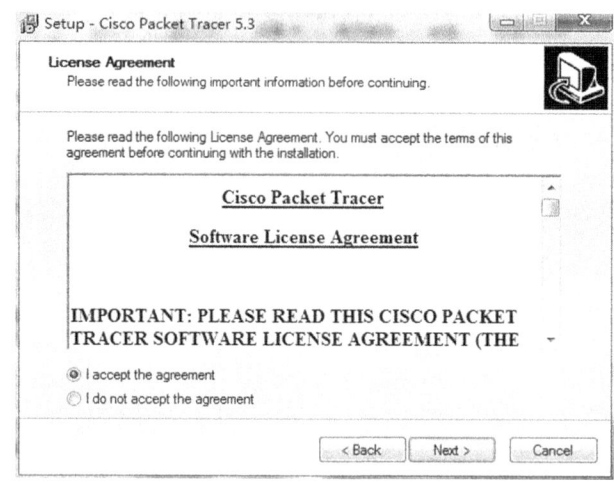

图 A-20 软件安装

② 软件汉化。

汉化步骤请查看压缩包里的"软件汉化说明. txt"文件。

将"chinese. ptl"文件复制到安装目录下的//languages//中,然后执行以下步骤。

a. 运行软件,点击菜单栏的"options"→"preferences"命令。

b. 找到"select language"文件,选择"chinese. ptl"选项→点击"change language"命令。

c. 关闭软件,重新打开。

(2) 显示设备端口标签。

重新运行软件,点击"选项"中的"首选项"进入设置,勾选"显示端口标签"选项,关闭窗口即可,如图 A-21 所示。

三、相关知识

重点:注意配置命令时的各个模式:

```
Router>                        //用户执行模式提示符
Router> enable                 //进入特权模式
Router#                        //特权命令提示符
Router# config terminal        //进入配置模式
Router(config)#                //配置命令提示符,很多协议或命令都在这个模式下配置
```

(1) 静态路由协议的基础配置命令如下:

```
Router(config)# ip route prefix mask {address | interface}
```

prefix	所要到达的目的网络
mask	子网掩码
address	下一跳的 IP 地址,即相邻路由器的端口地址
interface	本地网络接口

图 A-21 设置"显示端口标签"

(2) RIP 协议的基础配置命令如下:

```
Router(config)# router  rip //进入 rip 协议配置
network  A.B.C.D            //通告自己路由器端口配置的网段
```

(3) 查看路由表命令如下:

```
Router# show ip route      //可以显示路由器端口配置的 IP 地址和从其他路由器学
                             习到的 IP 地址
```

四、实验步骤

(1) 运行软件"Cisco Packet Tracer",先搭建拓扑图(连线时要注意:相同设备之间用交叉线相连,不同设备之间用直通线相连;实线为直通线,虚线为交叉线),如图 A-22 所示。

其中连线时均选择"FastEthernet"命令,而不要选择"Console"命令,PC 连接时也不要选择"RS232"命令。

路由器各个端口的 IP 地址及子网掩码如表 A-1 所示。

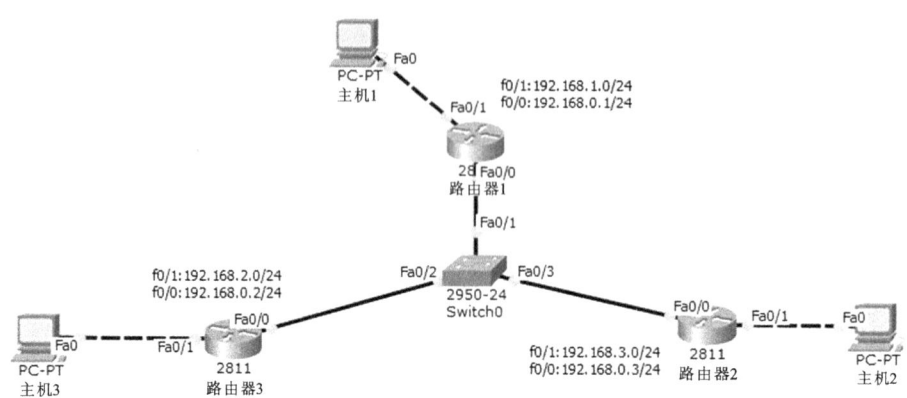

图 A-22　搭建的实验拓扑图

表 A-1　路由器各个端口的 IP 地址及子网掩码

	Fa0/1		Fa0/0	
路由器 1	192.168.1.254	255.255.255.0	192.168.0.1	255.255.255.0
路由器 2	192.168.2.254	255.255.255.0	192.168.0.2	255.255.255.0
路由器 3	192.168.3.254	255.255.255.0	192.168.0.3	255.255.255.0

配置路由器 IP 地址有以下两种方法。

方法一:点击路由器,点击"命令行"命令,输入"n"→回车,再按一次回车,然后就能输入命令,如图 A-23 所示。

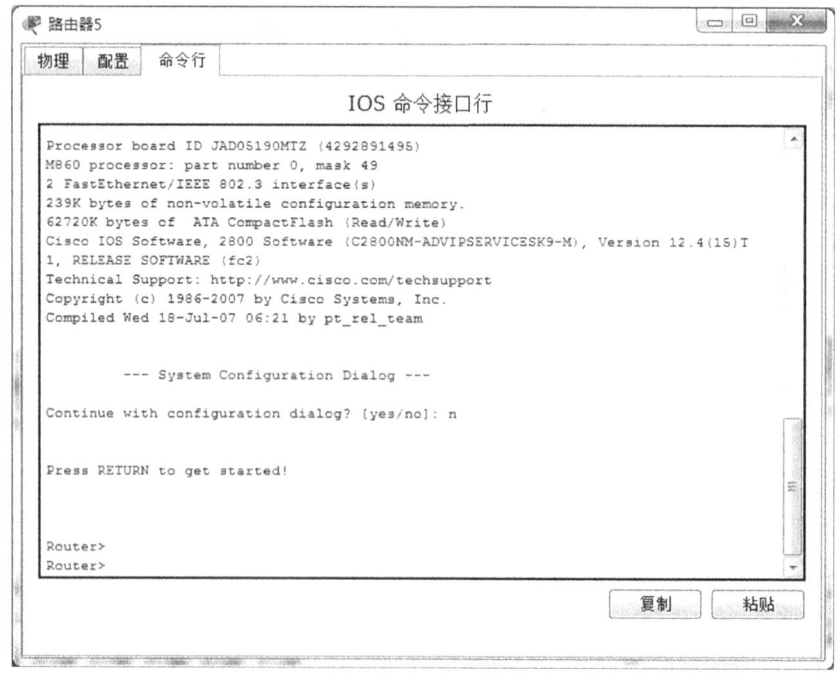

图 A-23　命令行界面

方法二：①在配置界面下，选择"接口"里的端口进行 IP 和子网掩码的配置(注意看清端口号)，如图 A-24 所示；②开启"端口状态"后，若路由器端口的小红点由红色变成绿色，就证明开启成功。

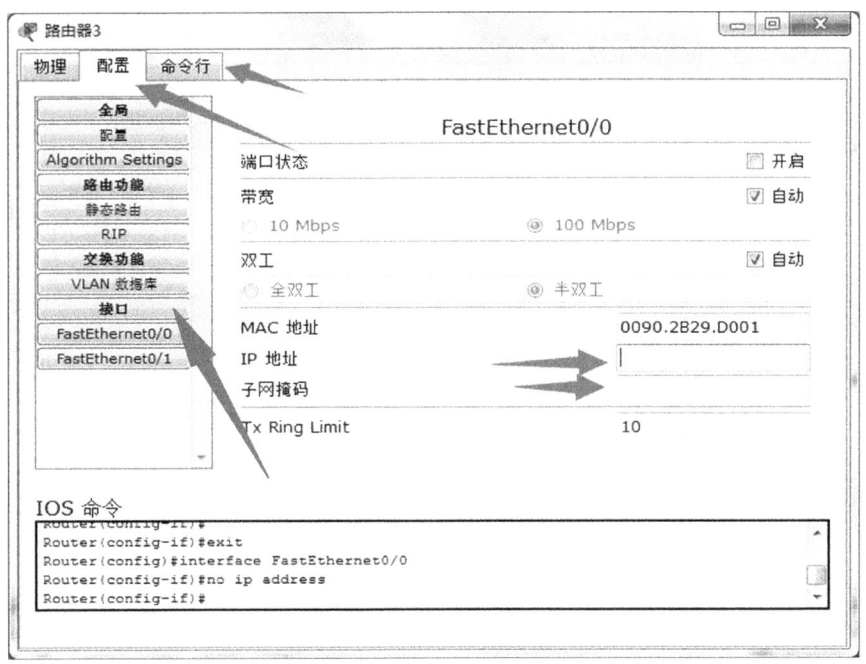

图 A-24　配置界面

(2) 在命令行中配置路由器的 IP 地址(如果熟练，可以输入简写)：

路由器 1：

```
Router1> enable                              //进入特权模式(简写为:en)
Router1# configure terminal                  //进入全局配置模式(简写为:config t)
Router1(config)# interface FastEthernet0/1   //进入配置端口(简写为:int F0/1)
Router1(config-if)# no shutdown              //开启端口
Router1(config-if)# ip address 192.168.1.254 255.255.255.0
                                             //配置 IP 地址和子网掩码
Router1(config-if)# exit
Router1(config)# interface FastEthernet0/0   //进入配置端口
Router1(config-if)# no shutdown              //开启端口
Router1(config-if)# ip address 192.168.0.1 255.255.255.0
                                             //配置 IP 地址和子网掩码
Router1(config-if)# exit
```

路由器 2 和路由器 3 端口 IP 地址的配置过程与 Router1 的相同，只是具体的 IP 地址不一样。

(3) 配置主机的 IP 地址、子网掩码、默认网关(路由器 FastEthernet0/1 的 IP 地址)。

以主机 1 为例，点击"PC1"命令，进入"桌面"→"IP 配置"界面，然后进行相关配置，如图

A-25 所示。

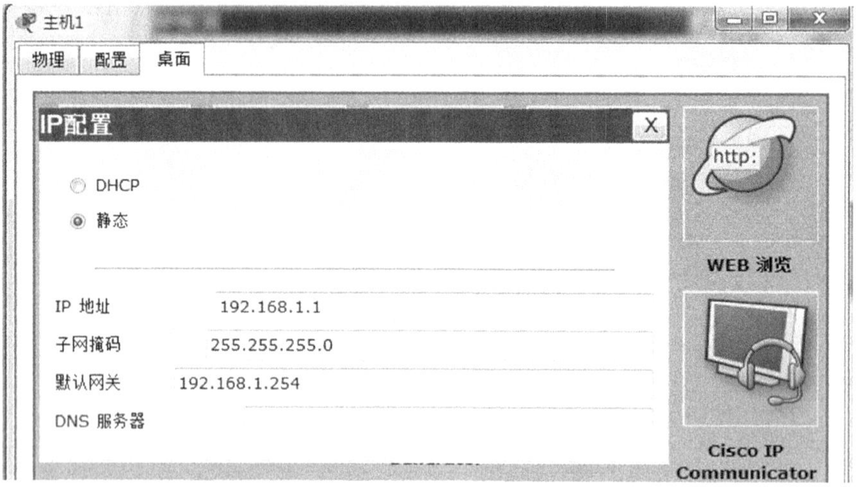

图 A-25　主机 1 的配置界面

主机 2 和主机 3 的配置与主机 1 的类似,不同之处在于其 IP 地址分别为"192.168.2.1"和"192.168.3.1",默认网关分别为"192.168.2.254"和"192.168.3.254"。

(4) 静态路由器配置。

添加静态路由器,设置路由器 1 到路由器 2、路由器 3,命令如下(全局配置模式下进行配置):

```
Router1(config)# ip route 192.168.2.0  255.255.255.0  192.168.0.2
Router1(config)# ip route 192.168.3.0  255.255.255.0  192.168.0.3
```

可以进行连通性测试,并进行思考和记录(测试方法:查看步骤(5)的连通性测试方法)。

添加静态路由器,设置路由器 2 到路由器 1、路由器 3,命令如下:

```
Router2(config)# ip route 192.168.1.0  255.255.255.0  192.168.0.1
Router2(config)# ip route 192.168.3.0  255.255.255.0  192.168.0.3
```

添加静态路由器,设置路由器 3 到路由器 1、路由器 2,命令如下:

```
Router3(config)# ip route 192.168.1.0  255.255.255.0  192.168.0.1
Router3(config)# ip route 192.168.2.0  255.255.255.0  192.168.0.2
```

路由器 2、路由器 3 可按以下方法设置,然后重新查看路由器和测试连通性。

(5) 连通性测试。

方法一:连通性测试方法如图 A-26 所示。

通过图 A-26 可以观察数据包的传输过程。

方法二:以主机 2 为例,点击"PC2"命令,进入"桌面"→"命令提示符"界面,进行命令——ping 的操作,如图 A-27 所示。

(6) 重新搭建一个新的拓扑图,前面的配置命令与步骤(1)、(2)、(3)的相同,配置完成后,再配置 RIP 协议最终实现全网互通。

RIP 协议配置命令(进入全局配置模式进行相关配置,其命令提示为:Router1(config) ♯)如下:

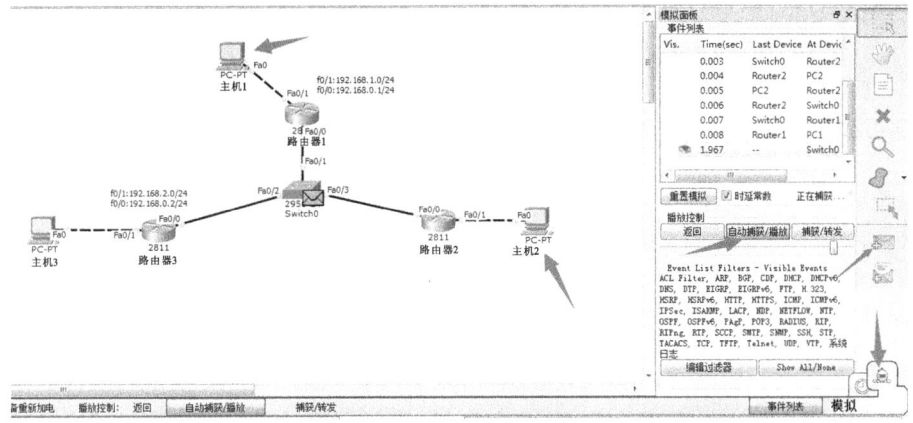

图 A-26　发送数据包

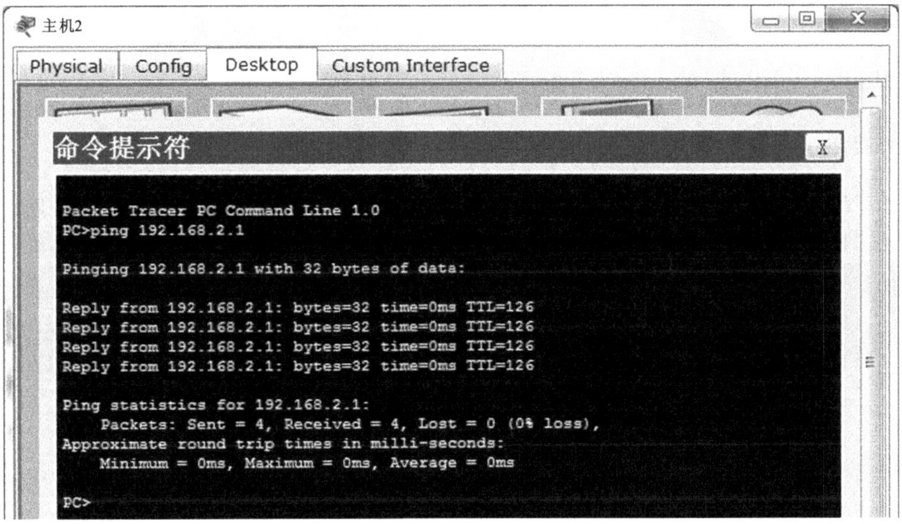

图 A-27　ping 命令

路由器1：

```
Router1(config)# router rip
Router1(config-router)# network 192.168.0.0
Router1(config-router)# network 192.168.1.0
```

路由器2：

```
Router2(config)# router rip
Router2(config-router)# network 192.168.0.0
Router2(config-router)# network 192.168.2.0
```

路由器3：

```
Router3(config)# router rip
Router3(config-router)# network 192.168.0.0
Router3(config-router)# network 192.168.3.0
```

配置完成后,可以进行连通性测试,测试方法与步骤(5)的类似。

路由器两两配置,才能实现主机的相互访问;若路由器 1 和路由器 2 只配置一个路由器,主机 1 访问主机 2 失败,原因是路由器 2 到 192.168.1.0 的网络不可达,也可以说,路由器 2 未学习到路由器 1 上的 192.168.1.0 的网段,所以主机 1 访问主机 2 失败。

实验五　网络编程

一、实验目的

运用 C 语言或其他语言,掌握和利用各种语言所提供的 Socket 技术,在 TCP 之上进行面向连接(或在 UDP 之上实现无连接)的客户机/服务器模式的应用软件开发,实现数据的发送和接收。

二、实验环境

在 Windows XP 或 Windows 7 的 VC++ 6.0 环境下。

三、实验内容

基于 TCP 建立连接后,客户机给服务器发送一个数据结构,流程如图 A-28 所示。

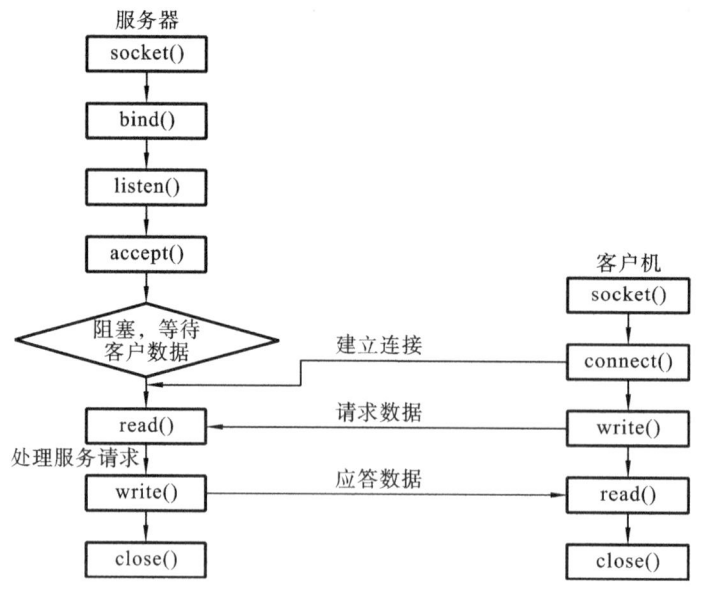

图 A-28　流程示意图

四、实验步骤与相关知识

实验步骤如下。

(1) 进入 IDE 开发环境。

（2）输入源程序。2 人作为 1 组，分别输入客户机程序和服务器程序。

（3）编译连接。

（4）调试。首先运行服务器程序，等待客户机发起请求连接。客户机连接上服务器后，发送信息。客户机的连接方式为

　　　　程序名 服务器 IP 地址　姓名　年龄

（5）服务器的源程序如下。

```
///Winserver.cpp:定义控制台应用程序的入口点
//运行时没有参数,使用端口进行侦听
#include "stdafx.h"
#include <stdio.h>
#include <winsock2.h>
//侦听端口
#define SERVER_PORT 6666
//客户机向服务器传输结构
struct student
{char name[32];
int age;
};
int main(int argc,const char *argv[])
{WORD wVersionRequested;
WSADATA wsaData;
int ret,nLeft,length;
SOCKET sListen,sServer;   //侦听套接字,连接套接字
struct sockaddr_in saServer,saClient;   //地址信息
struct student stu;
char *ptr;
wVersionRequested=MAKEWORD(2,2);   //希望使用 WinSock DLL 的版本
ret=WSAStartup(wVersionRequested,&wsaData);
if (ret !=0)
        {printf("WSAStarup() failed!\n");
                return 0;
        }
//确认 WinSock DLL 支持版本 2
if (LOBYTE(wsaData.wVersion) !=2 || HIBYTE(wsaData.wVersion) !=2)
    {WSACleanup();
    printf("Invalid Winsock version!\n");
    return 0;
        }
//使用 TCP 技术创建 Socket
sListen=socket(AF_INET,SOCK_STREAM,IPPROTO_TCP);
if (sListen==INVALID_SOCKET)
```

```
            { WSACleanup();
            printf("socket() failed!\n");
            return 0;
            }
    //构建本地址信息
    saServer.sin_family=AF_INET;    //地址家族
    saServer.sin_port=htons(SERVER_PORT);    //注意转化为网络字节序
    saServer.sin_addr.S_un.S_addr=htonl(INADDR_ANY);    //使用 INADDR_ANY 指示任意地
                                                           址绑定
    ret=bind(sListen,(struct sockaddr *)&saServer,sizeof(saServer));
    if (ret==SOCKET_ERROR)
            {printf("bind() failed!code:%d\n",WSAGetLastError());
            closesocket(sListen);    //关闭套接字
            WSACleanup();
            return 0;
            }
    //侦听连接请求
    ret=listen(sListen,5);
    if (ret==SOCKET_ERROR)
            {printf("listen() failed!code:%d\n",WSAGetLastError());
            closesocket(sListen);    //关闭套接字
            WSACleanup();
            return 0;
            }
    printf("Waiting for client connecting!\n");
    printf("tips:Ctrl+c to quit!\n");
    //阻塞等待接收客户机连接
    length=sizeof(saClient);
    sServer=accept(sListen,(struct sockaddr *) &saClient,&length);
    if (sServer==INVALID_SOCKET)
            {printf("accept() failed!code:%d\n",WSAGetLastError());
            closesocket(sListen);    //关闭套接字
            WSACleanup();
            return 0;
            }
    printf("Accepted client:%s:%d\n",inet_ntoa(saClient.sin_addr),ntohs
(saClient.sin_port));
        //按照预订协议,客户机将发送一个学生的信息
        nLeft=sizeof(stu);
        ptr=(char *) &stu;
        while (nLeft > 0)
                {//接收数据
```

```
        ret=recv(sServer,ptr,nLeft,0);
        if (ret==SOCKET_ERROR)
                {printf("recv() failed!\n");
                break;
                }
        if (ret==0)  //客户机已经关闭连接
                {printf("client has close the connection!\n");
                break;
                }
        nLeft-=ret;
        ptr+=ret;
        }
    if (!nLeft)  //已经接收到了所有数据
        printf("name:%s\nage:%d\n",stu.name,stu.age);
    closesocket(sListen);  //关闭套接字
    closesocket(sServer);
    WSACleanup();

    return 0;
}
```

(6) 客户机的源程序如下。

```
//WinClient.cpp:定义控制台应用程序的入口点
//参数为服务器 IP 地址  学生姓名  学生年龄
#include "stdafx.h"
#include <stdio.h>
#include <winsock2.h>
#include <stdlib.h>
#include <string.h>
#define SERVER_PORT 6666
//客户机向服务器传输结构
struct student
{char name[32];
int age;
};
int main(int argc,const char *argv[])
{WORD wVersionRequested;
WSADATA wsaData;
int ret ;
SOCKET sClient;  //连接套接字
struct sockaddr_in saServer;  //地址信息
struct student stu;
char *ptr=(char *)&stu;
```

```
BOOL fSuccess=TRUE;
if (argc !=4)
    {printf("usage:informWinClient serverIP name age\n");
    return 0;
    }
//初始化 WinSock
wVersionRequested=MAKEWORD(2,2);   //希望使用 WinSock DLL 的版本
//确认 WinSock DLL 支持版本 2
ret=WSAStartup(wVersionRequested,&wsaData);
if (ret !=0)
    {printf("WSAStarup() failed!\n");
        return 0;
    }
if (LOBYTE(wsaData.wVersion) !=2 || HIBYTE(wsaData.wVersion) !=2)
    {WSACleanup();
    printf("Invalid Winsock version!\n");
    return 0;
    }
//使用 TCP 技术创建 Socket
sClient=socket(AF_INET,SOCK_STREAM,IPPROTO_TCP);
if (sClient==INVALID_SOCKET)
    { WSACleanup();
    printf("socket() failed!\n");
    return 0;
    }
//构建服务器地址信息
saServer.sin_family=AF_INET;   //地址家族
saServer.sin_port=htons(SERVER_PORT);   //注意转化为网络字节序
saServer.sin_addr.S_un.S_addr=inet_addr(argv[1]);
//连接服务器
ret=connect(sClient,(struct sockaddr *)&saServer,sizeof(saServer));
if (ret==SOCKET_ERROR)
    {printf("connect() failed!\n");
    closesocket(sClient);   //关闭套接字
    WSACleanup();
    return 0;
    }
//按照预订协议,客户机将发送一个学生的信息
strcpy(stu.name,argv[2]);
stu.age=atoi(argv[3]);
ret=send(sClient,(char *) &stu,sizeof(stu),0);
if (ret==SOCKET_ERROR)
```

```
        printf("Send() failed!\n");
    else
        printf("Student info has been sent!\n");
    closesocket(sClient);   //关闭套接字
    WSACleanup();
    return 0;
    }
```

实验六　FTP 客户机的实现

FTP 是由它使用的应用协议命名的,即文件传输协议(file transfer protocol),它是网络应用中的常用协议之一,工作在 ISO/OSI 模型的第七层——应用层,作用是把文件从一台计算机转移到另一台计算机。当启动 FTP 从远程计算机拷贝文件时,相当于启动了两个程序,一个是运行在本地机上的 FTP 客户机程序,它提出拷贝文件的请求;另一个是运行在远程计算机上的 FTP 服务器程序,它响应客户机的请求,并把指定的文件传输到客户机。下面将以 FTP 客户机的程序设计为例来学习 FTP。

一、实验目的

(1) 了解 FTP 的基本工作原理,掌握 FTP 客户机/服务器的工作模式。
(2) 掌握 FTP 客户机的实现方法。
(3) 熟悉 FTP 的配置与实现方法。

二、实验环境

(1) 硬件环境:联网的计算机、FTP 服务器。
(2) 操作系统:Windows 7。
(3) 开发工具:Microsoft Visual C++ 6.0。

三、实验内容

(1) 熟悉 FTP 服务器的实现。
(2) 用 Microsoft Visual C++6.0 实现 FTP 客户机。
(3) 熟悉 FTP 的上传与下载。

四、相关知识

1. 基本原理

FTP 采用两个 TCP 连接来传输文件。也就是说,控制连接和传输文件使用不同的端口。控制连接以通常的客户机/服务器方式建立。服务器以被动方式打开共知的 FTP 端口,即监听 21 号端口,以等待客户机的连接。客户机则以主动方式打开 FTP 端口 21 来建立连接。这个控制连接始终等待客户机与服务器之间的通信。连接命令从客户机传给服务器,得到服务器的应答后传回客户机,这样就建立了一个控制连接。之后,创建一个数据连接,以便在客户机与服务器之间传输文件。图 A-29 所示的为 FTP 通信的模型,其中服务器的控制连接采用 21 号端口,数据连接采用 20 号端口。

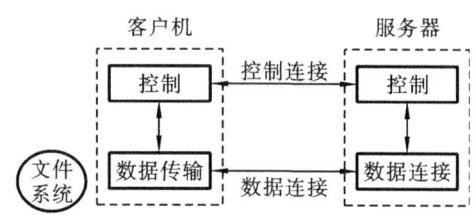

图 A-29　FTP 通信的模型

2. FTP 服务器的搭建

在担当 FTP 服务器的计算机中,微软的操作系统里安装了 IIS(Internet 信息服务)的文件传输协议服务子组件,其主要步骤如下。

首先配置网卡的 IP 地址;然后通过使用控制面板的"添加/删除程序"对话框,安装 IIS 管理器,启动默认的 FTP 服务器站点,并通过管理工具中的 Internet 信息服务管理和维护 FTP 站点,主要完成默认路径的设定、p 地址的设定、端口的设定、用户及其权限的设定、对 IP 地址的限制等任务。如果网络规模较小,则可以在网络的所有计算机上使用 Hosts 文件或 Lmhosts 文件。它使用户能够使用计算机的名称,而不是 IP 地址。在 Internet 上,FTP 站点主要使用 DNS。如果为站点注册了一个域名,用户就可以在浏览器中键入站点的域名登录该站点。

五、实验范例

(1) 利用 MFC 应用程序向导开发一个基于对话框的工程,如图 A-30 所示。

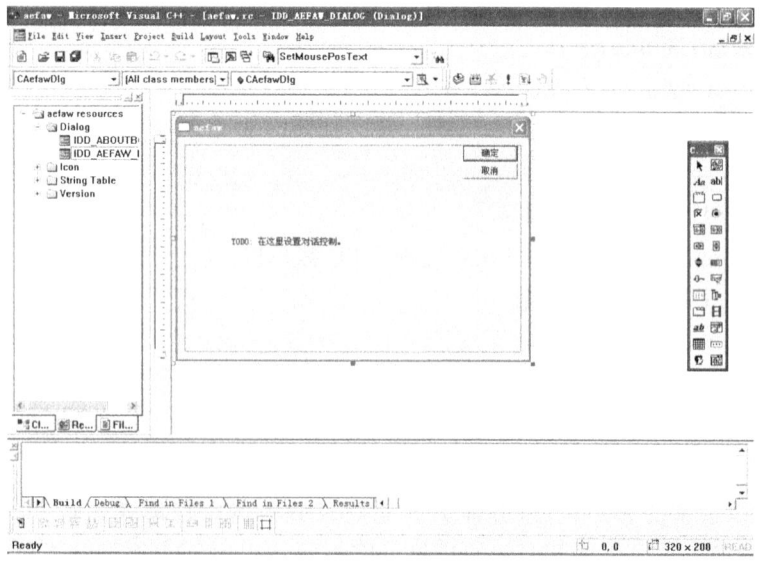

图 A-30　开发基于对话框的工程

（2）在 Stdafx.h 文件里加入如下两条语句，如图 A-31 所示。

```
# include <afxinet.h>
# include <afxsock.h>
```

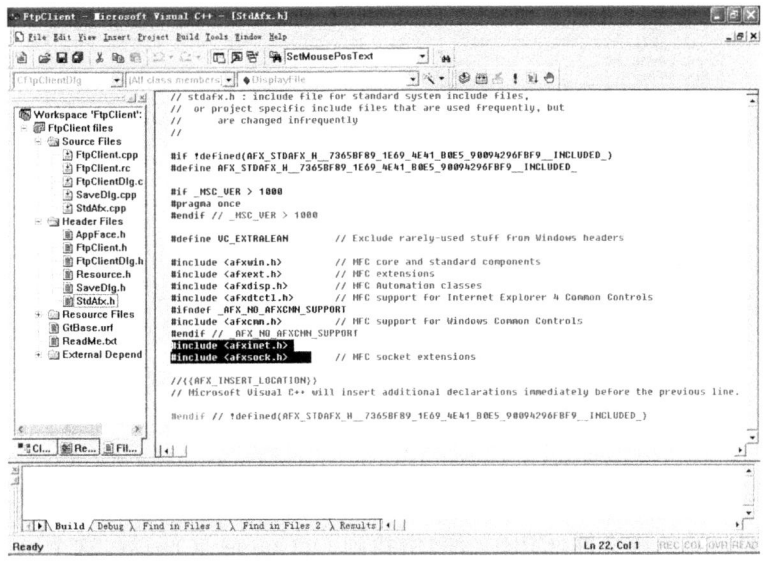

图 A-31　在 Stdafx.h 文件里加入相应语句

（3）在资源编辑器里设计主对话框界面，如图 A-32 所示。

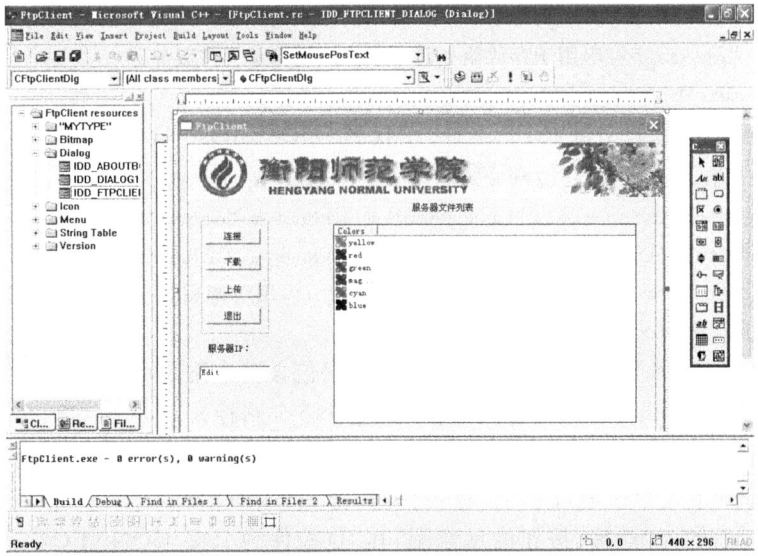

图 A-32　在资源编辑器里设计主对话框界面

（4）把添加的控件设置成主窗口类的成员变量是必不可少的（一个用来保存服务器的 IP 地址，一个列举服务器上的所有文件），如图 A-33 所示。

（5）在主窗口类的头文件中加入以下代码：

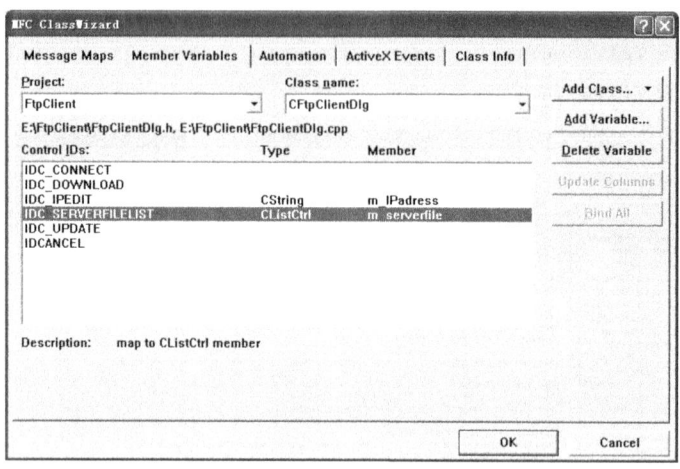

图 A-33 将添加的控件设置成主窗口类的成员变量

```
CInternetSession *m_pInetSession;        //MFC 提供的会话类实例
CFtpConnection *m_pFtpConnection;        //MFC 提供的 FTP 连接类实例
CFtpFileFind *m_pRemoteFile;             //MFC 提供的远程文件搜索类实例
```

（6）在主窗口类的源文件（CPP 文件）中找到 OnConnect（）函数,这个函数用于实现与 FTP 服务器的连接,其关键代码如下。

```
m_pInetSession= newCInternetSession(AfxGetAppName(),1,PRE_CONFIG_INTERNET_
    ACCESS);
m_pFtpConnection= m_pInetSession→GetFtpConnection(m_IPadress);
//m_IPadress 字符串用于存放服务器 IP 地址,这里是连接服务器
m_pRemoteFile= new CFtpFileFind(m_pFtpConnection);
```

（7）在主窗口类的源文件（CPP 文件）中找到 OnDownload（）函数和 OnUpdate（）函数, 这两个函数用于实现文件的上传和下载,其关键代码如下。

```
m_pFtpConnection→GetFile(m_RemoteFileName,m_LocateFileName);
m_pFtpConnection→PutFile(m_LocateFileName,m_RemoteFileName);
//*m_pFtpConnection:FTP 连接类实例的指针,可用于调用这个类的两个成员函数:GetFil
    表示下载;PutFile 表示上传。
```

m_LocateFileName:字符串,本地文件的文件名（包含整个路径）,如 c:\\abc\\kkk. doc。

m_RemoteFileName:远程文件的文件名（包含整个路径）。

（8）加入消息响应函数,先应查看上面主界面的按钮,一般为 4 个,即连接＋下载＋上 传＋退出,可分别给 4 个按钮加 1 个 ID 控件,如图 A-34 所示。

图 A-35 所示的为"连接"按钮的示意图,其 ID 控件为 IDC_CONNECT。

同理,"下载"按钮的 ID 控件为 IDC_DOWNLOAD;"上传"按钮的 ID 控件为 IDC_ UPDATE;"退出"按钮的 ID 控件为 IDCANCEL。

点击"OK"按钮,消息开始响应,打开"MFC ClassWizard"对话框,点击"Message Maps" 选项卡,如图 A-36 所示。

有了 4 个按钮的 ID 控件,就可以选择"BN_CLICKED"消息,如图 A-37 所示。

图 A-34 加入消息响应函数

图 A-35 "连接"按钮示意图

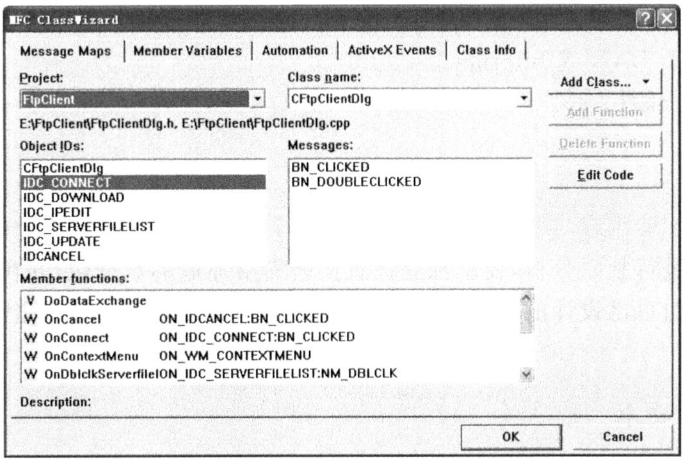

图 A-36 "Message Maps"选项卡

点击"Add Function"按钮就添加完成。

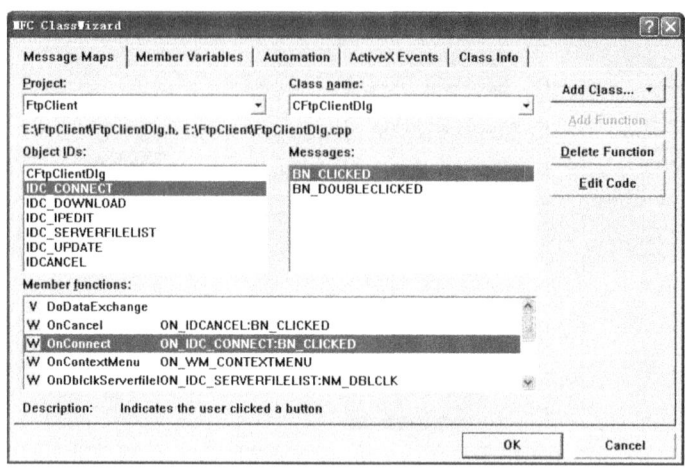

图 A-37 选择 BN_CLICKED

实验七 使用 Ethereal 进行协议分析(综合实验)

一、实验目的

（1）掌握 Ethereal 软件的基本使用方法。

（2）掌握基本的网络协议分析方法。

（3）通过抓包工具，分析 MAC 帧的格式、ARP 分组的格式、IP 数据报的格式、ICMP 报文的格式、TCP 报文段的格式、UDP 数据报的格式。

二、实验环境

（1）网络环境：LAN 或 Internet。

（2）Ethereal 软件。

三、实验要求

根据下面的实验内容与要求，先进行模仿学习，然后要求独立设计实验内容与步骤，对实验抓取的数据进行独立分析，要求独立设置实验需要抓取的数据包，并在实验报告中写出自己的实验内容与自己设计的实验步骤，并对由此得出的实验数据进行记录及分析其处理意义。

四、实验内容与要求

1. 下载、安装 Ethereal

Ethereal 的下载网址为：http://www.ethereal.com/download.html。

在 Ethereal 网站中，点击"download"选项，接着选择要安装的系统平台，如 Windows 或 Linux(Red Hat/Fedora)，然后点击下载链接即可下载。

Ethereal 的安装非常简单,只要执行下载的软件(如 ethereal-setup-0.99.0.exe),然后按提示操作即可。

注意:安装时,要勾选 Install WinPcap。WinPcap 是 libpcap library 的 Windows 版本。Ethereal 可通过 WinPcap 来劫取网络上的数据包。在安装 Ethereal 的过程中也会一并安装 WinPcap,不需要再另外安装。

2. 启动 Ethereal 并抓包

Ethereal 启动后,点击“Capture”菜单,选择“Interfaces…”命令,如图 A-38 所示。

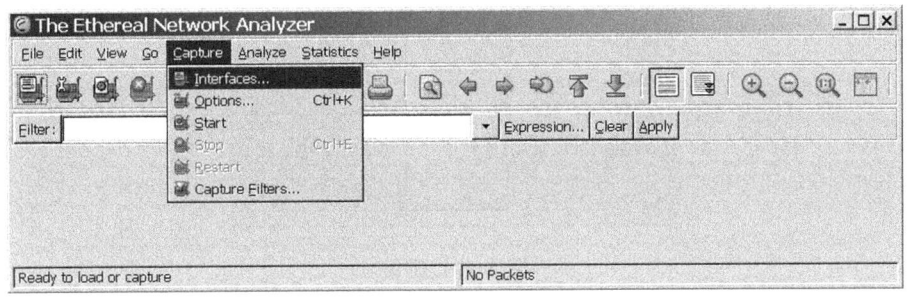

图 A-38　Ethereal 菜单

然后打开如图 A-39 所示的窗口。

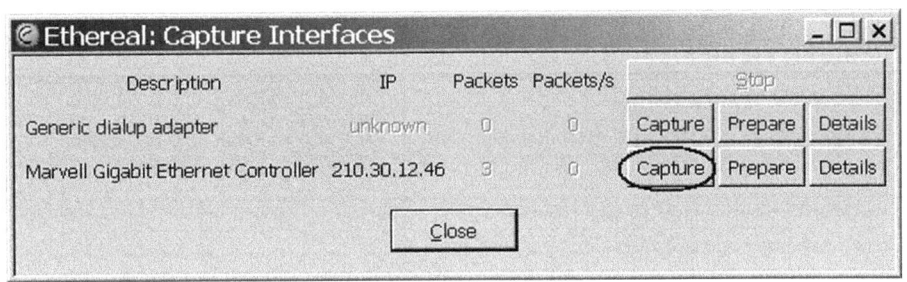

图 A-39　选择抓包的接口

点击要抓包的接口右边的“Capture”按钮,本例选择了抓取 IP 地址为“210.30.12.46”的接口。

点击“Capture”按钮,启动抓包过程。

注意:为配合抓包,需要进行网络通信。

(1)要抓取 ARP 分组的包、ICMP 报文的包、UDP 数据报,可以在 CMD 窗口中分别使用命令 ARP-D 删除当前 ARP 缓存,使用 ping 命令 ping 某台主机 IP 地址(例如 ping 网关 IP 地址),使用 tracert 命令跟踪分组从源点到终点的路径(例如 tracert 网关 IP 地址)。

(2)要抓取 TCP 报文段,需打开 IE 浏览器,访问一个 WWW 网站(例如 www.baidu.com)。

将窗口切换到“Ethereal”窗口,可以看到抓取到了 TCP、UDP、ICMP、ARP 的包,如图 A-40 所示。

点击“Stop”按钮完成抓包,如图 A-41 所示。

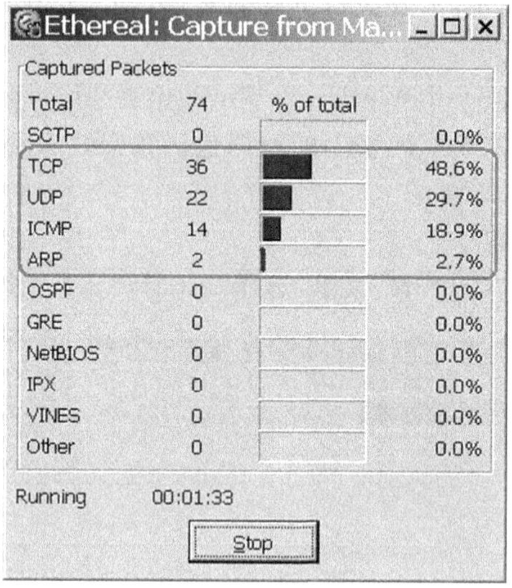

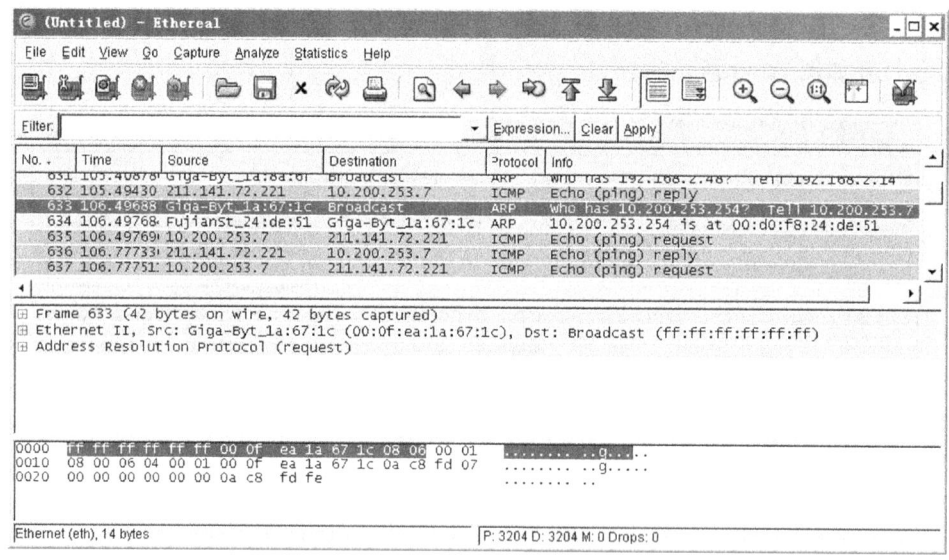

图 A-40 抓包

图 A-41 抓包后的界面

3. 分析

(1) 分析 MAC 帧(以太网帧)的格式。

点击窗口中 ARP 请求分组所在的行,打开"Ethernet II"窗口。分析 MAC 帧的格式,如图 A-42 所示。

(2) 分析 ARP 请求分组和应答分组的格式。

点击窗口中 ARP 请求分组所在的行,分析所捕获的 ARP 请求分组,如图 A-43 所示。

点击窗口中 ARP 应答分组所在的行,分析所捕获的 ARP 应答分组,如图 A-44 所示。

(3) 分析 IP 数据报的格式。

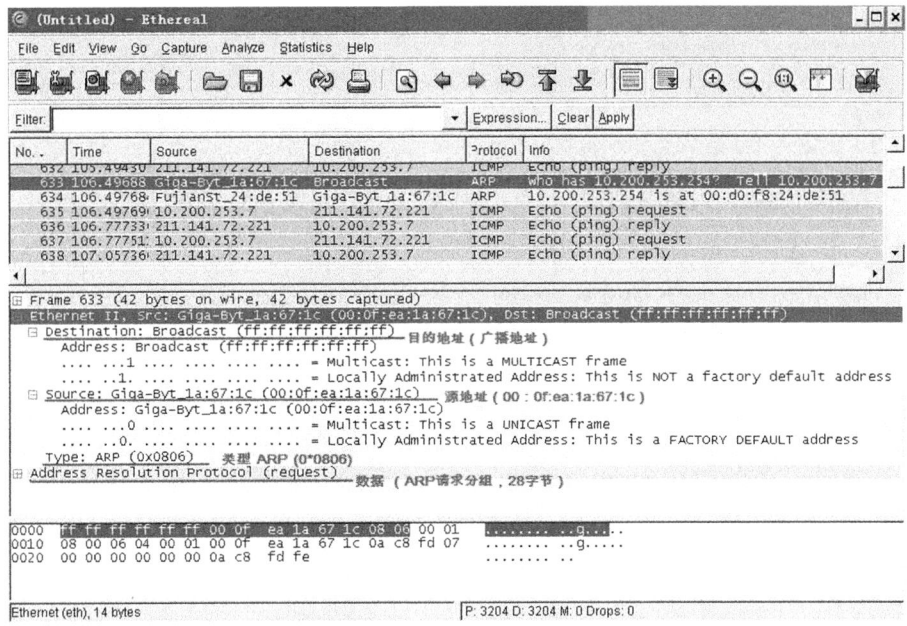

图 A-42 分析 MAC 帧的格式

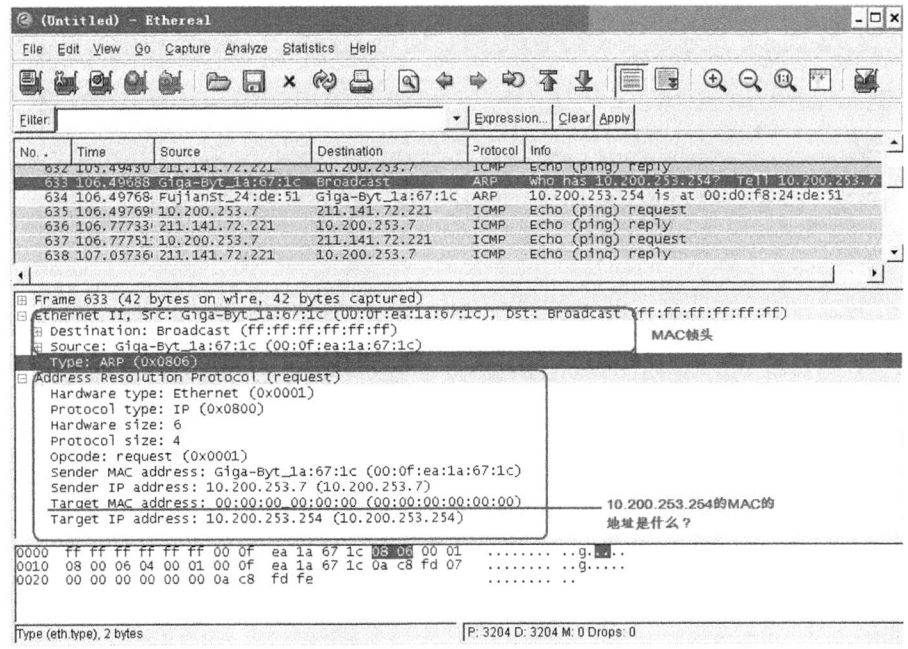

图 A-43 分析 ARP 请求分组的格式

点击 ICMP 报文所在的行,打开"Internet Protocol"窗口,分析 IP 数据报,如图 A-45 所示。

(4) 分析 ICMP 报文的格式。

点击 ICMP 报文所在的行,打开"Internet Control Message Protocol"窗口,分析 ICMP

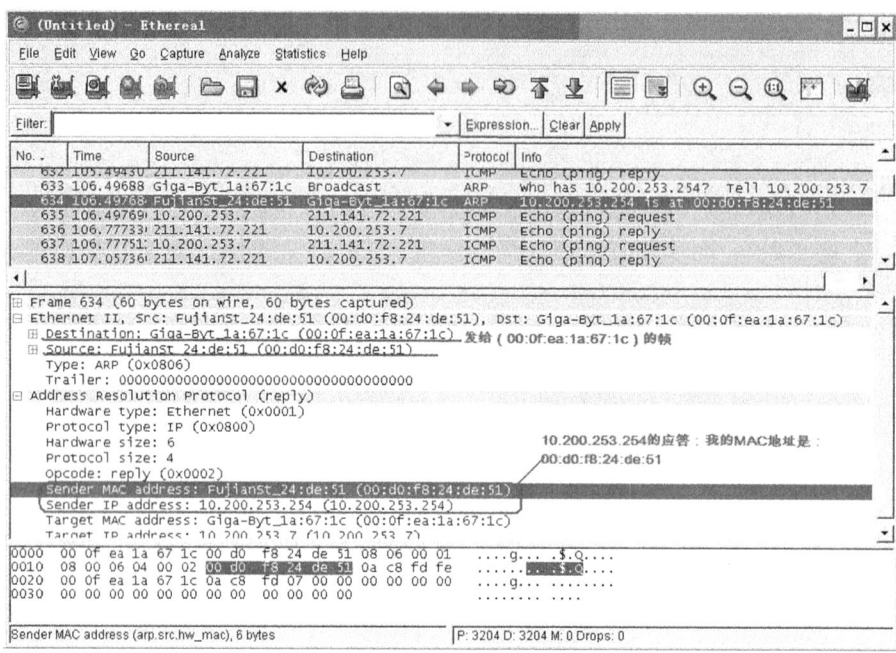

图 A-44　分析 ARP 应答分组的格式

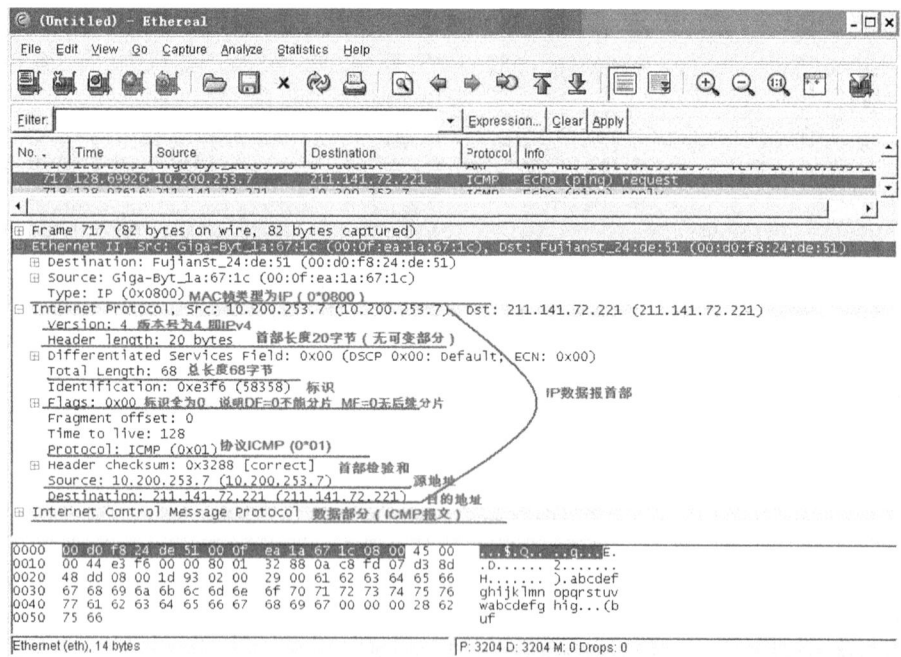

图 A-45　分析 IP 数据报的格式

报文,如图 A-46 所示。

（5）分析 UDP 数据报的格式。

点击 DNS 协议所在的行,打开"User Datagram Protocol"窗口,分析 UDP 数据报格式,如图 A-47 所示。

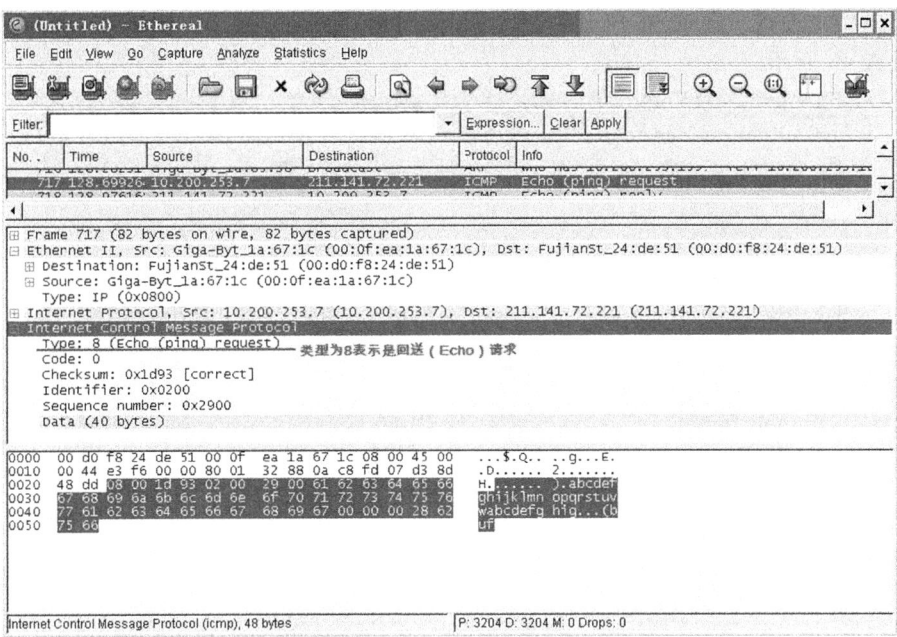

图 A-46 分析 ICMP 报文的格式

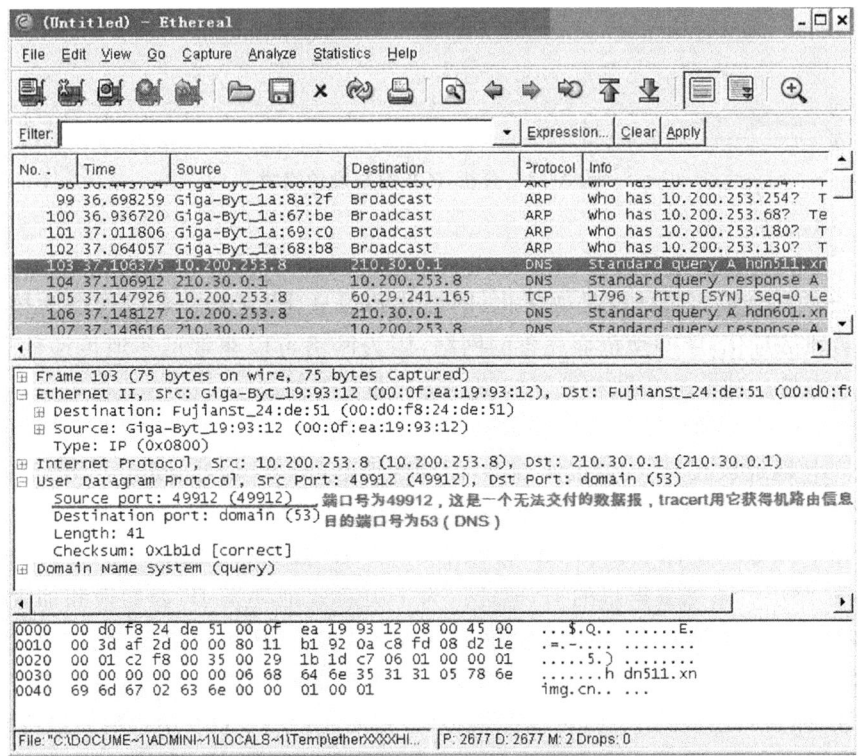

图 A-47 分析 UDP 数据报的格式

（6）分析 TCP 报文段的格式。

点击 DNS 协议所在的行，打开"User Datagram Protocol"窗口，分析 TCP 报文段的格式，如图 A-48 所示。

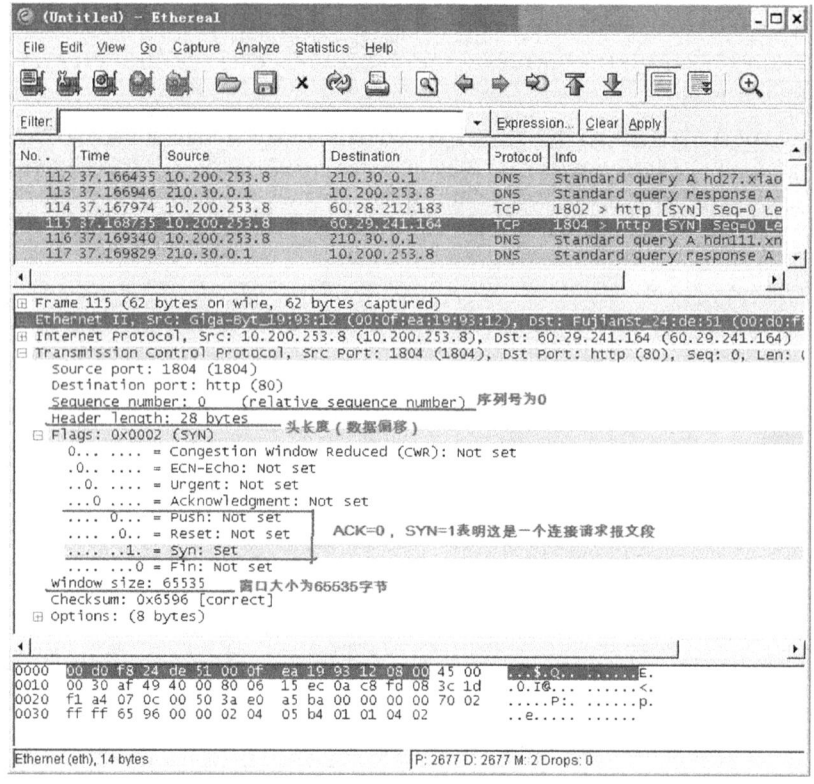

图 A-48　分析 TCP 报文段的格式

五、实验总结

21 世纪的一个重要特征就是数字化、网络化和信息化，它是一个以网络为核心的信息时代。要实现信息化，就必须依靠完善的网络，因为网络可以非常迅速地传递信息。因此，网络已经成为信息社会的命脉和发展知识经济的重要基础。

通过本次试验，我们了解到，只有更深入地掌握 IP 的主要内容，才能理解 Internet 是怎样工作的。IP 地址放在 IP 数据报的首部，而硬件地址（MAC 地址）则放在 MAC 帧的首部。在网络层和网络层以上使用的是 IP 地址，而数据链路层及其以下层使用的是硬件地址。在 IP 数据报中放入数据链路层的 MAC 帧以后，整个 IP 数据报就成为 MAC 帧的数据。因此，在数据链路层看不见数据报的 IP 地址。为了更有效地转发 IP 数据报和加大交付成功的机会，在网际层使用了网际控制报文协议（ICMP），它是 IP 层的协议，允许主机或路由器报告差错情况和提供有关情况的报告。根据应用程序的不同需求，传输层需要有两种不同的传输协议，即面向连接的 TCP（传输控制协议）和无连接的 UDP（用户数据报协议）。了解了以上的知识内容后，我们对可靠传输有了一个比较完整的概念，更加激发我们对网络世界的求知欲。

实验八　基于 Cisco Packet Tracer 的 VLAN 的配置实验

一、实验目的

(1) 理解虚拟局域网(VLAN)的基本原理。

(2) 掌握一般交换机按端口划分 VLAN 的配置方法。

(3) 掌握 Tag VLAN 的配置方法。

二、实验环境

软件环境:Cisco Packet Tracer。

三、相关知识

(1) VLAN 是指在一个物理网段内进行逻辑划分的虚拟局域网。VLAN 最大的特性是不受物理位置的限制,可以进行灵活划分。VLAN 具备了一个物理网段所具备的特性。相同 VLAN 的主机之间可以相互直接通信,不同 VLAN 的主机之间互相访问必须经由路由器进行转发。广播数据包只可以在本 VLAN 内进行广播,不能传输到其他 VLAN 中。

(2) Port VLAN 是实现 VLAN 的方式之一,它利用交换机的端口进行 VLAN 的划分,一个端口只能属于一个 VLAN。

(3) Tag VLAN 是基于交换机端口的另外一种虚拟局域网类型,主要用于使交换机的相同 VLAN 的主机之间可以直接访问,同时对于不同 VLAN 的主机之间进行隔离。Tag VLAN 遵循 IEEE 802.1Q 协议的标准。在使用配置了 Tag VLAN 的端口进行数据传输时,需要在数据帧内添加 4 B 的 802.1Q 标签信息,用于标示该数据帧属于哪个 VLAN,便于对端交换机收到数据帧后进行准确过滤。

四、实验步骤

1. 搭建实验拓扑图

打开软件 Cisco Packet Tracer,搭建实验拓扑图,对 4 个主机的 IP 地址进行分配并划分 VLAN,如图 A-49 所示(若交换机选择 2950,则交换机之间只能用交叉线相连;若交换机选择 2960,则交换机之间既能用交叉线相连,也能用直通线相连。交换机与主机之间用直通线相连)。

2. 主机 IP 地址的配置

分别点击 4 个主机,点击"桌面"→"IP 配置"命令,根据图 A-49 所示的划分对 4 个主机的 IP 地址、子网掩码和网关进行配置。

3. 交换机的配置

在命令行中分别对 2 个交换机进行配置。

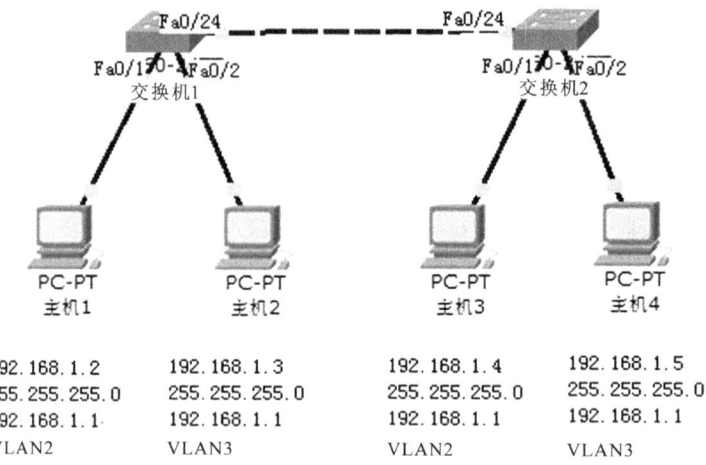

图 A-49　拓扑结构图

交换机 1：

```
Switch> en              //进入特权模式
Switch# conf t          //进入全局配置模式
Switch(config)# hostname S1       //设置交换机的名称
S1(config)# vlan 2                //划分 VLAN2
S1(config-vlan)# exit
S1(config)# vlan 3                //划分 VLAN3
S1(config-vlan)# exit
S1(config)# interface fa0/1             //进入配置端口
S1(config-if)# switchport access vlan 2   //将 Fa0/1 划分到 VLAN2
S1(config-if)# exit
S1(config)# interface fa0/2
S1(config-if)# switchport access vlan 3   //将 Fa0/2 划分到 VLAN3
S1(config-if)# exit
S1(config)# interface fa0/24
S1(config-if)# switchport mode trunk     //设置 Fa0/24 端口模式为 trunk
S1(config-if)# end
S1# show vlan                            //查看 VLAN 划分情况
```

交换机配置完成之后,使用 show vlan 命令查看 VLAN 的划分情况,如图 A-50 所示。交换机 2 的配置过程与交换机 1 的相同。

4. 测试

以主机 1 为例,测试与其他主机的连通性。点击主机 1,再点击"桌面"→"命令提示符"命令,使用 ping 命令分别测试与主机 2 和主机 3 的连通性,如图 A-51 所示。

结论:虽然主机 1 和主机 2 都连接到交换机 1,但它们不是位于同一个 VLAN,因而无法 ping 通;而主机 1 和主机 3 都属于 VLAN2,所以主机 1 能 ping 通主机 3。

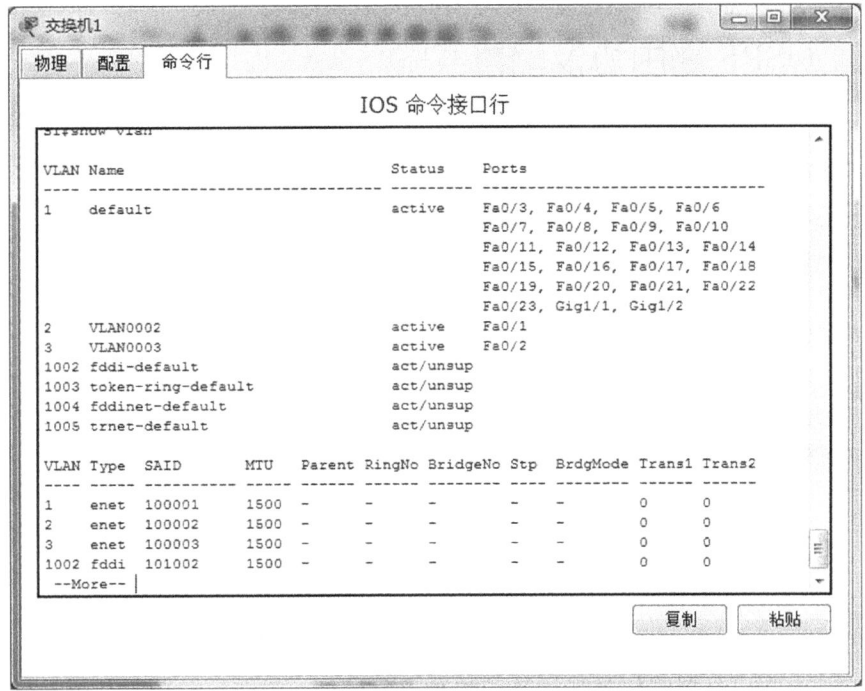

图 A-50 查看 VLAN 的划分情况

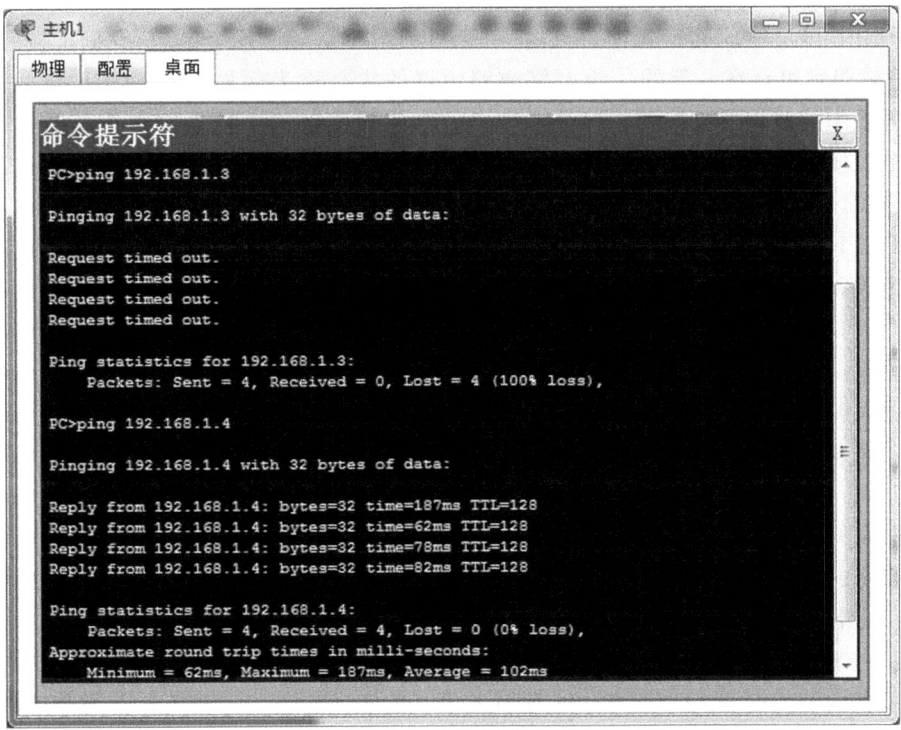

图 A-51 连通性测试

实验九 OSPF 路由协议配置实验

一、实验目的

（1）了解 OSPF 路由协议的工作原理。

（2）掌握路由器 OSPF 路由协议的配置方法。

二、实验环境

软件环境：Cisco Packet Tracer。

三、相关知识

OSPF（open shortest path first，开放最短路径优先）是一个内部网关协议（interior gateway protocol，IGP），用于在单一自治系统（autonomous system，AS）内决策路由。与 RIP 相对，RIP 是距离矢量路由协议，而 OSPF 协议是链路状态路由协议。

OSPF 路由协议使用的是最短路径优先算法，利用链路状态通告（link state advertisement，LSA）得到的信息来计算到达每一个目标网络的最短路径。每一台路由器将会对区域中的网络拓扑结构有一个完整的观察，以自身为根生成一棵树，并有到达每个目的网段的完整路径。

在 OSPF 路由协议的定义中，可以将一个自治系统划分为几个区域，我们把按照一定的 OSPF 路由规则组合在一起的一组网络或路由器的集合称为区域。在 OSPF 路由协议中，每一个区域中的路由器都按照该区域中定义的链路状态算法来计算网络拓扑结构，这意味着每一个区域都有该区域独立的网络拓扑数据库及网络拓扑图。对于每一个区域，其网络拓扑结构在区域外是不可见的，每一区域内部的路由器对域外的其余网络结构也不了解，这意味着 OSPF 路由域中的网络链路状态数据广播被区域的边界挡住了，这样有利于减少网络中链路状态数据包在全网范围内的广播。

在 OSPF 路由协议中存在一个骨干区域（backbone），该区域包括属于这个区域的网络及相应的路由器。骨干区域必须是连续的，同时也要求其余区域必须与骨干区域直接相连。骨干区域一般设为区域 0，其主要工作是在其余区域间传递路由信息。

（1）在路由器全局配置模式下启动 OSPF 路由协议，命令格式如下：

```
Router(config)# router ospf  [进程号]
```

其中进程号的范围必须指定在 1～65535 之间，用于标识一台路由器上的多个 OSPF 进程，在不同的路由器上可以使用相同的进程号。

（2）在路由配置模式下，指定与该路由器直接相连的网络，命令格式如下：

```
Router(config-router)# network [网络号] [反向掩码] area [区域号]
```

反向掩码是子网掩码的反码，区域号是在 0～4294967295 内的十进制数，用于指明 OSPF 运行的区域，如果是单区域，则必须为 0。

四、实验步骤

1. 搭建实验拓扑图

打开软件 Cisco Packet Tracer,搭建实验拓扑图,如图 A-52 所示。

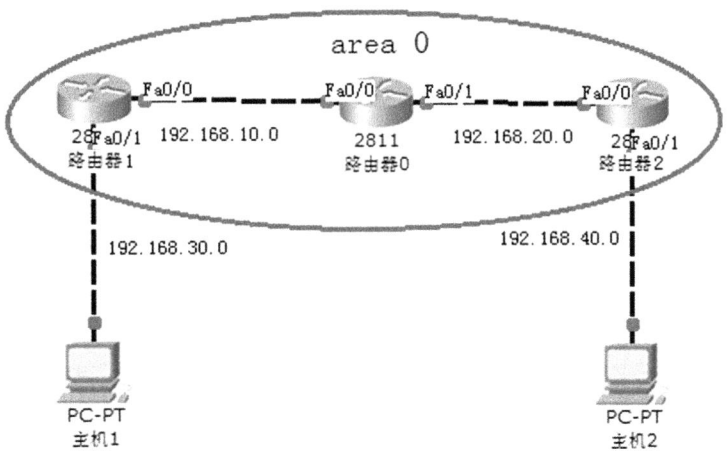

图 A-52 实验拓扑图

路由器各个端口的 IP 地址及子网掩码如表 A-2 所示。

表 A-2 路由器各个端口的 IP 地址及子网掩码

	Fa0/0		Fa0/1	
路由器 0	192.168.10.1	255.255.255.0	192.168.20.1	255.255.255.0
路由器 1	192.168.10.2	255.255.255.0	192.168.30.1	255.255.255.0
路由器 2	192.168.20.2	255.255.255.0	192.168.40.1	255.255.255.0

2. 路由器的配置

路由器 0:

```
Router> en
Router# config t
Router(config)# hostname Router0          //路由器更名为 Router0
Router0(config)# int f0/0
Router0(config-if)# ip address 192.168.10.1  255.255.255.0
Router0(config-if)# no shutdown
Router0(config-if)# exit
Router0(config)# int f0/1
Router0(config-if)# ip address 192.168.20.1  255.255.255.0
Router0(config-if)# no shutdown
Router0(config-if)# exit
Router0(config)# router ospf 100          //启用进程号为 100 的 OSPF 路由协议
Router0(config-router)# network 192.168.10.0  0.0.0.255  area 0
```

```
Router0(config-router)# network 192.168.20.0  0.0.0.255  area 0
```

路由器 1：

```
Router> en
Router# config t
Router(config)# hostname Router1          //路由器更名为 Router1
Router1(config)# int f0/0
Router1(config-if)# ip address 192.168.10.2  255.255.255.0
Router1(config-if)# no shutdown
Router1(config-if)# exit
Router1(config)# int f0/1
Router1(config-if)# ip address 192.168.30.1  255.255.255.0
Router1(config-if)# no shutdown
Router1(config-if)# exit
Router1(config)# router ospf 100
Router1(config-router)# network 192.168.10.0  0.0.0.255  area 0
Router1(config-router)# network 192.168.30.0  0.0.0.255  area 0
```

路由器 2：

```
Router> en
Router# config t
Router(config)# hostname Router2          //路由器更名为 Router2
Router2(config)# int f0/0
Router2(config-if)# ip address 192.168.20.2  255.255.255.0
Router2(config-if)# no shutdown
Router2(config-if)# exit
Router2(config)# int f0/1
Router2(config-if)# ip address 192.168.40.1  255.255.255.0
Router2(config-if)# no shutdown
Router2(config-if)# exit
Router2(config)# router ospf 100
Router2(config-router)# network 192.168.20.0  0.0.0.255  area 0
Router2(config-router)# network 192.168.40.0  0.0.0.255  area 0
```

3. 验证测试

(1) 在特权模式下使用"show ip protocol"命令查看当前启用的路由协议,如图 A-53 所示。

(2) 在特权模式下使用"show ip route"命令查看当前路由表,如图 A-54 所示。

从路由表中可以看到,路由器 0 已经学习到"192.168.30.0"和"192.168.40.0"两个网段,前面的 O 表示是通过 OSPF 路由协议学习到的,管理距离为 110,度量值为 2(路由跳数)。同理,可查看路由器 1 和路由器 2 的路由表。

(3) 测试主机 1 和主机 2 的连通性。

分别配置主机 1(IP:192.168.30.2,网关:192.168.30.1)和主机 2(IP:192.168.40.2,网关:192.168.40.1)。

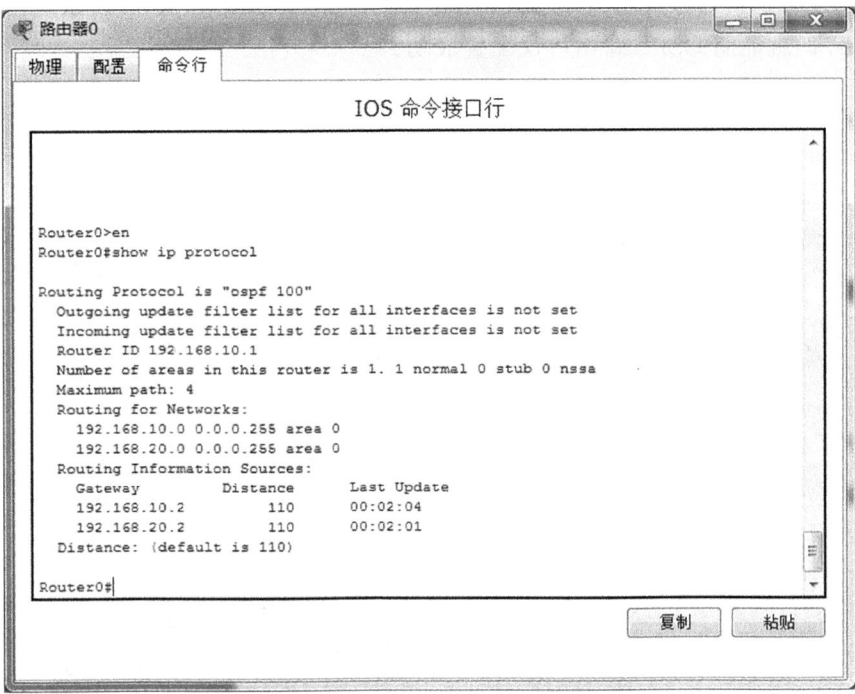

图 A-53　查看当前启用的路由协议

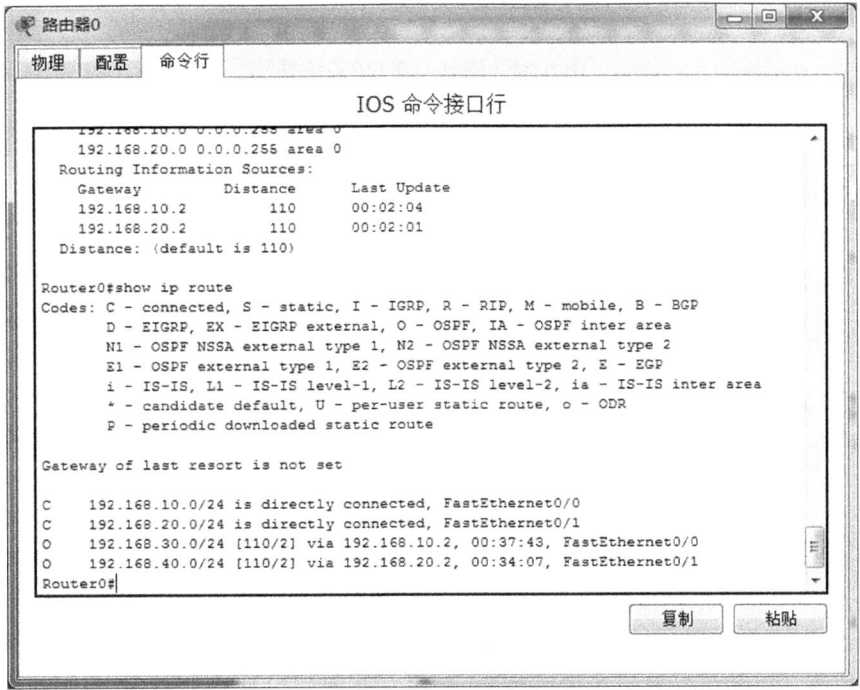

图 A-54　查看当前路由表

在主机 1 桌面的命令提示符中输入:ping 192.168.40.2,如图 A-55 所示。若主机 1 能 ping 通主机 2,就证明 OSPF 路由协议配置成功。

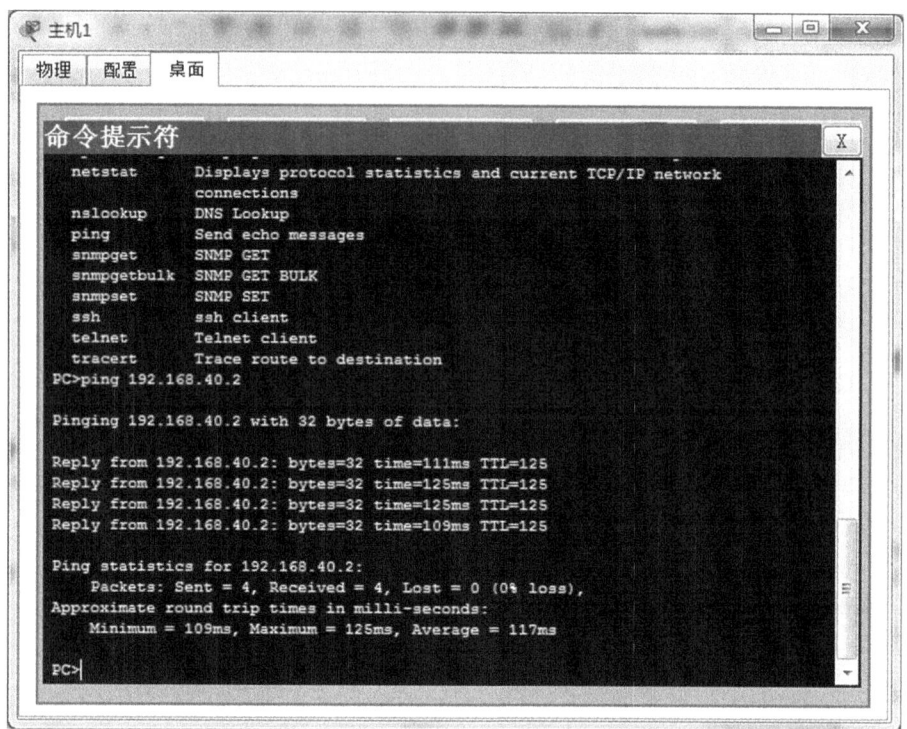

图 A-55　测试 OSPF 的连通性

实验十　路由器访问控制列表(ACL)配置实验

一、实验目的

掌握路由器访问控制列表(access control lists,ACL)的配置方法。

二、实验环境

软件环境:Cisco Packet Tracer。

三、相关知识

ACL 是应用在路由器接口的指令列表,这些指令列表用来告诉路由器哪些数据包可以接收、哪些数据包需要拒绝。其原理是,ACL 利用包过滤技术在路由器上读取 OSI 协议的七层模型的第三层和第四层包头中的信息,根据自己预先定义好的规则,对包进行过滤,从而达到访问控制的目的。ACL 通过在路由器接口处控制数据包是转发还是丢弃来过滤通信流量。

ACL(访问控制列表)分为两种:标准访问控制列表和扩展访问控制列表。标准访问控制列表只允许过滤源地址,结果是基于源网络/子网/主机的 IP 地址来决定该数据包是转发还是拒绝,它使用1~99 之间的数字作为表号。扩展访问控制列表是对数据包的源地址和目的地址均进行检查,它也可以检查特定的协议、端口号以及其他的修改参数。它使用100~199 之间的数字作为表号。

ACL 能执行两个操作:允许(permit)或拒绝(deny)。语句自上而下执行。一旦发现匹配,后续语句就不再进行处理,因此先后顺序很重要。如果没有找到匹配,ACL 末尾不可见的隐含拒绝语句将丢弃分组。一个 ACL 应该至少有一条 permit 语句,否则所有流量都会丢弃。

ACL 配置命令如下:

```
(config)# ip access-list standard ACL 号              //创建标准 ACL
(config)# access-list ACL 号 permit|deny host source-ip-add
                                                      //允许或拒绝某一特定主机的访问
(config)# access-list ACL 号 permit|deny any          //允许或拒绝所有主机的访问
(config)# access-list ACL 号 permit|deny 网络地址反向掩码
                                                      //允许或拒绝某一网段的访问
(config)# ip access-list extended  ACL 号             //创建扩展 ACL
(config-ext-nacl)# deny|permit protocol source-ip-add wildcard|host source-ip-add|
any destination-ip-add wildcard|host destination-ip-add|anyoperator port-number
```

其中,protocol 定义了需要被过滤的协议,例如 IP、TCP、UDP、ICMP 等,wildcard 表示反向掩码,一个特定 IP 地址的反向掩码是 0.0.0.0,operator(操作)有 it(小于)、gt(等于)、eq(等于)、neq(不等于)几种。port-number 是指端口号。

```
(config-if)# ip access-group  ACL 号 in|out          //关联 ACL 到接口
```

四、实验步骤

1. 搭建实验拓扑图

打开软件 Cisco Packet Tracer,搭建实验拓扑图,如图 A-56 所示。路由器选择 Generic (Router-PT),两个路由器之间用串口线相连。

路由器 1 的两个接口的 IP 地址分别为"192.168.10.1"(Se2/0)和"192.168.1.1"(Fa0/0)。

路由器 2 的三个接口的 IP 地址分别为"192.168.10.2"(Se2/0)、"192.168.2.1"(Fa0/0) 和"192.168.3.1"(Fa1/0)。

2. 配置路由器

配置路由器接口 IP 地址,并利用 RIP 使三个网段(192.168.1.0、192.168.2.0、192.168.3.0)内的主机能够互相连通。

路由器 1:

```
Router> en
Router # config t
Router (config) # int s2/0
Router (config-if) # ip address 192.168.10.1  255.255.255.0
```

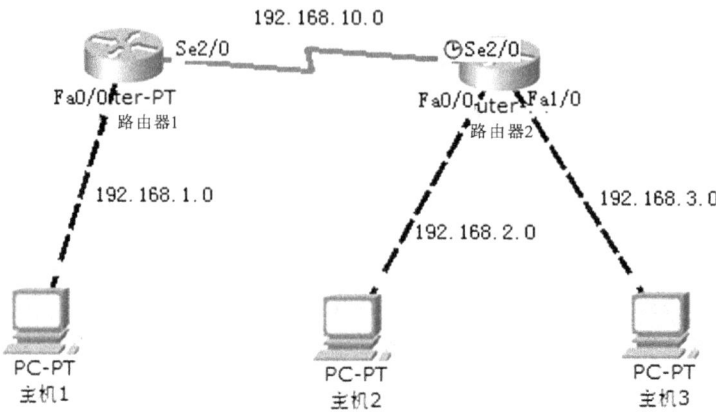

图 A-56　实验拓扑图

```
Router (config-if) # clock rate 128000          //配置路由器串口的时钟频率
Router (config-if) # no shutdown
Router (config-if) # int f0/0
Router (config-if) # ip address 192.168.1.1   255.255.255.0
Router (config-if) # no shutdown
Router (config-if) # exit
Router (config) # router rip
Router (config-router) # version 2
Router (config-router) # net 192.168.10.0
Router (config-router) # net 192.168.1.0
```

路由器 2：

```
Router> en
Router # config t
Router (config) # int s2/0
Router (config-if) # ip address 192.168.10.2   255.255.255.0
Router (config-if) # clock rate 128000          //配置路由器串口的时钟频率
Router (config-if) # no shutdown
Router (config-if) # int f0/0
Router (config-if) # ip address 192.168.2.1   255.255.255.0
Router (config-if) # no shutdown
Router (config-if) # int f1/0
Router (config-if) # ip address 192.168.3.1   255.255.255.0
Router (config-if) # no shutdown
Router (config-if) # exit
Router (config) # router rip
Router (config-router) # version 2
Router (config-router) # net 192.168.10.0
Router (config-router) # net 192.168.2.0
Router (config-router) # net 192.168.3.0
```

```
Router (config-router) # end
Router #  show ip route      //查看路由表,确保当前路由信息已在路由器之间被正常学习
```

3. 配置主机

分别配置主机 1(IP:192.168.1.2,网关:192.168.1.1)、主机 2(IP:192.168.2.2,网关:192.168.2.1)和主机 3(IP:192.168.3.2,网关:192.168.3.1)。

用 ping 命令验证:在没有设置访问控制列表前,当前所有的访问都是正常连通的,即主机 1、主机 2 和主机 3 之间可以互相 ping 通。

4. 配置标准访问控制列表

在完成以上配置、确认网络各网段内主机是连通的情况下,设置标号为"15"的标准访问控制列表,禁止来自 192.168.2.0 网段的主机访问 192.168.1.0 网段内的主机。

在路由器 1 中输入如下命令:

```
Router (config) # access-list 15 deny 192.168.2.0  0.0.0.255
Router (config) # access-list 15 permit any
Router (config) # int s2/0
Router (config-if) # ip access-group 15 in
Router (config-if) # end
Router # show access-list            //查看访问控制列表
```

利用 show access-list 命令查看路由器的访问控制列表,如图 A-57 所示。

```
Router#show access-list
Standard IP access list 15
    deny 192.168.2.0 0.0.0.255
    permit any (34 match(es))
```

图 A-57　查看路由器的访问控制列表

下面进行验证,根据该访问控制列表的设置,192.168.1.0 和 192.168.2.0 之间的主机是无法 ping 通的,如图 A-58 所示。作为对比,192.168.1.0 和 192.168.3.0 之间的主机却是可以 ping 通的。

5. 配置扩展访问控制列表

上面的实验还可以用扩展访问控制列表来实现,只要把前面的"15"号标准访问控制列表取消,产生下面的"101"号扩展访问控制列表即可。

在路由器 1 中输入如下命令:

```
Router (config) #  no access-list 15
Router (config) # end
Router # show access-list          // 验证标准访问控制列表"15"已被取消,此时主机 2 又
                                   //可以 ping 通主机 1
Router # config t
Router (config)# ip access-list extended 101
Router(config-ext-nacl)# deny ip 192.168.2.0 0.0.0.255 host 192.168.1.2
                                   //禁止来自
```

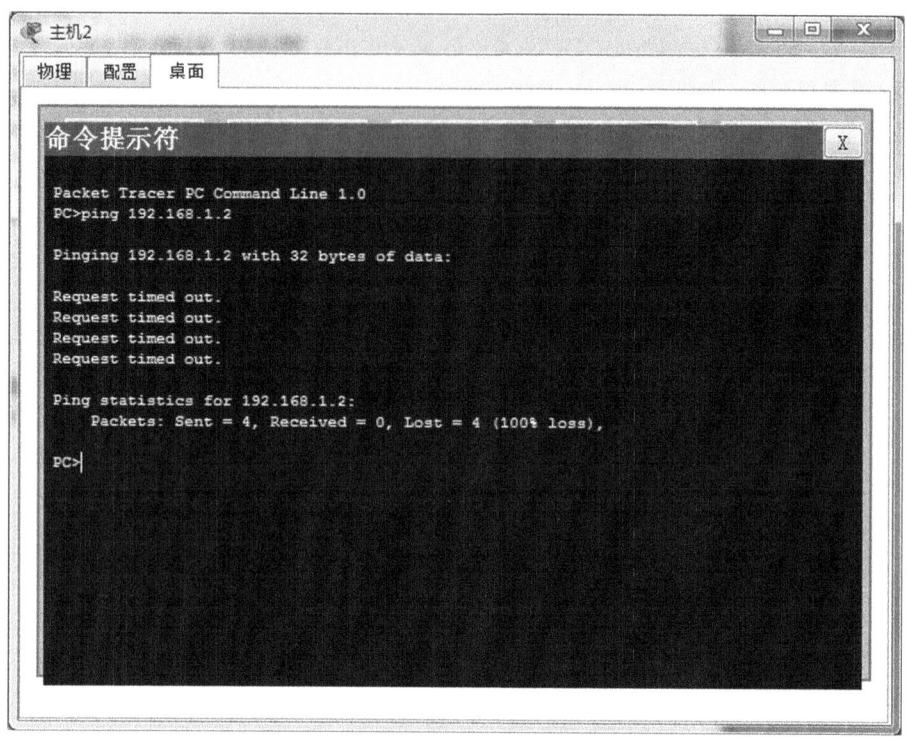

图 A-58   主机 2 ping 不通主机 1

　　　　　　　　　　　//192.168.2.0网段的主机访问 192.168.1.2 网段的主机

Router (config-ext-nacl)# permit ip any any

Router (config-ext-nacl)# int s2/0

Router (config-if)# ip access-group 101 in

Router (config-if)# end

Router # show access-list

此时，再用主机 2 去 ping 主机 1，可以验证是无法 ping 通的。

参 考 文 献

[1] 谢希仁. 计算机网络[M]. 5 版. 北京:电子工业出版社,2008.

[2] Andrew S. Tanenbaum. 计算机网络[M]. 4 版. 北京:清华大学出版社,2004.

[3] 蔡开裕,朱培栋,徐明. 计算机网络[M]. 2 版. 北京:机械工业出版社,2008.

[4] 路莹,赵子祥,黄文明. 计算机网络实用教程[M]. 北京:电子工业出版社,2005.

[5] 佟震亚,马巧梅. 计算机网络与通信[M]. 2 版. 北京:人民邮电出版社,2010.

[6] 安淑芝,詹青龙,黄彦. 计算机网络[M]. 2 版. 北京:中国铁道出版社,2005.

[7] 王卫红,李晓明. 计算机网络与互联网[M]. 北京:机械工业出版社,2008.